Springer-Lehrbuch

Springer
*Berlin
Heidelberg
New York
Barcelona
Hongkong
London
Mailand
Paris
Singapur
Tokio*

Siegfried Flügge

Rechenmethoden der Quantentheorie

Elementare Quantenmechanik
Dargestellt in Aufgaben und Lösungen

Sechste Auflage
mit 110 Aufgaben und 34 Abbildungen

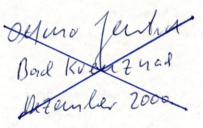

Springer

Professor Dr. Siegfried Flügge[†]
Physikalisches Institut
Fakultät für Physik
Universität Freiburg im Breisgau
Hermann-Herder-Straße 3
D-79104 Freiburg im Breisgau

ISBN 3-540-65599-9 6. Auflage
Springer-Verlag Berlin Heidelberg New York

ISBN 3-540-56776-3 5. Auflage
Springer-Verlag Berlin Heidelberg New York

Die Deutsche Bibliothek – CIP-Einheitsaufnahme
Flügge, Siegfried:
Rechenmethoden der Quantentheorie/Siegfried Flügge. – 6. Aufl. – Berlin; Heidelberg; New York; Barcelona;
Hongkong; London; Mailand; Paris; Singapur; Tokio:
Springer, 1999
(Springer-Lehrbuch)
ISBN 3-540-65599-9

Dieses Werk ist urheberrechtlich geschützt. Die dadurch begründeten Rechte, insbesondere die der Übersetzung, des Nachdrucks, des Vortrags, der Entnahme von Abbildungen und Tabellen, der Funksendung, der Mikroverfilmung oder der Vervielfältigung auf anderen Wegen und der Speicherung in Datenverarbeitungsanlagen, bleiben, auch bei nur auszugsweiser Verwertung, vorbehalten. Eine Vervielfältigung dieses Werkes oder von Teilen dieses Werkes ist auch im Einzelfall nur in den Grenzen der gesetzlichen Bestimmungen des Urheberrechtsgesetzes der Bundesrepublik Deutschland vom 9. September 1965 in der jeweils geltenden Fassung zulässig. Sie ist grundsätzlich vergütungspflichtig. Zuwiderhandlungen unterliegen den Strafbestimmungen des Urheberrechtsgesetzes.

© Springer-Verlag Berlin Heidelberg 1965, 1976, 1990, 1993, 1999
Printed in Germany

Die Wiedergabe von Gebrauchsnamen, Handelsnamen, Warenbezeichnungen usw. in diesem Werk berechtigt auch ohne besondere Kennzeichnung nicht zu der Annahme, daß solche Namen im Sinne der Warenzeichen- und Markenschutz-Gesetzgebung als frei zu betrachten wären und daher von jedermann benutzt werden dürften.

Satz: Macmillan India Ltd., India; Druck: Langenscheidt KG, Berlin
Einbandgestaltung: *design & production* GmbH, Heidelberg
Bindearbeiten: Lüderitz & Bauer, Berlin

SPIN: 10713906   56/3144/ba - 5 4 3 2 1 0 – Gedruckt auf säurefreiem Papier

Vorwort zur sechsten Auflage

Die sechste Auflage der „Rechenmethoden" erscheint in unveränderter Form als erste posthume Ausgabe eines klassischen Begleiters der Quantenmechanik-Vorlesung, der seit seinem ersten Erscheinen im Jahr 1947 Generationen von Physikstudenten und interessierten Naturwissenschaftlern beistand. Der Autor hat die vierte Auflage vor einigen Jahren nochmals neu bearbeitet und dabei Methoden, die in jüngerer Zeit besonders Gewicht bekamen, durch erweiterte Einführungs- und Übungsteile dargestellt. So finden insbesondere Näherungsverfahren, wie die WKB–Entwicklung als wichtige nicht-störungstheoretische Methode, den gebührenden Raum. Der „Flügge" bietet ein Spektrum von Übungsaufgaben, teils nahe am üblichen Kanon der Grundvorlesung, unerläßlich zum tieferen Verständnis und Durchdringen der Grundlagen der Quantenmechanik. Andere Aufgaben erschließen quasi als Kompendien Anwendungen der Quantenmechanik, die im einsemestrigen Kurs meist nur gestreift werden können.

Flügges Rechenmethoden bleiben auch im Zeitalter des Computers ein wertvoller Studienbegleiter. Kein Buch zum „Schmökern", sondern eine Sammlung von Aufgaben, in verschiedenen Schwierigkeitsgraden, für verschiedene Ansprüche und Begabungen, jedoch allesamt eine Herausforderung sich mit dem Problem zu befassen und es zu lösen und dabei, zweifelsohne verbunden mit Arbeit, die Fähigkeiten zu trainieren, die später den guten Naturwissenschaftler ausmachen.

Freiburg, Januar 1999 H. Grabert

Vorwort zur fünften Auflage

Da diese Auflage bereits nach wenigen Jahren auf die vorhergehende, völlig neu bearbeitete folgt, waren keine wesentlichen Änderungen notwendig. Text und Formeln wurden noch einmal sorgfältig durchgeschaut und einige kleine Versehen, auch ein paar Ungeschicklichkeiten in der Schreibweise der Formeln oder in der Ausdrucksweise im Text ausgebessert. Im ganzen war der Verfasser bemüht, mit Änderungen sparsam umzugehen und jeden Umbruch zu vermeiden, um die Satzkosten möglichst gering zu halten.

Ob der seit der ersten Auflage von 1947 überkommene Buchtitel „Rechenmethoden" seit dem Siegeszug des Computers noch ganz angemessen ist, mag man bezweifeln. Dennoch möge er stehen bleiben, da das Buch unter diesem Namen bekannt ist. Sein wichtigster Anwendungsbereich hat sich natürlich im Lauf der Jahrzehnte verschoben, so daß es zu einem Studienbegleiter geworden ist, der den Zugang zur Lösung praktischer Probleme quantenmechanischer Systeme erleichtern soll.

Hinterzarten, im Juni 1993   Der Verfasser

Aus dem Vorwort zur vierten Auflage

Dies Buch wurde zuerst vor mehr als vierzig Jahren geschrieben und seit über zwanzig Jahren nahezu unverändert nachgedruckt. Verfasser und Verlag standen so vor der Alternative, es entweder allmählich auslaufen zu lassen oder es völlig neu zu bearbeiten. Da die Nachfrage unvermindert anhielt, entschieden wir zugunsten der Neubearbeitung.

Um Charakter und Umfang des Buches zu erhalten, mußte dabei eine strenge Auswahl getroffen werden. Schon in früheren Auflagen war aus diesem Grunde die relativistische Theorie ausgeschieden worden, obwohl sich gerade hier die bedeutendsten Entwicklungen von der Strahlenphysik bis zur Theorie der Elementarteilchen vollzogen haben. In der nicht-relativistischen Theorie ist die schier uferlos angewachsene Menge des Materials in Kernphysik und Festkörperphysik, bei Atomen und bei Molekülen fast unübersehbar geworden. Dabei hat der Computer als Hilfsmittel zur Behandlung komplizierter Systeme entscheidend mitgewirkt. Eine angemessene Berücksichtigung dieser Entwicklung hätte den Umfang des Buches völlig gesprengt, auch die Darstellung des Stoffes in kurzen, in sich geschlossenen Aufgaben wenig angemessen erscheinen lassen.

Da das Detail zugenommen hatte, die Grundlagen aber die gleichen geblieben waren, bot sich eine Verlagerung der Akzente zum Grundsätzlichen hin als Lösung an. Nach wie vor sollte dem Studenten der Quantentheorie eine Hilfe gegeben werden, die aus Vorlesungen und guten Lehrbüchern gewonnenen Einsichten in die praktische Anwendung auf konkrete Probleme umzusetzen.

Hinterzarten, Frühjahr 1990

Inhaltsverzeichnis

A. Einkörperprobleme mit konservativen Kräften 1

I. Allgemeine Begriffe 5
  Mathematische Vorbemerkung 5
  1. Aufgabe. Erwartungswerte von Impuls und Kraft 6
  2. Aufgabe. Erwartungswerte von Drehimpuls und Moment 7
  3. Aufgabe. Energieerhaltungssatz 9
  4. Aufgabe. Matrixelemente 10
  5. Aufgabe. Hermitische Operatoren 12
  6. Aufgabe. Konstruktion eines hermitischen Operators 14
  7. Aufgabe. Verallgemeinerte Vertauschungsrelationen 16
  8. Aufgabe. Vertauschung von p^n mit x^m 18
  9. Aufgabe. Zeitabhängigkeit eines Erwartungswertes 19

II. Kräftefreie Bewegung 21
  Vorbemerkung 21
  10. Aufgabe. Ebene Wellen 21
  11. Aufgabe. Wellenpaket 24
  12. Aufgabe. Kubischer Hohlraum 27
  13. Aufgabe. Niveaudichte 29

III. Eindimensionale Probleme 32
  Vorbemerkung 32
  14. Aufgabe. Potentialschacht 33
  15. Aufgabe. Potentialschacht zwischen Wänden 36
  16. Aufgabe. Potentialschwelle 40
  17. Aufgabe. Schmale, hohe Potentialschwelle 43
  18. Aufgabe. Potentialtopf mit aufgesetzten Wänden 46
  19. Aufgabe. Resonanz 48
  20. Aufgabe. Periodische Potentiale 52

21. Aufgabe. Energiebänder 54
22. Aufgabe. Ein spezielles periodisches Potential 55
23. Aufgabe. Kamm von Dirac-Funktionen 60
24. Aufgabe. Harmonischer Oszillator: Schrödingertheorie 65
25. Aufgabe. Harmonischer Oszillator in Matrixschreibweise 69
26. Aufgabe. Matrixelemente für den Oszillator 71
27. Aufgabe. Harmonischer Oszillator: Hilbertraum 74
28. Aufgabe. Oszillator-Eigenfunktionen aus Hilbertvektoren 77
29. Aufgabe. Potentialstufe 79
30. Aufgabe. Potentialschwelle 83
31. Aufgabe. Potentialtopf 86
32. Aufgabe. Homogenes elektrisches Feld 90
33. Aufgabe. Freier Fall nach der Quantenmechanik 92
34. Aufgabe. Eikonal-Näherung (WKB-Methode) 95
35. Aufgabe. WKB-Methode: Randwertproblem 98
36. Aufgabe. WKB-Näherung für den Oszillator 101
37. Aufgabe. Anharmonischer Oszillator 102

IV. Zentralsymmetrische Probleme 105

Mathematische Vorbemerkung 105

a) Drehimpuls 108
38. Aufgabe. Vertauschungsrelationen 108
39. Aufgabe. Transformation auf Kugelkoordinaten 110
40. Aufgabe. Hilbertraum zu festem l-Wert 112

b) Gebundene Zustände 114
41. Aufgabe. Hohlkugel 114
42. Aufgabe. Erwartungswert der Energie 117
43. Aufgabe. Kugeloszillator 119
44. Aufgabe. Entartung beim Kugeloszillator 121
45. Aufgabe. Keplerproblem 124
46. Aufgabe. Kratzersches Molekülpotential 126
47. Aufgabe. Morsesches Molekülpotential 131
48. Aufgabe. Zentralkraftmodell des Deuterons 135
49. Aufgabe. Stark-Effekt am Rotator 138

c) Zustände im Kontinuum. Elastische Streuung 141
50. Aufgabe. Coulomb-Abstoßung 141
51. Aufgabe. Partialwellenzerlegung der ebenen Welle 146
52. Aufgabe. Partialwellenzerlegung der Streuamplitude 148

53. Aufgabe. Definition des Streuquerschnitts 150
54. Aufgabe. Streuung an einem Potentialtopf.................. 152
55. Aufgabe. Streuung an der harten Kugel 154
56. Aufgabe. Streuung am Potentialschacht 157
57. Aufgabe. Anomale Streuung............................. 162
58. Aufgabe. Streuung an einer dünnwandigen Kugel........... 164
59. Aufgabe. Rutherfordsche Streuformel 166
60. Aufgabe. Partialwellenentwicklung der Rutherfordstreuung ... 170
61. Aufgabe. Anomale Coulomb-Streuung 174
62. Aufgabe. Integralgleichung............................... 175
63. Aufgabe. Schwingersches Variationsprinzip 177
64. Aufgabe. Streulänge und effektive Reichweite 179
65. Aufgabe. Potentialschacht, Streulänge 183
66. Aufgabe. Streuung und gebundener Zustand............... 185

d) Elastische Streuung bei höheren Energien................... 187
67. Aufgabe. Bornsche Näherung 188
68. Aufgabe. Genäherte und exakte Streuamplitude 190
69. Aufgabe. Bornsche Näherung: Yukawa- und Coulombfeld 193
70. Aufgabe. Stoßparameter-Integral......................... 195
71. Aufgabe. Strahlenoptik und Stoßparameterintegral 198
72. Aufgabe. Calogero-Gleichung 199
73. Aufgabe. Zweite Bornsche Näherung für Partialwellen 202

V. *Verschiedene Einkörperprobleme* 205
74. Aufgabe. Ionisiertes Wasserstoffmolekül.................... 205
75. Aufgabe. Elektromagnetisches Feld........................ 210
76. Aufgabe. Elektrische Stromdichte 212
77. Aufgabe. Normaler Zeemaneffekt 214
78. Aufgabe. Anregung durch eine Lichtwelle 215

VI. *Nichtstationäre Probleme*.................................. 221
Vorbemerkung 221
79. Aufgabe. Zwei Zustände: zeitunabhängige Störung 222
80. Aufgabe. Zwei Zustände: zeitabhängige Störung............. 224
81. Aufgabe. Paramagnetische Resonanz 226
82. Aufgabe. Photoanregung 227
83. Aufgabe. Elastische Streuung............................ 230
84. Aufgabe. Photoeffekt................................... 233
85. Aufgabe. Spontane Emission 236

B. Mehrkörperprobleme ... 241

I. Spin ... 244

Vorbemerkung ... 244
86. Aufgabe. Antikommutator ... 245
87. Aufgabe. Konstruktion der Paulimatrizen ... 246
88. Aufgabe. Eigenvektoren der Spinoperatoren ... 248
89. Aufgabe. Produkt der Spinoperatoren ... 249
90. Aufgabe. Spinortransformation ... 251
91. Aufgabe. Ebene Welle mit Spin ... 253
92. Aufgabe. Spinelektron im Zentralfeld ... 255
93. Aufgabe. Landéscher g-Faktor ... 258
94. Aufgabe. Zwei Teilchen vom Spin $\frac{1}{2}$ ... 261
95. Aufgabe. Austauschkräfte ... 263
96. Aufgabe. Drei Teilchen vom Spin $\frac{1}{2}$ ... 264

II. Systeme aus wenigen Teilchen ... 268

Vorbemerkung ... 268
97. Aufgabe. Austauschentartung ... 268
98. Aufgabe. Gekoppelte Oszillatoren ... 270
99. Aufgabe. Helium im Grundzustand ... 276
100. Aufgabe. Neutrales Wasserstoffmolekül ... 279
101. Aufgabe. Schwerpunktsbewegung ... 283
102. Aufgabe. Drehimpulseigenfunktionen für zwei Teilchen ... 285
103. Aufgabe. Rutherford-Streuung gleicher Teilchen ... 287
104. Aufgabe. Unelastische Streuung ... 290

III. Systeme aus vielen Teilchen ... 294

105. Aufgabe. Metall als Elektronengas ... 294
106. Aufgabe. Paramagnetismus der Metalle ... 296
107. Aufgabe. Feldemission ... 299
108. Aufgabe. Thomas-Fermi-Atom ... 302
109. Aufgabe. Näherungen für die Thomas-Fermi-Funktion ... 305
110. Aufgabe. Abschirmung der K-Elektronen ... 309

Literaturhinweise zu einigen Aufgaben ... 312

Sachverzeichnis ... 315

A. Einkörperprobleme mit konservativen Kräften

Das klassische Problem der Bewegung einer Korpuskel der Masse m in einem Kraftfeld $K = -\operatorname{grad} V$, das aus einem Potential $V(r, t)$ abgeleitet werden kann, wird in der Quantenmechanik durch die Lösung der *zeitabhängigen Schrödingergleichung*

$$-\frac{\hbar^2}{2m}\nabla^2\psi + V\psi = -\frac{\hbar}{i}\frac{\partial \psi}{\partial t} \qquad (A.1)$$

beschrieben. Diese Wellengleichung ist in den Ortskoordinaten von zweiter, in der Zeit von erster Ordnung und gilt daher nur, solange wir unrelativistisch rechnen dürfen.

Die physikalische Deutung der *Wellenfunktion* $\psi(r, t)$ erfolgt über die reellen Größen

$$\rho = \psi^*\psi \qquad (A.2)$$

und

$$s = \frac{\hbar}{2mi}(\psi^*\operatorname{grad}\psi - \psi\operatorname{grad}\psi^*), \qquad (A.3)$$

welche die Kontinuitätsgleichung

$$\operatorname{div} s + \frac{\partial \rho}{\partial t} = 0 \qquad (A.4)$$

befriedigen (vgl. Aufg. 76). Daher können wir ρ als die Raumdichte und s als die Stromdichte der gleichen physikalischen Größe deuten. Man nennt ρ die statistische Dichte und deutet $\rho\,d\tau$ als die *Wahrscheinlichkeit*, die im Zustand ψ befindliche Korpuskel zur Zeit t im Volumenelement $d\tau$ anzutreffen. Diese Deutung setzt voraus, daß

$$\int d\tau\,\psi^*\psi = 1 \qquad (A.5)$$

ist; sie ist also an die *Normierbarkeit* von ψ gebunden. Die Forderung (A.5) ist daher als Randbedingung bei der Lösung von Gl. (A.1) zu erfüllen.

2 Einkörperprobleme mit konservativen Kräften

Hängt das Potential $V(r)$ nicht von der Zeit ab, so gestattet (A.1) die Separation von Ort und Zeit:

$$\psi(r, t) = u(r)\, e^{-i\omega t} ; \tag{A.6}$$

die Ortsfunktion $u(r)$ genügt dann der *zeitfreien Schrödingergleichung*

$$-\frac{\hbar^2}{2m}\nabla^2 u + Vu = \hbar\omega u \tag{A.7a}$$

oder, mit $E = \hbar\omega$, in der meist benutzten Schreibweise

$$\nabla^2 u + \frac{2m}{\hbar^2}(E - V)u = 0, \tag{A.7b}$$

die unter Einhaltung der Normierung

$$\int d\tau\, u^* u = 1 \tag{A.8}$$

zu lösen ist. Eine solche Lösung existiert nicht für jeden Wert des Separationsparameters ω oder E, vielmehr gibt es eine Folge einzelner diskreter Werte E_n (*Eigenwerte*), zu denen normierbare Eigenfunktionen u_n existieren ("Eigenwertspektrum"). Die Eigenwerte lassen sich nach einem oder mehreren Parametern n ordnen, die *Quantenzahlen* heißen. Zu jedem Eigenwert gehört eine, oder auch eine endliche Zahl von linear unabhängigen Lösungen; im letzten Fall spricht man von *Entartung* des Eigenwertes.

Formal läßt sich der Übergang von der klassischen Korpuskelmechanik zur quantentheoretischen Wellenmechanik vollziehen, indem man die klassischen Größen Impuls, Energie usw. durch *Operatoren* ersetzt, welche auf die Wellenfunktion ψ wirken. Diese Operatoren gewinnt man aus der kanonischen Formulierung der klassischen Mechanik, indem man den Impuls p einer Korpuskel durch den Operator $(\hbar/i)$ grad ersetzt. So entsteht als Operator der kinetischen Energie

$$T = \frac{p^2}{2m} = -\frac{\hbar^2}{2m}\nabla^2 \tag{A.9}$$

und als Operator des Drehimpulses

$$\boldsymbol{L} = \boldsymbol{r} \times \boldsymbol{p} = \frac{\hbar}{i}(\boldsymbol{r} \times \mathrm{grad}), \tag{A.10}$$

während V, das nicht den Impuls enthält, unverändert bleibt. Der auf der linken Seite von Gln. (A.1) und (A.7a) auftretende Operator ist daher der Hamiltonoperator

$$H = T + V = -\frac{\hbar^2}{2m}\nabla^2 + V, \tag{A.11}$$

so daß E die Energie des Zustandes u ist.

Von jedem Operator Ω läßt sich der *Erwartungswert*

$$\langle\Omega\rangle = \int d\tau\,\psi^*\Omega\psi \tag{A.12a}$$

bilden, den die zu Ω entsprechende klassische Größe bei einer Messung im Zustand ψ annimmt. Für das Integral (A.12a) schreiben wir auch symbolisch

$$\int d\tau\,\psi^*\Omega\psi = \langle\psi|\Omega|\psi\rangle \tag{A.12b}$$

und entsprechend für das Normierungsintegral

$$\int d\tau\,\psi^*\psi = \langle\psi|\psi\rangle = 1, \tag{A.5'}$$

im Hinblick auf die noch zu erläuternde Hilbertraum-Notierung.

Zu jedem Operator Ω gehört sein eigenes Eigenwertproblem

$$\Omega\chi_n = \Omega_n\chi_n \tag{A.13}$$

mit Eigenwerten Ω_n und Eigenfunktionen χ_n. Ist χ_n mit einer Eigenfunktion u_n des Hamiltonoperators H identisch, so ist die zu χ_n gehörige physikalische Größe gleichzeitig mit der Energie E scharf definiert. Dies gilt z.B. bei Zentralkräften für die Drehimpulsoperatoren L_z und L^2. Allgemein ist das Kriterium dafür, daß zwei Operatoren das gleiche *System* von Eigenfunktionen besitzen, ihre Vertauschbarkeit (also z.B. $H\Omega = \Omega H$).

Die Eigenfunktionen der Differentialgleichung (A.7a,b) zu der Randbedingung (A.8) bilden ein *vollständiges normiertes Orthogonalsystem*,

$$\int d\tau\,u_n^*u_m = \delta_{nm}. \tag{A.14}$$

Jede normierbare Funktion $f(r)$ läßt sich daher in eine Reihe

$$f = \sum_n c_n u_n \tag{A.15a}$$

mit

$$c_n = \int d\tau\,u_n^* f = \langle u_n|f\rangle \tag{A.15b}$$

entwickeln. Dann gilt die Vollständigkeitsrelation

$$\int d\tau\,|f|^2 = \sum_n |c_n|^2. \tag{A.15c}$$

4 Einkörperprobleme mit konservativen Kräften

Im Fall der Entartung, wenn also k linear unabhängige Lösungen u_{n1}, $u_{n2}, \ldots, u_{nk}$ zum Eigenwert E_n gehören, ist jede Funktion

$$u_n = \sum_{i=1}^{k} \alpha_i u_{ni} \tag{A.16}$$

mit beliebigen Koeffizienten α_i wieder eine Lösung. Durch geeignete Wahl der α_i lassen sich stets k neue Eigenfunktionen zu E_n bilden, die normiert und zueinander orthogonal sind.

Ein stationärer Zustand der Form von Gl. (A.6) ist eine spezielle Lösung der Gl. (A.1), deren vollständige Lösung

$$\psi(r, t) = \sum_n c_n u_n(r) e^{-i\omega_n t} \tag{A.17}$$

lautet. Eine solche *nicht*stationäre Lösung enthält verschiedene Energiewerte $E_n = \hbar\omega_n$. Die Anwendung der Gln. (A.15a–c) ergibt dann

$$\langle \psi | \psi \rangle = \sum_n |c_n|^2 = 1 , \tag{A.18}$$

so daß $|c_n|^2$ als die Wahrscheinlichkeit gedeutet werden kann, die Korpuskel im Zustand u_n mit der Energie E_n anzutreffen.

Diese Ausführungen gelten für ein diskretes Energiespektrum ("Punktspektrum"). Tritt daneben ein Kontinuum ("Streckenspektrum") auf, so ist das System der Eigenfunktionen nur vollständig und zur Reihenentwicklung geeignet, wenn man beide Teile berücksichtigt. Anstelle von Gl. (A.17) tritt dann

$$\psi = \sum_n c_n u_n e^{-iE_n t/\hbar} + \int dE\, c(E) u(E) e^{-iEt/\hbar} . \tag{A.17'}$$

Dabei genügen auch die $u(E)$ im kontinuierlichen Spektrum der Schrödingergleichung (A.7). Normiert man sie mit Hilfe der Diracschen δ-Funktion gemäß

$$\int d\tau\, u^*(E) u(E') = \delta(E - E') ,$$

so tritt anstelle von Gl. (A.18)

$$\langle \psi | \psi \rangle = \sum_n |c_n|^2 + \int dE |c(E)|^2 = 1 , \tag{A.18'}$$

sodaß $|c(E)|^2\, dE$ als Wahrscheinlichkeit gedeutet werden kann, das System im Energiebereich zwischen E und $E + dE$ aufzufinden.

I. Allgemeine Begriffe

Mathematische Vorbemerkung. Ist Ω ein Operator mit den Eigenwerten ω_n und den orthonormierten Eigenfunktionen χ_n, ist also

$$\Omega \chi_n = \omega_n \chi_n, \qquad \int d\tau \, \chi_m^* \chi_n = \delta_{mn}, \tag{AI.1}$$

so können die Funktionen eines anderen orthonormierten Systems $\{\varphi_\mu\}$ nach den χ_n entwickelt werden,

$$\varphi_\mu = \sum_n U_{\mu n} \chi_n \tag{AI.2}$$

mit Koeffizienten $U_{\mu n}$. Dann folgt aus dem Entwicklungssatz, Gln. (A.15), die *Matrix*

$$\Omega_{\mu\nu} = \int d\tau \, \varphi_\nu^* \Omega \varphi_\mu = \langle \varphi_\nu | \Omega | \varphi_\mu \rangle = \sum_n U_{\nu n}^* U_{\mu n} \omega_n. \tag{AI.3}$$

Die Angabe einer solchen Matrix ist äquivalent zur Realisierung des Operators Ω mit Hilfe von Differentiationsvorschriften. Aus Gl. (AI.2) folgt

$$\langle \varphi_\mu | \varphi_\nu \rangle = \sum_n U_{\mu n}^* U_{\nu n} = \delta_{\mu\nu}. \tag{AI.4}$$

Eine Koeffizientenmatrix U, die der Gl. (AI.4) genügt, heißt eine *unitäre Matrix*. Definieren wir noch die zu U *adjungierte Matrix* $U^\dagger$ durch die Relationen

$$U^\dagger_{\nu n} = U_{n\nu}^*, \tag{AI.5}$$

so können wir die Gln. (AI.3) und (AI.4) auch schreiben

$$\Omega = U \Omega^0 U^\dagger; \qquad UU^\dagger = U^\dagger U = \mathbf{1}, \tag{AI.6a}$$

wobei Ω^0 die Diagonalmatrix

$$\Omega^0_{mn} = \omega_n \delta_{mn}$$

zum System $\{\chi_n\}$ und **1** die Einheitsmatrix bedeuten. Umgekehrt gilt

$$\Omega^0 = U^\dagger \Omega U \ . \tag{AI.6b}$$

Die Lösung des Eigenwertproblems zur Differentialgleichung (A.1) ist also gleichbedeutend mit einer *unitären Transformation* der Matrix Ω auf Hauptachsen. Man beachte, daß diese Algebraisierung eines Problems der Analysis auf lineare Gleichungen mit *unendlich vielen* Unkekannten führt.

Im *Hilbertraum* werden diese algebraischen Verhältnisse geometrisiert. Jede normierbare Funktion $f(r)$ stellt einen *Hilbertvektor* $|f\rangle$ dar. Jedes vollständige orthonormierte Funktionensystem $\{\chi_n\}$ spannt ein Achsenkreuz von Einheitsvektoren $|\chi_n\rangle$ auf, nach dem sich jeder Hilbertvektor $|f\rangle$ in Komponenten

$$f_m = \langle \chi_m | f \rangle = \int d\tau \, \chi_m^* f \tag{AI.7}$$

zerlegen läßt. Ein Integral der Form von Gl. (AI.7) wird daher als das *skalare Produkt* der Hilbertvektoren $|f\rangle$ und $|\chi_m\rangle$ bezeichnet. Ein Operator Ω kann als *Tensor* im Hilbertraum aufgefaßt werden, dessen Komponentenzerlegung nach einem Achsenkreuz $\{\varphi_\mu\}$ auf die in Gl. (AI.3) definierten Tensorkomponenten (= Matrixelemente) führt. Gleichung (AI.6b) kann daher auch als Hauptachsentransformation des Tensors Ω bezeichnet werden, dessen Hauptachsen durch die Einheitsvektoren $|\chi_n\rangle$ nach ihrer Richtung und durch die Eigenwerte ω_n nach ihrer Größe festgelegt sind.

1. Aufgabe. Erwartungswerte von Impuls und Kraft

Man zeige die Gültigkeit der klassischen Beziehung

$$\boldsymbol{K} = \frac{d\boldsymbol{p}}{dt} \tag{1.1}$$

zwischen Kraft $\boldsymbol{K}$ und Impuls $\boldsymbol{p}$ für die Erwartungswerte $\langle \boldsymbol{K}\rangle$ und $\langle \boldsymbol{p}\rangle$ der entsprechenden Operatoren im Zustand ψ.

Lösung. Mit $\boldsymbol{K} = -\operatorname{grad} V$ und dem Impulsoperator $\boldsymbol{p} = (\hbar/\mathrm{i}) \operatorname{grad}$ werden die Erwartungswerte für den Zustand ψ:

$$\langle \boldsymbol{K}\rangle = -\int d\tau \, \psi^*(\operatorname{grad} V)\psi \ ;$$

$$\langle \boldsymbol{p}\rangle = \frac{\hbar}{\mathrm{i}} \int d\tau \, \psi^* \operatorname{grad} \psi \ . \tag{1.2}$$

Mit

$$\frac{d}{dt}(\psi^* \operatorname{grad} \psi) = \dot{\psi}^* \operatorname{grad} \psi + \psi^* \operatorname{grad} \dot{\psi}$$

entsteht bei partieller Integration im zweiten Term

$$\frac{d}{dt}\langle p \rangle = \frac{\hbar}{i}\int d\tau(\dot\psi^* \,\mathrm{grad}\,\psi - \dot\psi\,\mathrm{grad}\,\psi^*)\,.$$

Hier ersetzen wir $\dot\psi^*$ und $\dot\psi$ mit Hilfe der Schrödingergleichungen

$$\frac{\hbar}{i}\dot\psi^* = -\frac{\hbar^2}{2m}\nabla^2\psi^* + V\psi^*\,;\qquad -\frac{\hbar}{i}\dot\psi = -\frac{\hbar^2}{2m}\nabla^2\psi + V\psi\,.$$

Dann folgt

$$\frac{d}{dt}\langle p \rangle = -\frac{\hbar^2}{2m}\int d\tau(\nabla^2\psi^*\nabla\psi + \nabla^2\psi\nabla\psi^*)$$
$$+ \int d\tau\, V(\psi^*\nabla\psi + \psi\nabla\psi^*)\,.$$

Das erste Integral verschwindet identisch. Im zweiten Integral ergibt partielle Integration

$$= \int d\tau(\psi^* V\nabla\psi - \psi^*\nabla(V\psi))$$
$$= \int d\tau[\psi^* V\nabla\psi - \psi^*(V\nabla\psi + \psi\nabla V)] = -\int d\tau\,\psi^*(\nabla V)\psi\,,$$

und das ist nach Gl. (1.2) gerade gleich $\langle K \rangle$, so daß in der Tat

$$\langle K \rangle = \frac{d}{dt}\langle p \rangle \tag{1.3}$$

folgt wie behauptet.

Anm. Gleichung (1.2) für $\langle p \rangle$ kann mit einer partiellen Integration auch in

$$\langle p \rangle = \frac{\hbar}{2i}\int d\tau(\psi^* \,\mathrm{grad}\,\psi - \psi\,\mathrm{grad}\,\psi^*)$$

umgeformt werden. Hier tritt die Strömungsdichte s von Gl. (A.3) im Integranden auf, so daß wir auch $\langle p \rangle = m\langle s \rangle$ schreiben können. Wegen der klassischen Beziehung $p = m\dot r$ zwischen Impuls p und Geschwindigkeit $\dot r$ gibt diese Relation einen Anhalt für die Anwendbarkeit der unrelativistischen Theorie, $\langle s \rangle \ll c$.

2. Aufgabe. Erwartungswerte von Drehimpuls und Moment

Analog zur vorigen Aufgabe soll die Gültigkeit des Drehimpulssatzes

$$\frac{d}{dt}\langle L \rangle = \langle M \rangle \tag{2.1}$$

I. Allgemeine Begriffe

für die Erwartungswerte des Drehimpulses $L = r \times p$ und des Drehmoments $M = r \times K$ mit $K = -\operatorname{grad} V$ gezeigt werden.

Lösung. Mit dem Operator $p = (\hbar/i)\nabla$ sind die Erwartungswerte der Operatoren L und M

$$\langle L \rangle = \frac{\hbar}{i}\int d\tau\, \psi^*(r \times \nabla)\psi , \tag{2.2}$$

$$\langle M \rangle = -\int d\tau\, \psi^*(r \times \nabla V)\psi . \tag{2.3}$$

Wir bilden

$$\frac{d}{dt}\langle L \rangle = \frac{\hbar}{i}\int d\tau\, [\dot\psi^*(r \times \nabla\psi) + \psi^*(r \times \nabla\dot\psi)]$$

und setzen im zweiten Term

$$\psi^*\nabla\dot\psi = \nabla(\psi^*\dot\psi) - \dot\psi\nabla\psi^* .$$

Wenden wir hier die allgemeine Vektorregel

$$\int d\tau (r \times \nabla f) = 0 \tag{2.4}$$

auf $f = \psi^*\dot\psi$ an, so folgt

$$\frac{d}{dt}\langle L \rangle = \frac{\hbar}{i}\int d\tau\, [\dot\psi^*(r \times \nabla\psi) - \dot\psi(r \times \nabla\psi^*)] .$$

Hier ersetzen wir $\dot\psi^*$ und $\dot\psi$ mit Hilfe der Schrödingergleichungen

$$\frac{\hbar}{i}\dot\psi^* = -\frac{\hbar^2}{2m}\nabla^2\psi^* + V\psi^* ; \qquad -\frac{\hbar}{i}\dot\psi = -\frac{\hbar^2}{2m}\nabla^2\psi + V\psi ; \tag{2.5}$$

dann entsteht

$$\frac{d}{dt}\langle L \rangle = -\frac{\hbar^2}{2m}\int d\tau\, r \times (\nabla^2\psi^*\nabla\psi + \nabla^2\psi\nabla\psi^*)$$
$$+ \int d\tau\, V r \times (\psi^*\nabla\psi + \psi\nabla\psi^*) . \tag{2.6}$$

Im ersten Integral wird die Klammer

$$\nabla^2\psi^*\nabla\psi + \nabla^2\psi\nabla\psi^* = \nabla(\nabla\psi^*\cdot\nabla\psi) .$$

Anwendung von Gl. (2.4) auf dies Integral zeigt, daß der erste Term in Gl. (2.6) verschwindet. Das zweite Integral schreiben wir um in

$$\int d\tau\, r \times (V\nabla(\psi^*\psi)) = -\int d\tau\, \psi^*\psi(r \times \nabla V) ,$$

und das ist nach Gl. (2.3) der Erwartungswert des Drehmoments, womit Gl. (2.1) bewiesen ist.

Anm. Die klassische Definition $L = r \times p$ kann natürlich auch $L = -p \times r$ geschrieben werden. Beide ergeben beim Übergang zum Operator $p = (\hbar/\mathrm{i})\nabla$ dasselbe, wie man z.B. an der Komponente L_x sofort sieht:

$$L_x\psi = (p_y z - p_z y)\psi = \frac{\hbar}{\mathrm{i}}\left(\frac{\partial}{\partial y}(z\psi) - \frac{\partial}{\partial z}(y\psi)\right)$$

$$= \frac{\hbar}{\mathrm{i}}\left(z\frac{\partial \psi}{\partial y} - y\frac{\partial \psi}{\partial z}\right) = -(yp_z - zp_y)\psi.$$

3. Aufgabe. Energieerhaltungssatz

Man zeige, daß die Energiedichte W in einem Schrödingerfeld ψ bis auf einen willkürlichen Divergenzterm

$$W = \frac{\hbar^2}{2m}(\operatorname{grad}\psi^* \cdot \operatorname{grad}\psi) + \psi^* V \psi \tag{3.1}$$

geschrieben werden kann. Man beweise hierfür den Erhaltungssatz der Energie in der üblichen Form einer Kontinuumstheorie,

$$\frac{\partial W}{\partial t} + \operatorname{div} S = 0, \tag{3.2}$$

wobei das zu bestimmende Vektorfeld S die Energiestromdichte beschreibt.

Lösung. Aus der Schrödingergleichung folgt

$$E = -\frac{\hbar^2}{2m}\langle\psi|\nabla^2\psi\rangle + \langle\psi|V|\psi\rangle \tag{3.3}$$

für einen Zustand der Energie E, wobei der erste Term den Erwartungswert der kinetischen, der zweite den der potentiellen Energie darstellt. Dies legt unmittelbar nahe, den Integranden $\psi^* V \psi = \rho V$ als Dichte der potentiellen Energie zu bezeichnen. Im ersten Term wenden wir die Vektorrelation

$$\operatorname{div}(\psi^* \operatorname{grad}\psi) = \psi^* \operatorname{div}\operatorname{grad}\psi + \operatorname{grad}\psi^* \cdot \operatorname{grad}\psi \tag{3.4a}$$

oder kurz

$$\nabla \cdot (\psi^* \nabla \psi) = \psi^* \nabla^2 \psi + \nabla\psi^* \cdot \nabla\psi \tag{3.4b}$$

an; dann können wir schreiben

$$\langle E_{\mathrm{kin}}\rangle = -\frac{\hbar^2}{2m}\int d\tau[\operatorname{div}(\psi^* \operatorname{grad}\psi) - \operatorname{grad}\psi^* \cdot \operatorname{grad}\psi].$$

I. Allgemeine Begriffe

Hier verschwindet das erste Glied nach dem Gaußschen Satz, so daß wir

$$\langle E_{\text{kin}} \rangle = \frac{\hbar^2}{2m} \int d\tau \, \text{grad} \, \psi^* \cdot \text{grad} \, \psi \tag{3.5}$$

erhalten. Diese Form zeigt deutlich, daß die kinetische Energie stets positiv sein muß. Mit

$$E = \int d\tau \, W \tag{3.6}$$

schreiben wir für die gesamte Energiedichte

$$W = \frac{\hbar^2}{2m} (\text{grad} \, \psi^* \cdot \text{grad} \, \psi) + \psi^* V \psi \,, \tag{3.7}$$

in Übereinstimmung mit Gl. (3.1).

Um den Erhaltungssatz, Gl. (3.2) zu finden bilden wir nun

$$\frac{\partial W}{\partial t} = \frac{\hbar^2}{2m} (\nabla \dot{\psi}^* \cdot \nabla \psi + \nabla \psi^* \cdot \nabla \dot{\psi}) + (\dot{\psi}^* V \psi + \psi^* V \dot{\psi}) \,,$$

wobei wir vorausgesetzt haben, daß V nicht von der Zeit abhängt. Unter Verwendung von Gl. (3.4b) können wir den kinetischen Anteil umformen:

$$\frac{\partial W}{\partial t} = \frac{\hbar^2}{2m} \nabla \cdot (\dot{\psi}^* \nabla \psi + \dot{\psi} \nabla \psi^*) + \dot{\psi}^* \left(-\frac{\hbar^2}{2m} \nabla^2 \psi + V \psi \right)$$
$$+ \dot{\psi} \left(-\frac{\hbar^2}{2m} \nabla^2 \psi^* + V \psi^* \right).$$

Die beiden letzten Klammern ersetzen wir nach der Schrödingergleichung durch $(-\hbar/i)\dot{\psi}$ und $(+\hbar/i)\dot{\psi}^*$; dann heben sich diese beiden Glieder gegeneinander weg, so daß nur der Divergenzterm stehen bleibt und sich gerade Gl. (3.2) mit der Energiestromdichte

$$S = -\frac{\hbar^2}{2m} (\dot{\psi}^* \nabla \psi + \dot{\psi} \nabla \psi^*) \tag{3.8}$$

ergibt.

4. Aufgabe. Matrixelemente

Für zwei Eigenfunktionen u_k und u_l der Schrödingergleichung zu zwei verschiedenen Eigenwerten E_k und E_l beweise man die Relation

$$\int d\tau \, u_l^* \frac{\partial}{\partial x} u_k = \frac{m}{\hbar^2} (E_k - E_l) \int d\tau \, u_l^* \, x u_k \tag{4.1}$$

zwischen zwei Matrixelementen.

Lösung. Wir multiplizieren die Differentialgleichungen

$$\nabla^2 u_k + \frac{2m}{\hbar^2}(E_k - V)u_k = 0 \tag{4.2a}$$

und

$$\nabla^2 u_l^* + \frac{2m}{\hbar^2}(E_l - V)u_l^* = 0 \tag{4.2b}$$

mit $u_l^* x$, bzw. mit $u_k x$ und bilden die Differenz. Dann entfällt das Glied mit V, und es bleibt

$$(u_l^* x)\nabla^2 u_k - (u_k x)\nabla^2 u_l^* + \frac{2m}{\hbar^2}(E_k - E_l)u_l^* x u_k = 0. \tag{4.3}$$

Integration über den gesamten Raum ergibt im letzten Glied von Gl. (4.3) die rechte Seite der Gl. (4.1). Die beiden ersten Glieder formen wir durch partielle Integration um:

$$\int d\tau (u_l^* x)\nabla^2 u_k = -\int d\tau \nabla(u_l^* x)\cdot \nabla u_k = -\int d\tau \left(x\nabla u_l^*\cdot \nabla u_k + u_l^*\frac{\partial u_k}{\partial x}\right)$$

und

$$\int d\tau (u_k x)\nabla^2 u_l^* = -\int d\tau \nabla(u_k x)\cdot \nabla u_l^* = -\int d\tau \left(x\nabla u_k\cdot \nabla u_l^* + u_k\frac{\partial u_l^*}{\partial x}\right).$$

Aus der Differenz heben sich die ersten Glieder weg, so daß Gl. (4.3)

$$\int d\tau \left(u_l^*\frac{\partial u_k}{\partial x} - u_k\frac{\partial u_l^*}{\partial x}\right) = \frac{2m}{\hbar^2}(E_k - E_l)\int d\tau\, u_l^* x u_k \tag{4.4}$$

geschrieben werden kann. Partielle Integration gibt links

$$-\int d\tau\, u_k\frac{\partial u_l^*}{\partial x} = \int d\tau\, u_l^*\frac{\partial u_k}{\partial x},$$

womit Gl. (4.4) in die zu beweisende Gl. (4.1) übergeht.

Anm. 1. Die Auswahl der Richtung x ist natürlich willkürlich. Wir können Gl. (4.1) zu

$$\int d\tau\, u_l^*\,\mathrm{grad}\, u_k = \frac{m}{\hbar^2}(E_k - E_l)\int d\tau\, u_l^*\, \mathbf{r}\, u_k \tag{4.5}$$

verallgemeinern. Unter Einführung des Impulsoperators $\mathbf{p}$ gilt auch

$$\int d\tau\, u_l^*\, \mathbf{p}\, u_k = \mathrm{i}\frac{m}{\hbar}(E_k - E_l)\int d\tau\, u_l^*\, \mathbf{r}\, u_k. \tag{4.6}$$

Vgl. hierzu die Gln. (25.4) für den harmonischen Oszillator.

Anm. 2. In Matrixschreibweise lautet Gl. (4.6)

$$(p_\nu)_{kl} = i\frac{m}{\hbar}(E_k - E_l)(x_\nu)_{kl} \tag{4.7}$$

und kann leicht aus den Relationen (vgl. Aufg. 7)

$$H = \frac{1}{2m}\sum_{\nu=1}^{3} p_\nu^2 + V; \qquad \frac{\partial H}{\partial p_\nu} = [H, x_\nu]$$

abgeleitet werden. Zunächst ergibt sich für

$$\frac{\partial H}{\partial p_\nu} = \frac{1}{m}p_\nu = \frac{i}{\hbar}(Hx_\nu - x_\nu H)$$

in Matrixschreibweise

$$(p_\nu)_{kl} = i\frac{m}{\hbar}\sum_j [H_{kj}(x_\nu)_{jl} - (x_\nu)_{kj}H_{jl}]$$

und, da

$$H_{kj} = E_k \delta_{kj}$$

diagonal ist, unmittelbar Gl. (4.7). Dies ist ein schönes Beispiel, wie sehr algebraische Methoden die Rechnung abkürzen können.

5. Aufgabe. Hermitische Operatoren

Der zu einem Operator Ω adjungierte oder hermitisch konjugierte Operator $\Omega^\dagger$ ist durch die Beziehung

$$\int d\tau (\Omega\psi)^*\varphi = \int d\tau\, \psi^*\Omega^\dagger\varphi \tag{5.1}$$

definiert, wobei ψ und φ zwei beliebige normierte Funktionen sind:

$$\int d\tau\, \psi^*\psi = 1\,; \qquad \int d\tau\, \varphi^*\varphi = 1\,. \tag{5.2}$$

Diese Definition soll in Matrixschreibweise übertragen und insbesondere auf selbstadjungierte oder hermitische Operatoren $\Omega^\dagger = \Omega$ angewandt werden. Dabei ist es zweckmäßig, die Symbole des Hilbertraums zu verwenden.

Lösung. Im Hilbertraum werden die Funktionen ψ und φ durch Hilbertvektoren ersetzt. Die Gln. (5.1) und (5.2) können dann als skalare Produkte geschrieben werden:

$$\langle \Omega\psi | \varphi \rangle = \langle \psi | \Omega^\dagger \varphi \rangle \tag{5.1'}$$

5. Aufgabe. Hermitische Operatoren

und

$$\langle \psi | \psi \rangle = 1 \; ; \quad \langle \varphi | \varphi \rangle = 1 \; . \tag{5.2'}$$

Nun sei $\{u_\nu\}$ ein vollständiger Satz orthonormierter Funktionen, denen im Hilbertraum ein rechtwinkliges Achsenkreuz von Einheitsvektoren entspricht,

$$\langle u_\mu | u_\nu \rangle = \delta_{\mu\nu} \; , \tag{5.3a}$$

oder in abgekürzter Symbolik

$$\langle \mu | \nu \rangle = \delta_{\mu\nu} \; . \tag{5.3b}$$

Wir entwickeln ψ und φ nach diesem System,

$$\psi = \sum_\nu a_\nu u_\nu \; ; \quad \varphi = \sum_\mu b_\mu u_\mu \; .$$

Im Hilbertraum lauten diese Formeln

$$|\psi\rangle = \sum_\nu a_\nu |\nu\rangle \; ; \quad |\varphi\rangle = \sum_\mu b_\mu |\mu\rangle \; ; \tag{5.4}$$

die $a_\nu = \langle \nu | \psi \rangle$ und $b_\mu = \langle \mu | \varphi \rangle$ sind die Komponenten dieser Vektoren. Setzen wir Gl. (5.4) in Gl. (5.1') ein, so erhalten wir

$$\sum_\mu \sum_\nu a_\nu^* b_\mu \langle \Omega \nu | \mu \rangle = \sum_\mu \sum_\nu a_\nu^* b_\mu \langle \nu | \Omega^\dagger \mu \rangle \; .$$

Da die a_ν und b_μ willkürliche Konstanten sind, muß auch für die einzelnen Glieder gelten

$$\langle \Omega \nu | \mu \rangle = \langle \nu | \Omega^\dagger \mu \rangle \; , \tag{5.5}$$

was übrigens mit $\psi = u_\nu$ und $\varphi = u_\mu$ ein Spezialfall von Gl. (5.1') ist.

Gehen wir zur Matrixschreibweise über, so finden wir für die beiden Seiten von Gl. (5.5)

$$\langle \Omega \nu | \mu \rangle = \langle \mu | \Omega \nu \rangle^* = (\Omega_{\nu\mu})^* \tag{5.6}$$

und

$$\langle \nu | \Omega^\dagger \mu \rangle = \Omega^\dagger_{\mu\nu} \; . \tag{5.7}$$

Für die Matrixelemente des hermitisch konjugierten Operators $\Omega^\dagger$ gibt Gl. (5.5) demnach

$$(\Omega^\dagger)_{\mu\nu} = (\Omega_{\nu\mu})^* \; . \tag{5.8}$$

Man erhält also die adjungierte Matrix durch Spiegelung an der Diagonalen ($\mu\nu \to \nu\mu$) und Übergang zum komplex Konjugierten.

Ein hermitischer Operator ist durch $\Omega^\dagger = \Omega$ oder nach Gl. (5.8)

$$\Omega_{\mu\nu} = \Omega^*_{\nu\mu}$$

definiert. Für seine Diagonalelemente gilt insbesondere

$$\Omega_{\mu\mu} = \Omega^*_{\mu\mu} \ ;$$

sie sind daher sämtlich reell. Wird das Orthogonalsystem $\{u_\mu\}$ speziell so gewählt, daß die Matrix von Ω diagonal ist,

$$\Omega_{\mu\nu} = \omega_\mu \delta_{\mu\nu} \ ,$$

so folgt der wichtige Satz, daß die Eigenwerte eines hermitischen Operators reell sind. Dies erklärt die besondere Bedeutung der hermitischen Operatoren in der Physik.

6. Aufgabe. Konstruktion eines hermitischen Operators

Zwischen den Operatoren p (Impulskomponente in x-Richtung) und x besteht die Vertauschungsrelation

$$px - xp = \frac{\hbar}{i} \ , \qquad (6.1)$$

die man leicht an der Realisierung $p = (\hbar/i)\partial/\partial x$ nachprüft. Man übertrage die klassische Größe px in einen hermitischen Operator.

Lösung. (a) Der gesuchte Operator muß die Form

$$\Omega = (1 - \alpha)xp + \alpha px \qquad (6.2a)$$

haben. Da $p = p^\dagger$ und $x = x^\dagger$ hermitische Operatoren sind, wird

$$(xp)^\dagger = px \ ; \quad (px)^\dagger = xp \ ,$$

so daß

$$\Omega^\dagger = (1 - \alpha^*)px + \alpha^* xp \qquad (6.2b)$$

folgt. Die Forderung der Hermitizität, $\Omega^\dagger = \Omega$, ergibt daher

$$(1 - \alpha - \alpha^*)(px - xp) = 0$$

oder, da der zweite Faktor wegen Gl. (6.1) von Null verschieden ist,

$$1 - \alpha - \alpha^* = 0 \ . \qquad (6.3)$$

6. Aufgabe. Konstruktion eines hermitischen Operators

Das läßt sich nur erfüllen, wenn

$$\alpha = \tfrac{1}{2} + i\beta \tag{6.4}$$

mit beliebigem reellem β wird. Damit geht Gl. (6.2a) über in

$$\Omega = \tfrac{1}{2}(xp + px) + \beta\hbar . \tag{6.5}$$

Der Zusatz $\beta\hbar$ ist ohne physikalische Bedeutung und kann weggelassen werden. Die Lösung der Aufgabe erfolgt daher durch Symmetrisierung des Produkts.

(b) Realisiert man Gl. (6.1) durch den Differentialoperator

$$p = \frac{\hbar}{i}\frac{\partial}{\partial x}, \tag{6.6}$$

so muß der Erwartungswert von Ω in jedem Zustand ψ,

$$\langle \psi | \Omega\psi \rangle = \int d\tau \, \psi^* \Omega \psi$$

reell sein. Mit Gl. (6.2a) wird dieser, ausführlich geschrieben, zu

$$\langle \psi | \Omega\psi \rangle = \frac{\hbar}{i}\int dx\, \psi^* \left[(1-\alpha)x\frac{\partial\psi}{\partial x} + \alpha\frac{\partial}{\partial x}(\psi x) \right]$$

$$= \frac{\hbar}{i}\int dx\, \psi^* \left[x\frac{\partial\psi}{\partial x} + \alpha\psi \right]. \tag{6.7}$$

Zerlegen wir $\psi = f + ig$ in Real- und Imaginärteil, so entsteht

$$\langle \psi | \Omega\psi \rangle = \frac{\hbar}{i}\int dx[x(ff' + gg') + \alpha(f^2 + g^2)] + \hbar\int dx\, x(fg' - gf').$$

Mit der Normierung

$$\int dx\, \psi^*\psi = \int dx(f^2 + g^2) = 1$$

können wir das umschreiben in

$$\langle \psi | \Omega\psi \rangle = \frac{\hbar}{2i}\int dx\, x\frac{\partial}{\partial x}(f^2 + g^2) + \frac{\hbar}{i}\alpha + \hbar\int dx\, x(fg' - gf').$$

Das erste Integral ergibt durch partielle Integration -1, so daß sich für $\alpha = 1/2$ die beiden imaginären Summanden aufheben. Dann bleibt allein der dritte, reelle Term übrig, wie verlangt. Mit Gl. (6.4) für α würde lediglich ein vom zweiten Term herrührendes reelles $\hbar\beta$ hinzutreten.

(c) Definieren wir wie in Aufg. 5 die Hermitizität von Ω durch

$$\langle u | \Omega v \rangle = \langle \Omega u | v \rangle ,$$

d.h. durch

$$\int dx\, u^*\Omega v = \int dx (\Omega u)^* v ,\tag{6.8}$$

für ein beliebiges Paar u, v von nomierbaren Funktionen von x, so ergibt der Ansatz Gl. (6.2a) mit der Realisierung von p durch Gl. (6.6)

$$\frac{\hbar}{i}\int dx\, u^*[(1-\alpha)xv' + \alpha(xv)'] = -\frac{\hbar}{i}\int dx[(1-\alpha^*)xu^{*\prime} + \alpha^*(xu^*)']v$$

oder

$$\int dx[u^*xv' + \alpha u^*v + xu^{*\prime}v + \alpha^* u^* v] = 0 .\tag{6.9}$$

Durch partielle Integration folgt

$$\int dx\, x(u^*v' + u^{*\prime}v) = \int dx\, x\frac{\partial}{\partial x}(u^*v) = -\int dx\, u^*v ,$$

so daß Gl. (6.9) übergeht in

$$\int dx\, u^*v(-1 + \alpha + \alpha^*) = 0 ,$$

was für beliebige u und v wieder auf $\alpha + \alpha^* = 1$ und damit auf Gl. (6.4) führt.

(d) In Matrizenschreibweise gilt $\Omega_{mn} = \Omega_{nm}^*$ oder ausführlich

$$(1-\alpha)\sum_k x_{mk}p_{kn} + \alpha\sum_k p_{mk}x_{kn} = (1-\alpha^*)\sum_k x_{nk}^* p_{km}^* + \alpha^*\sum_k p_{nk}^* x_{km}^* .$$

Da für die hermitischen Matrizen x und p

$$x_{nk}^* = x_{kn} ; \qquad p_{nk}^* = p_{kn}$$

ist, können wir die rechte Seite in

$$(1-\alpha^*)\sum_k p_{mk}x_{kn} + \alpha^*\sum_k x_{mk}p_{kn}$$

umschreiben. Von da ab läuft die Rechnung analog zu (a) weiter.

7. Aufgabe. Verallgemeinerte Vertauschungsrelationen

Man beweise: Unter Verwendung des Symbols

$$\frac{i}{\hbar}(fg - gf) = [f, g]\tag{7.1}$$

7. Aufgabe. Verallgemeinerte Vertauschungsrelationen

folgen für eine ganze Funktion f der Impulskomponenten p_k und der kartesischen Koordinaten x_k die Beziehungen

$$\frac{\partial f}{\partial x_k} = -[f, p_k] \; ; \qquad \frac{\partial f}{\partial p_k} = [f, x_k] \tag{7.2}$$

aus deren Vertauschungsregeln.

Lösung. Vorausgesetzt sind die Vertauschungsrelationen

$$[p_k, p_l] = 0 \; ; \quad [x_k, x_l] = 0 \; ; \quad [p_k, x_l] = \delta_{kl} \, . \tag{7.3}$$

Hieraus bauen wir die Gl. (7.2) in vier Schritten auf:

1. Ist $f = p_l$, so wird $\partial f/\partial x_k = 0$ und $\partial f/\partial p_k = \delta_{kl}$. Wegen der Relationen (7.3) stimmt das mit Gl. (7.2) überein. Analoges gilt für $f = x_l$. Für diese einfachsten Sonderfälle sind die Ausdrücke (7.2) also korrekt.

2. Wegen ihrer Linearität in f gelten sie auch für jede lineare Kombination $c_1 f + c_2 g$, wenn sie für f und g zutreffen.

3. Mit f und g gelten sie auch für deren Produkt fg. Nach Gl. (7.2) ist nämlich

$$\frac{\partial}{\partial x_k}(fg) = f\frac{\partial g}{\partial x_k} + \frac{\partial f}{\partial x_k}g = -f[g, p_k] - [f, p_k]g \, ,$$

und das läßt sich nach der Definition von Gl. (7.1) ausführlich schreiben als

$$= -\frac{i}{\hbar}[f(gp_k - p_k g) + (fp_k - p_k f)g]$$

$$= -\frac{i}{\hbar}(fgp_k - p_k fg) = -[fg, p_k] \, ,$$

wie behauptet. Analoges gilt für $\partial(fg)/\partial p_k$.

4. Die Gln. (7.2) gelten also auch für lineare Kombinationen von Produkten aus beliebigen Anzahlen von p_k und x_k, mithin auch für jede ganze Funktion dieser Variablen, was zu beweisen war.

Anm. Im Hinblick auf Aufg. 9 beachte man besonders die Anwendung der Gl. (7.2) auf den Hamiltonoperator:

$$\frac{\partial H}{\partial x_k} = -[H, p_k] \; ; \qquad \frac{\partial H}{\partial p_k} = [H, x_k] \, . \tag{7.4}$$

Die Gln. (7.2) gelten auch in weiterem Umfang; mit der Realisierung von p_k durch $(\hbar/i)\partial/\partial x_k$ zeigt man leicht, daß sie auch für $f = 1/x_k$ und andere negative oder gebrochene Potenzen von x_k zutreffen.

18 I. Allgemeine Begriffe

8. Aufgabe. Vertauschung von p^n mit x^m

Man berechne allgemein für positiv ganze m und n die Vertauschungsklammer $[p^n, x^m]$ und untersuche speziell das Beispiel $n = 3$, $m = 2$.

Lösung. Wir können zwei verschiedene Wege einschlagen.

(a) Wir zerlegen wiederholt p^n in Faktoren und bauen dadurch schrittweise die Vertauschungsklammer ab bis hinunter zu $[p, x^m]$, das wir aus Gl. (7.2) ablesen:

$$[p, x^m] = \frac{d}{dx} x^m = m x^{m-1} . \tag{8.1}$$

Diese Zerlegung führen wir mit Hilfe der allgemeinen Formel

$$[AB, C] = A[B, C] + [A, C]B \tag{8.2}$$

aus. Schreiben wir statt x^m zunächst allgemeiner irgendeine ganze Funktion $f(p, x)$, so erhalten wir auf diesem Wege

$$[p^n, f] = p[p^{n-1}, f] + [p, f] p^{n-1}$$
$$= p(p[p^{n-2}, f] + [p, f] p^{n-2}) + [p, f] p^{n-1}$$
$$= p^2(p[p^{n-3}, f] + [p, f] p^{n-3}) + p[p, f] p^{n-2} + [p, f] p^{n-1}$$

usw. Lesen wir die Summe rückwärts,

$$[p^n, f] = [p, f] p^{n-1} + p[p, f] p^{n-2} + p^2[p, f] p^{n-3} + p^3[p^{n-3}, f] ,$$

so folgt bei Entwicklung des Restgliedes schließlich

$$[p^n, f] = \sum_{k=0}^{n-1} p^k [p, f] p^{n-1-k} \tag{8.3}$$

und insbesondere für $f = x^m$ wegen Gl. (8.1)

$$[p^n, x^m] = m \sum_{k=0}^{n-1} p^k x^{m-1} p^{n-1-k} . \tag{8.4}$$

(b) Ebenso können wir natürlich den Faktor x^m durch wiederholte Zerlegung abbauen bis zu $[p^n, x]$, für das wir nach Gl. (7.2)

$$[p^n, x] = \frac{d}{dp} p^n = n p^{n-1} \tag{8.5}$$

erhalten. Auf diesem Wege entsteht

$$[f, x^m] = \sum_{k=0}^{m-1} x^k [f, x] x^{m-1-k} \tag{8.6}$$

und speziell mit Gl. (8.5) für $f = p^n$

$$[p^n, x^m] = n \sum_{k=0}^{m-1} x^k p^{n-1} x^{m-1-k} . \tag{8.7}$$

Die beiden Ergebnisse, Gln. (8.4) und (8.7), sehen recht verschieden aus, müssen sich aber in einander umformen lassen.

(c) Diese Umformung nehmen wir nur am *Beispiel* $n = 3$, $m = 2$ vor, für das die Gln. (8.4) und (8.7) lauten

$$[p^3, x^2] = 2(p^2 x + pxp + xp^2) \tag{8.8}$$

und

$$[p^3, x^2] = 3(p^2 x + xp^2) . \tag{8.9}$$

In Gl. (8.8) formen wir um:

$$2pxp = (px - xp)p + p(xp - px) + xp^2 + p^2 x .$$

Da $px - xp$ eine gewöhnliche Zahl ist, kommutiert sie mit p, so daß sich die beiden ersten Glieder wegheben,

$$2pxp = xp^2 + p^2 x .$$

Setzen wir das in Gl. (8.8) ein, so entsteht daraus unmittelbar die Gl. (8.9).

9. Aufgabe. Zeitabhängigkeit eines Erwartungswertes

Es sei

$$\langle \Omega \rangle = \langle \psi | \Omega \psi \rangle = \int d\tau \psi^* \Omega \psi \tag{9.1}$$

der Erwartungswert eines Operators Ω für den Zustand ψ. Der Operator möge nicht von der Zeit abhängen, so daß t nur in ψ eingeht. Wie ändert sich $\langle \Omega \rangle$ mit der Zeit? Was gilt insbesondere für $\Omega = x_k$, für $\Omega = p_k$ und für den Hamiltonoperator, $\Omega = H$?

Lösung. In der Zeitableitung

$$\frac{d}{dt} \langle \Omega \rangle = \langle \dot\psi | \Omega \psi \rangle + \langle \psi | \Omega \dot\psi \rangle$$

führen wir für $\langle \dot\psi |$ und $| \dot\psi \rangle$ die Schrödingergleichungen

$$\langle \dot\psi | = \frac{i}{\hbar} \langle H\psi | ; \qquad | \dot\psi \rangle = -\frac{i}{\hbar} | H\psi \rangle \tag{9.2}$$

I. Allgemeine Begriffe

mit dem Hamiltonoperator H ein. Dann erhalten wir

$$\frac{d}{dt}\langle\Omega\rangle = \frac{i}{\hbar}[\langle H\psi|\Omega\psi\rangle - \langle\psi|\Omega H\psi\rangle] \,. \tag{9.3}$$

Das erste Glied formen wir gemäß der Definition von Gl. (5.1') des hermitisch konjugierten Operators in $\langle\psi|H^\dagger\Omega\psi\rangle$ um. Da H ein hermitischer Operator, also $H^\dagger = H$ ist, geht Gl. (9.3) dann mit der Abkürzung von Gl. (7.1) in

$$\frac{d}{dt}\langle\psi|\Omega\psi\rangle = \langle\psi|[H,\Omega]\psi\rangle \tag{9.4a}$$

oder kurz in

$$\frac{d}{dt}\langle\Omega\rangle = \langle[H,\Omega]\rangle \tag{9.4b}$$

über.

Für die speziellen Operatoren $\Omega = x_k$ und $\Omega = p_k$ folgt hieraus bei Benutzung der Gln. (7.2), wenn wir dort $f = H$ setzen,

$$\frac{d}{dt}\langle x_k\rangle = \langle[H,x_k]\rangle = \left\langle\frac{\partial H}{\partial p_k}\right\rangle \tag{9.5}$$

und

$$\frac{d}{dt}\langle p_k\rangle = \langle[H,p_k]\rangle = -\left\langle\frac{\partial H}{\partial x_k}\right\rangle \,. \tag{9.6}$$

Für die Erwartungswerte gelten also die kanonischen Gleichungen der klassischen Mechanik.

Wählen wir schließlich $\Omega = H$, so folgt aus Gl. (9.4b) sofort der Erhaltungssatz für den Erwartungswert der Energie,

$$\frac{d}{dt}\langle H\rangle = 0 \,. \tag{9.7}$$

Anm. Hängt Ω explicite von t ab, so ist genau wie in der klassischen Mechanik Gl. (9.4b) zu

$$\frac{d}{dt}\langle\Omega\rangle = \langle[H,\Omega]\rangle + \left\langle\frac{\partial\Omega}{\partial t}\right\rangle \tag{9.8}$$

zu ergänzen.

II. Kräftefreie Bewegung

Vorbemerkung. In diesem Fall sind ebene Wellen die wichtigsten Lösungen der Schrödingergleichung. Streng genommen sind sie nicht normierbar, da sie mit konstanter Intensität allseitig bis ins Unendliche reichen. Lockert man die Forderung der Integrabilität von $\rho = \psi^*\psi$ dahin auf, daß man auch solche Lösungen zuläßt und nur ein unbegrenztes Anwachsen von ψ im Unendlichen ausschließt, so tritt ein *Kontinuum* von Lösungen an die Stelle der diskreten Eigenfunktionen.

Diese Lösungen sind physikalisch wichtig, weil sie eine Übertragung der Begriffe des Einkörperproblems auf die Vielkörperprobleme extrem verdünnter Materie gestatten, bei denen die einzelnen Korpuskeln weit genug von einander entfernt sind, um sich unabhängig von einander zu bewegen. Dann bedeutet $\rho = \psi^*\psi$ die Wahrscheinlichkeit, *irgendeine* Korpuskel in $d\tau$ anzutreffen, also die Materiedichte in einem unendlich ausgedehnten Teilchenstrom. In diesem Sinne lassen sich auch Stoßprobleme, bei denen ein Teilchenstrom ein endlich begrenztes Hindernis trifft, formal als Einkörperprobleme behandeln.

Mathematisch sind diese Lösungen bei Reihenentwicklungen nach Eigenlösungen der Schrödingergleichung wie in Gl. (A.17′) zu berücksichtigen, um die notwendige Vollständigkeit des Orthogonalsystems der u_n zu erreichen.

10. Aufgabe. Ebene Wellen

Man löse die zeitabhängige Schrödingergleichung im kräftefreien Fall ($V = 0$) und zeige, daß es Lösungen gibt, die ebene Wellen beschreiben. Man untersuche deren physikalische Bedeutung.

Lösung. Die Schrödingergleichung

$$-\frac{\hbar}{i}\frac{\partial \psi}{\partial t} = -\frac{\hbar^2}{2m}\nabla^2 \psi \qquad (10.1)$$

II. Kräftefreie Bewegung

kann durch den Separationsansatz

$$\psi(r, t) = u(r) f(t) \tag{10.2}$$

in zwei Gleichungen

$$\frac{df}{dt} = -i\omega f \tag{10.3}$$

und

$$\nabla^2 u + \frac{2m\omega}{\hbar} u = 0 \tag{10.4}$$

mit einem Separationsparameter ω zerlegt werden. Da Gl. (10.1) von erster Ordnung in t ist, gilt dies auch für Gl. (10.3) mit der Lösung

$$f(t) = C e^{-i\omega t} . \tag{10.5}$$

Ist ω reell, so stellt Gl. (10.5) eine periodische Funktion mit zeitlich konstantem $|f(t)|^2 = |C|^2$ dar; sie beschreibt einen stationären Zustand.[1] Man beachte, daß nur $e^{-i\omega t}$, nicht aber $\sin\omega t$ oder $\cos\omega t$ Lösungen der Differentialgleichung (10.3) sind. Für den räumlichen Anteil (10.4) führen wir die Abkürzung

$$\frac{2m\omega}{\hbar} = k^2 \tag{10.6}$$

ein; die zeitunabhängige Schrödingergleichung (10.4) lautet dann

$$\nabla^2 u + k^2 u = 0 . \tag{10.7}$$

Sie wird gelöst durch

$$u = C e^{i\mathbf{k}\cdot\mathbf{r}} , \tag{10.8}$$

wobei $\mathbf{k}$ ein Vektor vom Betrage k und beliebiger Richtung ist. Aus den Gln. (10.5) und (10.8) setzen wir zusammen

$$\psi(\mathbf{r}, t) = C e^{i(\mathbf{k}\cdot\mathbf{r} - \omega t)} , \tag{10.9}$$

doch können wir für den Raumanteil auch reelle Lösungen wie $\cos \mathbf{k}\cdot\mathbf{r}$ zugrundelegen; dann entsteht

$$\psi(\mathbf{r}, t) = \frac{C}{2} [e^{i(\mathbf{k}\cdot\mathbf{r} - \omega t)} + e^{-i(\mathbf{k}\cdot\mathbf{r} + \omega t)}] . \tag{10.10}$$

---

[1] Bei negativem ω würde Gl. (10.4) zu Lösungen führen, die im Unendlichen über alle Grenzen wachsen und daher als unphysikalisch auszuschließen sind.

Gleichung (10.9) beschreibt eine ebene Welle, die in Richtung von **k** läuft; Gleichung (10.10) stellt die Überlagerung zweier in entgegengesetzten Richtungen laufenden ebenen Wellen dar. Auch im Ortsanteil $u(r)$ ist daher die komplexe Schreibweise (10.8) physikalisch die der Wellenmechanik am besten angepaßte Form der Lösung, anders also als bei klassischen Wellenvorgängen (etwa in der Optik), wo sie lediglich der mathematischen Vereinfachung dient, den physikalischen Sachverhalt aber eher verschleiert.

Zur physikalischen Deutung der Lösung (10.9) bilden wir die Dichte ρ und Stromdichte **s** der ebenen Welle mit Hilfe der Gln. (A.2) und (A.3):

$$\rho = \psi^*\psi = |C|^2 ; \qquad (10.11)$$

$$\mathbf{s} = \frac{\hbar}{2mi}(\psi^*\operatorname{grad}\psi - \psi\operatorname{grad}\psi^*) = |C|^2\frac{\hbar}{m}\mathbf{k} . \qquad (10.12)$$

Gleichung (10.11) besagt, daß die Dichte überall die gleiche ist und daher kein Ort bevorzugt wird. Das würde z. B. bei Gl. (10.10) nicht gelten, weil dort Interferenz der beiden gegenläufigen Wellen eintritt. Bei korpuskularer Deutung der Stromdichte muß $\mathbf{s} = \rho \mathbf{v}$ die Korpuskulargeschwindigkeit $\mathbf{v} = \hbar\mathbf{k}/m$ ergeben, die sich von der Phasengeschwindigkeit der Welle, $\omega/k = \hbar k/2m$ um den Faktor 2 unterscheidet. Die Korpuskulargeschwindigkeit ist vielmehr identisch mit der Gruppengeschwindigkeit $d\omega/dk$, wie man aus dem Dispersionsgesetz Gl. (10.6) entnimmt. (Vgl. hierzu die folgende Aufgabe).

Definieren wir durch $\lambda = 2\pi/k$ die Wellenlänge λ und durch $m\mathbf{v} = \mathbf{p}$ den Impuls der Korpuskel, so gilt

$$\mathbf{p} = \hbar\mathbf{k} \quad \text{und} \quad p = \frac{2\pi\hbar}{\lambda} . \qquad (10.13)$$

Diese Gleichungen verknüpfen also jeweils einen Korpuskelbegriff (p) mit einem Wellenbegriff (λ); es ist dafür charakteristisch, daß in beiden Relationen das Wirkungsquantum auftritt. Die zweite Beziehung (10.13) ist die deBrogliesche Relation, deren empirische Bestätigung durch Beugungsversuche an Materiewellen zu den frühesten Beweisen für die Richtigkeit der Quantenmechanik gehört. Aus dem Impuls p folgt die kinetische Energie der Korpuskel,

$$E = \frac{p^2}{2m} = \frac{\hbar^2 k^2}{2m} = \hbar\omega , \qquad (10.14)$$

wobei die Beziehung zur Frequenz ω aus Gl. (10.6) hervorgeht.

II. Kräftefreie Bewegung

Für die Erwartungswerte von p und E müssen wir wegen der willkürlichen Normierung von Gl. (10.9) durch die Norm $\langle\psi|\psi\rangle = |C|^2$ dividieren:

$$\langle p \rangle = \langle\psi|p\psi\rangle/\langle\psi|\psi\rangle = \frac{\hbar}{i}\langle\psi|\mathrm{grad}\,\psi\rangle/\langle\psi|\psi\rangle = \hbar k$$

und

$$\langle E \rangle = \langle\psi| - \frac{\hbar^2}{2m}\nabla^2\psi\rangle/\langle\psi|\psi\rangle = \frac{\hbar^2 k^2}{2m} = \frac{p^2}{2m},$$

in Übereinstimmung mit den Ausdrücken Gl. (10.13) und (10.14).

Anm. Die allgemeinste Lösung von Gl. (10.1) läßt sich als Fourierintegral über den k-Raum schreiben,

$$\psi(r, t) = \int d^3 k\, C(k)\mathrm{e}^{\mathrm{i}(k\cdot r - \omega t)}$$

mit dem Dispersionsgesetz $\omega = \hbar k^2/2m$ gemäß Gl. (10.6). Ein solches Integral wird als *Wellenpaket* bezeichnet, wenn $|\psi|^2$ nur in einem begrenzten Raumgebiet merklich von Null verschieden ist. Soll die Lösung zu einer bestimmten Energie E gehören, so ist die Integration bei festem Betrag k nur über alle Richtungen des Vektors k zu erstrecken.

11. Aufgabe. Wellenpaket

Man behandle ein sich kräftefrei bewegendes Wellenpaket unter besonderer Berücksichtigung der Dichte und Stromdichte als Funktionen der Zeit.

Lösung. Wir gehen aus von den in Aufg. 10 erhaltenen speziellen Lösungen der Schrödingergleichung

$$\psi_k(r, t) = C(k)\mathrm{e}^{\mathrm{i}(k\cdot r - \omega t)} \tag{11.1}$$

mit dem Dispersionsgesetz

$$\omega = \frac{\hbar}{2m}k^2, \tag{11.2}$$

wobei k ein frei wählbarer reeller Vektor ist. Die vollständige Lösung folgt hieraus durch Superposition,

$$\psi(r, t) = \int d^3 k\, C(k)\exp\left[\mathrm{i}\left(k\cdot r - \frac{\hbar t}{2m}k^2\right)\right], \tag{11.3}$$

wobei die Integration über den ganzen unendlichen k-Raum zu erstrecken ist. Über die skalare Funktion $C(k)$ kann weitgehend willkürlich verfügt werden, solange nur das Integral endlich bleibt. Zu jedem $C(k)$ gehört eine bestimmte, spezielle Lösung der Schrödingergleichung.

Nun sei zur Zeit $t = 0$ ein Wellenpaket

$$\psi(r, 0) = \int d^3k\, C(k) e^{ik \cdot r} \tag{11.4}$$

so aufgebaut, daß die Aufenthaltswahrscheinlichkeit einer dadurch beschriebenen Korpuskel nur in einer kleinen Umgebung der Stelle $r = 0$ merklich von Null abweicht und daß sich diese mit dem Impuls $p_0 = \hbar k_0$ bewegt. Das wird erreicht, wenn

$$\psi(r, 0) = A \exp\left(-\frac{r^2}{2a^2} + i k_0 \cdot r\right) \tag{11.5}$$

ist, weil dann die Dichte

$$\rho(r, 0) = |\psi(r, 0)|^2 = |A|^2 e^{-r^2/a^2} \tag{11.6}$$

im wesentlichen auf das Gebiet $r \lesssim a$ lokalisiert ist, und weil die Stromdichte dann

$$s(r, 0) = \frac{\hbar}{2mi}(\psi^* \operatorname{grad} \psi - \psi \operatorname{grad} \psi^*)$$

$$= \frac{\hbar}{2mi}\left[\left(-\frac{r}{a^2} + ik_0\right)\rho - \left(-\frac{r}{a^2} - ik_0\right)\rho\right] = \frac{\hbar}{m} k_0 \rho(r, 0),$$

also gleich ρv_0 mit der Korpuskelgeschwindigkeit $v_0 = \hbar k_0/m$ und mit dem Impuls $p_0 = \hbar k_0$ wird. Da das Wellenpaket die Bewegung nur *eines* Teilchens beschreiben soll, gilt die Normierung $\langle \psi | \psi \rangle = 1$, d.h.

$$1/|A|^2 = \pi^{3/2} a^3 \,. \tag{11.7}$$

Gleichung (11.4) beschreibt $\psi(r, 0)$ durch ein Fourierintegral, dessen Umkehrung die Spektralfunktion

$$C(k) = \frac{1}{(2\pi)^3} \int d^3x\, \psi(r, 0) e^{-ik \cdot r}$$

ergibt. Setzen wir in dieser Formel $\psi(r, 0)$ gemäß Gl. (11.5) ein, so finden wir durch Ausrechnen des Integrals

$$C(k) = A(a/\sqrt{2\pi})^3 \exp[-\tfrac{1}{2}a^2(k - k_0)^2]\,. \tag{11.8}$$

Der durch Gl. (11.5) beschriebenen Ortsunschärfe $\Delta x \sim a$ in jeder Richtung entspricht eine durch Gl. (11.8) beschriebene Unschärfe

II. Kräftefreie Bewegung

$\Delta p = \hbar \Delta k \sim \hbar/a$ in jeder Richtung um $p_0 = \hbar k_0$ herum. Unabhängig von a gilt daher die *Unschärferelation*[1]

$$\Delta p \Delta x \approx \hbar$$

für jede Richtung. Die spezielle Lösung (11.1) kann als Grenzfall $a \to \infty$ aufgefaßt werden: Bei vollständiger Ortsunschärfe ergibt sich die ebene Welle mit scharfem Impuls $\hbar k_0$. Umgekehrt wird für $a \to 0$, also bei scharfer Lokalisierung, die Impulsunschärfe unendlich groß, da dann die Spektralfunktion $C(k)$ eine Konstante ist.

Unsere Aufgabe besteht nun weiter darin, die Wellenfunktion $\psi(r, t)$ zu jedem *späteren* Zeitpunkt t aus dem Anfangszustand (11.5) gemäß Gl. (11.3) auszurechnen. So entsteht

$$\psi(r, t) = A(a/\sqrt{2\pi})^3 \int d^3k \exp\left[-\tfrac{1}{2}a^2(k - k_0)^2 + i\left(k \cdot r - \frac{\hbar t}{2m}k^2\right) \right].$$

(11.9)

Der Exponent ist eine quadratische Form in k, so daß sich auch dies Integral elementar ausrechnen läßt. Das Ergebnis lautet

$$\psi(r, t) = A\left(1 + i\frac{\hbar t}{ma^2}\right)^{-3/2} \exp\left[-\frac{r^2 - 2ia^2 k_0 \cdot r + ia^2 k_0^2 \hbar t/m}{2a^2(1 + i\hbar t/ma^2)} \right],$$

(11.10)

Zum physikalischen Verständnis dieser Funktion berechnen wir zunächst die Dichte

$$\rho(r, t) = |\psi(r, t)|^2 = \frac{|A|^2}{[1 + (\hbar t/ma^2)^2]^{3/2}} \exp\left[-\frac{(r - v_0 t)^2}{a^2[1 + (\hbar t/ma^2)^2]} \right],$$

(11.11)

wobei $\hbar k_0/m = v_0$ gesetzt wurde. Die Dichte wird also durch eine Glockenform mit dem Maximum bei $r = v_0 t$ beschrieben. Das Maximum der "Wellengruppe" schreitet daher mit der "Gruppengeschwindigkeit" v_0 fort, die anschaulich als Korpuskelgeschwindigkeit bezeichnet werden kann. Ein Vergleich von (11.6) und (11.11) zeigt, daß dabei die Weite des Wellenpakets vom Anfangswert a zur Zeit $t = 0$ auf

---

[1] Die Beziehung $\Delta k \Delta x \sim 1$ ist eine charakteristische *mathematische* Eigenschaft von Fourierintegralen. Erst durch die deBroglie-Beziehung $p = \hbar k$ zwischen der Korpuskelgröße p und der Wellengröße k entsteht daraus $\Delta p \Delta x \sim \hbar$ und ein wichtiger *physikalischer* Zusammenhang.

$$a' = a\sqrt{1 + \left(\frac{\hbar t}{ma^2}\right)^2} \tag{11.12}$$

zur Zeit t anwächst. Für $t \gg ma^2/\hbar$ wird also $a' \approx \hbar t/ma$ proportional zur Zeit. Diese wachsende Ortsunschärfe rührt von der Unschärfe in den Wellenzahlen, $\Delta k \sim 1/a$, und daher in den Geschwindigkeiten der Wellenzüge, $\Delta v = \hbar/ma$, her: Das Paket muß sich um die Strecke $\Delta x = t\Delta v = a'$ verbreitern. Diese wachsende Ortsunschärfe tritt nicht nur in der Richtung von $\boldsymbol{v}_0$, sondern auch senkrecht dazu im gleichen Maße auf. Auch für $\boldsymbol{k}_0 = 0$, also ein anfänglich ruhendes Paket, würde die Lokalisierung der ruhenden Korpuskel mit der Zeit immer unschärfer werden.

Zur Berechnung der Stromdichte $s(r, t)$ bilden wir aus Gl. (11.10) den Gradienten,

$$\operatorname{grad} \psi(\boldsymbol{r}, t) = -\frac{\boldsymbol{r} - i a^2 \boldsymbol{k}_0}{a^2(1 + i\hbar t/ma^2)} \psi(\boldsymbol{r}, t), \tag{11.13}$$

woraus nach einfacher Rechnung

$$s(\boldsymbol{r}, t) = \rho(\boldsymbol{r}, t)\frac{\boldsymbol{v}_0 + (\hbar/ma^2)^2 \boldsymbol{r} t}{1 + (\hbar t/ma^2)^2} \tag{11.14}$$

folgt. Am Ort $\boldsymbol{r} = \boldsymbol{v}_0 t$ wird also einfach $s = \rho v_0$, doch gilt dies eben nur für das Maximum des Pakets. Für alle Orte $r > v_0 t$ wird $s > \rho v_0$, da diese Orte in der gegebenen Zeit nur mit einer größeren Geschwindigkeit als v_0 erreicht werden können, und das Umgekehrte gilt entsprechend für alle $r < v_0 t$. Für $v_0 = 0$, also für die ruhende Korpuskel, reduziert sich die Stromdichte (11.14) auf ein allseitig gleichmäßiges Auseinanderfließen.

12. Aufgabe. Kubischer Hohlraum

Eine Korpuskel sei innerhalb eines Würfels der Kantenlänge $2a$ frei beweglich eingeschlossen. Die möglichen Energieniveaus und Eigenfunktionen sollen aufgesucht werden.

Lösung. Wir führen Koordinaten so ein, daß die Oberfläche des Würfels durch

$$-a \leq x, y, z \leq +a$$

beschrieben wird. Die Schrödingergleichung

$$\nabla^2 u + \frac{2mE}{\hbar^2} u = 0 \tag{12.1}$$

II. Kräftefreie Bewegung

ist dann zu lösen mit der Randbedingung $u = 0$ an der Oberfläche des Würfels. Ein Separationsansatz führt zu der reellen Lösung

$$u = C \sin \frac{n_1 \pi (x + a)}{2a} \sin \frac{n_2 \pi (y + a)}{2a} \sin \frac{n_3 \pi (z + a)}{2a}. \tag{12.2}$$

mit ganzzahligen Quantenzahlen $n_{1,2,3} = 1, 2, 3, \ldots$ unter Ausschluß der Null. Die Normierungsbedingung $\langle u | u \rangle = 1$ gibt

$$|C|^2 = a^{-3}. \tag{12.3}$$

Die zugehörigen Energieniveaus folgen aus Gl. (12.1) zu

$$E = \varepsilon (n_1^2 + n_2^2 + n_3^2) \tag{12.4}$$

mit

$$\varepsilon = \frac{\hbar^2 \pi^2}{8ma^2}. \tag{12.5}$$

Im folgenden sind diese Eigenwerte in Einheiten von ε, geordnet nach steigenden Energien, mit ihren zugehörigen Quantenzahlen n_1, n_2, n_3 bis aufwärts zu $E = 36\varepsilon$ zusammengestellt. Die letzte Spalte der Tabelle enthält die Entartung jedes Energieniveaus, d.h. die Anzahl N linear unabhängiger Lösungen dazu. Sie ist gleich der Anzahl der Permutationen der jeweils angegebenen drei Quantenzahlen. Diese Entartung würde aufgehoben, wenn die drei Kanten des Hohlraums nicht wie beim Würfel gleichlang wären. Eine zusätzliche zufällige Entartung ergibt sich für

E/ε	n_1	n_2	n_3	N	E/ε	n_1	n_2	n_3	N
3	1	1	1	1	24	2	2	4	3
6	1	1	2	3	26	1	3	4	6
9	1	2	2	3	27	1	1	5	3 ⎫
11	1	1	3	3	27	3	3	3	1 ⎬ 4
12	2	2	2	1	29	2	3	4	6
14	1	2	3	6	30	1	2	5	6
17	2	2	3	3	33	1	4	4	3 ⎫
18	1	1	4	3	33	2	2	5	3 ⎬ 6
19	1	3	3	3	34	3	3	4	3
21	1	2	4	6	35	1	3	5	6
22	2	3	3	3	36	2	4	4	3

$E/\varepsilon = 27$ wegen der Übereinstimmung der beiden Quadratsummen

$$1^2 + 1^2 + 5^2 = 3^2 + 3^2 + 3^2 = 27.$$

Analoges gilt für $E/\varepsilon = 33$.

Betrachten wir die drei Faktoren in den Eigenfunktionen von Gl. (12.2) getrennt, so erweisen sie sich als entweder gerade oder ungerade Funktionen in der jeweiligen Variablen. Für gerades $n_1 = 2n$ wird nämlich

$$\sin \frac{2n\pi(x + a)}{2a} = (-1)^n \sin \frac{2n\pi x}{2a}$$

eine ungerade Funktion von x; für ungerades $n_1 = 2n + 1$ dagegen wird

$$\sin \frac{(2n + 1)\pi(x + a)}{2a} = (-1)^n \cos \frac{(2n + 1)\pi x}{2a}$$

eine gerade Funktion von x.

Jeder Sinus in Gl. (12.2) läßt sich in zwei entgegengesetzt laufende Wellen zerlegen, zu denen entgegengesetzte Impulse gehören. Danach erwartet man, daß die Erwartungswerte der Impulskomponenten verschwinden. In der Tat wird z.B.

$$p_x = \frac{\hbar}{i} \left\langle u \left| \frac{\partial u}{\partial x} \right\rangle \right. =$$

$$|C|^2 \frac{\hbar}{i} a^2 \frac{n_1 \pi}{2a} \int_{-a}^{+a} dx \cos \frac{n_1 \pi(x + a)}{2a} \sin \frac{n_1 \pi(x + a)}{2a} = 0$$

wegen der Orthogonalität der beiden Faktoren im Integranden.

Anm. Für sehr große Kantenlänge des Würfels wird ε, Gl. (12.5), sehr klein, so daß die Niveaus dicht zusammenrücken. Im Grenzübergang $a \to \infty$ entsteht daher ein kontinuierliches Energiespektrum, in dem man nur noch von einer *Niveaudichte*, d.h. der Anzahl dz der Niveaus im Intervall dE sprechen kann. Die Lösungen der Schrödingergleichung im Kontinuum lassen sich daher stets so normieren, daß sie bei Integration über ein sehr großes, aber endliches Normierungsvolumen V (bei uns ist $V = 8a^3$) $\langle u|u \rangle = 1$ ergeben, worauf man, wenn nötig, den Grenzübergang $V \to \infty$ vollziehen kann.

13. Aufgabe. Niveaudichte

Man bestimme für große Quantenzahlen die Dichte der Eigenzustände in der Energieskala (a) in einem großen Normierungskubus für die reellen Lösungen der vorigen Aufgabe, und (b) in einem großen Periodizitätskubus für ebene Wellen.

II. Kräftefreie Bewegung

Lösung. (a) In Aufg. 12 wurde gezeigt, daß in einem Würfel der Kantenlänge $2a$ die zu den Quantenzahlen n_1, n_2, n_3 gehörigen Energieniveaus durch die Formel

$$E = \varepsilon(n_1^2 + n_2^2 + n_3^2) \quad \text{mit} \quad \varepsilon = \frac{\hbar^2\pi^2}{8ma^2} \tag{13.1}$$

beschrieben werden. Wir konstruieren nun einen Raum mit den kartesischen Koordinaten n_1, n_2, n_3. Dann entspricht jedem Zustand ein Gitterpunkt mit ganzzahligen Koordinaten im ersten Quadranten, weil alle drei n_i positiv sind. Zustände gleicher Energie, die durch Permutation der n_i auseinander hervorgehen, werden dabei offenbar durch verschiedene Gitterpunkte beschrieben.

Führen wir nun im Raum der n_i Kugelkoordinaten mit den Radien

$$n = \sqrt{n_1^2 + n_2^2 + n_3^2} \tag{13.2}$$

ein, so ist die Zahl solcher Gitterpunkte im ersten Oktanten zwischen n und $n + dn$

$$dz = \frac{1}{8} 4\pi n^2 dn \,. \tag{13.3}$$

Nach Gl. (13.1) ist

$$E = \varepsilon n^2; \quad n = \sqrt{\frac{E}{\varepsilon}}; \quad dn = \frac{dE}{2\sqrt{\varepsilon E}} \,. \tag{13.4}$$

Danach können wir in Gl. (13.3) zur Energieskala übergehen und erhalten

$$dz = \frac{\pi}{2} \frac{E}{\varepsilon} \frac{dE}{2\sqrt{\varepsilon E}} = \frac{\pi}{4} \frac{E^{1/2} dE}{\varepsilon^{3/2}} \,, \tag{13.5}$$

ausführlich mit ε aus Gl. (13.1)

$$dz = V \frac{m^{3/2}}{\pi^2 \sqrt{2}\hbar^3} \sqrt{E} \, dE \,, \tag{13.6}$$

wobei $V = 8a^3$ das Normierungsvolumen ist.

(b) Wir betrachten die ebenen Wellen

$$u = C \, e^{i(k_1 x + k_2 y + k_3 z)} \tag{13.7}$$

mit den zugehörigen Energieniveaus

$$E = \frac{\hbar^2}{2m} (k_1^2 + k_2^2 + k_3^2) \,. \tag{13.8}$$

13. Aufgabe. Niveaudichte

Da die Funktionen u nirgends verschwinden ($|u|^2 = |C|^2$ überall), müssen wir hier eine andere Randbedingung als in Aufg. 12 einführen. Wir fordern jetzt in allen drei Koordinatenrichtungen *Periodizität* von u mit der Periode $2a$, also einen Periodizitätswürfel vom Volumen $V = 8a^3$. Dies ist erfüllt, wenn alle $2k_i a = 2\pi n_i$ mit ganzen positiven *oder negativen* n_i werden, so daß wir

$$k_i = \frac{\pi}{a} n_i \quad (i = 1, 2, 3) \tag{13.9}$$

erhalten. Wieder führen wir den Raum der n_i und darin den Radius n, Gl. (13.2), ein; dann erhalten wir aus Gl. (13.8) die Energieformel

$$E = \varepsilon' n^2 \; ; \quad \varepsilon' = \frac{\hbar^2 \pi^2}{2ma^2} \; . \tag{13.10}$$

Mit der gleichen Überlegung wie bei (a) folgt dann

$$dz = 4\pi n^2 \, dn = 2\pi \frac{E^{1/2} dE}{\varepsilon'^{3/2}}$$

oder mit $V = 8a^3$ und Gl. (13.10) für ε' ausführlich

$$dz = V \frac{m^{3/2}}{\pi^2 \sqrt{2} \hbar^3} \sqrt{E} \, dE \; , \tag{13.11}$$

also dasselbe Ergebnis wie in Gl. (13.6), aber mit veränderter Bedeutung von V.

Anm. Den mittleren Abstand zweier auf einander folgender Niveaus erhält man für $\Delta z = 1$:

$$\Delta E = \frac{1}{V} \frac{\pi^2 \sqrt{2} \hbar^3}{m^{3/2} \sqrt{E}} \; ;$$

er wird also proportional zu V^{-1} und zu $E^{-1/2}$. Vgl. dazu das andere Verhalten im eindimensionalen Problem, Aufg. 15.

III. Eindimensionale Probleme

Vorbemerkung. Hängt das Potential $V(x)$ nur von der Koordinate x einer festen Raumrichtung ab, so läßt sich die Schrödingergleichung

$$-\frac{\hbar^2}{2m}\nabla^2\psi + V(x)\psi = -\frac{\hbar}{\mathrm{i}}\frac{\partial\psi}{\partial t} \qquad \text{(AIII.1)}$$

durch den Separationsansatz

$$\psi(x, y, z, t) = u(x)\exp[\mathrm{i}(k_y y + k_z z) - \mathrm{i}\omega t] \qquad \text{(AIII.2)}$$

lösen. Die Funktion $u(x)$ genügt dann der eindimensionalen Schrödingergleichung

$$-\frac{\hbar^2}{2m}u'' + V(x)\,u = E\,u \qquad \text{(AIII.3)}$$

mit

$$E = \hbar\omega - \frac{\hbar^2}{2m}(k_y^2 + k_z^2)\,. \qquad \text{(AIII.4)}$$

Diese Lösung ψ beschreibt einen stationären Zustand mit scharf definierter Energie $\hbar\omega$. Letztere setzt sich zusammen aus der kinetischen Energie der abgetrennten kräftefreien Querbewegung in y- und z-Richtung und dem zur Bewegung in x-Richtung gehörigen Anteil E, der sich als Eigenwert von Gl. (AIII.3) mit der Nebenbedingung

$$\langle u|u\rangle = \int_{-\infty}^{+\infty} dx\, u^* u = 1 \qquad \text{(AIII.5)}$$

ergibt. Das durch die Gln. (AIII.3) und (AIII.5) definierte eindimensionale Problem ist Gegenstand dieses Abschnitts. Dabei werden wir, sofern nicht ausdrücklich anders erwähnt, von einer möglichen Querbewegung absehen, d.h. $k_y = k_z = 0$ setzen, so daß $\hbar\omega = E$ wird.

14. Aufgabe. Potentialschacht

Die Eigenwerte und Eigenfunktionen der gebundenen Zustände eines Teilchens sollen für das Potential

$$V(x) = \begin{cases} -U & \text{für } |x| \leq a \\ 0 & \text{für } |x| > a \end{cases} \tag{14.1}$$

berechnet werden.

Lösung. Wegen der Symmetrie $V(x) = V(-x)$ des Potentials ist die Differentialgleichung

$$-\frac{\hbar^2}{2m} u'' + V(x)\, u = E u$$

invariant gegen die Transformation $x \to -x$. Dasselbe gilt für ihre Lösungen bis auf einen Zahlenfaktor, $u(-x) = C\, u(x)$, der wegen der Normierung $\langle u|u \rangle = 1$ nur $C = \pm 1$ sein kann, solange die Lösungen reell sind. Die Lösungen zerfallen daher hinsichtlich ihrer *Parität* in gerade,

$$u_+(x) = u_+(-x)\,, \tag{14.2a}$$

und ungerade Funktionen,

$$u_-(x) = -u_-(-x)\,. \tag{14.2b}$$

Für die gebundenen Zustände ($E < 0$) benutzen wir die Abkürzungen

$$\kappa^2 = -\frac{2m}{\hbar^2} E; \quad k^2 = \frac{2m}{\hbar^2}(E+U); \quad \kappa > 0, \quad k > 0. \tag{14.3}$$

Dann lautet die eindimensionale Schrödingergleichung

$$u'' - \kappa^2 u = 0 \quad \text{für } |x| > a\,,$$

$$u'' + k^2 u = 0 \quad \text{für } |x| \leq a\,.$$

Ihre bei $|x| = a$ stetigen und normierbaren, d.h. für $|x| \to \infty$ verschwindenden Lösungen sind daher bei positiven x

$$u_+(x) = \begin{cases} A_+ \cos(kx) & \text{für } 0 \leq x \leq a \\ A_+ \cos(ka)\, e^{\kappa(a-x)} & \text{für } x > a \end{cases} \tag{14.4a}$$

und

$$u_-(x) = \begin{cases} A_- \sin(kx) & \text{für } 0 \leq x \leq a \\ A_- \sin(ka) e^{\kappa(a-x)} & \text{für } x > a\,. \end{cases} \tag{14.4b}$$

Da die Differentialgleichung von zweiter Ordnung ist, müssen auch die ersten Ableitungen der Lösungen bei $x = a$ stetig sein. Daraus folgen die Bedingungen

$$\tan ka = \frac{\kappa}{k} \quad \text{für} \quad u_+; \qquad \cot ka = -\frac{\kappa}{k} \quad \text{für} \quad u_- \tag{14.5}$$

zur Eigenwertbestimmung. Eine elementare Berechnung der Normierungsfaktoren aus $\langle u|u\rangle = 1$ ergibt bei Benutzung von Gl. (14.5) übereinstimmend für beide Paritäten

$$1/A_\pm^2 = a + \frac{1}{\kappa}. \tag{14.6}$$

Um die Gl. (14.5) zur Bestimmung der Eigenwerte zu benutzen, drücken wir darin κ mit Hilfe von Gl. (14.3) durch k aus,

$$\kappa^2 = \frac{2mU}{\hbar^2} - k^2$$

oder, mit der Abkürzung

$$C^2 = \frac{2mU}{\hbar^2} a^2, \tag{14.7}$$

welche die "Größe" des Potentialtopfs der Tiefe U und Breite $2a$ beschreibt,

$$\kappa a = \sqrt{C^2 - (ka)^2}.$$

Hiermit erhält man aus den beiden Beziehungen (14.5) durch Quadrieren

$$\left|\frac{\cos ka}{ka}\right| = \frac{1}{C} \quad \text{mit } \tan ka > 0 \quad \text{für } u_+ \tag{14.8a}$$

und

$$\left|\frac{\sin ka}{ka}\right| = \frac{1}{C} \quad \text{mit } \tan ka < 0 \quad \text{für } u_-. \tag{14.8b}$$

In Abb. 1 ist die linke Seite von Gl. (14.8a) gegen ka für die Intervalle

$$0 \leq ka \leq \frac{\pi}{2}; \quad \pi \leq ka \leq \frac{3\pi}{2}; \quad 2\pi \leq ka \leq \frac{5\pi}{2}$$

usw., in denen $\tan ka > 0$ ist, aufgetragen, während für die dazwischen liegenden Intervalle, in denen $\tan ka < 0$ ist, die Funktion (14.8b) gezeichnet wurde. Legt man nun eine Horizontale bei der Ordinate $1/C$

14. Aufgabe. Potentialschacht

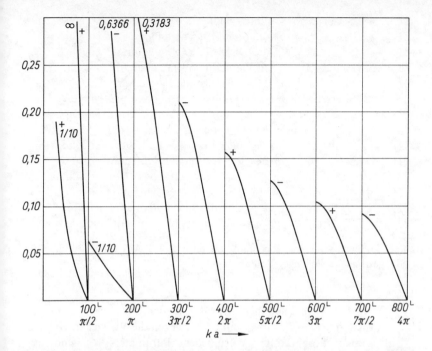

Abb. 1. Graphische Bestimmung der Eigenwerte. Kurven mit Pluszeichen stellen $|\cos(ka)/ka|$ dar und dienen der Bestimmung der Eigenwerte zu symmetrischen Zuständen, Kurven mit Minuszeichen sind $|\sin(ka)/ka|$ für antisymmetrische Lösungen. Mit 1/10 bezeichnete Kurven sind im Ordinatenmaßstab auf 1/10 reduziert

quer durch die Figur, so ergeben ihre Schnittpunkte mit den Kurven die ka der Eigenwerte für die betreffende "Topfgröße". Man sieht daraus sofort:

(1) Für jede Topfgröße C gibt es mindestens einen Schnittpunkt. Ist $C \ll 1$, so schneidet die Horizontale bei $1/C \gg 1$ wenigstens den ersten Kurvenast bei einem kleinen Wert von ka, der nach Gl. (14.8a) kleiner als C ist.

(2) Wird der Topf größer gewählt, so faßt er eine wachsende, aber stets endliche Zahl von Eigenzuständen. So schneidet z.B. die Horizontale bei $C = 5$ oder $1/C = 0.2$ die ersten vier Kurvenäste. Die zugehörigen Niveaus und Eigenfunktionen für diese Topfgröße sind in Abb. 2 wiedergegeben.

(3) Die Niveaus zu symmetrischen und antisymmetrischen Zuständen (d.h. zu geraden und ungeraden Eigenfunktionen) folgen einander abwechselnd. Der tiefste Zustand, also derjenige mit dem kleinsten ka-Wert, ist immer symmetrisch.

36   III. Eindimensionale Probleme

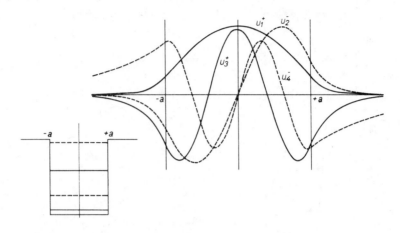

Abb. 2. Energieniveaus und Eigenfunktionen für $C = 5$. Ausgezogene Linien für gerade, gestrichelte für ungerade Parität

(4) Wird der Topf unendlich tief, also in der Grenze $C \to \infty$ oder $1/C \to 0$, rücken die ka-Werte von unten her gegen die Vielfachen von $\pi/2$. Für einige ausgewählte Werte des Parameters C sind die Termschemata in Abb. 3 dargestellt.

15. Aufgabe. Potentialschacht zwischen Wänden

Man löse die eindimensionale Schrödingergleichung für den in Abb. 4 gezeichneten Potentialverlauf im Bereich positiver Energie E. Insbesondere soll der Grenzübergang $l \to \infty$ untersucht werden.

Lösung. Wie bei der vorigen Aufgabe unterscheiden wir zwei Lösungstypen nach ihrer Parität, nämlich

$$u_+(x) = \begin{cases} A_+ \cos kx & \text{für } |x| \leq a \\ A_+ \cos ka \, \dfrac{\sin K(l-x)}{\sin K(l-a)} & \text{für } a < x < l \end{cases} \quad (15.1\text{a})$$

und

$$u_-(x) = \begin{cases} A_- \sin kx & \text{für } |x| \leq a \\ A_- \sin ka \, \dfrac{\sin K(l-x)}{\sin K(l-a)} & \text{für } a < x < l \,. \end{cases} \quad (15.1\text{b})$$

15. Aufgabe. Potentialschacht zwischen Wänden

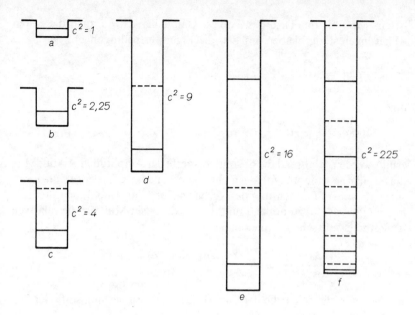

Abb. 3. Termschemata für verschiedene "Topfgrößen". Ausgezogene Linien zu gerader, gestrichelte zu ungerader Parität

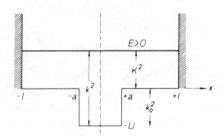

Abb. 4. Potentialverlauf und Bezeichnungen für Aufg. 15

Hier bedeutet

$$K^2 = \frac{2mE}{\hbar^2}; \qquad k^2 = \frac{2m(E+U)}{\hbar^2}, \qquad (15.2a)$$

und

$$k_0^2 = k^2 - K^2 = \frac{2mU}{\hbar^2} \qquad (15.2b)$$

ist ein Maß für die Tiefe des Topfes. Damit bei $|x| = a$ auch die ersten Ableitungen stetig bleiben, müssen die Eigenwertbedingungen

$$\tan ka = \frac{K}{k} \cot K(l-a) \quad \text{für } u_+ \tag{15.3a}$$

und

$$\tan ka = -\frac{k}{K} \tan K(l-a) \quad \text{für } u_- \tag{15.3b}$$

erfüllt werden. Während die absoluten Werte der Amplituden A_+ und A_-, die aus der Normierung folgen, nicht von besonderem Interesse sind, lohnt sich eine nähere Betrachtung des Verhältnisses I der Amplitudenquadrate innen (für $|x| < a$) zu außen (für $|x| > a$), da es ein Maß für die relativen Aufenthaltswahrscheinlichkeiten ist:

$$I_+ = \frac{\sin^2 K(l-a)}{\cos^2 ka}; \quad I_- = \frac{\sin^2 K(l-a)}{\sin^2 ka}. \tag{15.4}$$

Formen wir hier mit Hilfe der Gln. (15.3a,b) die Zähler um, so finden wir für positive Parität

$$I_+ = \frac{K^2}{k^2 \sin^2 ka + K^2 \cos^2 ka} \tag{15.5a}$$

und für negative Parität

$$I_- = \frac{K^2}{k^2 \cos^2 ka + K^2 \sin^2 ka}. \tag{15.5b}$$

Zur Diskussion der Lösungen betrachten wir zunächst die *Niveaudichte* in der Energieskala für $l \gg a$. Die rechten Seiten von (15.3a,b) durchlaufen alle reellen Zahlen zwischen $-\infty$ und $+\infty$ in Bereichen der Variablen K von der Breite $\pi/(l-a) \approx \pi/l$. In jedem solchen Intervall hat jede der beiden Gleichungen genau eine Lösung, so daß abwechselnd Niveaus gerader und ungerader Parität entstehen, deren mittlerer Abstand von einander

$$\Delta K = \frac{\pi}{2l} \tag{15.6a}$$

in der K-Skala ist. Da nach Gl. (15.2a)

$$\Delta E = \frac{\hbar^2}{m} K \Delta K$$

ist, können wir auf die Energieskala umrechnen und erhalten

$$\Delta E = \sqrt{\frac{\hbar^2}{2m}} \frac{\pi}{l} \sqrt{E} \, . \tag{15.6b}$$

Der mittlere Abstand zweier aufeinander folgender Niveaus wächst daher wie $\sqrt{E}$ und ist umgekehrt proportional der Breite $2l$ des Grundgebietes. Im Grenzfall $l \to \infty$ geht dies diskrete Spektrum daher in ein *Kontinuum* über, wobei allerdings die übliche Normierung $\langle u|u \rangle = 1$ nicht länger aufrechtzuerhalten ist, da $A_\pm$ proportional zu $1/\sqrt{l}$ gegen Null geht.

Die in (15.5a,b) beschriebene Amplitudenstruktur ist in Abb. 5 für den Topfgrößenparameter $k_0 a = 2$ oder $2mUa^2/\hbar^2 = 4$ als Funktion der dimensionslosen Variablen $(Ka)^2$, die proportional zu E ist, dargestellt. Aus den Gln. (15.5a,b) folgt, daß I_+ an den Stellen $ka = n\pi$ und I_- an den Stellen $ka = (n + \frac{1}{2})\pi$ eine unendliche Folge von Maxima $I_\pm = 1$ erreicht. Zwischen je zweier dieser Maxima liegt ein Minimum, das um so weniger ausgeprägt ist, je höher die Energie wird. Die Zustände der Maxima bewahren auch im Kontinuum einen Rest von Eigenwertstruktur, da sie zur größtmöglichen Konzentration des Aufenthalts im Potentialtopf führen. Sind die Maxima sehr ausgeprägt, so werden solche Zustände auch als *virtuelle* Niveaus im Gegensatz zu den *reellen* Eigenzuständen der negativen Energie bezeichnet.

Anm. Für $E < 0$ sind die Eigenfunktionen wie in Aufg. 14 anzusetzen mit dem alleinigen Unterschied, daß der Faktor $e^{-\kappa x}$ durch die bei $x = l$ verschwindende Hyperbelfunktion $\sinh \kappa(l - x)$ zu ersetzen ist.

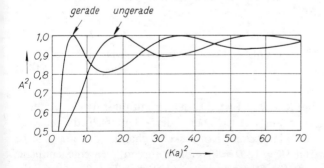

Abb. 5. Virtuelle Zustände im kontinuierlichen Spektrum

16. Aufgabe. Potentialschwelle

Eine Korpuskel der Energie E möge von $x = -\infty$ herkommend gegen eine Potentialschwelle der Höhe $V = U$ in $0 \leq x \leq a$ anlaufen. Man gebe den Reflexionskoeffizienten R und die Durchlässigkeit D der Schwelle als Funktion der Energie sowohl für $E < U$ als für $E > U$ an.

Lösung. (a) Wir beginnen mit dem Fall $E < U$ und führen die Abkürzungen

$$k^2 = \frac{2m}{\hbar^2} E \ ; \qquad \kappa^2 = \frac{2m}{\hbar^2} (U - E) \ ; \qquad \frac{\kappa}{k} = \lambda \qquad (16.1)$$

mit reellen positiven Konstanten k und κ ein. Dann lautet die Lösung der Schrödingergleichung

$$u(x) = \begin{cases} e^{ikx} + A\, e^{-ikx} & \text{für } x \leq 0 \\ B_1 e^{\kappa x} + B_2\, e^{-\kappa x} & \text{für } 0 \leq x \leq a \\ C\, e^{ikx} & \text{für } x \geq a \ . \end{cases} \qquad (16.2)$$

Hier ist die Amplitude der einfallenden Welle willkürlich auf 1 normiert. $|A|^2 = R$ ist dann die Intensität der reflektierten und $|C|^2 = D$ der durchgelassenen Welle. Die Konstanten müssen so bestimmt werden, daß u und u' bei $x = 0$ und $x = a$ stetig sind. Das führt auf folgende vier lineare Gleichungen für die Amplituden A, B_1, B_2 und C:

$$1 + A = B_1 + B_2 \qquad B_1 e^{\kappa a} + B_2 e^{-\kappa a} = C\, e^{ika}$$
$$ik(1 - A) = \kappa(B_1 - B_2) \qquad \kappa(B_1 e^{\kappa a} - B_2 e^{-\kappa a}) = ikC\, e^{ika} \ . \qquad (16.3)$$

Durch Eliminieren von B_1 und B_2 erhalten wir dann für $|A|^2 = R$ und $|C|^2 = D$ die Ausdrücke

$$R = \frac{(\lambda^2 + 1)^2 \sinh^2 \kappa a}{4\lambda^2 + (\lambda^2 + 1)^2 \sinh^2 \kappa a} \ ; \qquad D = \frac{4\lambda^2}{4\lambda^2 + (\lambda^2 + 1)^2 \sinh^2 \kappa a} \ . \qquad (16.4)$$

Man sieht sofort, daß $R + D = 1$ ist, d.h. den Erhaltungssatz der Materie. Besonders bemerkenswert ist aber der Unterschied unserer Wellenmechanik zur klassischen Korpuskelmechanik, die für $E < U$ immer Totalreflexion ($R = 1$, $D = 0$) gibt, während hier eine endliche Wahrscheinlichkeit D für Durchquerung der Schwelle ("*Tunneleffekt*") besteht. Mit wachsendem κa sinkt sie ab, wird also um so kleiner, je größer der "über dem Tunnel lastende Berg" ist. Für $\kappa a \gg 1$ vereinfacht sich D, Gl. (16.4), zu

$$D = \left(\frac{4\lambda}{\lambda^2 + 1}\right)^2 e^{-2\kappa a} ; \tag{16.5}$$

nur an der unendlich breiten ($a \to \infty$) oder unendlich hohen ($\kappa \to \infty$) Schwelle tritt Totalreflexion ein.

(b) Ist umgekehrt $E > U$, so ergibt die klassische Korpuskelmechanik stets $R = 0$ und $D = 1$, und zwar sowohl für $U > 0$ (Potentialwall), als auch für $U < 0$ (Potentialgraben). Um die entsprechenden Formeln unserer Theorie zu erhalten, brauchen wir nur in Gl. (16.2) für $0 \leq x \leq a$

$$u = B_1 e^{iKx} + B_2 e^{-iKx}$$

zu setzen, d.h. $\kappa = iK$ und daher $\lambda = iK/k$ einzuführen. Die Gln. (16.4) gehen dann mit $\lambda = i\Lambda$ und $\Lambda = K/k$ über in

$$R = \frac{(\Lambda^2 - 1)^2 \sin^2 Ka}{4\Lambda^2 + (\Lambda^2 - 1)^2 \sin^2 Ka}; \quad D = \frac{4\Lambda^2}{4\Lambda^2 + (\Lambda^2 - 1)^2 \sin^2 Ka}. \tag{16.6}$$

Die Durchlässigkeit erreicht daher maximal den klassischen Wert $D = 1$, und zwar für alle Energien, bei denen

$$Ka = n\pi \tag{16.7}$$

ist; dazwischen liegen jeweils Minima, die bei $Ka = (n + \tfrac{1}{2})\pi$ auf

$$D = \frac{1}{1 + (1/4)(\Lambda - 1/\Lambda)^2} = \frac{4K^2 k^2}{(K^2 + k^2)^2} = \frac{4E(E - U)}{(2E - U)^2} \tag{16.8}$$

absinken. Dies alles gilt ebenso für $U < 0$ wie für $U > 0$. Mit wachsender Energie $E \gg |U|$ gehen auch diese Minimalwerte gegen 1.

Die berechnete Durchlässigkeit bei Energien $E > U$ ist für einen Potentialwall mit

$$k_0 a = \sqrt{\frac{2m}{\hbar^2} U a^2} = 3\pi$$

in Abb. 6 dargestellt.

Aus der Wellenfunktion u entnimmt man die Aufenthaltswahrscheinlichkeit $|u|^2 dx$ der Korpuskel im Intervall dx. Vor der Schwelle, also bei negativen x, kommt es zur Interferenz von einfallender und reflektierter Welle, weil dort nach Gl. (16.2)

$$|u|^2 = 1 + R + A^* e^{2ikx} + A e^{-2ikx}$$

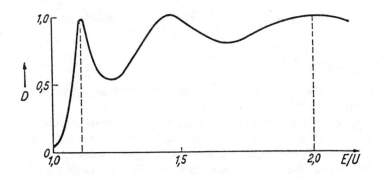

Abb. 6. Durchlässigkeit der Potentialschwelle für $E > U$ als Funktion der Energie

wird. Hinter der Schwelle, also für $x > a$, dagegen, ist $|u|^2 = D$ konstant. In Abb. 7 ist dies Verhalten für die Energie $E = U/2$, d.h. für $k = \kappa$ und $\lambda = 1$ und verschiedene Schwellenbreiten a dargestellt.

Ergänzung. Von besonderem Interesse ist die Aufenthaltswahrscheinlichkeit der Korpuskel

$$w = \int_0^a dx |u|^2 \qquad (16.9)$$

innerhalb des Bereichs der Schwelle bzw. des Grabens. Für den Tunneleffekt bei $E < U$ zeigt Abb. 7 deutlich das monotone Abklingen von $|u|^2$ innerhalb des Bereichs $0 \leq x \leq a$, so daß keine hohen Werte von w zu erwarten sind. Anders für $E > U$ beim Potentialwall und für alle $E > 0$ beim Graben. Man findet dann

$$w = D\frac{a}{2\Lambda}\left[\left(\Lambda + \frac{1}{\Lambda}\right) + \left(\Lambda - \frac{1}{\Lambda}\right)\frac{\sin 2Ka}{2Ka}\right] \qquad (16.10)$$

mit D aus Gl. (10.6). Ist $Ka \gg \pi$, so oszillieren die Sinusfunktionen schnell verglichen mit der Änderung von Ka selbst. Wenn wir dann Λ genähert als konstant über ein Intervall $\Delta Ka = \pi$ ansehen, so nimmt der Ausdruck (16.10) bei $Ka = n\pi$ einen maximalen Wert

$$w_1 = \frac{a}{2\Lambda}\left(\Lambda + \frac{1}{\Lambda}\right) \qquad (16.11a)$$

und bei $Ka = (n + \frac{1}{2})\pi$ einen minimalen Wert

$$w_2 = \frac{2a}{\Lambda}\left(\Lambda + \frac{1}{\Lambda}\right)^{-1} \qquad (16.11b)$$

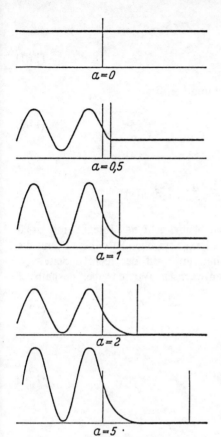

Abb. 7. Verlauf von $|u|^2$ für den von links auf die Schwelle fallenden Teilchenstrom bei $E < U$. Die vertikalen Striche markieren die Breite a der Schwelle. Die links von der Schwelle auftretende Welligkeit rührt von der Interferenz der einlaufenden und der reflektierten Welle her

an. Der Unterschied zwischen w_1 und w_2 kann sehr ausgeprägt werden, wenn nämlich entweder $\Lambda \ll 1$ ($K \ll k$) beim Wall oder $\Lambda \gg 1$ ($K \gg k$) beim Graben wird. Auf diese Weise können enge Energiebänder zwischen zwei Minima entstehen, in denen die Aufenthaltswahrscheinlichkeit im Schwellengebiet abnorm groß wird, so daß wir von virtuellen Niveaus im Sinne von Aufg. 15 sprechen können.

17. Aufgabe. Schmale, hohe Potentialschwelle

Ein Teilchenstrom fällt von links her auf eine sehr hohe und sehr schmale Potentialschwelle ($-\varepsilon < x < +\varepsilon$). Man führe den Grenzübergang $\varepsilon \to 0$ zur δ-Funktion für das Potential durch und berechne hierfür die an der Schwelle reflektierte und die von ihr durchgelassene Intensität.

III. Eindimensionale Probleme

Lösung. Für das Potential

$$V(x) = \begin{cases} V_0 & \text{für } -\varepsilon < x < +\varepsilon \\ 0 & \text{für } |x| \geq \varepsilon \end{cases} \tag{17.1}$$

integrieren wir die Schrödingergleichung

$$u'' + \left[k^2 - \frac{2m}{\hbar^2} V(x) \right] u = 0 \tag{17.2}$$

über die Breite der Schwelle

$$u'(\varepsilon) - u'(-\varepsilon) + k^2 \int_{-\varepsilon}^{+\varepsilon} dx\, u(x) = \frac{2m}{\hbar^2} V_0 \int_{-\varepsilon}^{+\varepsilon} dx\, u(x). \tag{17.3}$$

Da u im Integrationsintervall endlich bleibt, geht das Integral mit $\varepsilon \to 0$ ebenfalls gegen Null. Das dritte Glied links verschwindet daher. Damit die Schwelle überhaupt einen Einfluß hat, muß auf der rechten Seite von Gl. (17.3) V_0 wie $1/\varepsilon$ über alle Grenzen wachsen. Wir schreiben deshalb

$$V_0 = \frac{\hbar^2}{2m\varepsilon} \Omega ; \tag{17.4}$$

dann geht Gl. (17.3) über in

$$\lim_{\varepsilon \to 0} [u'(+\varepsilon) - u'(-\varepsilon)] = 2\Omega u(0), \tag{17.5}$$

und Gl. (17.1) läßt sich

$$V(x) = \frac{\hbar^2}{m} \Omega \delta(x) \tag{17.6}$$

schreiben. Wir bezeichnen die Konstante Ω als die *Opazität* der Schwelle. Gleichung (17.5) können wir auch so ausdrücken, daß die logarithmische Ableitung

$$L(x) = \frac{u'(x)}{u(x)} \tag{17.7}$$

an der Schwelle einen durch die Opazität festgelegten Sprung hat:

$$L(+0) - L(-0) = 2\Omega. \tag{17.8}$$

Mit Hilfe dieser einfachen Randbedingung können wir die Lösung für das Potential (17.6) nunmehr behandeln: Während die Wellenfunktion selbst bei $x = 0$ stetig bleibt, erleidet ihre Ableitung einen Sprung.

17. Aufgabe. Schmale, hohe Potentialschwelle

Fällt von links eine Welle ein, so muß die Lösung in willkürlicher Normierung analog zu Aufg. 16

$$u(x) = \begin{cases} e^{ikx} + Ae^{-ikx} & \text{für } x < 0 \\ Ce^{ikx} & \text{für } x > 0 \end{cases} \tag{17.9}$$

sein, wobei $|A|^2 = R$ die reflektierte und $|C|^2 = D$ die durchgelassene Intensität ist. Die Randbedingung (17.8) ergibt dann

$$ik - ik\frac{1-A}{1+A} = 2\Omega . \tag{17.10}$$

Hierzu tritt die Forderung $u(-0) = u(+0)$ oder

$$1 + A = C . \tag{17.11}$$

Aus diesen beiden Gleichungen folgt sofort

$$A = \frac{\Omega}{ik - \Omega}; \quad C = \frac{ik}{ik - \Omega}, \tag{17.12}$$

und die zugehörigen Intensitäten werden

$$R = \frac{\Omega^2}{k^2 + \Omega^2}; \quad D = \frac{k^2}{k^2 + \Omega^2} \tag{17.13}$$

Wie in Aufg. 16 gilt der Erhaltungssatz

$$R + D = 1 . \tag{17.14}$$

Ist $\Omega \gg k$, die Opazität also groß, so ist nach Gl. (17.13) die durchgelassene Intensität klein und nahezu die ganze einfallende Intensität wird reflektiert.

Ist umgekehrt $\Omega \ll k$, so wird nur wenig reflektiert und nahezu alles durchgelassen; die Transparenz ist groß.

Die einfallende Welle interferiert mit der kohärent reflektierten, und zwar folgt aus Gln. (17.9) und (17.12) für $x < 0$

$$|u|^2 = 1 + \frac{\Omega^2}{k^2 + \Omega^2}\left(1 - 2\cos 2kx - 2\frac{k}{\Omega}\sin 2kx\right) .$$

Anm. In Gl. (17.1) sind wir von einem in $|x| < \varepsilon$ *konstanten* Potential ausgegangen. Das wäre nicht notwendig gewesen. Setzen wir nämlich innerhalb der Schwelle

$$V(x) = \frac{\hbar^2}{2m\varepsilon}W(x) \tag{17.15}$$

mit einem endlich beschränkten $|W(x)|$, so tritt an die Stelle der Gl. (17.5) zunächst

$$\lim_{\varepsilon \to 0} [u'(+\varepsilon) - u'(-\varepsilon)] = u(0) \lim_{\varepsilon \to 0} \left[\frac{1}{\varepsilon} \int_{-\varepsilon}^{+\varepsilon} dx\, W(x) \right]; \tag{17.16}$$

mit $\int_{-\varepsilon}^{+\varepsilon} W(x)\,dx = 2\varepsilon\, \Omega$ ensteht daraus wieder Gl. (17.5).

Ein Vergleich der Gl. (17.13) mit Aufg. 16 zeigt, daß sich die dort abgeleiteten Ausdrücke (16.6) in dieselbe Form bringen lassen, wenn man

$$\Omega = \frac{1}{2} k \left(\lambda + \frac{1}{\lambda} \right) \sinh \kappa a \tag{17.17}$$

einführt. Dieser Vergleich macht wohl am besten klar, wie stark die Vereinfachung unseres δ-Funktionsmodells ist: Die rechte Seite von Gl. (17.17) ist eine komplizierte Funktion der Energie, während unser Ω eine Konstante ist.

18. Aufgabe. Potentialtopf mit aufgesetzten Wänden

Ein Potentialtopf in $0 < x < a$ wird bei $x = 0$ durch eine unendlich hohe undurchdringliche Wand und bei $x = a$ durch eine unendlich schmale Wand der Opazität Ω begrenzt (Abb. 8). Von rechts fällt eine Welle auf. Gesucht werden die Wellenfunktionen innen und außen, insbesondere die Energieabhängigkeit der Amplitude im Innern bei vorgegebener einfallender Intensität.

Lösung. Im Außengebiet $(x > a)$ tritt zur einfallenden eine reflektierte Welle hinzu. Da keine Welle den Topf nach links hin verlassen kann, muß die Reflexion total sein, also

$$u_a = e^{-ik(x-a)} + e^{-2i\varphi} e^{ik(x-a)}. \tag{18.1}$$

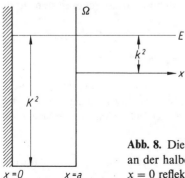

Abb. 8. Die von rechts einfallende Welle wird teilweise an der halbdurchlässigen Wand bei $x = a$, der Rest bei $x = 0$ reflektiert

18. Aufgabe. Potentialtopf mit aufgesetzten Wänden

Im Innern ($x < a$) wird

$$u_i = C \sin Kx \tag{18.2}$$

die Lösung, welche die Randbedingung $u_i(0) = 0$ erfüllt. Die Aufgabe besteht nun darin, die Konstanten φ und C zu bestimmen. Dazu stehen die zwei Randbedingungen bei $x = a$ zur Verfügung, nämlich

$$u_i(a) = u_a(a) \quad \text{oder} \quad 1 + e^{-2i\varphi} = C \sin Ka \tag{18.3}$$

und

$$\frac{u_a'(a) - u_i'(a)}{u(a)} = 2\Omega \quad \text{oder} \quad k \tan\varphi - K \cot Ka = 2\Omega. \tag{18.4}$$

Daraus folgen die Konstanten

$$\varphi = \arctan\lambda \quad \text{mit} \quad \lambda = \frac{1}{k}(2\Omega + K \cot Ka) \tag{18.5}$$

und

$$C = \frac{2e^{-i\varphi}}{\sqrt{1 + \lambda^2} \sin Ka}, \tag{18.6}$$

womit die Funktionen (18.1) und (18.2) in

$$u_a = 2e^{-i\varphi} \cos[k(x - a) - \varphi] \tag{18.7}$$

und

$$u_i = 2e^{-i\varphi} \frac{\sin Kx}{\sqrt{1 + \lambda^2} \sin Ka} \tag{18.8}$$

übergehen.

Bis auf den gemeinsamen Phasenfaktor $e^{-i\varphi}$, der ohne physikalische Bedeutung ist, erhalten wir innen wie außen eine reelle Lösung. Da die Amplitude der einfallenden Welle auf 1 normiert ist, gibt

$$|C|^2 = \frac{4}{(1 + \lambda^2) \sin^2 Ka} = \frac{4k^2}{k^2 \sin^2 Ka + (2\Omega \sin Ka + K \cos Ka)^2} \tag{18.9}$$

unmittelbar ein Maß für die Stärke des Eindringens der Welle in das Innere des Potentialtopfes.

Im allgemeinen wird $|C|^2 < 4$, d.h. die Amplitude innen ($x < a$) kleiner als außen ($x > a$), da die Welle bereits teilweise an der Wand bei $x = a$ reflektiert wird und nur noch unvollständig ins Innere eindringt. Dies gilt besonders für große Opazität. Im Grenzfall $\Omega \to \infty$ geht nach Gl. (18.5) $\lambda \to \infty$ und $\varphi \to \pi/2$, so daß Gl. (18.7)

$$u_a = -2i\sin k(x-a)$$

mit einer Nullstelle bei $x = a$ ergibt: u_i wird nach Gl. (18.8) dann identisch gleich Null, und die Wand bei $x = a$ reflektiert total.

Es gibt jedoch auch Energiebereiche mit völlig anderem Verhalten. In der Umgebung von

$$\tan Ka = -\frac{K}{2\Omega} \tag{18.10}$$

wird nämlich die Klammer im Nenner von Gl. (18.9) sehr klein. Ist nun außerdem $\Omega \gg K$, so liegen die durch Gl. (18.10) definierten Werte von Ka,

$$Ka = n\pi - \arctan\frac{K}{2\Omega}, \tag{18.11}$$

jeweils nur wenig vor den Nullstellen des Tangens bei $n\pi$. Dort wird aber auch $\sin Ka \approx \pm K/2\Omega$ sehr klein, so daß Gl. (18.9) genähert in

$$|C|^2 = \frac{4k^2}{k^2 + (K/2\Omega)^2} \approx \left(\frac{4\Omega}{K}\right)^2 \gg 1 \tag{18.12}$$

übergeht. Die schmalen Energiebänder, in denen diese Resonanzerscheinung auftritt, werden als virtuelle Niveaus des Innenraumes bezeichnet. Sie kommen, abgesehen von der Normierung, wegen Gl. (18.11) sehr nahe solchen Zuständen, bei denen für eine total undurchlässige Wand ($\Omega \to \infty$) nur im Innern eine Welle mit $u_i(a) = 0$; $Ka = n\pi$ angeregt ist, wo also ein stabiler Zustand zu einem reellen Eigenwert vorliegt.

19. Aufgabe. Resonanz

Man untersuche für die vorige Aufgabe mit der Vereinfachung $K = k$ (d.h. für die opake Wand ohne Potentialtopf) das Verhalten in der Umgebung einer Resonanzstelle unter der Voraussetzung, daß $ka \gg \pi$ und der Parameter $p = k/\Omega \ll 1$ ist.

Lösung. Wir betrachten nacheinander das Verhalten der Amplituden und den Verlauf der Phase von u_a als Funktion von ka.

(a) *Amplituden.* Gl. (18.9) reduziert sich für $K = k$ mit der Abkürzung

$$ka = s \tag{19.1}$$

19. Aufgabe. Resonanz

nach einer einfachen Umformung auf

$$4/|C|^2 = f(s) = 1 + \frac{2}{p}\sin 2s + \frac{2}{p^2}(1 - \cos 2s) \,. \tag{19.2}$$

Bei festgehaltenem p. d.h. wenn für $s \gg \pi$ dieser Parameter innerhalb eines engen Resonanzgebiets als Konstante behandelt werden darf, ist

$$f'(s) = \frac{4}{p}\cos 2s + \frac{4}{p^2}\sin 2s; \quad f''(s) = -\frac{8}{p}\sin 2s + \frac{8}{p^2}\cos 2s \,.$$

Ein Extremum liegt daher bei $s = s_n$ mit

$$\tan 2s_n = -p \,. \tag{19.3}$$

Dort wird

$$f''(s_n) = -8\left(\frac{1}{p} + \frac{1}{p^3}\right)\sin 2s_n \,.$$

Da $p \ll 1$ ist, wird nach Gl. (19.3) $2s_n$ etwas kleiner als $n\pi$. Hier sind zwei Fälle zu unterscheiden: Für $n = 1, 3, 5, \ldots$ ist $\sin 2s_n > 0$ und daher $f'' < 0$, so daß $f(s)$ dort ein Maximum, $|C|^2$ ein Minimum hat. Umgekehrt liegt für $n = 2, 4, 6, \ldots$ mit $\sin 2s_n < 0$ und $f'' > 0$ ein Maximum von $|C|^2$ vor. Für die *Resonanzmaxima* von $|C|^2$ gilt daher

$$2s_n = 2\pi n - \arctan p \,. \tag{19.4}$$

Um das Verhalten der Umgebung von s_n zu studieren, setzen wir

$$2s = 2(s_n + \xi) = 2\pi n + (2\xi - \arctan p) \,. \tag{19.5}$$

Dann wird

$$\sin 2s = (1 + p^2)^{-1/2}(\sin 2\xi - p\cos 2\xi);$$
$$\cos 2s = (1 + p^2)^{-1/2}(\cos 2\xi + p\sin 2\xi) \tag{19.6}$$

und nach Gl. (19.2)

$$f(s) = 1 + \frac{2}{p^2}(1 - \sqrt{1 + p^2}\cos 2\xi) \,. \tag{19.7}$$

Sind p und ξ beide klein, so können wir entwickeln und erhalten

$$f(s) = \frac{1}{4}p^2\left[1 + \frac{16}{p^4}(s - s_n)^2\right],$$

was beim Einsetzen der physikalischen Größen

$$\frac{4}{|C|^2} = \frac{k^2}{4\Omega^2}\left[1 + \frac{16\Omega^4}{k^4}a^2(k-k_n)^2\right] \tag{19.8}$$

ergibt. Die Höhe des Maximums von $|C|^2/4$ bei $k = k_n$ ist also gleich $4\Omega^2/k^2 \gg 1$, während ein Blick auf Gl. (19.2) zeigt, daß außerhalb der Resonanz die Größenordnung $k^2/\Omega^2 \ll 1$ wird. Anschaulich kann man sagen, daß bei großer Opazität der Wand (d.h. für $\Omega/k \gg 1$) die einlaufende Welle bereits bei $x = a$ fast vollständig reflektiert wird und nur in Resonanzgebieten der Energie (für $k \approx k_n$) eindringt, so daß sich die Materie zwischen $x = 0$ und $x = a$ "staut". Gleichung (19.8) zeigt noch, daß in der k-Skala die *Linienbreite* dieser Resonanzen

$$\Delta k \sim \frac{k^2}{4\Omega^2 a} \tag{19.9}$$

wird.

Für das Zahlenbeispiel $k/\Omega = 0{,}2$ ist $\Delta ka \sim 0.01$, was für $ka \gg \pi$ eine sehr schmale Linie bedeutet. Die Höhe der Resonanz wird $|C|^2/4 = 4\Omega^2/k^2 = 100$.

(b) *Phasen*. Statt der Phase φ von Aufg. 18 wollen wir im folgenden die Größe

$$\delta = \frac{\pi}{2} - ka - \varphi \tag{19.10}$$

benutzen, mit der wir

$$u_a \sim \sin(kx + \delta) \tag{19.11}$$

schreiben können. Dann ist $\delta = 0$, wenn die Wand völlig durchlässig ist, also für $\Omega = 0$; umgekehrt wird für $\Omega \to \infty$ die Phase $\delta = -ka$. Die Gl. (18.5) ergibt für $K = k$

$$\tan\varphi = \frac{2}{p} + \cot s . \tag{19.12a}$$

Andererseits folgt aus Gl. (19.10)

$$\tan\varphi = \cot(s + \delta) = \frac{\cot s - \tan\delta}{1 + \cot s \tan\delta} . \tag{19.12b}$$

Eliminieren wir $\tan\varphi$ aus den Gln. (19.12a, b) und lösen nach $\tan\delta$ auf, so erhalten wir

$$\tan\delta = -\frac{1 - \cos 2s}{p + \sin 2s} . \tag{19.13}$$

19. Aufgabe. Resonanz

Der Nenner dieses Bruches verschwindet für $\sin 2s = -p$, also für alle

$$2\bar{s}_n = 2\pi n - \arcsin p .\tag{19.14}$$

Ist $p \ll 1$, so stimmen diese Werte nahezu mit den Resonanzwerten s_n der Gl. (19.4) überein. Betrachten wir die Umgebung dieser Stelle, an der nach Gl. (19.13) $\delta = \pi/2$ ist, schreiben wir also etwa

$$2s = 2(\bar{s}_n + \eta) = 2\pi n + (2\eta - \arcsin p) ,$$

so wird

$$\sin 2s = \sqrt{1-p^2}\sin 2\eta - p\cos 2\eta ;$$

$$\cos 2s = \sqrt{1-p^2}\cos 2\eta + p\sin 2\eta ,$$

folglich nach Gl. (19.13)

$$\tan \delta = -\frac{1 - \sqrt{1-p^2}\cos 2\eta - p\sin 2\eta}{p + \sqrt{1-p^2}\sin 2\eta - p\cos 2\eta} .\tag{19.15}$$

Einerseits ergibt nun Gl. (19.15) für die völlig undurchlässige Wand, d.h. für $p = 0$, um $\bar{s}_n = n\pi$ herum

$$\tan \delta = -\frac{1 - \cos 2\eta}{\sin 2\eta} = -\tan \eta ,\tag{19.16}$$

also einen stetigen Verlauf mit $\delta = -\eta$ und $\delta = 0$ für $\eta = 0$. Andereseits haben wir für $p \ll 1$, also für große Ω, bei $\eta = 0$ die Phase $\delta = \pi/2$ gefunden. Der scheinbare Widerspruch der beiden Ergebnisse erklärt sich, wenn man beachtet, daß Gl. (19.16) nur eine Aussage über die Tangenten, nicht aber über die Winkel selbst enthält. Infolge der Periodizität der Tangensfunktion können wir daher für $p = 0$ schreiben

$$\delta = \begin{cases} -\eta & \text{für } \eta < 0 \\ \pi - \eta & \text{für } \eta > 0 \end{cases}\tag{19.17}$$

mit einem Phasensprung um π an der Stelle $\eta = 0$. Für $p \ll 1$ geht der Sprung dann in einen stetigen, aber sehr schnellen Anstieg der Phase über, der an der Stelle $\eta = 0$ auf dem Wege von $\delta \approx 0$ nach $\delta \approx \pi$ den Wert $\pi/2$ kreuzt. Ein solcher Phasensprung beim Durchgang durch eine Resonanzstelle ist auch sonst eine bekannte Erscheinung schwingungsfähiger Systeme.

Die Verhältnisse werden noch deutlicher an dem Zahlenbeispiel $p = 0{,}2$. Die Phasen hierzu sind in Abb. 9 für die Umgebung der Resonanzstelle in der Umgebung von $ka = 10\pi$ dargestellt. Zum Vergleich ist

III. Eindimensionale Probleme

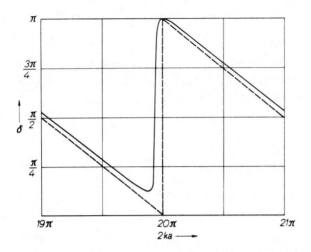

Abb. 9. Phasenverlauf an einer Resonanzstelle

gestrichelt die Linie für $p = 0$ eingezeichnet, die an der Stelle $\eta = 0$ unstetig um π springt.

20. Aufgabe. Periodische Potentiale

Man beweise, daß in einem periodischen Potential der Periode a,

$$V(x + a) = V(x), \tag{20.1}$$

zu jeder Energie zwei Lösungen der Schrödingergleichung existieren, für die

$$u(x + a) = \lambda u(x) \tag{20.2}$$

ist. Was läßt sich noch über λ und u aussagen, damit $u(x)$ nicht im Unendlichen über alle Grenzen wächst?

Lösung. Es seien $u_1(x)$ und $u_2(x)$ zwei linear unabhängige Lösungen der Schrödingergleichung zum Potential von. (20.1). Wegen der Invarianz dieser Gleichung gegen Translationen $x \to x + na$ mit $n = 0, \pm 1, \pm 2, \ldots$ sind dann auch $u_1(x + a)$ und $u_2(x + a)$ Lösungen. Sie lassen sich daher in der Form

$$u_1(x + a) = C_{11} u_1(x) + C_{12} u_2(x)$$
$$u_2(x + a) = C_{21} u_1(x) + C_{22} u_2(x) \tag{20.3}$$

20. Aufgabe. Periodische Potentiale

aus den Ausgangslösungen aufbauen. Durch geeignete Wahl von u_1 und u_2 läßt sich die Matrix der C_{ik} diagonalisieren, d.h. es gibt Lösungen

$$v(x) = Au_1(x) + Bu_2(x) , \quad (20.4)$$

für die

$$v(x + a) = \lambda v(x) \quad (20.5)$$

wird. Bilden wir nämlich mit Hilfe von Gl. (20.3)

$$v(x + a) = (AC_{11} + BC_{21})u_1(x) + (AC_{12} + BC_{22})u_2(x) ,$$

so wird dies gleich $\lambda v(x)$, wenn

$$AC_{11} + BC_{21} = \lambda A; \quad AC_{12} + BC_{22} = \lambda B$$

ist. Dies Gleichungssystem für A and B hat dann und nur dann eine Lösung, wenn seine Determinante verschwindet, und das gibt eine quadratische Gleichung für λ mit zwei Lösungen λ_1 und λ_2, so daß es auch zwei Lösungen v_1 und v_2 der Schrödingergleichung gibt, für welche Gl. (20.5) zutrifft.

Man kann nun zeigen, daß $\lambda_1 \lambda_2 = 1$ ist. Bildet man nämlich die Wronski-Determinante $D = v_1 v_2' - v_2 v_1'$, so folgt aus Gl. (20.5) sofort $D(x + a) = \lambda_1 \lambda_2 D(x)$. Da andererseits nach dem Greenschen Satz D nicht von x abhängt, folgt

$$\lambda_1 \lambda_2 = 1 . \quad (20.6)$$

Ist $|\lambda_1| > 1$, so wird also $|\lambda_2| < 1$. Beides führt zu unphysikalischen Lösungen, da die eine für $x \to +\infty$, die andere für $x \to -\infty$, über alle Grenzen wächst. Nur Lösungen mit $|\lambda| = 1$ haben also physikalische Bedeutung, also etwa

$$\lambda_1 = e^{iKa}; \quad \lambda_2 = e^{-iKa} \quad (20.7)$$

mit reellem K. Da $e^{2\pi i n} = 1$ ist, können wir K auf das Intervall

$$-\frac{\pi}{a} \leq K \leq +\frac{\pi}{a} \quad (20.8)$$

reduzieren.

Die vollständige, physikalisch sinnvolle Lösung $v(x)$ für das periodische Potential (20.1) erfüllt daher die Bedingung

$$v(x + na) = e^{inKa} v(x) ,$$

was nur erfüllt werden kann, wenn

$$v(x) = e^{iKx} v_K(x) \quad (20.9a)$$

54 III. Eindimensionale Probleme

mit einer periodischen Funktion

$$v_K(x) = v_K(x + a) \tag{20.9b}$$

ist.

Anm. Die Gln. (20.9a, b) heißen das Theorem von Bloch. Die Gln. (20.2) und (20.6) bilden das Theorem von Floquet. Die Größe K heißt *Ausbreitungsvektor*. Erfüllt man Gl. (20.8), so spricht man vom *reduzierten Ausbreitungsvektor*. Die Bezeichnung als Vektor rührt vom dreidimensionalen Problem her.

21. Aufgabe. Energiebänder

Wie kann man ausgehend von irgend zwei linear unabhängigen Partikularlösungen $u_1(x)$ und $u_2(x)$ der Schrödingergleichung im Intervall $0 \leq x \leq a$ für das periodische Potential $V(x) = V(x + a)$ die zulässigen Energieniveaus finden?

Lösung. Wir bauen die gesuchte Lösung aus u_1 und u_2 auf:

$$u(x) = Au_1(x) + Bu_2(x) \quad \text{für} \quad 0 \leq x \leq a. \tag{21.1}$$

Im nächsten Periodenintervall ist wegen

$$u(x + a) = e^{iKa} u(x) \quad \text{für} \quad 0 \leq x \leq a, \tag{21.2}$$

wenn wir für $x + a$ wieder x schreiben,

$$u(x) = e^{iKa} u(x - a) \quad \text{für} \quad a \leq x \leq 2a,$$

d.h. es wird

$$u(x) = e^{iKa}[Au_1(x - a) + Bu_2(x - a)] \quad \text{für} \quad a \leq x \leq 2a. \tag{21.3}$$

Sowohl in Gl. (21.1) als auch in Gl. (21.3) treten die Funktionen u_1 und u_2 also nur für Argumente $0 \leq x \leq a$ auf, für welche sie voraussetzungsgemäß definiert sind. An der Stelle $x = a$ müssen nun $u(x)$ und $u'(x)$ der Gln. (21.1) und (21.3) übereinstimmen:

$$Au_1(a) + Bu_2(a) = e^{iKa}[Au_1(0) + Bu_2(0)],$$

$$Au_1'(a) + Bu_2'(a) = e^{iKa}[Au_1'(0) + Bu_2'(0)].$$

Dies sind zwei homogene lineare Gleichungen für A und B, aus denen wir die richtige Kombination $u(x)$, Gl. (21.1), konstruieren können. Ihre Determinante muß verschwinden:

$$\begin{vmatrix} u_1(a) - e^{iKa}u_1(0) & u_2(a) - e^{iKa}u_2(0) \\ u_1'(a) - e^{iKa}u_1'(0) & u_2'(a) - e^{iKa}u_2'(0) \end{vmatrix} = 0. \tag{21.4}$$

Entwickeln wir sie, so entsteht nach elementaren Umformungen schließlich eine Gleichung für Ka:

$$\cos Ka = \frac{[u_1(0)u_2'(a) + u_1(a)u_2'(0)] - [u_2(0)u_1'(a) + u_2(a)u_1'(0)]}{2(u_1 u_2' - u_1' u_2)}.$$

(21.5)

Die Wronski-Determinante im Nenner hängt nicht von x ab, weshalb kein Argument angegeben ist.

Gleichung (21.5) kann für reelle K nur erfüllt werden, wenn der Betrag der rechten Seite ≤ 1 ist; dann gestattet sie die Bestimmung des reduzierten Ausbreitungsvektors K. Energieintervalle, in denen diese Bedingung erfüllt ist, wechseln mit solchen ab, in denen sie verletzt wird, in denen daher keine Lösungen existieren, die das Blochsche Theorem erfüllen. Im periodischen Potential gibt es daher keine scharf definierten Eigenwerte der Energie, sondern abwechselnd erlaubte und verbotene *Energiebänder*, an deren Grenzen jeweils $|\cos Ka| = 1$ ist.

Anm. Ersetzt man u_1 und u_2 durch zwei andere linear unabhängige Lösungen v_1 und v_2, so lassen sich diese linear aus u_1 und u_2 aufbauen. Eine einfache Rechnung zeigt, daß sich dann wieder Gl. (21.5) ergibt. In der Tat müssen die Energiebänder ja unabhängig davon sein, welche Partikularlösungen ursprünglich ausgewählt wurden.

22. Aufgabe. Ein spezielles periodisches Potential

Ein Potential $V(x)$ der Periodenlänge $l = a + b$ sei (Abb. 10)

$$V(x) = \begin{cases} 0 & \text{für} \quad nl \leq x < nl + a \\ U & \text{für} \quad nl - b < x \leq nl \end{cases}.$$

(22.1)

Man bestimme die Grenzen der Energiebänder. Als numerisches Beispiel sei $a = b$ und $2mUa^2/\hbar^2 = 4$ gewählt.

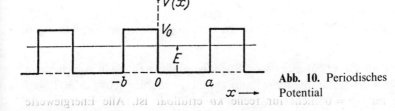

Abb. 10. Periodisches Potential

56 III. Eindimensionale Probleme

Lösung. Wir behandeln zunächst den Fall $E < U$ und setzen wie in früheren Aufgaben

$$k^2 = \frac{2m}{\hbar^2} E \; ; \quad \kappa^2 = \frac{2m}{\hbar^2}(U - E) \; . \tag{22.2}$$

Dann können wir in der Periode $-b \leq x \leq a$ ansetzen

$$u(x) = \begin{cases} A_1 e^{\kappa x} + B_1 e^{-\kappa x} & \text{für} \quad -b \leq x \leq 0 \\ A_2 e^{ikx} + B_2 e^{-ikx} & \text{für} \quad 0 \leq x \leq a \; . \end{cases} \tag{22.3}$$

Nach Aufg. 20 wird dann in der folgenden Periode $a \leq x \leq l + a$

$$u(x) = \begin{cases} e^{iKl}(A_1 e^{\kappa(x-l)} + B_1 e^{-\kappa(x-l)}) & \text{für} \quad a \leq x \leq l \\ e^{iKl}(A_2 e^{iK(x-l)} + B_2 e^{-iK(x-l)}) & \text{für} \quad l \leq x \leq l + a \; . \end{cases} \tag{22.4}$$

Innerhalb der ersten Periode müssen bei $x = 0$ die Funktionen u und u' in Gl. (22.3) stetig sein. Am Beginn der nächsten Periode bei $x = a$ müssen dann u und u' aus Gl. (22.4) stetig die Ausdrücke der Gl. (22.3) fortsetzen. Das ergibt vier homogene lineare Gleichungen für die Amplituden A_1, B_1, A_2, B_2, nämlich

$$A_1 + B_1 = A_2 + B_2$$
$$\kappa(A_1 - B_1) = ik(A_2 - B_2)$$
$$A_2 e^{ika} + B_2 e^{-ika} = e^{iKl}(A_1 e^{-\kappa b} + B_1 e^{\kappa b})$$
$$ik(A_2 e^{ika} - B_2 e^{-ika}) = e^{iKl}\kappa(A_1 e^{-\kappa b} - B_1 e^{\kappa b}) \; . \tag{22.5}$$

Die Determinante dieses Gleichungssystems muß verschwinden; ihre Ausrechnung führt auf

$$\cos Kl = \cos ka \cosh \kappa b + \frac{\kappa^2 - k^2}{2\kappa k} \sin ka \sinh \kappa b \; . \tag{22.6}$$

Diese Beziehung definiert durch $|\cos Kl| \leq 1$ die Energiebänder für $E < U$. Für $E > U$ genügt es, überall $\kappa = i\sigma$ einzuführen. Dann geht Gl. (22.6) über in

$$\cos Kl = \cos ka \cos \sigma b - \frac{\sigma^2 + k^2}{2\sigma k} \sin ka \sin \sigma b \; . \tag{22.7}$$

An die Gln. (22.6) und (22.7) lassen sich einige allgemeine Bemerkungen knüpfen:

1. Daß Gl. (22.6) nicht jede Energie zuläßt, sieht man sofort, wenn man $ka = n\pi$ wählt. Sie führt dann auf die Forderung $|\cosh \kappa b| \leq 1$, was außer für $\kappa b = 0$ nicht für reelle κb erfüllbar ist. Alle Energiewerte

22. Aufgabe. Ein spezielles periodisches Potential

$E_n = (\hbar^2/2m)(n\pi/a)^2 < U$ sind daher verboten, und zwar einschließlich ihrer Umgebung.

2. Auch Gl. (22.7) gibt ein Verbot bestimmter Energiewerte, nämlich für die Stellen $ka + \sigma b = n\pi$. Formt man nämlich Gl. (22.7) um in

$$\cos Kl = \cos(ka + \sigma b) - \frac{(k-\sigma)^2}{2\sigma k} \sin ka \sin \sigma b \tag{22.8}$$

und trennt $ka + \sigma b = n\pi$ auf in $ka = n\pi - \varphi$ und $\sigma b = \varphi$, so entsteht

$$\cos Kl = (-1)^n - \frac{(k-\sigma)^2}{2\sigma k}(-1)^{n+1}\sin^2\varphi$$

$$= (-1)^n\left[1 + \frac{(k-\sigma)^2}{2\sigma k}\sin^2\varphi\right].$$

Da die eckige Klammer > 1 ist, wird für diese Energien im Bereich $E > U$ das jeweils umgebende Band verboten. Da der Bruch $(k-\sigma)^2/2\sigma k$ mit wachsender Energie immer kleiner wird, werden die verbotenen Zonen immer schmaler.

3. Zwischen sehr hohen Potentialbergen wird für tiefliegende Energieterme $\kappa b \gg 1$. Dann können wir für beide Hyperbelfunktionen in Gl. (22.6) genähert $e^{\kappa b}/2$ schreiben und erhalten als Bedingung für erlaubte Energiebänder

$$\left|\cos ka + \frac{\kappa^2 - k^2}{2\kappa k}\sin ka\right| \leq 2e^{-\kappa b} \ll 1. \tag{22.9}$$

Diese Ungleichung kann nur in sehr schmalen Zonen um die Nullstellen der linken Seite herum erfüllt werden. Je tiefer die erlaubten Energiebänder liegen, desto schmaler sind sie. Anschaulich bedeutet das, daß die benachbarten Potentialtöpfe mit sinkender Energie mehr und mehr entkoppelt werden. Wird $\kappa \gg k$, so tendiert die Ungleichung (22.9) mehr und mehr zu $\sin ka = 0$, also zu der scharfen Eigenwertbedingung für einen einzelnen sehr tiefen Topf.

Numerisches Beispiel. Für $a = b$ gehen mit den Abkürzungen

$$C^2 = \frac{2m}{\hbar^2}Ua^2; \qquad ka = \eta$$

die Gln. (22.6) und (22.7) über in

$$f(\eta) \equiv \cos\eta \cosh\sqrt{C^2 - \eta^2} + \frac{C^2 - 2\eta^2}{2\eta\sqrt{C^2 - \eta^2}}\sin\eta \sinh\sqrt{C^2 - \eta^2}$$

$$= \cos Kl \tag{22.6'}$$

für $\eta < C$, d.h. für $E < U$, und

$$f(\eta) \equiv \cos\eta \cos\sqrt{\eta^2 - C^2} - \frac{2\eta^2 - C^2}{2\eta\sqrt{\eta^2 - C^2}} \sin\eta \sin\sqrt{\eta^2 - C^2}$$

$$= \cos Kl \qquad (22.7')$$

für $\eta > C$, d.h. für $E > U$.

Für $C = 2$ ist $f(\eta)$ in Abb. 11 gezeichnet. Die erlaubten Energiebänder für $|f(\eta)| \leq 1$ sind in der η-Skala durch stärkere Striche auf der η-Achse markiert. Das erste erlaubte Energieband liegt im Bereich $E < U$ bei $1{,}295 < \eta < 1{,}77$. Die folgenden Bänder gehören bereits zu $E > U$; das zweite Band liegt bei $2{,}38 < \eta < 3{,}45$ und wird von einer schmalen, verbotenen Zone gefolgt, der das dritte Band für $3{,}46 < \eta < 4{,}91$ folgt. In jedem Band durchläuft $\cos Kl$ entweder die Werte von $+1$ bis -1 oder von -1 bis $+1$, der reduzierte Ausbreitungsvektor daher die Werte von 0 bis $\pm \pi/l$ oder von $\pm \pi/l$ bis 0 mit wachsender Energie. Nimmt man die Reduktion nicht vor, so kann man Kl im untersten Band von 0 bis π, im zweiten von π bis 2π, im dritten von 2π bis 3π usw. monoton wachsen lassen. Der Zusammenhang von Kl mit der Energie (in der Skala von $2ka \sim \sqrt{E}$) ist in Abb. 12a für den reduzierten, in Abb. 12b für den monoton wachsenden Ausbreitungsvektor dargestellt. Man sieht deutlich,

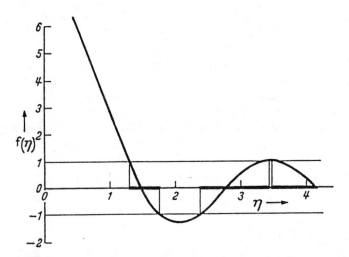

Abb. 11. Das Zustandekommen der Energiebänder. Die erlaubten Werte von $\eta = ka$ liegen in den Bereichen, in denen $|f(\eta)| < 1$ ist; sie sind auf der η-Achse durch stärkere Striche markiert

22. Aufgabe. Ein spezielles periodisches Potential

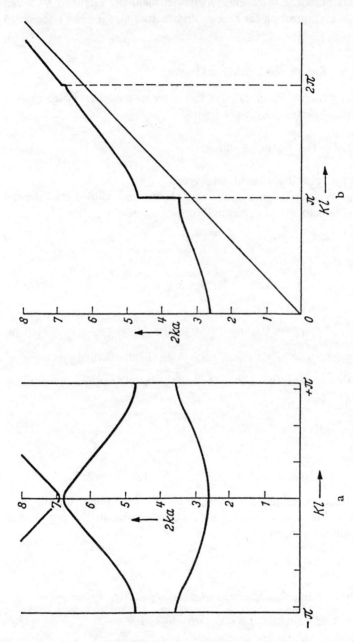

Abb. 12a, b. Zusammenhang zwischen der Energie eines Zustandes und dem Ausbreitungsvektor K. **a** Für reduziertes K, **b** Für fortlaufendes K

60   III. Eindimensionale Probleme

wie sich das monoton wachsende Kl immer mehr der Geraden $Kl = 2ka$ nähert, was asymptotisch für $\eta \to \infty$ unmittelbar an Gl. (22.7′) abgelesen werden kann.

23. Aufgabe. Kamm von Dirac-Funktionen

Für ein periodisches Potential, das von einer unendlichen Folge äquidistanter Dirac-Funktionen gebildet wird,

$$V(x) = \frac{\hbar^2}{m} \Omega \sum_{n=-\infty}^{+\infty} \delta(x + na), \qquad (23.1)$$

sollen die Energiebänder bestimmt werden.

Lösung. Wir schließen uns an Aufg. 21 an und wählen im Intervall $0 \leq x \leq a$ die beiden Fundamentallösungen

$$u_1(x) = e^{ikx} ; \quad u_2(x) = e^{-ikx}, \qquad (23.2)$$

so daß wir mit

$$u(x) = A e^{ikx} + B e^{-ikx} \quad \text{für } 0 \leq x \leq a \qquad (23.3a)$$

im nächsten Intervall

$$u(x) = e^{iKa}[A e^{ik(x-a)} + B e^{-ik(x-a)}] \text{ für } a \leq x \leq 2a \qquad (23.3b)$$

haben. An der Stelle $x = a$ gelten nach Aufg. 17 die Bedingungen

$$u(a+0) = u(a-0); \quad u'(a+0) = u'(a-0) + 2\Omega u(a), \qquad (23.4)$$

mit den Gln. (23.3a,b) also

$$e^{iKa}(A + B) = A e^{ika} + B e^{-ika} \qquad (23.5a)$$

und

$$ik e^{iKa}(A - B) = ik(A e^{ika} - B e^{-ika}) + 2\Omega(A e^{ika} + B e^{-ika}). \qquad (23.5b)$$

Die Gln. (23.5a,b) bilden ein homogenes lineares System für die Amplituden A und B. Seine Determinante muß verschwinden. Das ergibt nach einfachen Umformungen

$$\cos Ka = \cos ka + \frac{\Omega}{k} \sin ka \qquad (23.6)$$

zur Bestimmung der Bandgrenzen und die zugehörige Eigenfunktion

$$u(x) = C(e^{iKa} \sin kx - \sin k(x-a)) \quad \text{für } 0 \leq x \leq a \qquad (23.7)$$

in freibleibender Normierung.

23. Aufgabe. Kamm von Dirac-Funktionen

Mit der Abkürzung

$$\frac{\Omega}{k} = \tan \xi \; ; \quad 0 < \xi < \frac{\pi}{2} \tag{23.8}$$

schreiben wir statt Gl. (23.6) auch

$$\cos Ka = \cos ka + \tan \xi \sin ka = \frac{\cos(ka - \xi)}{\cos \xi} \tag{23.9}$$

oder

$$\tan \xi = \frac{\cos Ka - \cos ka}{\sin ka}. \tag{23.10}$$

Nun gibt es zwei mögliche Grenzwerte für die erlaubten Bänder, nämlich $\cos Ka = +1$ und $\cos Ka = -1$. Wir betrachten sie nacheinander.

1. $\cos Ka = +1$. Gleichung (23.10) kann dann umgeschrieben werden in

$$\tan \xi = \frac{1 - \cos ka}{\sin ka} = \frac{2 \sin^2(ka/2)}{2 \sin(ka/2) \cos(ka/2)}.$$

Für $\sin ka/2 = 0$ oder $ka = 2n\pi$ kann diese Gleichung immer erfüllt werden. Andernfalls entsteht $\tan \xi = \tan ka/2$ oder $ka/2 = \xi + n\pi$. Wir zeigen nun, daß die erste dieser Lösungen zu einer Oberkante, die zweite zu einer Unterkante eines Bandes gehört, d.h., daß für

$$ka = 2n\pi - \varepsilon, \quad \text{bzw.} \quad ka = 2n\pi + 2\xi + \varepsilon \tag{23.11}$$

der Betrag $|\cos Ka| < 1$ für $\varepsilon > 0$ wird. Setzen wir die Werte von Gl. (23.11) in Gl. (23.9) ein, so wird nämlich

$$\cos Ka = \cos \varepsilon - \tan \xi \sin \varepsilon \approx 1 - \varepsilon \tan \xi < 1$$

bzw.

$$\cos Ka = \cos(2\xi + \varepsilon) + \tan \xi \sin(2\xi + \varepsilon)$$
$$\approx \cos 2\xi + \tan \xi \sin 2\xi - \varepsilon(\sin 2\xi - \tan \xi \cos 2\xi)$$
$$= 1 - \varepsilon \tan \xi < 1.$$

2. $\cos Ka = -1$. Gleichung (23.10) läßt sich in

$$\tan \xi = \frac{-1 - \cos ka}{\sin ka} = -\frac{2\cos^2(ka/2)}{2\sin(ka/2)\cos(ka/2)}$$

III. Eindimensionale Probleme

umschreiben. Sie ist daher für $\cos ka/2 = (2n + 1)\pi$ stets erfüllt. Andernfalls wird

$$\tan \zeta = -\cot \frac{ka}{2} = \tan\left(\frac{ka}{2} + \frac{\pi}{2}\right)$$

mit der Lösung $ka/2 + \pi/2 = \zeta + n\pi$. Hier gehört die erste Lösung wieder zu einer Oberkante, die zweite zu einer Unterkante, d.h. für

$$ka = (2n + 1)\pi - \varepsilon \quad \text{bzw.} \quad ka = (2n - 1)\pi + 2\zeta + \varepsilon \tag{23.12}$$

erhalten wir $|\cos Ka| < 1$. Setzen wir die Werte von Gl. (23.12) wieder in Gl. (23.9) ein, so wird nämlich im ersten Fall

$$\cos Ka = -\cos \varepsilon + \tan \zeta \sin \varepsilon \approx -(1 - \varepsilon \tan \zeta)$$

und im zweiten Fall

$$\cos Ka = -\cos(2\zeta + \varepsilon) - \tan \zeta \sin (2\zeta + \varepsilon)$$
$$= -\cos 2\zeta + \varepsilon \sin 2\zeta - \tan \zeta (\sin 2\zeta + \varepsilon \cos 2\zeta)$$
$$= -(1 - \varepsilon \tan \zeta) \, ;$$

in beiden Fällen wird also wieder $|\cos Ka| < 1$.

Fassen wir die Ergebnisse zusammen, so sind alle $ka = n\pi$ Oberkanten von erlaubten Bändern, und zwar für $ka = \pi, 3\pi, 5\pi$ usw. zu $\cos Ka = -1$, für $ka = 2\pi, 4\pi, 6\pi$ usw. zu $\cos Ka = +1$. Die Unterkanten der Bänder liegen nach Gl. (23.11) bei $ka = 2\zeta$, $2\zeta + 2\pi$, $2\zeta + 4\pi$ usw. mit $\cos Ka = +1$, nach Gl. (23.12) bei $ka = 2\zeta + \pi$, $2\zeta + 3\pi$, $2\zeta + 5\pi$ usw. mit $\cos Ka = -1$.

Nun hängt die Größe ζ nach Gl. (23.8) selbst noch von ka ab,

$$\Omega a = ka \tan \zeta \, . \tag{23.13}$$

Setzen wir hier nach Gl. (23.11) $ka = 2\zeta + 2n\pi$ oder $\zeta = ka/2 + n\pi$, so entsteht

$$\frac{1}{2}\Omega a = \frac{ka}{2} \tan \frac{ka}{2} \tag{23.14a}$$

in den Intervallen $0 < ka < \pi$, $2\pi < ka < 3\pi$, $4\pi < ka < 5\pi$ usw. Nach Gl. (23.12) finden wir

$$\frac{1}{2}\Omega a = \frac{ka}{2} \tan \left(\frac{ka}{2} - \frac{\pi}{2}\right) \tag{23.14b}$$

für die dazwischen liegenden Intervalle $\pi < ka < 2\pi$, $3\pi < ka < 4\pi$, $5\pi < ka < 6\pi$ usw. Damit ergibt sich ein einfaches graphisches Verfahren:

23. Aufgabe. Kamm von Dirac-Funktionen

Wir zeichnen die rechte Seite von (14a,b) als Funktion von ka auf. Das ist in Abb. 13 ausgeführt. Die Tangenslinien sind dann in allen Intervallen die gleichen. Sie sind aber nach den Gln. (14a,b) mit den wachsenden Faktoren $ka/2$ multipliziert, so daß sich von Intervall zu Intervall steiler ansteigende Kurvenzweige ergeben. Für ein vorgegebenes Ωa schneiden wir nun die Kurvenzweige mit der horizontalen Geraden bei $\Omega a/2$. Im Beispiel der Abb. 13 ist dies für $\Omega a/2 = 2$ ausgeführt. Die so erhaltenen erlaubten Bänder sind auf der Horizontalen markiert, ebenso die Werte ± 1 von $\cos Ka$ an den Bandgrenzen.

Die so gefundenen Bänder sind für dies Beispiel in Abb. 14 in der Energieskala ($\sim k^2$) aufgezeichnet. Die erlaubten Bereiche sind schraffiert. Mit wachsender Energie werden sie breiter; die verbotenen Zwischenräume rücken auseinander, so daß sich das Bild immer weniger vom völligen Kontinuum unterscheidet, ohne es jedoch jemals ganz zu erreichen. Dies zeigt sich auch deutlich in Abb. 15, in der die Energie als Funktion des unreduzierten Ausbreitungsvektors Ka aufgetragen ist. Die Kurven nähern sich immer mehr einer Parabel ohne sie ganz zu erreichen. Die Abb. 16 schließlich zeigt dasselbe für den reduzierten Ausbreitungsvektor.

Alle Abbildungen sind einheitlich für $\Omega a = 4$ ausgeführt. Den Einfluß der Opazität kann man in Abb. 13 ablesen, wenn man die in Höhe $\Omega a/2$ schneidende Horizontale nach oben oder unten verschiebt. Bei größeren Ω, also bei geringerer Durchlässigkeit und wachsender Entkopplung der

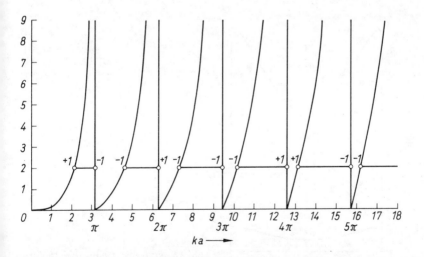

Abb. 13. Graphisches Verfahren zur Bestimmung der Bandgrenzen

64   III. Eindimensionale Probleme

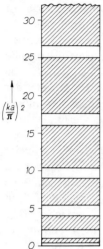

Abb. 14. Erlaubte Bänder in der Energieskala

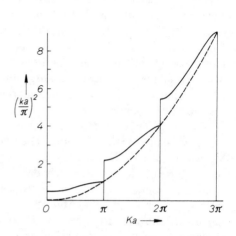

Abb. 15. Energie als Funktion von Ka für die ersten drei Bänder. Gestrichelt: Die Parabel für die Energie freier Teilchen

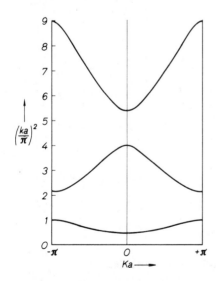

Abb. 16. Dasselbe wie in Abb. 15 mit reduziertem Ausbreitungsvektor

einzelnen Potentialtöpfe, nähern sich die Bänder zunehmend den scharf definierten Eigenwerten des isolierten Topfes bei $ka = n\pi$. Läßt man umgekehrt Ω nach Null gehen, also die trennenden Wände nach und nach verschwinden, so verschwinden allmählich auch die verbotenen Zonen, und schließlich entsteht das Kontinuum des kräftefreien Falles.

Anm. Die in den Aufgaben 21 bis 23 behandelten Energiebänder stellen die eindimensionale Vereinfachung der im dreidimensional periodischen Gitter auftretenden Brillouin-Zonen dar.

24. Aufgabe. Harmonischer Oszillator: Schrödingertheorie

Man gebe die Eigenfunktionen und Eigenwerte für das Oszillatorpotential

$$V(x) = \tfrac{1}{2} m\omega^2 x^2 \tag{24.1}$$

an. Welcher Zusammenhang besteht mit der Differentialgleichung der konfluenten hypergeometrischen Reihe?

Lösung. Die Schrödingergleichung des Oszillators

$$u'' + \left[\frac{2m}{\hbar^2}E - \left(\frac{m\omega}{\hbar}\right)^2 x^2\right] u = 0 \tag{24.2}$$

läßt sich mit den Abkürzungen

$$k^2 = \frac{2m}{\hbar^2} E \; ; \qquad \lambda = \frac{m\omega}{\hbar} \tag{24.3}$$

einfacher

$$u'' + (k^2 - \lambda^2 x^2) = 0 \tag{24.4}$$

schreiben. Für große $|x|$ verhalten sich die Lösungen asymptotisch wie $\exp(\pm \lambda x^2/2)$. Wir spalten einen entsprechenden Faktor von der Lösung ab und setzen

$$u(x) = e^{-\lambda x^2/2} v(x) \;. \tag{24.5}$$

Die Lösung dieser Gleichung läßt sich als Potenzreihe

$$v(x) = \sum_{j=0}^{\infty} a_j x^j \tag{24.6}$$

ansetzen; dann ergibt sich die Rekursionsformel

$$a_{j+2} = \frac{(2j+1)\lambda - k^2}{(j+2)(j+1)} a_j \;. \tag{24.7}$$

Für $j \to \infty$ führt das auf das asymptotische Gesetz $a_{j+2} = (2\lambda/j)\, a_j$, wie es der Reihenentwicklung von $e^{\lambda x^2}$ entspricht. Daher wird $u(x)$, Gl. (24.5), nicht normierbar, es sei denn, daß die Reihe abbricht und v ein Polynom wird ("Polynommethode"). Offenbar entsteht ein Polynom n-ten Grades, wenn $a_{n+2} = 0$, oder nach Gl. (24.7), wenn

$$k^2 = (2n+1)\lambda \tag{24.8}$$

wird. Mit Gl. (24.3) finden wir so die Eigenwerte der Energie,

$$E_n = \hbar\omega(n + \tfrac{1}{2}); \qquad n = 0, 1, 2, \ldots \tag{24.9}$$

Gleichung (24.7) gestattet die Konstruktion der jeweils zugehörigen Eigenfunktion, die für gerade n symmetrisch, für ungerade antisymmetrisch in x wird. In Abb. 17 sind die ersten drei Eigenfunktionen über dem Potential und ihren Energieniveaus dargestellt.

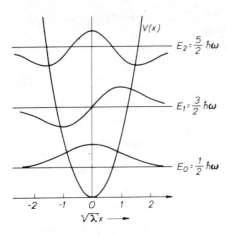

Abb. 17. Die ersten drei Eigenfunktionen des harmonischen Oszillators, ihre Energieniveaus und das Potential

Mathematisch interessant ist ein zweiter Lösungsweg. Wir führen die Variable

$$y = \lambda x^2 \tag{24.10}$$

anstelle von x ein und spalten u wieder analog zu Gl. (24.4) auf in

$$u = e^{-y/2} f(y); \tag{24.11}$$

dann genügt $f(y)$ der Differentialgleichung

$$yf'' + (\tfrac{1}{2} - y)f' - ay = 0 \tag{24.12}$$

mit

$$a = \frac{1}{4}\left(1 - \frac{k^2}{\lambda}\right), \tag{24.13}$$

24. Aufgabe. Harmonischer Oszillator

Dies ist die Differentialgleichung der konfluenten Funktionen, deren vollständige Lösung

$$f(y) = C_1 \,_1F_1(a, \tfrac{1}{2}; y) + C_2\sqrt{y}\,_1F_1(a + \tfrac{1}{2}, \tfrac{3}{2}; y) \qquad (24.14)$$

lautet, wobei die Funktionen $_1F_1$ durch die bekannte Reihe

$$_1F_1(a, c; y) = 1 + \frac{a}{c}y + \frac{a(a+1)}{c(c+1)}\frac{y^2}{2!} + \cdots \qquad (24.15)$$

definiert sind. Sie sind bei $y = 0$ regulär und nehmen dort den Wert 1 an. Ihre Potenzreihen konvergieren in der ganzen y-Ebene. Der unendlich ferne Punkt ist eine wesentliche Singularität, wo sich die Reihe (24.15) wie $e^y y^{a-c}$ verhält. Um eine normierbare Lösung zu erhalten, muß man daher den Parameter a so wählen, daß entweder die eine oder die andere Reihe der Gl. (24.14) abbricht und ein Polynom wird. Das ist der Fall, wenn entweder $a = -n$, d.h. nach Gl. (24.13)

$$k^2 = (4n+1)\lambda; \qquad n = 0, 1, 2, \ldots$$

und

$$u = C_1 e^{-\lambda x^2/2} \,_1F_1(-n, \tfrac{1}{2}; \lambda x^2) \qquad (24.16a)$$

eine gerade Funktion von x wird, oder wenn $a + 1/2 = -n$, d.h.

$$k^2 = (4n+3)\lambda; \qquad n = 0, 1, 2, \ldots$$

und

$$u = C_2 e^{-\lambda x^2/2} x \,_1F_1(-n, \tfrac{3}{2}; \lambda x^2) \qquad (24.16b)$$

eine ungerade Funktion von x wird.

Die hier auftretenden Polynome sind in der Mathematik unter dem Namen *Hermitesche Polynome* bekannt und wie folgt definiert:

$$\left.\begin{aligned} H_{2n}(\xi) &= (-1)^n \frac{(2n)!}{n!} \,_1F_1(-n, \tfrac{1}{2}; \xi^2) ; \\ H_{2n+1}(\xi) &= (-1)^n \frac{2(2n+1)!}{n!} \xi \,_1F_1(-n, \tfrac{3}{2}; \xi^2) . \end{aligned}\right\} \qquad (24.17)$$

In dieser Normierung lauten die ersten fünf Polynome

$$H_0 = 1, \quad H_1 = 2\xi, \quad H_2 = 4\xi^2 - 2, \quad H_3 = 8\xi^3 - 12\xi ,$$
$$H_4 = 16\xi^4 - 48\xi^2 + 12 . \qquad (24.18)$$

Sie lassen sich durch fortgesetztes Differenzieren aus der erzeugenden Funktion $e^{-\xi^2}$ ableiten nach der Formel

$$H_n(\xi) = (-1)^n e^{\xi^2} \frac{d^n}{d\xi^n} e^{-\xi^2} . \tag{24.19}$$

Der Koeffizient von ξ^n wird bei dieser Normierung gleich 2^n, wie man an den Beispielen der Gl. (24.18) abliest. Für unser Problem brauchen wir aber die Normierung

$$\int_{-\infty}^{+\infty} dx |u(x)|^2 = 1 . \tag{24.20}$$

Schreiben wir mit $\xi = \sqrt{\lambda}\, x$ einheitlich für gerade und ungerade n

$$u_n = C_n e^{-\xi^2/2} H_n(\xi) , \tag{24.21a}$$

so führt Gl. (24.20) auf

$$|C_n|^2 = \frac{1}{2^n n!} \sqrt{\frac{\lambda}{\pi}} . \tag{24.21b}$$

Man beweist dies folgendermaßen: Einsetzen von u_n aus Gl. (24.21a) in Gl. (24.20) gibt

$$|C_n|^2 \int_{-\infty}^{+\infty} d\xi\, e^{-\xi^2} H_n(\xi)^2 = \sqrt{\lambda} .$$

Hier ersetzen wir einen der beiden Faktoren $H_n(\xi)$ durch die Definition von Gl. (24.19),

$$|C_n|^2 (-1)^n \int_{-\infty}^{+\infty} d\xi\, H_n(\xi) \frac{d^n}{d\xi^n} e^{-\xi^2} = \sqrt{\lambda} .$$

Führen wir hier nacheinander n partielle Integrationen aus, um die Ableitungen zu vertreiben, so reduziert sich der erste Faktor unter dem Integral, $H_n(\xi) = (2\xi)^n + \ldots$, auf eine Konstante

$$\frac{d^n}{d\xi^n} H_n(\xi) = 2^n n! ,$$

und wir finden

$$|C_n|^2\, 2^n n!\, \sqrt{\pi} = \sqrt{\lambda}$$

in Übereinstimmung mit Gl. (24.21b).

Anm. Die Eigenfunktionen des Oszillators bilden ein vollständiges Orthogonalsystem auf Grund der für die Hermiteschen Polynome geltenden Beziehung

$$\int_{-\infty}^{+\infty} d\xi\, e^{-\xi^2} H_n(\xi)\, H_m(\xi) = \sqrt{\pi}\, 2^n n!\, \delta_{mn}\,. \tag{24.22}$$

Sie folgt aus dem Vorangehenden wegen $d^n H_m(\xi)/d\xi^n = 0$ für $n > m$.

25. Aufgabe. Harmonischer Oszillator in Matrixschreibweise

Man bestimme die Matrixelemente p_{mn} und x_{mn} von Impuls und Koordinate für den harmonischen Oszillator in einem Hilbertschen Koordinatensystem, welches den Hamiltonoperator diagonal macht. Welche Eigenwerte hat die Energie?

Lösung. Ist der Hamiltonoperator

$$H = \frac{1}{2m} p^2 + \frac{m\omega^2}{2} x^2 \tag{25.1}$$

diagonal, so werden seine Matrixelemente

$$H_{mn} = \frac{1}{2m} \sum_k p_{mk} p_{kn} + \frac{m\omega^2}{2} \sum_k x_{mk} x_{kn} = E_n\, \delta_{mn} \tag{25.2}$$

gleich den Eigenwerten E_n der Energie. Weiterhin folgt aus Aufg. 7

$$\frac{\partial H}{\partial x} = -[H, p]; \qquad \frac{\partial H}{\partial p} = +[H, x] \tag{25.3}$$

oder mit Gl. (25.1) ausführlich geschrieben

$$m\omega^2 x_{mn} = -\frac{i}{\hbar} \sum_k (H_{mk} p_{kn} - p_{mk} H_{kn})\,;$$

$$\frac{1}{m} p_{mn} = +\frac{i}{\hbar} \sum_k (H_{mk} x_{kn} - x_{mk} H_{kn})\,.$$

Da H diagonal ist, reduzieren sich diese Beziehungen auf

$$\left.\begin{aligned} m\omega^2 x_{mn} &= -\frac{i}{\hbar}(E_m - E_n) p_{mn}\,; \\ \frac{1}{m} p_{mn} &= +\frac{i}{\hbar}(E_m - E_n) x_{mn}\,. \end{aligned}\right\} \tag{25.4}$$

Diese homogenen linearen Gleichungen für p_{mn} und x_{mn} können nur erfüllt

70   III. Eindimensionale Probleme

werden, wenn entweder beide Matrixelemente verschwinden oder wenn ihre Determinante gleich Null wird, wenn also

$$(E_m - E_n)^2 = (\hbar\omega)^2 . \tag{25.5}$$

Ordnen wir die Eigenwerte nach ihrer Größe, so wird die Differenz zweier aufeinander folgender Werte gleich $\hbar\omega$ und

$$E_n = \hbar\omega(n + \varepsilon); \qquad n = 0, \pm 1, \pm 2, \ldots \tag{25.6}$$

mit einer gemeinsamen Konstante ε, und nur Matrixelemente $p_{n,n\pm 1}$ und $x_{n,n\pm 1}$ sind nicht gleich Null. Für diese wird nach Gl. (25.4)

$$p_{n,n\pm 1} = \mp i m\omega x_{n,n\pm 1} . \tag{25.7}$$

In Gl. (25.2) werden dann die Anteile der kinetischen und potentiellen Energie einander gleich[1], und wir erhalten für die Diagonalglieder

$$E_n = m\omega^2 (x_{n,n+1} x_{n+1,n} + x_{n,n-1} x_{n-1,n}) . \tag{25.8}$$

Wir fügen nun eine weitere Voraussetzung hinzu: Sowohl p als auch x sind hermitesche Operatoren. Nach Aufg. 5 wird daher

$$x_{n\pm 1,n} = x^*_{n,n\pm 1} \tag{25.9}$$

und nach Gln. (25.6) und (25.8)

$$\hbar\omega(n + \varepsilon) = m\omega^2 (|x_{n,n+1}|^2 + |x_{n-1,n}|^2) . \tag{25.10}$$

Bezeichnen wir kurz

$$\frac{m\omega}{\hbar} |x_{n-1,n}|^2 = f(n) , \tag{25.11}$$

so ist

$$f(n + 1) + f(n) = n + \varepsilon$$

eine Funktionalgleichung, die nur durch

$$f(n) = \tfrac{1}{2} (n + \varepsilon - \tfrac{1}{2}) \tag{25.12}$$

gelöst wird, was man leicht beweist, indem man $f(n)$ als Potenzreihe $c_0 + c_1 n + c_2 n^2 + \ldots$ ansetzt. Gleichung (25.11) führt daher auf

$$x_{n,n+1} = \sqrt{\frac{\hbar}{2m\omega}\left(n + \varepsilon + \frac{1}{2}\right)} . \tag{25.13}$$

---
[1] Beim Oszillator der klassischen Mechanik gilt dies bekanntlich für die zeitlichen Mittelwerte.

Nun sind wir schließlich in der Lage, die Konstante ε zu bestimmen. Da die rechte Seite von Gl. (25.10) immer positiv ist, muß links $n + \varepsilon \geq 0$ für alle erlaubten n sein. Bezeichnen wir den kleinsten auftretenden Wert mit $n = 0$, so muß

$$x_{-1,0} = \sqrt{\frac{\hbar}{2m\omega}\left(\varepsilon - \frac{1}{2}\right)} = 0 , \qquad (25.14)$$

also $\varepsilon = 1/2$ werden. Die Energieeigenwerte von Gl. (25.6) sind also

$$E_n = \hbar\omega(n + \tfrac{1}{2}) \quad \text{mit } n = 0, 1, 2, \ldots, \qquad (25.15)$$

und die Matrixelemente von x werden

$$x_{n,n+1} = \sqrt{\frac{\hbar}{2m\omega}(n+1)}; \qquad x_{n,n-1} = \sqrt{\frac{\hbar}{2m\omega}n} , \qquad (25.16)$$

woraus sich die entsprechenden von p mit Gl. (25.7) ergeben.

Anm. Von Gl. (25.11) nach (25.13) haben wir einen willkürlichen Phasenfaktor in $x_{n,n+1}$ unterdrückt, der hier wie in der Schrödingertheorie frei bleibt.

26. Aufgabe. Matrixelemente für den Oszillator

Man berechne die Matrixelemente von x und x^2 für den harmonischen Oszillator aus dessen Eigenfunktionen.

Lösung. Wir untersuchen zunächst allgemeiner die Matrixelemente von x^p mit $p = 1, 2, 3 \ldots$ zwischen zwei Oszillatorzuständen $\langle m|$ und $|n\rangle$. Mit den in Aufg. 24 berechneten Eigenfunktionen

$$\left.\begin{aligned}
u_n(x) &= C_n e^{-\xi^2/2} H_n(\xi); \quad C_n^2 = \frac{1}{2^n n!}\sqrt{\frac{\lambda}{\pi}} ; \\
\xi &= \sqrt{\lambda}\, x; \quad \lambda = \frac{m\omega}{\hbar} ; \\
H_n(\xi) &= (-1)^n\, e^{\xi^2}\frac{d^n}{d\xi^n} e^{-\xi^2} = 2^n \xi^n - 2^{n-2} n(n-1)\, \xi^{n-2} + \ldots
\end{aligned}\right\} \qquad (26.1)$$

erhalten wir

$$\langle m|x^p|n\rangle = C_m C_n \int\limits_{-\infty}^{+\infty} dx\, x^p\, e^{-\xi^2} H_m(\xi) H_n(\xi)$$

72   III. Eindimensionale Probleme

oder mit der Abkürzung

$$K_{mnp} = C_m C_n \lambda^{-(p+1)/2} = \frac{1}{\sqrt{2^{m+n} m! n! \pi}} \lambda^{-p/2} \tag{26.2}$$

einfacher

$$\langle m|x^p|n\rangle = K_{mnp} \int_{-\infty}^{+\infty} d\xi \, e^{-\xi^2} \xi^p H_m(\xi) H_n(\xi) . \tag{26.3}$$

Führen wir hier die Definition von $H_n(\xi)$ aus Gl. (26.1) ein und integrieren n-mal partiell, so geht dies über in

$$\langle m|x^p|n\rangle = K_{mnp} \int_{-\infty}^{+\infty} d\xi \, e^{-\xi^2} \frac{d^n}{d\xi^n} (\xi^p H_m(\xi)) . \tag{26.4}$$

Da H_m ein Polynom vom Grade m in ξ ist, verschwinden alle Matrixelemente für $n > m + p$ (oder $m < n - p$) und wegen der Symmetrie von Gl. (26.3) in m und n auch für $m > n + p$. Ist $m = n - p$, so entsteht

$$\langle n-p|x^p|n\rangle = K_{n-p,n,p} \int_{-\infty}^{+\infty} d\xi \, e^{-\xi^2} \frac{d^n}{d\xi^n} (2^{n-p}\xi^n + \ldots) ,$$

da das Glied mit der höchsten Potenz von ξ in H_m nach der Definition in Gl. (26.1) gleich $(2\xi)^m$ ist. Das Integral wird daher $2^{n-p} n! \sqrt{\pi}$, und mit Gl. (26.2) für die Konstante entsteht

$$\langle n-p|x^p|n\rangle = (2\lambda)^{-p/2} \sqrt{\frac{n!}{(n-p)!}} = \left[\left(\frac{\hbar}{2m\omega}\right)^p \frac{n!}{(n-p)!}\right]^{1/2} . \tag{26.5}$$

Außer der Feststellung, daß die Matrixelemente verschwinden, wenn $|m-n| > p$ wird, können wir noch an Gl. (26.3) ablesen, daß $m + n + p$ eine gerade Zahl sein muß, da sonst der Integrand ungerade wird und das Integral verschwindet. Von Null verschiedene Matrixelemente gibt es also

für $p = 1$ zu $|m - n| = 1$;

für $p = 2$ zu $|m - n| = 0, 2$;

für $p = 3$ zu $|m - n| = 1, 3$ usw .

Für $p = 1$ ("Dipolmoment") gibt Gl. (26.5)

$$\langle n-1|x|n\rangle = \left[\frac{\hbar}{2m\omega} n\right]^{1/2} = \langle n|x|n-1\rangle \tag{26.6}$$

in Übereinstimmung mit dem Resultat von Aufg. 25.

26. Aufgabe. Matrixelemente für den Oszillator

Für $p = 2$ ("Quadrupolmoment") wird nach Gl. (26.5)

$$\langle n-2|x^2|n\rangle = \frac{\hbar}{2m\omega}\sqrt{n(n-1)} = \langle n|x^2|n-2\rangle. \qquad (26.7)$$

Außerdem gibt es hier noch diagonale Elemente, die wir aus Gl. (26.4) berechnen:

$$\langle n|x^2|n\rangle = K_{nn2} \int_{-\infty}^{+\infty} d\xi\, e^{-\xi^2} \frac{d^n}{d\xi^n}(\xi^2 H_n(\xi)) \qquad (26.8a)$$

mit

$$K_{nn2} = \frac{\hbar}{m\omega} \frac{1}{2^n n! \sqrt{\pi}}. \qquad (26.8b)$$

Hier brauchen wir die in Gl. (26.1) angegebenen zwei ersten Glieder von $H_n(\xi)$:

$$\frac{d^n}{d\xi^n}(\xi^2 H_n(\xi)) = 2^n \frac{d^n}{d\xi^n} \xi^{n+2} - 2^{n-2} n(n-1) \frac{d^n}{d\xi^n} \xi^n$$

$$= 2^n \tfrac{1}{2}(n+2)!\, \xi^2 - 2^{n-2} n(n-1) n!$$

Damit entsteht

$$\langle n|x^2|n\rangle = K_{nn2}\left[2^{n-1}(n+2)!\, \tfrac{1}{2}\sqrt{\pi} - 2^{n-2} n(n-1) n!\sqrt{\pi}\right],$$

was mit Gl. (26.8b) schließlich auf

$$\langle n|x^2|n\rangle = \frac{\hbar}{2m\omega}(2n+1) \qquad (26.9)$$

führt.

Anm. Die hier aus den Eigenfunktionen etwas mühsam berechneten Matrixelemente von x^2 lassen sich bequemer aus denjenigen von x auf algebraischem Wege aufbauen. Es wird ja

$$\langle m|x^2|n\rangle = \sum_k \langle m|x|k\rangle\langle k|x|n\rangle, \qquad (26.10)$$

so daß mit Hilfe von Gl. (26.6) oder Gl. (25.16) die folgenden speziellen Relationen entstehen:

$$\langle n-2|x^2|n\rangle = \langle n-2|x|n-1\rangle\langle n-1|x|n\rangle = \frac{\hbar}{2m\omega}\sqrt{(n-1)n}$$

74 III. Eindimensionale Probleme

in Übereinstimmung mit Gl. (26.7) und

$$\langle n|x^2|n\rangle = \langle n|x|n-1\rangle\langle n-1|x|n\rangle + \langle n|x|n+1\rangle\langle n+1|x|n\rangle$$
$$= \frac{\hbar}{2m\omega}[n + (n+1)]$$

in Übereinstimmung mit Gl. (26.9).

27. Aufgabe. Harmonischer Oszillator: Hilbertraum

Man konstruiere das vollständige System der Eigenwerte und Eigenvektoren des harmonischen Oszillators in seinem Hilbertraum unter Verwendung der Operatoren

$$b = \frac{1}{\sqrt{2m\hbar\omega}}(p - i\omega mx); \quad b^\dagger = \frac{1}{\sqrt{2m\hbar\omega}}(p + i\omega mx). \tag{27.1}$$

Lösung. Der Hamiltonoperator

$$H = \frac{1}{2m}p^2 + \frac{m\omega^2}{2}x^2$$

und die Vertauschungsrelation der hermitischen Operatoren p und x,

$$px - xp = \frac{\hbar}{i}$$

lassen sich mit Hilfe der dimensionslosen, hermitisch konjugierten Operatoren b und $b^\dagger$ umschreiben in

$$H = \tfrac{1}{2}\hbar\omega(bb^\dagger + b^\dagger b) \tag{27.2}$$

und

$$bb^\dagger - b^\dagger b = 1. \tag{27.3}$$

Diese beiden Beziehungen bilden die mathematische Basis für die Konstruktion des Hilbertraums.

Wir setzen voraus, daß mindestens ein normierter Hilbertvektor $|\psi_\lambda\rangle$ zu einem Eigenwert λ von $b^\dagger b$ existiert:

$$b^\dagger b|\psi_\lambda\rangle = \lambda|\psi_\lambda\rangle; \quad \langle\psi_\lambda|\psi_\lambda\rangle = 1. \tag{27.4}$$

Dann ist wegen Gl. (27.3) $|\psi_\lambda\rangle$ auch Eigenvektor von $bb^\dagger$ und nach Gl. (27.2) auch von H:

$$bb^\dagger|\psi_\lambda\rangle = (\lambda + 1)|\psi_\lambda\rangle; \quad H|\psi_\lambda\rangle = \tfrac{1}{2}\hbar\omega(2\lambda + 1)|\psi_\lambda\rangle. \tag{27.5}$$

27. Aufgabe. Harmonischer Oszillator: Hilbertraum

Unsere Aufgabe ist nun, hieraus weitere Eigenvektoren und Eigenwerte von $b^\dagger b$, und damit auch von $bb^\dagger$ und H, zu konstruieren.

Zunächst bilden wir das skalare Produkt von Gl. (27.4) mit $|\psi_\lambda\rangle$:

$$\langle\psi_\lambda|b^\dagger b|\psi_\lambda\rangle = \lambda \, .$$

Nach der Definition des hermitisch konjugierten Operators (vgl. Aufg. 5) können wir die linke Seite umschreiben:

$$\langle b\psi_\lambda|b\psi_\lambda\rangle = \lambda \, . \tag{27.6}$$

Der Vektor $|b\psi_\lambda\rangle$ kann also normiert werden, und λ muß eine positive reelle Zahl sein. Wenden wir auf Gl. (27.4) den Operator b an, so entsteht bei Anwendung von Gl. (27.3) wegen

$$b(b^\dagger b) = (bb^\dagger)\, b = (b^\dagger b + 1)b$$

die Beziehung

$$(b^\dagger b + 1)|b\psi_\lambda\rangle = \lambda|b\psi_\chi\rangle$$

oder

$$b^\dagger b|b\psi_\lambda\rangle = (\lambda - 1)||b\psi_\lambda\rangle \, . \tag{27.7}$$

Der Vektor $|b\psi_\lambda\rangle$ gehört also zum Eigenwert $\lambda - 1$. Nach Gl. (27.6) können wir ihn auf 1 normieren; dann wird

$$|\psi_{\lambda-1}\rangle = \frac{1}{\sqrt{\lambda}}|b\psi_\lambda\rangle \tag{27.8}$$

der normierte Eigenvektor zum Eigenwert $\lambda - 1$ von $b^\dagger b$.

Dies Konstruktionsverfahren läßt sich iterieren und führt zu der *absteigenden Reihe* der Eigenwerte $\lambda - n$ von $b^\dagger b$ mit den normierten Eigenvektoren

$$|\psi_{\lambda-n}\rangle = \frac{1}{\sqrt{\lambda(\lambda-1)(\lambda-2)\ldots(\lambda-n+1)}} b^n|\psi_\lambda\rangle \, . \tag{27.9}$$

Nun war das anfängliche λ ein beliebiger Eigenwert, der aber als Norm von Gl. (27.6) nicht negativ sein kann. Für $n > \lambda$ erhalten wir aber negative Eigenwerte. Die absteigende Reihe muß daher abbrechen, d.h. λ muß eine ganze Zahl sein, so daß als Schlußglied für $\lambda = n$ in der Reihe gemäß Gl. (27.8) ein $|\psi_0\rangle$ zu $\lambda = 0$ erscheint mit

$$b|\psi_0\rangle = 0 \, . \tag{27.10}$$

76 III. Eindimensionale Probleme

Eine *aufsteigende Reihe* von Eigenwerten läßt sich ganz analog durch wiederholte Anwendung des Operators $b^\dagger$ aufbauen. Wegen

$$b^\dagger(b^\dagger b) = b^\dagger(bb^\dagger - 1) = (b^\dagger b)b^\dagger - b^\dagger$$

gibt Anwendung von $b^\dagger$ auf Gl. (27.4)

$$(b^\dagger b)|b^\dagger \psi_\lambda\rangle = (\lambda + 1)|b^\dagger \psi_\lambda\rangle,$$

und die Normierung dieses Vektors folgt aus

$$\langle b^\dagger \psi_\lambda | b^\dagger \psi_\lambda\rangle = \langle bb^\dagger \psi_\lambda|\psi_\lambda\rangle = \langle(b^\dagger b + 1)\psi_\lambda|\psi_\lambda\rangle = \lambda + 1.$$

Der normierte Eigenvektor zum Eigenwert $\lambda + 1$ ist also

$$|\psi_{\lambda+1}\rangle = \frac{1}{\sqrt{\lambda+1}}|b^\dagger \psi_\lambda\rangle, \qquad (27.11)$$

woraus durch Iteration die aufsteigende Reihe

$$|\psi_{\lambda+n}\rangle = \frac{1}{\sqrt{(\lambda+1)(\lambda+2)\ldots(\lambda+n)}} b^{\dagger n}|\psi_\lambda\rangle \qquad (27.12)$$

entsteht.

Zusammenfassend können wir sagen, daß die Eigenwerte des Operators $b^\dagger b$ die ganzen Zahlen $n = 0, 1, 2, \ldots$ sind. Dann folgt aus Gl. (27.3), daß $bb^\dagger$ dieselben Eigenvektoren, jedoch zu den Eigenwerten $n + 1$ besitzt. Für den Hamiltonoperator von Gl. (27.2) gilt daher

$$H|\psi_n\rangle = \tfrac{1}{2}\hbar\omega(2n+1)|\psi_n\rangle. \qquad (27.13)$$

Das sind die aus den Aufgaben 24 und 25 bekannten Eigenwerte. Für den Operator b folgt aus Gl. (27.8) sofort

$$\langle \psi_{n-1}|b\,\psi_n\rangle = \sqrt{n} \qquad (27.14\text{a})$$

und für $b^\dagger$ aus Gl. (27.11)

$$\langle \psi_{n+1}|b^\dagger \psi_n\rangle = \sqrt{n+1}. \qquad (27.14\text{b})$$

Kombinieren wir aus Gl. (27.1)

$$x = i\sqrt{\frac{\hbar}{2m\omega}}(b - b^\dagger),$$

so erhalten wir aus den Gln. (27.14a,b) die Matrixelemente

$$\langle \psi_{n-1}|x|\psi_n\rangle = \sqrt{\frac{\hbar}{2m\omega}}\,i\sqrt{n}$$

und
$$\langle \psi_{n+1} | x | \psi_n \rangle = - \sqrt{\frac{\hbar}{2m\omega}} \, i \, \sqrt{n+1} \,. \qquad (27.15)$$

Das stimmt mit den Ergebnissen von Aufg. 25 überein bis auf die physikalisch irrelevanten Phasenfaktoren $\pm i$.

Anm. Es sei noch in Hilbert-Terminologie der Nachweis für die Orthogonalität der Eigenvektoren angefügt. Wir bilden

$$\langle b\psi_m | b\psi_n \rangle = \langle \psi_m | b^\dagger b \psi_n \rangle = n \langle \psi_m | \psi_n \rangle$$

und

$$\langle b\psi_m | b\psi_n \rangle = \langle b^\dagger b \psi_m | \psi_n \rangle = m \langle \psi_m | \psi_n \rangle \,,$$

deren Differenz verschwindet:

$$(n - m) \langle \psi_m | \psi_n \rangle = 0 \,,$$

so daß für $n \neq m$ das Skalarprodukt $\langle \psi_m | \psi_n \rangle = 0$ ist.

28. Aufgabe. Oszillator-Eigenfunktionen aus Hilbertvektoren

Man übersetze die Operatoren b und $b^\dagger$ der vorigen Aufgabe im die Schrödingersche Sprache und konstruiere aus ihnen die Eigenfunktionen des harmonischen Oszillators.

Lösung. Die in Gl. (27.1) definierten Operatoren sind Linearkombinationen von p und x. In der Sprache der Schrödinger-Theorie ist x eine klassische Variable und

$$p = \frac{\hbar}{i} \frac{\partial}{\partial x} \qquad (28.1)$$

ein Differentialoperator. Der Einfachheit halber wollen wir die Längeneinheit

$$l = \sqrt{\frac{\hbar}{m\omega}} \qquad (28.2)$$

einführen und statt x die dimensionslose Variable

$$\xi = x/l \qquad (28.3)$$

benutzen. (In Aufg. 24 benutzten wir den Parameter $\lambda = 1/l^2$; $\xi = x\sqrt{\lambda}$ ist das gleiche wie dort.) Wir erhalten dann

$$b = - \frac{i}{\sqrt{2}} \left(\frac{d}{d\xi} + \xi \right); \quad b^\dagger = \frac{i}{\sqrt{2}} \left(-\frac{d}{d\xi} + \xi \right). \qquad (28.4)$$

III. Eindimensionale Probleme

Nach Gl. (27.10) ist der tiefste Eigenzustand durch $b\psi_0 = 0$ definiert, d.h. durch die Differentialgleichung

$$\left(\frac{d}{d\xi} + \xi\right)\psi_0(\xi) = 0, \tag{28.5}$$

deren vollständige Lösung

$$\psi_0 = C_0 e^{-\xi^2/2}$$

lautet. Ihre Normierung erfolgt durch geeignete Wahl der Integrationskonstante C_0,

$$\psi_0 = \pi^{-1/4} l^{-1/2} e^{-\xi^2/2}. \tag{28.6}$$

Nun konstruieren wir gemäß Gl. (27.11)

$$\psi_{n+1}(\xi) = \frac{1}{\sqrt{n+1}} b^\dagger \psi_n(\xi) = \frac{i}{\sqrt{2(n+1)}}\left(-\frac{d}{d\xi} + \xi\right)\psi_n(\xi). \tag{28.7}$$

Die aufsteigende Reihe folgt durch wiederholte Anwendung dieser Operation. Schreiben wir

$$\psi_n(\xi) = C_n H_n(\xi) e^{-\xi^2/2}, \tag{28.8}$$

so wird $H_n(\xi)$ nach Gl. (28.7) ein Polynom vom Grade n in der Variablen ξ, für das sich die Rekursionsformel

$$C_{n+1} H_{n+1} = -\frac{i}{\sqrt{2(n+1)}} C_n (H'_n - \xi H_n) \tag{28.9}$$

ergibt. Wählen wir die Konstanten so, daß

$$C_{n+1} = \frac{i}{\sqrt{2(n+1)}} C_n \tag{28.10}$$

wird, so entsteht mit

$$H_{n+1} = -(H'_n - \xi H_n) \tag{28.11}$$

gerade die Rekursionsformel der in Aufg. 24 eingeführten Hermiteschen Polynome. Der Vergleich von Gl. (28.10) mit Gl. (24.21a,b) zeigt, daß der dort berechnete Normierungsfaktor

$$|C_n|^2 = \frac{1}{2^n n!}\sqrt{\frac{\lambda}{\pi}} = \frac{1}{2^n n! \sqrt{\pi} l} \tag{28.12}$$

auch hier zutrifft.

29. Aufgabe. Potentialstufe

Eine von $x = -\infty$ kommende Welle trifft auf die Potentialstufe

$$V(x) = \frac{1}{2} U \left(1 + \tanh \frac{x}{2a}\right) = \frac{U}{1 + e^{-x/a}}. \tag{29.1}$$

Man berechne den Reflexionskoeffizienten R und zeige die Kontinuität des Stromes auf.

Lösung. Das Potential wächst stetig von $V = 0$ bei $x = -\infty$ auf $V = U$ bei $x = +\infty$ an, und zwar erfolgt der Hauptteil des Anstiegs in dem Intervall $-2a < x < +2a$. Für $|x| \gg 2a$ muß die gesuchte Lösung asymptotisch werden

$$u = \begin{cases} e^{ikx} + A e^{-ikx} & \text{für } x \to -\infty \\ C e^{-Kx}, \text{ wenn } E < U \\ C e^{ik'x}, \text{ wenn } E > U \end{cases} \text{ für } x \to +\infty, \tag{29.2}$$

wobei

$$k^2 = \frac{2m}{\hbar^2} E, \quad K^2 = \frac{2m}{\hbar^2}(U - E), \quad k'^2 = \frac{2m}{\hbar^2}(E - U) \tag{29.3}$$

bedeutet, und k, k', K sämtlich positiv sind. Dann ist $|A|^2 = R$ der Reflexionskoeffizient, und

$$k(1 - |A|^2) = k' |C|^2 \tag{29.4}$$

ist die Kontinuitätsgleichung des Stromes für $E > U$. Ist dagegen $U > E$, so erwarten wir Totalreflexion, $|A|^2 = 1$.

In dem Potential von Gl. (29.1) treten e-Funktionen auf. Um in der Schrödingergleichung

$$u'' + \left(k^2 - \frac{2m}{\hbar^2} \frac{U}{1 + e^{-x/a}}\right) u = 0 \tag{29.5}$$

einfache rationale Koeffizientenfunktionen zu erhalten, ist es notwendig, eine geeignete rationale Funktion von $e^{x/a}$ als Variable einzuführen. Wir wählen hierzu

$$y = \frac{1}{1 + e^{x/a}} = \frac{1}{2}\left(1 - \tanh \frac{x}{2a}\right). \tag{29.6}$$

Wie sich zeigen wird, ist die so entstehende Differentialgleichung dem

80 III. Eindimensionale Probleme

Randwertproblem von Gl. (29.2) besonders gut angepaßt. Mit

$$\frac{d}{dx} = -\frac{1}{a} y(1-y) \frac{d}{dy}; \quad V = U(1-y)$$

und mit den Abkürzungen

$$\lambda^2 = \frac{2ma^2}{\hbar^2} U; \quad \kappa^2 = \frac{2ma^2}{\hbar^2} E = k^2 a^2 \tag{29.7}$$

($\lambda > 0$, $\kappa > 0$) entsteht

$$y(1-y)\frac{d^2 u}{dy^2} + (1-2y)\frac{du}{dy} + \left(\frac{\kappa^2}{y(1-y)} - \frac{\lambda^2}{y}\right) u = 0. \tag{29.8}$$

Diese Differentialgleichung hat drei außerwesentliche Singularitäten bei $y = 0, 1, \infty$ und läßt sich daher auf die Gaußsche Differentialgleichung der hypergeometrischen Reihe zurückführen, indem man

$$u = y^\nu (1-y)^\mu f(y) \tag{29.9}$$

setzt und die Exponenten μ and ν passend wählt. Eine einfache Rechnung zeigt, daß mit

$$\nu^2 = \lambda^2 - \kappa^2; \quad \mu^2 = -\kappa^2 \tag{29.10}$$

die Gleichung

$$y(1-y)f'' + [(2\nu + 1) - (2\mu + 2\nu + 2)y]f'$$
$$- (\mu + \nu)(\mu + \nu + 1)f = 0 \tag{29.11}$$

entsteht. Ihre bei $y = 0$ reguläre Lösung

$$f(y) = C_2 F_1(\mu + \nu, \mu + \nu + 1, 2\nu + 1; y) \tag{29.12}$$

erfüllt, wie wir sehen werden, gerade die Randbedingungen von. (29.2).

1. Für $x \to +\infty$ oder $y \approx e^{-x/a} \to 0$ wird $_2F_1 = 1$ und nach Gl. (29.9) $u \approx C\, y^\nu \approx C\, e^{-\nu x/a}$. Hier sind nun zwei Fälle zu unterscheiden:

a) Für $\lambda > \kappa$, d.h. nach Gl. (29.7) für $E < U$ wird ν reell. Wir setzen dann $\nu > 0$ fest. Nach Gl. (29.3) folgt dann $\nu = Ka$, und

$$u \approx C\, e^{-Kx}$$

fällt exponentiell auf Null ab wie in Gl. (29.2) gefordert.

b) Für $\lambda > \kappa$, also für $E > U$, wird $\nu = -i\sigma$ mit $\sigma = k'a$, und wir erhalten

$$u \approx C\, e^{ik'x},$$

wieder in Übereinstimmung mit Gl. (29.2).

29. Aufgabe. Potentialstufe

2. Für $x \to -\infty$ wird $y \approx 1$ und $1 - y \approx e^{x/a} = e^{-|x|/a} \ll 1$. Nach einer bekannten Formel aus der Theorie der hypergeometrischen Reihen kann Gl. (29.12) umgeformt werden, so daß $1 - y$ als Argument erscheint:

$$u(y) = C y^\nu (1-y)^\mu \left[\frac{\Gamma(2\nu+1)\Gamma(-2\mu)}{\Gamma(\nu-\mu+1)\Gamma(\nu-\mu)} \right.$$

$$\times\, _2F_1(\mu+\nu, \mu+\nu+1, 2\mu+1; 1-y)$$

$$+ \frac{\Gamma(2\nu+1)\Gamma(2\mu)}{\Gamma(\mu+\nu)\Gamma(\mu+\nu+1)} (1-y)^{-2\mu}$$

$$\left. \times\, _2F_1(\nu-\mu+1, \nu-\mu, -2\mu+1; 1-y) \right]. \qquad (29.13)$$

Für $1 - y \approx e^{x/a}$ und $\mu = i\kappa = ika$ ergibt das asymptotisch für $x \to -\infty$

$$u(y) = C \left[\frac{\Gamma(2\nu+1)\Gamma(-2\mu)}{\Gamma(\nu-\mu+1)\Gamma(\nu-\mu)} e^{ikx} \right.$$

$$\left. + \frac{\Gamma(2\nu+1)\Gamma(2\mu)}{\Gamma(\mu+\nu)\Gamma(\mu+\nu+1)} e^{-ikx} \right]. \qquad (29.14)$$

Dies entspricht der in Gl. (29.2) geforderten Randbedingung, wenn

$$C = \frac{\Gamma(\nu-\mu+1)\Gamma(\nu-\mu)}{\Gamma(2\nu+1)\Gamma(-2\mu)} \qquad (29.15a)$$

und

$$A = \frac{\Gamma(\nu-\mu)\Gamma(\nu-\mu+1)\Gamma(2\mu)}{\Gamma(\nu+\mu)\Gamma(\nu+\mu+1)\Gamma(-2\mu)} \qquad (29.15b)$$

ist. Auch hier unterscheiden wir zwei Fälle:

a) Für $\lambda > \kappa$ oder $E < U$ ist ν reell und $\mu = i\kappa$ rein imaginär. In Gl. (29.15b) werden daher Zähler und Nenner konjugiert komplex, so daß der Reflexionskoeffizient $|A|^2 = R = 1$ wird. Die Reflexion ist total, wie erwartet.

b) Für $\lambda < \kappa$ oder $E > U$ folgt aus $\nu = -i\sigma$ und $\mu = i\kappa$

$$A = \frac{\Gamma(-i\sigma-i\kappa)\Gamma(-i\sigma-i\kappa+1)\Gamma(2i\kappa)}{\Gamma(-i\sigma+i\kappa)\Gamma(-i\sigma+i\kappa+1)\Gamma(-2i\kappa)}. \qquad (29.16)$$

Nun gilt allgemein $\Gamma(z) = \Gamma(z+1)/z$, also

$$\Gamma(-i\sigma \pm i\kappa) = \Gamma(-i\sigma \pm i\kappa + 1)/(-i\sigma \pm i\kappa), \qquad (29.17)$$

III. Eindimensionale Probleme

so daß

$$R = |A|^2 = \left(\frac{\kappa - \sigma}{\kappa + \sigma}\right)^2 \left[\left|\frac{\Gamma(1 - i(\kappa + \sigma))}{\Gamma(1 + i(\kappa - \sigma))}\right|^2\right]^2$$

wird. Hier wenden wir die Formel

$$|\Gamma(1 \pm it)|^2 = \frac{\pi t}{\sinh \pi t} \tag{29.18}$$

für reelle t an:

$$R = \left(\frac{\kappa - \sigma}{\kappa + \sigma}\right)^2 \left[\frac{\pi(\kappa + \sigma)}{\sinh \pi(\kappa + \sigma)} \frac{\sinh \pi(\kappa - \sigma)}{\pi(\kappa - \sigma)}\right]^2$$

oder kurz

$$R = \left[\frac{\sinh \pi(\kappa - \sigma)}{\sinh \pi(\kappa + \sigma)}\right]^2. \tag{29.19}$$

Setzen wir noch $\kappa = ka$ und $\sigma = k'a$ ein, so erhalten wir schließlich für den Reflexionskoeffizienten

$$R = \left[\frac{\sinh \pi a\, (k - k')}{\sinh \pi a\, (k + k')}\right]^2. \tag{29.20}$$

In diesem Fall bleibt noch die Gültigkeit der Kontinuitätsgleichung (29.4) zu beweisen. Dazu entnehmen wir aus Gl. (29.15a)

$$|C|^2 = \left|\frac{\Gamma(-i\sigma - i\kappa)\Gamma(-i\sigma - i\kappa + 1)}{\Gamma(-2i\sigma + 1)\Gamma(-2i\kappa)}\right|^2.$$

Wieder wenden wir hierauf die Gln. (29.17) und (29.18) an: Im Zähler erhalten wir dann

$$|\Gamma(-i\sigma - i\kappa)\Gamma(-i\sigma - i\kappa + 1)|^2$$
$$= |[\Gamma(-i\sigma - i\kappa + 1)]^2/(-i\sigma - i\kappa)|^2$$
$$= \frac{1}{(\sigma + \kappa)^2}\left[\frac{\pi(\sigma + \kappa)}{\sinh \pi(\sigma + \kappa)}\right]^2,$$

während sich der Nenner aus zwei Faktoren

$$|\Gamma(1 - 2i\sigma)|^2 = \frac{2\pi\sigma}{\sinh 2\pi\sigma}$$

und

$$|\Gamma(-2i\kappa)|^2 = \left|\frac{\Gamma(1-2i\kappa)}{-2i\kappa}\right|^2 = \frac{1}{4\kappa^2}\frac{2\pi\kappa}{\sinh 2\pi\kappa}$$

zusammensetzt. So entsteht schließlich

$$|C|^2 = \frac{\kappa}{\sigma}\frac{\sinh(2\pi\kappa)\sinh(2\pi\sigma)}{[\sinh\pi(\kappa+\sigma)]^2},$$

was wir in

$$|C|^2 = \frac{k}{k'}\frac{\sinh(2\pi ka)\sinh(2\pi k'a)}{[\sinh\pi(k+k')a]^2} \tag{29.21}$$

umschreiben können. Setzen wir nun Gl. (29.4) mit den Ausdrücken von Gl. (29.20) für $|A|^2 = R$ und von Gl. (29.21) für $|C|^2$ zusammen, so entsteht mit einfachen Umformungen eine Identität.

Anm. Für $a \to 0$, genauer für $ka \ll 1$, erhält man aus (29.20) und (29.21) sofort

$$R = \left(\frac{k-k'}{k+k'}\right)^2; \quad |C|^2 = \left(\frac{2k}{k+k'}\right)^2.$$

Dieser Grenzfall entspricht einem Potentialsprung von $V=0$ auf $V=U$ bei $x=0$ und läßt sich natürlich auch elementar behandeln, indem man die Funktionen von Gl. (29.2) bis zur Stelle $x=0$ hin als strenge Lösung benutzt und dort einschließlich u' stetig zusammensetzt (vgl. hierzu auch die ganz ähnliche Aufg. 16).

30. Aufgabe. Potentialschwelle

Der Reflexionskoeffizient einer durch das Potential

$$V(x) = \frac{\hbar^2}{2ma^2}\frac{\lambda^2 + 1/16}{\cosh^2(x/2a)} \tag{30.1}$$

beschriebenen Potentialschwelle soll berechnet werden.

Lösung. Zur Behandlung der Schrödingergleichung

$$\frac{d^2u}{dx^2} + \left[k^2 - \frac{\lambda^2 + 1/16}{a^2\cosh^2(x/2a)}\right]u = 0 \tag{30.2}$$

benutzen wir die gleiche Variablentransformation wie in der vorigen Aufgabe. Mit

$$y = 1/(1 + e^{x/a}) \tag{30.3}$$

III. Eindimensionale Probleme

wird

$$1/\cosh^2(x/2a) = 4y(1-y); \qquad \frac{d}{dx} = -\frac{1}{a}y(1-y)\frac{d}{dy}$$

und

$$y(1-y)\frac{d^2u}{dy^2} + (1-2y)\frac{du}{dy} + \left[\frac{(ka)^2}{y(1-y)} - \left(4\lambda^2 + \frac{1}{4}\right)\right]u = 0.$$

Diese Differentialgleichung hat wie Gl. (29.8) drei außerwesentliche Singularitäten bei $y = 0, 1, \infty$ und läßt sich durch den Ansatz

$$u = y^\nu(1-y)^\mu f(y) \tag{30.4}$$

auf die Gaußsche Normalform

$$y(1-y)f'' + [(2\nu + 1) - (2\nu + 2\mu + 2)y]f'$$
$$- [(\nu + \mu + \tfrac{1}{2})^2 + 4\lambda^2]f = 0$$

reduzieren, wenn wir

$$\nu^2 + (ka)^2 = 0; \quad \mu^2 = \nu^2 \tag{30.5}$$

wählen. Ihre Lösung

$$u(y) = C y^\nu (1-y)^\mu {}_2F_1(\alpha, \beta, \gamma; y) \tag{30.6}$$

mit

$$\alpha = (\mu + \nu + \tfrac{1}{2}) + 2i\lambda; \quad \beta = (\mu + \nu + \tfrac{1}{2}) - 2i\lambda; \quad \gamma = 2\nu + 1 \tag{30.7}$$

läßt nach Gl. (30.5) noch vier Vorzeichenkombinationen offen.

Wie in der vorigen Aufgabe (und in Aufg. 16). hat u zwei Randbedingungen zu erfüllen:

$$u(x) = \begin{cases} e^{ikx} + Ae^{-ikx} & \text{für } x \to -\infty \\ Ce^{ikx} & \text{für } x \to +\infty \end{cases} \tag{30.8}$$

Gleichung (30.6) erfüllt offenbar die Bedingung für $x \to +\infty$ oder $y \approx e^{-x/a} \to 0$, da sie dann in $u \approx Ce^{-\nu x/a}$ übergeht, was nach Gl. (30.5) das Vorzeichen von $\nu = -ika$ festlegt.

Es bleibt das asymptotische Verhalten für $x \to -\infty$ oder $y \to 1$ mit $1 - y \approx e^{x/a} = e^{-|x|/a}$ zu untersuchen. Wir wenden dazu wie in der vorigen Aufgabe die allgemeine Formel an

$${}_2F_1(\alpha, \beta, \gamma; y) = \frac{\Gamma(\gamma)\Gamma(\gamma - \alpha - \beta)}{\Gamma(\gamma - \alpha)\Gamma(\gamma - \beta)} {}_2F_1(\alpha, \beta, \alpha + \beta - \gamma + 1; 1 - y)$$

$$+ \frac{\Gamma(\gamma)\Gamma(\alpha + \beta - \gamma)}{\Gamma(\alpha)\Gamma(\beta)} (1-y)^{\gamma - \alpha - \beta} {}_2F_1(\gamma - \alpha, \gamma - \beta, \gamma - \alpha - \beta + 1; 1 - y).$$

Nach Gl. (30.7) wird der Exponent $\gamma - \alpha - \beta = -2\mu$, so daß für $1 - y \approx e^{x/a}$

$$u = C \left[\frac{\Gamma(\gamma)\Gamma(\gamma - \alpha - \beta)}{\Gamma(\gamma - \alpha)\Gamma(\gamma - \beta)} e^{\mu x/a} + \frac{\Gamma(\gamma)\Gamma(\alpha + \beta - \gamma)}{\Gamma(\alpha)\Gamma(\beta)} e^{-\mu x/a} \right]$$

entsteht. Setzen wir die Bedeutung der Koeffizienten α, β, γ aus Gl. (30.7) ein, so können wir schließlich den asymptotischen Ausdruck für $x \to -\infty$ umschreiben in

$$u = C \left[\frac{\Gamma(2\nu + 1)\Gamma(-2\mu)}{\Gamma(\nu - \mu + \tfrac{1}{2} - 2i\lambda)\Gamma(\nu - \mu + \tfrac{1}{2} + 2i\lambda)} e^{\mu x/a} \right.$$

$$\left. + \frac{\Gamma(2\nu + 1)\Gamma(2\mu)}{\Gamma(\nu + \mu + \tfrac{1}{2} + 2i\lambda)\Gamma(\nu + \mu + \tfrac{1}{2} + 2i\lambda)} e^{-\mu x/a} \right]. \quad (30.9)$$

Die beiden in Gl. (30.5) offen gebliebenen Vorzeichen von $\mu = \pm \nu$ sind irrelevant, da sie lediglich die Rolle der beiden Summanden vertauschen. Wir setzen daher fest

$$\mu = -\nu = +ika \quad (30.10)$$

und erhalten so für die Amplituden in Gl. (30.8)

$$C = \frac{\Gamma(2\nu + \tfrac{1}{2} - 2i\lambda)\Gamma(2\nu + \tfrac{1}{2} + 2i\lambda)}{\Gamma(2\nu + 1)\Gamma(2\nu)} \quad (30.11)$$

und

$$A = \frac{\Gamma(-2\nu)\Gamma(2\nu + \tfrac{1}{2} - 2i\lambda)\Gamma(2\nu + \tfrac{1}{2} + 2i\lambda)}{\Gamma(2\nu)\Gamma(\tfrac{1}{2} - 2i\lambda)\Gamma(\tfrac{1}{2} + 2i\lambda)}. \quad (30.12)$$

Zur Berechnung des Reflexionskoeffizienten $|A|^2 = R$ berücksichtigen wir, daß für reelle p

$$|\Gamma(\tfrac{1}{2} - ip)|^2 = \Gamma(\tfrac{1}{2} - ip)\Gamma(1 - (\tfrac{1}{2} - ip))$$

und allgemein

$$\Gamma(z)\Gamma(1 - z) = \frac{\pi}{\sin \pi z}$$

ist. Daher wird

$$|\Gamma(\tfrac{1}{2} - ip)|^2 = \frac{\pi}{\cosh \pi p}. \tag{30.13}$$

Anwendung auf Gl. (30.12) mit rein imaginärem $v = -ika$ ergibt

$$R = |A|^2 = \frac{\cosh^2 2\pi\lambda}{\cosh 2\pi(ka + \lambda)\cosh 2\pi(ka - \lambda)}. \tag{30.14}$$

Eine einfache Umformung des Nenners führt auf

$$R = \frac{\cosh^2 2\pi\lambda}{\cosh^2 2\pi\lambda + \sinh^2 2\pi ka}, \tag{30.15}$$

was deutlich zeigt, daß immer $R < 1$ wird. Für $\lambda = \pm i/4$ oder $\lambda^2 = -1/16$ wird der Zähler von R

$$\cosh^2 2\pi\lambda = \cos^2 \frac{\pi}{2} = 0 \,;$$

nach Gl. (30.1) ist das gerade der kräftefreie Grenzfall. Besonders interessant an dieser Formel ist, daß sie stets gilt, unabhängig davon, ob das Energieniveau oberhalb oder unterhalb des Potentialmaximums fällt.

31. Aufgabe. Potentialtopf

Für den Potentialtopf

$$V(x) = -\frac{U}{\cosh^2(x/2a)}; \quad U = \frac{\hbar^2 \lambda(\lambda - 1)}{8ma^2}; \quad \lambda > 1 \tag{31.1}$$

sollen die Eigenwerte der Energie bestimmt werden.
Lösung. Um die Schrödingergleichung

$$\frac{d^2 u}{dx^2} - \kappa^2 u + \frac{\lambda(\lambda - 1)}{4a^2 \cosh^2(x/2a)} u = 0 \tag{31.2}$$

zu lösen, in der

$$\kappa^2 = -\frac{2m}{\hbar^2} E > 0 \tag{31.3}$$

für gebundene Zustände ($E < 0$) bedeutet, führen wir die Variable

$$y = -\sinh^2(x/2a); \quad 1 - y = \cosh^2(x/2a) \tag{31.4}$$

ein. Gleichung (31.2) geht dann über in

$$y(1-y)u'' + (\tfrac{1}{2} - y)u' + (\kappa a)^2 u - \frac{\lambda(\lambda-1)}{4(1-y)}u = 0 \,.$$

Diese Differentialgleichung läßt sich durch den Ansatz

$$u = (1-y)^{\lambda/2} v(y) \tag{31.5}$$

auf die Gaußsche Normalform der hypergeometrischen Gleichung

$$y(1-y)v'' + [\gamma - (\alpha + \beta + 1)y]v' - \alpha\beta v = 0$$

mit den Abkürzungen

$$\alpha = \frac{\lambda}{2} + \kappa a; \quad \beta = \frac{\lambda}{2} - \kappa a; \quad \gamma = \frac{1}{2} \tag{31.6}$$

bringen. Zwei spezielle, linear unabhängige Lösungen dieser Differentialgleichung sind

$$v_1(y) = {}_2F_1(\alpha, \beta, \gamma; y) \tag{31.7a}$$

und

$$v_2(y) = y^{1-\gamma} {}_2F_1(\alpha - \gamma + 1, \beta - \gamma + 1, 2 - \gamma; y) \,. \tag{31.7b}$$

Mit (31.4) bis (31.6) erhalten wir auf diese Weise in der Variablen x eine gerade Funktion

$$u_+ = \cosh^\lambda(x/2a) {}_2F_1\left(\frac{\lambda}{2} + \kappa a, \frac{\lambda}{2} - \kappa a, \frac{1}{2}; -\sinh^2(x/2a)\right) \tag{31.8}$$

und eine ungerade Funktion

$$u_- = \cosh^\lambda(x/2a)\sinh(x/2a) \times$$
$$\times {}_2F_1\left(\frac{\lambda+1}{2} + \kappa a, \frac{\lambda+1}{2} - \kappa a, \frac{3}{2}; -\sinh^2(x/2a)\right) \tag{31.9}$$

Dies entspricht dem allgemeinen Satz, daß wegen der Invarianz von (31.2) gegen die Transformation $x \to -x$ jeder Eigenwert zu einer geraden oder ungeraden Lösung gehört (vgl. Aufg. 14).

Um eine Eigenfunktion zu sein, muß sich $u(x)$ normieren lassen, also für $x \to \infty$ oder $y \to \infty$ verschwinden. Nun gilt für große Argumente y die Identität

$$_2F_1(\alpha,\beta,\gamma;y) = \frac{\Gamma(\gamma)\Gamma(\beta-\alpha)}{\Gamma(\beta)\Gamma(\gamma-\alpha)}(-y)^{-\alpha}{}_2F_1\left(\alpha,\alpha-\gamma+1,\alpha-\beta+1;\frac{1}{y}\right)$$

$$+\frac{\Gamma(\gamma)\Gamma(\alpha-\beta)}{\Gamma(\alpha)\Gamma(\gamma-\beta)}(-y)^{-\beta}{}_2F_1\left(\beta,\beta-\gamma+1,\beta-\alpha+1;\frac{1}{y}\right). \quad (31.10)$$

Hier werden für $y \to \infty$ die beiden $_2F_1$-Funktionen $= 1$ und $-y = e^{|x|/a}/4$. Mit den Konstanten aus Gl. (31.6) entsteht daher asymptotisch aus Gl. (8)

$$u_+ = 2^{-\lambda}e^{\lambda|x|/2a}\left[\frac{\Gamma(1/2)\Gamma(-2\kappa a)2^{\lambda+2\kappa a}}{\Gamma(\lambda/2-\kappa a)\Gamma((1-\lambda)/2-\kappa a)}e^{-(\lambda/2+\kappa a)|x|/a}\right.$$

$$\left.+\frac{\Gamma(1/2)\Gamma(2\kappa a)2^{\lambda-2\kappa a}}{\Gamma(\lambda/2+\kappa a)\Gamma((1-\lambda)/2+\kappa a)}e^{-(\lambda/2-\kappa a)|x|/a}\right].$$

Der erste Term wird proportional zu $e^{-\kappa|x|}$, der zweite zu $e^{+\kappa|x|}$. Für eine Eigenfunktion muß daher der zweite Term verschwinden, d.h. es muß

$$\frac{\Gamma(2\kappa a)}{\Gamma(\lambda/2+\kappa a)\Gamma((1-\lambda)/2+\kappa a)} = 0$$

werden. Die Argumente aller drei Γ-Funktionen sind reell und $2\kappa a$ ebenso wie $\lambda/2 + \kappa a$ positiv. Dagegen kann $(1-\lambda)/2 + \kappa a$ negativ werden, also zu einem Pol der Γ-Funktion führen und damit den Koeffizienten gleich Null machen, wenn nämlich

$$\frac{1-\lambda}{2} + \kappa a = -n$$

mit $n = 0, 1, 2, \ldots$ wird. Also hat κa die Eigenwerte

$$\kappa a = \frac{\lambda}{2} - \left(n + \frac{1}{2}\right), \quad (31.11)$$

wobei $2n + 1 < \lambda$ sein muß, damit κa positiv bleibt. Hierdurch wird für jede durch λ fixierte Topfgröße die Zahl der Eigenwerte endlich begrenzt.

Die analoge Betrachtung für die ungerade Lösung Gl. (31.9), ergibt bei entsprechender Anwendung von Gl. (31.10) asymptotisch

$$u_- = \pm 2^{-\lambda-1}e^{(\lambda+1)|x|/2a}\left[\frac{\Gamma(3/2)\Gamma(-2\kappa a)2^{\lambda+1+2\kappa a}}{\Gamma((\lambda+1)/2-\kappa a)\Gamma(1-\lambda/2-\kappa a)}\times\right.$$

$$\left.\times e^{-(\lambda+1+2\kappa a)|x|/2a} + \frac{\Gamma(3/2)\Gamma(2\kappa a)2^{\lambda+1-2\kappa a}}{\Gamma((\lambda+1)/2+\kappa a)\Gamma(1-\lambda/2+\kappa a)}\times\right.$$

$$\left.\times e^{-(\lambda+1-2\kappa a)|x|/2a}\right].$$

Wieder werden die beiden Glieder proportional zu $e^{-\kappa|x|}$ und $e^{+\kappa|x|}$, und der Faktor vor dem zweiten Gliede muß verschwinden, was nur möglich ist, wenn

$$1 - \frac{\lambda}{2} + \kappa a = -n$$

wird ($n = 0, 1, 2, \ldots$) oder aber

$$\kappa a = \frac{\lambda}{2} - (n + 1), \tag{31.12}$$

wieder mit einer oberen Grenze, $2n + 2 < \lambda$, damit $\kappa a > 0$ bleibt.

Wir können (31.11) und (31.12) zusammenfassen zu einer Eigenwertbedingung

$$2\kappa a = \lambda - N, \tag{31.13}$$

wobei $N = 1, 3, 5, \ldots$ für Zustände mit symmetrischer und $N = 2, 4, 6, \ldots$ mit antisymmetrischer Eigenfunktion ist und niemals größer als λ werden darf. Die entsprechende Energieformel ist dann nach Gl. (31.3)

$$E_N = -\frac{\hbar^2}{8ma^2}(\lambda - N)^2. \tag{31.14}$$

Der tiefste Term, der zu $N = 1$ gehört, liegt etwas höher als $-U$:

$$E_1 + U = \frac{\hbar^2}{8ma^2}[\lambda(\lambda - 1) - (\lambda - 1)^2] = \frac{\hbar^2}{8ma^2}(\lambda - 1) > 0.$$

In Abb. 18 ist das Termschema für $\lambda = 5{,}5$ über dem Potentialverlauf dargestellt.

Anm. Auf den ersten Blick läge es näher, statt y, Gl. (31.4), die Größe $z = \cosh^2(x/2a)$ als Variable einzuführen. Die dann aus der Schrödingergleichung hervorgehende Differentialgleichung

$$z(1-z)u'' + (\tfrac{1}{2} - z)u' + \left[\kappa^2 a^2 - \frac{\lambda(\lambda - 1)}{4z}\right]u = 0$$

unterscheidet sich nur im letzten Gliede von der entsprechenden Gleichung in y, und da $z = 1 - y$ ist, liegt die Singularität an analoger Stelle. In beiden Fällen sind 0, 1 und ∞ die singulären Stellen, in z wie in y. Für reelle x bewegt sich y auf der negativ reellen Achse ($y = 0$ für $x = 0$, $y \to -\infty$ für $|x| \to \infty$); die Singularität bei $y = 1$ liegt außerhalb des physikalisch relevanten Bereichs. Für $y = 0$ werden die hypergeometrischen Funktionen besonders einfach ($_2F_1 = 1$). Wählen wir z, so erhalten wir den Teil $1 \leq z < \infty$ der positiven z-Achse ($z = 1$ für $x = 0$, $z \to +\infty$

90 III. Eindimensionale Probleme

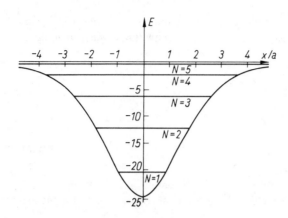

Abb. 18. Potential und Eigenwerte der Energie für Aufg. 31. Energien in Einheiten von $\hbar^2/8ma^2$

für $|x| \to \infty$). In diesem Fall läge die Singularität bei $z = 0$ außerhalb des interessierenden Bereichs. Da die hypergeometrischen Funktionen in der Mathematik so standardisiert sind, daß sie für das Argument Null = 1 werden, würde die praktische Durchführung der Rechnung in z unnötig erschwert.

32. Aufgabe. Homogenes elektrisches Feld

Ein Strom von Elektronen der Anfangsenergie E wird von einer Kathode bei $x = 0$ in positiver Richtung emittiert und durch ein in gleicher Richtung angelegtes elektrisches Feld $\mathscr{E}$ beschleunigt. Man leite aus der Quantenmechanik die klassische Formel

$$\tfrac{1}{2}mv^2 = E + e\mathscr{E}x \tag{32.1}$$

ab, in der v die Geschwindigkeit des Elektrons im Abstand x von der Kathode bedeutet.

Lösung. Mit $V(x) = -e\mathscr{E}x$ lautet die Schrödingergleichung für jedes Elektron

$$-\frac{\hbar^2}{2m}\frac{d^2u}{dx^2} - e\mathscr{E}xu = Eu\,. \tag{32.2}$$

für $x > 0$. Wir führen eine charakteristische Länge l und einen dimensionslosen Parameter λ durch die Definitionen

$$\frac{2me\mathscr{E}}{\hbar^2} = \frac{1}{l^3}\,; \qquad \frac{2mE}{\hbar^2} = \frac{\lambda}{l^2} \tag{32.3}$$

32. Aufgabe. Homogenes elektrisches Feld

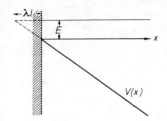

Abb. 19. Zur Beschleunigung eines Elektrons im homogenen elektrischen Feld

ein und benutzen statt x die dimensionslose Variable (Abb. 19)

$$\xi = \frac{x}{l} + \lambda. \tag{32.4}$$

Die Schrödingergleichung geht dann über in

$$\frac{d^2 u}{d\xi^2} + \xi u = 0 \tag{32.5}$$

für $\xi > \lambda$. Dies ist die Differentialgleichung der Airy-Funktionen, die sich auf Zylinderfunktionen zum Index $1/3$ zurückführen lassen. Eine Lösung, die einer in positiver x-Richtung laufenden Welle entspricht, wird durch die entsprechende Hankel-Funktion beschrieben,

$$u(\xi) = \sqrt{\xi}\, H^{(1)}_{1/3}(\tfrac{2}{3}\xi^{3/2}) \tag{32.6}$$

in geeigneter Normierung. Das asymptotische Verhalten der Hankel-Funktion

$$H^{(1)}_{1/3}(z) \to \sqrt{\frac{2}{\pi z}} \exp\left[i\left(z - \frac{5\pi}{12} \right) \right]$$

führt für $\xi \gg 1$ oder $x \gg l$ zu

$$u(\xi) = C \xi^{-1/4} \exp\left(\frac{2i}{3} \xi^{3/2} \right). \tag{32.7}$$

Um nun Gl. (32.1) zu prüfen, bilden wir mit u den Teilchenstrom

$$s = \frac{\hbar}{2im} \left(u^* \frac{du}{dx} - u \frac{du^*}{dx} \right),$$

der mit Gl. (32.7) nach einfacher Rechnung zu

$$s = \frac{\hbar}{ml} \sqrt{\xi}\, |u|^2 = \frac{\hbar}{m} l^{-3/2} \sqrt{x + \lambda l}\, |u|^2 \tag{32.8}$$

führt, wobei die Raumdichte nach Gl. (32.7)

$$\rho = |u|^2 = |C|^2/\sqrt{\bar{\xi}} = |C|^2 \sqrt{\frac{l}{x+\lambda l}} \tag{32.9}$$

wird. Nun ist aber (vgl. etwa Aufg. 10) $s/\rho = v$ die Geschwindigkeit der Elektronen an der betreffenden Stelle, also

$$v = \frac{\hbar}{m} l^{-3/2} \sqrt{x+\lambda l}$$

oder nach Gl. (32.3)

$$v = \frac{\hbar}{m} \sqrt{\frac{2me\mathscr{E}}{\hbar^2}} \sqrt{x + \frac{E}{e\mathscr{E}}}.$$

Hier hebt sich $\hbar$ heraus, und es wird

$$\frac{mv^2}{2} = e\mathscr{E}x + E$$

in Übereinstimmung mit Gl. (32.1). Wir bemerken noch, daß die Raumdichte wie $1/\sqrt{x}$ längs des Beschleunigungsbereichs abnimmt. Rückwirkungen dieser Raumdichte auf den Feldverlauf sind in unserem Problem vernachlässigt; sie spielen erst bei starken Strömen vieler Elektronen eine Rolle.

Anm. Unser Ergebnis wurde für $x \gg l$ abgeleitet. Berechnet man die charakteristische Länge l aus Gl. (32.3) für eine vernünftige Feldstärke $\mathscr{E}$ von einigen 100 V/cm und für Elektronen, so kommt man in die Größenordnung von 10^{-6} cm, so daß die Voraussetzung voll gerechtfertigt ist. — Um den aus der Kathode bei $\xi = \lambda$ austretenden Strom zu normieren, muß man eventuell auf die volle Gl. (32.6) zurückgreifen, in der aber auch im allgemeinen $\lambda \gg 1$ und $\lambda l \sim 10^{-4}$ cm immer noch klein gegen die Abmessungen der Röhre wird.

33. Aufgabe. Freier Fall nach der Quantenmechanik

Eine Stahlkugel wird von einer horizontalen elastischen Oberfläche senkrecht in die Höhe geworfen, so daß sie nach Erreichen ihrer maximalen Höhe zurückfällt, reflektiert wieder aufsteigt usw. Dies "Tanzen" der Kugel soll quantenmechanisch behandelt werden.

Lösung. Der beschriebene Vorgang ist ein stationärer Zustand mit dem Potential $V(x) = mgx$ des Schwerefeldes für Höhen $x > 0$ mit einer unteren Begrenzung durch die elastisch reflektierende Grundplatte bei $x = 0$ (Abb. 20). Die Aufgabe besteht darin, die Schrödingergleichung

33. Aufgabe. Freier Fall nach der Quantenmechanik

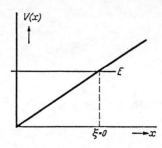

Abb. 20. Linearer Potentialanstieg mit der Höhe x. Für eine gegebene Energie trennt die Koordinate $\xi = 0$ den klassisch verbotenen Bereich rechts von dem klassisch erlaubten Bereich links

$$-\frac{\hbar^2}{2m}\frac{d^2u}{dx^2} + mgxu = Eu \tag{33.1}$$

mit den Randbedingungen

$$u(0) = 0 \;; \quad u(\infty) = 0 \tag{33.2}$$

zu lösen. Analog zur vorigen Aufgabe führen wir wieder Abkürzungen

$$\frac{2m^2g}{\hbar^2} = \frac{1}{l^3}\;; \quad \frac{2mE}{\hbar^2} = \frac{\lambda}{l^2} \tag{33.3}$$

und die Variable

$$\xi = \frac{x}{l} - \lambda \tag{33.4}$$

ein. Wir zählen also in einem geeigneten, durch l definierten Maßstab die Koordinate nicht vom Boden, sondern vom klassischen Umkehrpunkt bei $x = \lambda l = E/mg$ aus. Dann geht Gl. (33.1) über in

$$\frac{d^2u}{d\xi^2} - \xi u = 0 \tag{33.5}$$

und die Randbedingungen (33.2) in

$$u(-\lambda) = 0; \quad u(\infty) = 0 \,. \tag{33.6}$$

Die Lösung ist die Airy-Funktion

$$u = C \operatorname{Ai} \xi \tag{33.7}$$

mit einer geeignet zu bestimmenden Normierungskonstanten C. Diese Funktion ist in Abb. 21 dargestellt; sie entspricht in dem klassisch erlaubten Bereich negativer ξ einer Schwingung, während sie in dem klassisch verbotenen Gebiet oberhalb des Umkehrpunktes bei positiven ξ exponentiell abklingt.

94 III. Eindimensionale Probleme

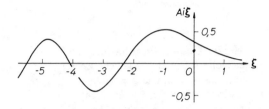

Abb. 21. Airy–Funktion

Im einzelnen gilt folgendes: Für $\xi > 0$ ist

$$\text{Ai}\,\xi = \frac{1}{\pi}(\xi/3)^{1/2} K_{1/3}(\tfrac{2}{3}\xi^{3/2})\;,$$

wobei $K_\nu(z)$ die modifizierte Hankel-Funktion ist, die sich asymptotisch wie

$$K_\nu(z) \to \sqrt{\frac{\pi}{2z}}\,e^{-z}$$

verhält Interessanter für unser Problem ist das Verhalten für negative Argumente $\xi = -\zeta$:

$$\text{Ai}(-\zeta) = \tfrac{1}{3}\sqrt{\zeta}\,[J_{1/3}(\tfrac{2}{3}\zeta^{3/2}) + J_{-1/3}(\tfrac{2}{3}\zeta^{3/2})]\;.$$

Um die Randbedingung $u(-\lambda) = 0$ zu erfüllen, muß

$$J_{1/3}(\tfrac{2}{3}\lambda^{3/2}) + J_{-1/3}(\tfrac{2}{3}\lambda^{3/2}) = 0 \tag{33.8}$$

werden. Da λ nach Gl. (33.3) die Energie festlegt, ist dies die Bestimmungsgleichung für deren Eigenwerte. Die ersten drei Eigenwerte zeigt Abb. 21; ihre genauen Zahlenwerte sind

$$\lambda_1 = 2{,}33811;\quad \lambda_2 = 4{,}08794;\quad \lambda_3 = 5{,}52060\;. \tag{33.9a}$$

Eine sehr gute Näherung für Gl. (33.8) erhält man, wenn man das asymptotische Verhalten der Bessel-Funktionen benutzt,

$$J_{1/3}(z) \to \sqrt{\frac{2}{\pi z}}\cos\!\left(z - \frac{5\pi}{12}\right);\quad J_{-1/3}(z) \to \sqrt{\frac{2}{\pi z}}\cos\!\left(z - \frac{\pi}{12}\right),$$

was bei Addition auf

$$J_{1/3}(z) + J_{-1/3}(z) \to \sqrt{\frac{3}{\pi z}}\cos\!\left(z - \frac{\pi}{4}\right)$$

führt. Die Nullstellen dieser Funktion liegen bei

$$z_n = \frac{2}{3}\lambda_n^{3/2} = \frac{\pi}{4} + (2n-1)\frac{\pi}{2} = (2n - \tfrac{1}{2})\frac{\pi}{2} \tag{33.10}$$

für $n = 1, 2, 3, \ldots$ Das ergibt numerisch für die ersten drei Nullstellen

$$\lambda_1 = 2{,}32025; \quad \lambda_2 = 4{,}08181; \quad \lambda_3 = 5{,}51716 \, . \tag{33.9b}$$

in guter Übereinstimmung mit den exakten Werten der Gl. (33.9a). Entsprechendes gilt daher auch für die auf Gln. (33.3) und (33.10) aufgebaute Energieformel

$$E_n = \frac{\hbar^2}{2ml^2} \left[\frac{3\pi}{4}(2n - \tfrac{1}{2}) \right]^{2/3} \tag{33.11}$$

für $n = 1$.

Ergänzung. Die charakteristische Länge l wird für die Masse eines Elektrons gleich 0,088 cm und infolge von $l \sim m^{-2/3}$ kleiner für größere Massen. Die grundlegende Energiekonstante in (33.11), $\varepsilon = \hbar^2/2ml^2 = 0{,}79 \times 10^{-25}$ erg für das Elektron, wächst wie $m^{1/3}$ mit größerer Masse. Für $m = 1$ kg erreicht sie jedoch erst die Größenordnung von 10^{-15} erg. Der Abstand zweier auf einander folgender Energieniveaus wird für große n von der Ordnung $\varepsilon n^{-1/3}$, d.h. die Niveaus liegen so dicht, daß wir von einem Quasikontinuum sprechen können. Da auch die Wellenlängen extrem klein werden, hat für makroskopische Verhältnisse nur die Angabe des Mittelwertes $\overline{u^2}$ über mehrere Wellenlängen Sinn. Dieser wird

$$\overline{u^2} = \frac{1}{2}\left[C\frac{1}{3}\sqrt{\zeta} \, \sqrt{\frac{3}{\pi z}} \, \right]^2 = \frac{C^2}{4\pi} \zeta^{-1/2} \, ,$$

also proportional zu $1/\sqrt{h - x}$ mit der klassischen Steighöhe $h = \lambda l$. Das entspricht der klassischen Erwartung, da im stationären Zustand die Wahrscheinlichkeit $\overline{u^2} dx$ für Aufenthalt des Massenpunktes im Intervall dx proportional zu dessen Verweilzeit in diesem Intervall ist, $\overline{u^2} dx \sim dt$.

Die Geschwindigkeit $v = dx/dt$ ist also proportional zu $1/\sqrt{\overline{u^2}}$, d.h. zu $\sqrt{h - x}$ in Übereinstimmung mit der klassischen Formel $v = \sqrt{2g(h - x)}$.

Das Bemerkenswerte ist, wie groß der mathematische Aufwand eines Problems in der Quantenmechanik werden kann, das in der klassischen Mechanik zu den einfachsten und grundlegendsten gehört.

34. Aufgabe. Eikonal-Näherung (WKB-Methode)

Man löse die eindimensionale Schrödingergleichung genähert nach der Eikonal-Methode der klassischen Optik (Wentzel-Kramers-Brillouin-Methode).

III. Eindimensionale Probleme

Lösung. In der Optik wird die Wellengleichung

$$\nabla^2 u + k^2 \, n(r)^2 \, u = 0 \tag{34.1}$$

mit der Vakuum-Wellenzahl $k = 2\pi/\lambda$ und dem ortsabhängigen Brechungsindex $n(r)$ unter der Voraussetzung behandelt, daß sich n über die Entfernung einer Wellenlänge λ nur wenig ändert,

$$|\nabla n/n| \ll k \, . \tag{34.2}$$

Setzt man an,

$$u(r) = e^{ikS(r)} \, , \tag{34.3}$$

so geht die Wellengleichung (34.1), die linear und von zweiter Ordnung ist, in die Riccatische Gleichung

$$-ik\nabla^2 S + k^2 [(\nabla S)^2 - n^2] = 0 \tag{34.4}$$

über, die zwar nicht linear, dafür aber in ∇S nur mehr von erster Ordnung ist. Unter der Voraussetzung von Gl. (34.2) kann das erste Glied in Gl. (34.4) vernachlässigt werden, und es entsteht die Eikonalgleichung

$$(\nabla S)^2 = n^2 \, . \tag{34.5}$$

Die Größe $S(r)$ heißt das Eikonal. Es genügt, um Wellenfronten, d.h. Flächen gleicher Phase, zu bestimmen, gibt aber in der Näherung von Gl. (34.5) keinen Aufschluß über Wellenamplituden.

Die Schrödingergleichung läßt sich mit

$$n(r) = \sqrt{1 - \frac{V(r)}{E}}; \quad k^2 = \frac{2m}{\hbar^2} E \tag{34.6}$$

in der Form von Gl. (34.1) schreiben. Ist dann etwa a eine Länge, über die sich V und damit auch n merklich ändern, so ist die Bedingung der Gl. (34.2) gleichbedeutend mit $ka \gg 1$. Dann können wir $S(r)$ nach dem dimensionslosen Parameter

$$\varepsilon = -\frac{i}{ka}; \quad |\varepsilon| \ll 1 \tag{34.7}$$

in eine Reihe

$$S = S_0 - \frac{i}{ka} S_1 - \frac{1}{(ka)^2} S_1 + \frac{i}{(ka)^3} S_3 + \ldots \tag{34.8}$$

entwickeln und die Eikonalmethode zu einem sukzessiven

34. Aufgabe. Eikonal-Näherung (WKB-Methode)

Näherungsverfahren ausbauen. Wir wollen das im folgenden für den *eindimensionalen* Fall mit

$$u'' + k^2 \, n(x)^2 \, u = 0 \, ; \tag{34.1'}$$

$$u = e^{ikS(x)} \, ; \tag{34.3'}$$

$$-ikS'' + k^2 \, (S'^2 - n^2) = 0 \tag{34.4'}$$

ausführen.

Setzen wir Gl. (34.8) in die Riccatigleichung (34.4') ein und trennen nach Potenzen von ε, so erhalten wir eine Folge von Gleichungen, aus denen wir sukzessive S'_0, S'_1, usw entnehmen können:

$$S'^2_0 = n^2$$

$$S'_1 S'_0 = -\tfrac{1}{2} a \, S''_0$$

$$S'_2 S'_0 = -\tfrac{1}{2} (aS''_1 + S'^2_1)$$

$$S'_3 S'_0 = -\tfrac{1}{2} (aS''_2 + 2 \, S'_1 \, S'_2) \tag{34.9}$$

usw. Es ist bequem, das Zeichen

$$y_\mu(x) = S'_\mu(x) \tag{34.10}$$

einzuführen; Auflösung der Gln. (34.9) gibt dann

$$y_0 = \pm \, n(x); \quad y_1 = -\frac{a}{2} \frac{y'_0}{y_0}; \quad y_2 = -\frac{ay'_1 + y^2_1}{2y_0};$$

$$y_3 = -\frac{ay'_2 + 2y_1 y_2}{2y_0} \tag{34.11}$$

usw. Damit können wir alle y_μ schrittweise auf $y_0 = \pm n$ zurückführen:

$$y_1 = -\frac{a}{2} d(\log y_0)/dx; \quad y_2 = \frac{a^2}{4} \left(\frac{y''_0}{y^2_0} - \frac{3}{2} \frac{y'^2_0}{y^3_0} \right);$$

$$y_3 = -\frac{a^3}{8} \left(\frac{y'''_0}{y^3_0} - 6 \frac{y'_0 y''_0}{y^4_0} + 6 \frac{y'^3_0}{y^5_0} \right) \tag{34.12}$$

usw. Mit $y_0 = \pm n$ entsteht auf diese Weise die Entwicklung

$$u(x) = \left\{ \frac{C}{\sqrt{n}} \exp\left[-\frac{1}{8k^2} \int dx \left(\frac{n'''}{n^3} - 6\frac{n' n''}{n^4} + 6\frac{n'^3}{n^5} \cdots \right) \right] \right\}$$

$$\times \exp\left[\pm ik \int dx \left(n - \frac{1}{4k^2} \left(\frac{n''}{n^2} - \frac{3}{2} \frac{n'^2}{n^3} \right) \cdots \right) \right]. \tag{34.13}$$

III. Eindimensionale Probleme

Da die ungeraden y_{2m+1} nur zur Amplitude und die geraden y_{2m} nur zur Phase beitragen, haben wir in der ersten Zeile von Gl. (34.13) die Beiträge von $y_1, y_3 \ldots$ zusammengefaßt, die unabhängig davon sind, ob $y_0 = +n$ oder $= -n$ gewählt wird. In der zweiten Zeile dagegen sind die von diesem Vorzeichen abhängigen, zu $y_0, y_2, \ldots$ gehörenden Phasenanteile angegeben.

Als WKB-Näherung bezeichnen wir die Lösung bis einschließlich y_1:

$$u(x) = \frac{1}{\sqrt{n}} \left[C_1 \, e^{ik \int dx \, n(x)} + C_2 \, e^{-ik \int dx \, n(x)} \right]. \tag{34.14}$$

Anm. Die Näherung ist besser als die klassische der Eikonalgleichung (34.5), da sie bereits das Glied S_1 der Entwicklung von Gl. (34.8) berücksichtigt. Sie versagt jedoch an einem klassischen Umkehrpunkt der Bewegung, weil dort mit $V = E$ der Brechungsindex $n = 0$ wird, so daß die Amplitude in Gl. (34.14) unendlich groß wird. In der folgenden Aufgabe wird das Problem behandelt, die Methode an die Umgebung solcher Stellen anzupassen.

35. Aufgabe. WKB-Methode: Randwertproblem

An einem klassischen Umkehrpunkt $x = x_0$ hat die WKB-Näherung eine Singularität, welche die stetige Fortsetzung der Lösung vom Gebiet $x > x_0$ nach $x < x_0$ verhindert. Da diese Fortsetzung zur Formulierung von Randbedingungen notwendig ist, muß die nächste Umgebung von x_0 genauer untersucht werden. Dazu soll die Differentialgleichung, deren exakte Lösung die WKB-Funktionen sind, in der Umgebung von $x = x_0$ (und nur dort) so abgeändert werden, daß sie dort mit der korrekten Schrödingergleichung übereinstimmt. Dabei ist es zweckmäßig, die Variable x durch das Integral

$$t = \int_{x_0}^{x} dx \, Q(x); \quad Q(x) = k \sqrt{1 - \frac{V(x)}{E}} \tag{35.1}$$

als Variable zu ersetzen.

Lösung. Die Schrödingergleichung

$$u'' + Q^2 \, u = 0 \tag{35.2}$$

wird genähert gelöst durch die WKB-Funktion

$$\tilde{u} = Q^{-1/2} \exp\left[\pm i \int_{x_0}^{x} dx \, Q(x) \right]. \tag{35.3}$$

35. Aufgabe. WKB-Methode: Randwertproblem

Rechnen wir Gl. (35.2) auf die Variable t, Gl. (35.1) um, so erhalten wir

$$\ddot{u} + \frac{\dot{Q}}{Q}\dot{u} + u = 0 \ . \tag{35.4}$$

Hier und im folgenden bedeutet $u' = du/dx$ und $\dot{u} = du/dt$, usw.

Die Funktionen $\tilde{u}$ von Gl. (35.3) sind exakte Lösungen der Differentialgleichung

$$\tilde{u}'' + \left[Q^2 - \frac{3}{4}\frac{Q'^2}{Q^2} + \frac{1}{2}\frac{Q''}{Q}\right]\tilde{u} = 0 \tag{35.5}$$

oder, auf t umgerechnet, von

$$\ddot{\tilde{u}} + \frac{\dot{Q}}{Q}\dot{\tilde{u}} + \left[1 - \frac{1}{4}\frac{\dot{Q}^2}{Q^2} + \frac{1}{2}\frac{\ddot{Q}}{Q}\right]\tilde{u} = 0 \ . \tag{35.6}$$

Gleichung (35.6) soll nun so abgeändert werden, daß sie für kleine t in Gleichung (35.4) übergeht. Dazu untersuchen wir die Koeffizientenfunktionen dieser beiden Gleichungen für $t \to 0$.

In der Umgebung des klassischen Umkehrpunktes $x = x_0$ wächst Q^2 linear mit $x - x_0$, so daß $Q \sim \sqrt{x - x_0}$ und $t \sim (x - x_0)^{3/2}$ wird; also ist dort genähert

$$Q \sim t^{1/3}; \quad \frac{\dot{Q}}{Q} = \frac{1}{3t}; \quad \frac{\ddot{Q}}{Q} = -\frac{2}{9t^2} \ . \tag{35.7}$$

Führen wir diese Ausdrücke in die Differentialgleichungen (35.4) und (35.6) ein, so lauten diese für kleine t

$$\ddot{u} + \frac{1}{3t}\dot{u} + u = 0 \tag{35.4'}$$

und

$$\ddot{\tilde{u}} + \frac{1}{3t}\dot{\tilde{u}} + \left[1 - \frac{5}{36t^2}\right]\tilde{u} = 0 \ . \tag{35.6'}$$

Die Gleichung für $\tilde{u}$ wird daher durch Hinzufügen des Gliedes $5/(36t^2)$ in der Umgebung von $t = 0$ mit der korrekten Gleichung in Übereinstimmung gebracht. Die gesuchte Differentialgleichung, welche Gl. (35.6) für kleine t korrigiert, lautet daher

$$\ddot{v} + \frac{\dot{Q}}{Q}\dot{v} + \left[1 - \frac{1}{4}\frac{\dot{Q}^2}{Q^2} + \frac{1}{2}\frac{\ddot{Q}}{Q} + \frac{5}{36t^2}\right]v = 0 \ . \tag{35.8}$$

Da Gl. (35.8) in der Umgebung von $t = 0$ in Gl. (35.4') übergeht, wird ihre Lösung dort

$$v(t) = t^{1/3} J_{\pm 1/3}(t),$$

wie man leicht nachprüft. Beide Grundlösungen von Gl. (35.8) bleiben daher bei $t = 0$ regulär (wie $t^{2/3}$ und t^0), im Gegensatz zu den singulären Lösungen von Gl. (35.3). Wir können Gl. (35.8) aber auch für beliebige Werte von t exakt lösen: Der Ansatz

$$v(t) = Q^{-1/2} F(t)$$

führt auf

$$\ddot{F} + \left(1 + \frac{5}{36 t^2}\right) F = 0,$$

was mit $F = \sqrt{t}\, J(t)$ in

$$\ddot{J} + \frac{1}{t} \dot{J} + \left(1 - \frac{1}{9t^2}\right) J = 0$$

übergeht. Das ist aber gerade die Besselsche Differentialgleichung zum Index 1/3, so daß wir schließlich

$$v(t) = \sqrt{\frac{t}{Q}} \left[C_1 J_{1/3}(t) + C_2 J_{-1/3}(t) \right] \tag{35.9}$$

als vollständige exakte Lösung der Differentialgleichung (35.8) finden.

Für reelle $t \gg 1$ können wir die Besselfunktionen durch ihre Asymptotik

$$J_{\pm 1/3}(t) \to \sqrt{\frac{2}{\pi t}} \cos\left(t - \frac{\pi}{4} \mp \frac{\pi}{6}\right) \tag{35.10}$$

ersetzen, so daß Gl. (35.9) in die WKB-Lösung übergeht. Für $|t| \ll 1$ wird

$$J_{1/3}(t) = \frac{1}{\Gamma(4/3)} \left(\frac{t}{2}\right)^{1/3}; \quad J_{-1/3}(t) = \frac{1}{\Gamma(2/3)} \left(\frac{t}{2}\right)^{-1/3}. \tag{35.11}$$

Für $x < x_0$ wird t rein imaginär. Setzen wir dort, um $t^{1/3}$ eindeutig zu machen, $t = \tau\, e^{3\pi i/2}$ mit reellem $\tau > 0$, so wird

$$J_{1/3}(t) = i\, I_{1/3}(\tau); \quad J_{-1/3}(t) = -i\, I_{-1/3}(\tau) \tag{35.12}$$

mit der Standarddefinition der modifizierten Bessel-Funktionen. Soll insbesondere in diesem klassisch verbotenen Bereich die Lösung für

$\tau \to \infty$ gegen Null abfallen (Randbedingung), so müssen wir $C_2 = C_1$ wählen, damit die Funktion

$$K_{1/3}(\tau) = \frac{\pi}{\sqrt{3}}[I_{-1/3}(\tau) - I_{1/3}(\tau)] \to \sqrt{\frac{\pi}{2\tau}}\,\mathrm{e}^{-\tau} \tag{35.13}$$

entsteht. Die beiden Glieder in den Gln. (35.9) und (35.10) lassen sich dann zu

$$v(t) \approx C\sqrt{\frac{6}{\pi Q}} \cos\left[\int_{x_0}^{x} dx\, Q(x) - \frac{\pi}{4}\right] \tag{35.14}$$

zusammenziehen.

36. Aufgabe. WKB-Näherung für den Oszillator

Man berechne das Termschema des harmonischen Oszillators mit Hilfe der WKB-Näherung.
Lösung. Im Oszillatorpotential

$$V(x) = \tfrac{1}{2}\, m\omega^2 x^2 \tag{36.1}$$

treten zwei klassische Umkehrpunkte $V(x) = E$ bei

$$x = \pm\, x_0 = \pm\sqrt{\frac{2E}{m\omega^2}} \tag{36.2}$$

auf. Mit $E = \hbar^2 k^2/(2m)$ können wir dafür auch

$$x_0 = \frac{\hbar k}{m\omega}; \qquad kx_0 = \frac{2E}{\hbar\omega} \tag{36.3}$$

schreiben.

Wir betrachten zunächst das Verhalten der Lösung in der Umgebung von $x = -x_0$. Für $x < -x_0$ soll die WKB-Funktion für $x \to -\infty$ auf Null abfallen, sich also wie Gl. (35.13) verhalten. Die korrekte Phase folgt daher für $x > -x_0$ aus Gl. (35.14):

$$v(x) = \frac{C}{\sqrt{Q}} \cos\left[\int_{-x_0}^{x} dx\, Q(x) - \frac{\pi}{4}\right]. \tag{36.4}$$

Für das Oszillatorpotential, Gl. (36.1), wird

$$Q(x) = k\sqrt{1 - x^2/x_0^2},$$

so daß die Berechnung des Integrals in Gl. (36.4) unter Berücksichtigung von Gl. (36.3) elementar möglich ist. Sie ergibt

$$v(x) = \frac{C}{\sqrt{Q}} \cos\left(\frac{E}{\hbar\omega}\left[\arcsin\frac{x}{x_0} + \frac{x}{x_0}\sqrt{1 - \frac{x^2}{x_0^2}} + \frac{\pi}{2}\right] - \frac{\pi}{4}\right). \quad (36.5)$$

Diese Lösung muß auch bei $x = x_0$ das richtige Verhalten zeigen. Wir wissen, daß wegen der Invarianz $V(x) = V(-x)$ die Eigenfunktionen entweder gerade oder ungerade sind. Setzen wir

$$\frac{E}{\hbar\omega}\left[\arcsin\frac{x}{x_0} + \frac{x}{x_0}\sqrt{1 - \frac{x^2}{x_0^2}}\right] = y(x) \quad (36.6)$$

und

$$\frac{E}{\hbar\omega}\frac{\pi}{2} - \frac{\pi}{4} = \varphi, \quad (36.7)$$

so können wir Gl. (36.5) kurz

$$v(x) = \frac{C}{\sqrt{Q}} \cos(y + \varphi) = \frac{C}{\sqrt{Q}} (\cos y \cos\varphi - \sin y \sin\varphi) \quad (36.8)$$

schreiben. Bedenken wir noch, daß $Q(x)$ und daher der Amplitudenfaktor eine gerade und y eine ungerade Funktion von x ist, so ergeben sich zwei Möglichkeiten: Entweder $v(x)$ ist gerade; dann muß $\sin\varphi = 0$, also $\varphi = n\pi$ sein. Oder $v(x)$ ist ungerade; dann ist $\cos\varphi = 0$, also $\varphi = (2n + 1)\pi/2$. Mit Gl. (36.7) für φ führt das für die gerade Lösung auf

$$E_{2n} = \left(2n + \frac{1}{2}\right)\hbar\omega; \quad v_{2n}(x) = \frac{C}{\sqrt{Q}} \cos y \quad (36.9a)$$

und für die ungerade Losung auf

$$E_{2n+1} = \left(2n + \frac{3}{2}\right)\hbar\omega; \quad v_{2n+1}(x) = \frac{C}{\sqrt{Q}} \sin y. \quad (36.9b)$$

Die so gewonnenen Werte für die Energieniveaus stimmen daher in diesem speziellen Fall mit den exakten Werten überein.

37. Aufgabe. Anharmonischer Oszillator

Man berechne in der zweiten Näherung eines Störungsverfahrens die Verschiebung der Energieniveaus des anharmonischen Oszillators

$$V(x) = \tfrac{1}{2} m\omega^2 x^2 + \varepsilon_1 x^3 + \varepsilon_2 x^4 \quad (37.1)$$

gegenüber denen des harmonischen.

37. Aufgabe. Anharmonischer Oszillator

Lösung. Das Niveau der Energie

$$E_n^0 = \hbar\omega(n + \tfrac{1}{2}) \tag{37.2}$$

des harmonischen Oszillators wird in erster Näherung um

$$\Delta E_n^{(1)} = \langle n|\varepsilon_1 x^3 + \varepsilon_2 x^4 |n\rangle \tag{37.3}$$

verschoben. In zweiter Näherung kommt noch hinzu

$$\Delta E_n^{(2)} = \sum_{m \neq n} \frac{|\langle n|\varepsilon_1 x^3 + \varepsilon_2 x^4 |m\rangle|^2}{E_n^0 - E_m^0}. \tag{37.4}$$

Hier steht $|n\rangle$ für die Eigenfunktion des harmonischen Oszillators zum ungestörten Eigenwert E_n^0.

Die Aufgabe reduziert sich damit auf die Berechnung von Matrixelementen, für die in Aufg. 26 Methoden entwickelt wurden. Wir bemerken insbesondere, daß die Matrixelemente zu x^3 nur für $m = \pm 3$ und für $m = \pm 1$ von Null verschieden sind und daß das gleiche bei x^4 nur für $m = n \pm 4, n \pm 2, n$ zutrifft.

Von dem Diagonalelement der Störungsenergie in Gl. (37.3) verschwindet also der Anteil $\langle n|x^3|n\rangle$, so daß zur *ersten Näherung* nür die Störung $\varepsilon_2 x^4$ beiträgt. Mit Hilfe der in Aufg. 26 für x^2 bereits vollständig berechneten Matrixelemente

$$\langle n|x^2|n+2\rangle = a^2 \sqrt{(n+1)(n+2)}$$
$$\langle n|x^2|n\rangle = a^2 (2n+1)$$
$$\langle n|x^2|n-2\rangle = a^2 \sqrt{(n-1)n}, \tag{37.5}$$

wobei

$$a = \sqrt{\frac{\hbar}{2m\omega}} \tag{37.6}$$

eine für den Oszillator charakteristische Länge ist, bilden wir das Diagonalelement

$$\langle n|x^4|n\rangle = \sum_m \langle n|x^2|m\rangle \langle m|x^2|n\rangle$$

als Summe über die Quadrate der drei Ausdrücke von Gl. (37.5):

$$\langle n|x^4|n\rangle = a^4 [(n+1)(n+2) + (2n+1)^2 + n(n-1)].$$

So entsteht

$$\langle n|x^4|n\rangle = 3a^4 (2n^2 + 2n + 1). \tag{37.7}$$

III. Eindimensionale Probleme

Die Störung (37.3) wird also in erster Näherung

$$\Delta E_n^{(1)} = 3\varepsilon_2 a^4 (2n^2 + 2n + 1). \tag{37.8}$$

Dies Ergebnis läßt sich qualitativ etwa so verstehen: Die Hinzufügung eines *kleinen* Gliedes $\varepsilon_1 x^3$ "kippt" die Parabel des Potentials ein wenig in Richtung von $-x$, ohne ihre Öffnungsweite zu ändern. Damit bleibt die oszillierende Korpuskel praktisch auf ein Gebiet unveränderter Breite beschränkt, so daß keine Ursache für eine Änderung der Energie besteht. Die Hinzufügung von $\varepsilon_2 x^4$ dagegen hebt (senkt) beiderseits symmetrisch die Flügel der Parabel, wenn $\varepsilon_2 > 0$ ($\varepsilon_2 < 0$) ist, so daß das innerhalb der Kurve verfügbare Gebiet der Bewegung enger (breiter) wird und demgemäß alle Energiestufen nach oben (unten) rücken, und zwar zunehmend mit wachsendem n.

Für die *zweite Näherung* brauchen wir nur *nicht*diagonale Matrixelemente. Diese sind für $\varepsilon_1 x^3$

$$\langle n|x^3|n+3\rangle = a^3 \sqrt{(n+3)(n+2)(n+1)}$$

$$\langle n|x^3|n+1\rangle = 3a^3 (n+1)^{3/2}$$

$$\langle n|x^3|n-1\rangle = 3a^3 n^{3/2}$$

$$\langle n|x^3|n-3\rangle = a^3 \sqrt{n(n-1)(n-2)} \tag{37.9}$$

und für $\varepsilon_2 x^4$

$$\langle n|x^4|n+4\rangle = a^4 \sqrt{(n+4)(n+3)(n+2)(n+1)}$$

$$\langle n|x^4|n+2\rangle = 4a^4 (n+\tfrac{3}{2}) \sqrt{(n+2)(n+1)}$$

$$\langle n|x^4|n-2\rangle = 4a^4 (n-\tfrac{1}{2}) \sqrt{n(n-1)}$$

$$\langle n|x^4|n-4\rangle = a^4 \sqrt{n(n-1)(n-2)(n-3)}. \tag{37.10}$$

Da die Matrixelemente $\langle n|x^3|m\rangle$ und $\langle n|x^4|m\rangle$ keine Beiträge zum gleichen m leisten, können wir Gl. (37.4) zerlegen in eine Summe über die zu $\varepsilon_1 x^3$ gehörigen Glieder und entsprechende zu $\varepsilon_2 x^4$. Mit $E_n^0 - E_m^0 = \hbar\omega (n-m)$ im Nenner ergibt dann eine einfache Rechnung

$$\Delta E_n^{(2)} = -\varepsilon_1^2 \frac{a^6}{\hbar\omega}(30n^2 + 30n + 11)$$

$$-\varepsilon_2^2 \frac{a^8}{\hbar\omega}(68n^3 + 102n^2 + 118n + 42). \tag{37.11}$$

Diese negativen Beiträge sind zu Gl. (37.8) hinzuzufügen, um die gesamte Störung des Eigenwerts E_n in zweiter Näherung zu erhalten.

IV. Zentralsymmetrische Probleme

Mathematische Vorbemerkung

In diesem Abschnitt untersuchen wir Lösungen der Schrödingergleichung, bei denen $V(r)$ nur von der Entfernung r der Korpuskel von einem festen Zentrum abhängt. Dazu benutzen wir Kugelkoordinaten (sphärische Polarkoordinaten) r, ϑ, φ, die durch die Transformationsgleichungen

$$x = r\sin\vartheta\cos\varphi; \quad y = r\sin\vartheta\sin\varphi; \quad z = r\cos\vartheta \tag{AIV.1}$$

definiert sind. In diesen Koordinaten nimmt der Laplace-Operator die Form

$$\nabla^2 = \frac{\partial^2}{\partial r^2} + \frac{2}{r}\frac{\partial}{\partial r} + \frac{1}{r^2}\mathfrak{A} \tag{AIV.2a}$$

an, wobei der Winkelanteil des Operators

$$\mathfrak{A} = \frac{1}{\sin\vartheta}\frac{\partial}{\partial\vartheta}\left(\sin\vartheta\frac{\partial}{\partial\vartheta}\right) + \frac{1}{\sin^2\vartheta}\frac{\partial^2}{\partial\varphi^2} \tag{AIV.2b}$$

ist.

Eine solche Schrödingergleichung läßt sich separieren:

$$u(r, \vartheta, \varphi) = \frac{1}{r}\chi(r)\,Y(\vartheta, \varphi) \,; \tag{AIV.3}$$

das führt zu den Differentialgleichungen

$$\frac{d^2\chi}{dr^2} + \frac{2m}{\hbar^2}\left[E - V(r) - \frac{\lambda}{r^2}\right]\chi = 0 \tag{AIV.4a}$$

und

$$\mathfrak{A}Y + \lambda Y = 0 \tag{AIV.4b}$$

IV. Zentralsymmetrische Probleme

mit einem Separationsparameter λ. Die Funktion $Y(\vartheta, \varphi)$ läßt sich nochmals in ein Produkt $\Theta(\vartheta)\Phi(\varphi)$ aufspalten. Lösungen, die in keiner Richtung ϑ, φ singulär werden, ergeben sich für die Eigenwerte von (AIV.4b)

$$\lambda = l(l + 1) \tag{AIV.5}$$

mit $l = 0, 1, 2, \ldots$ Zu jedem l gehören $2l + 1$ mit einander entartete, linear unabhängige Lösungen der Form

$$Y_{l,m}(\vartheta, \varphi) = \frac{1}{\sqrt{2\pi}} P_l^m(\vartheta) e^{im\varphi} \tag{AIV.6}$$

mit ganzzahligem m:

$$-l \leq m \leq +l. \tag{AIV.7}$$

Diese Funktionen heißen Kugelflächenfunktionen oder kurz *Kugelfunktionen*. Wir normieren sie gemäß

$$\oint d\Omega |Y_{l,m}|^2 = \int_0^{2\pi} d\varphi \int_0^{\pi} d\vartheta \sin\vartheta |Y_{l,m}|^2 = 1, \tag{AIV.8a}$$

was nach Gl. (AIV.6)

$$\int_0^{\pi} d\vartheta \sin\vartheta [P_l^m(\vartheta)]^2 = 1 \tag{AIV.8b}$$

bedeutet. Die Funktionen P_l^m heißen *zugeordnete* oder adjungierte Kugelfunktionen. Sie lassen sich elementar aus den *Legendreschen Polynomen* $P_l(t)$ mit $t = \cos\vartheta$ berechnen und sind in der Normierung von Gl. (AIV.8b) für $m \geq 0$ durch

$$P_l^m(\vartheta) = \sqrt{\frac{2l+1}{2} \cdot \frac{(l-m)!}{(l+m)!}} (1 - t^2)^{m/2} \frac{d^m P_l(t)}{dt^m} \tag{AIV.9a}$$

und für $m < 0$ durch

$$P_l^{-m}(\vartheta) = (-1)^m P_l^m(\vartheta) \tag{AIV.9b}$$

definiert.

Die Legendreschen Polynome $P_l(t)$ sind durch ihre Differentialgleichung

$$(1 - t^2)P_l'' - 2tP_l' + l(l+1)P_l = 0 \tag{AIV.10a}$$

und die Randbedingungen

$$P_l(+1) = 1; \quad P_l(-1) = (-1)^l \tag{AIV.10b}$$

definiert. Sie sind entweder gerade oder ungerade Funktionen von t. Die einfachsten lauten

$$P_0 = 1; \quad P_1 = t; \quad P_2 = \tfrac{3}{2}t^2 - \tfrac{1}{2}; \quad P_3 = \tfrac{5}{2}t^3 - \tfrac{3}{2}t \ .$$

Sie sind schematisch durch ihre Knotenlinien auf der Kugeloberfläche in Abb. 22 dargestellt. Da die Knotenlinien Breitenkreise sind, teilen sie die Kugelfläche in Zonen auf. Man spricht daher auch von *zonalen* Kugelfunktionen. Die einfachsten zugeordneten Funktionen zeigt in der gleichen Weise Abb. 23. Durch den Faktor $e^{im\varphi}$ in $Y_{l,m}$ tritt eine Abhängigkeit von den Meridianen hinzu. Ersetzt man $e^{im\varphi}$ und $e^{-im\varphi}$ durch reelle Funktionen $\cos m\varphi$ und $\sin m\varphi$, so entstehen Knotenlinien längs Meridianen. Man spricht dann auch von *tesseralen* Kugelfunktionen.

Die $Y_{l,m}(\vartheta, \varphi)$ bilden ein vollständiges Orthogonalsystem,

$$\oint d\Omega\, Y^*_{l,m} Y_{l',m'} = \delta_{ll'}\delta_{mm'} \ . \tag{AIV.11}$$

Daher läßt sich jede beschränkte Funktion $f(\vartheta, \varphi)$ auf der Kugeloberfläche in eine Reihe nach Kugelfunktionen entwickeln,

$$f(\vartheta, \varphi) = \sum_{l=0}^{\infty} \sum_{m=-l}^{+l} f_{l,m} Y_{l,m}(\vartheta, \varphi) \ , \tag{AIV.12a}$$

mit Koeffizienten

$$f_{l,m} = \oint d\Omega\, Y^*_{l,m} f(\vartheta, \varphi) \ . \tag{AIV.12b}$$

Eine Übersicht über die Kugelfunktionen $Y_{l,m}$ zu $0 \leq l \leq 3$ ist bei Aufg. 45 auf S. 128 zusammengestellt.

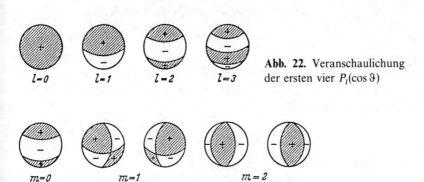

Abb. 22. Veranschaulichung der ersten vier $P_l(\cos\vartheta)$

Abb. 23. Veranschaulichung der Kugelfunktionen zu $l = 2$ in der reellen Form $P_2^m(\cos\vartheta)\cos 2\varphi$ und $P_2^m(\cos\vartheta)\sin 2\varphi$

IV. Zentralsymmetrische Probleme

a) Drehimpuls

38. Aufgabe. Vertauschungsrelationen

Welche Vertauschungsrelationen (VR) bestehen zwischen den Drehimpulskomponenten in kartesischen Koordinaten sowie zwischen diesen und den Koordinaten oder Impulskomponenten?

Lösung. Am Ende von Aufg. 2 haben wir gesehen, daß die Reihenfolge der Faktoren p und r wie in der klassischen Mechanik für Drehimpulskomponenten unwesentlich ist, weil immer nur vertauschbare Komponenten von p und r miteinander multipliziert sind. Im folgenden wollen wir immer

$$L = r \times p$$

schreiben, also

$$L_x = yp_z - zp_y = \frac{\hbar}{i}\left(y\frac{\partial}{\partial z} - z\frac{\partial}{\partial y}\right)$$

und zyklisch für x, y, z. Diese Operatoren sind ebenso wie r und p hermitisch, denn

$$L_x^\dagger = p_z^\dagger y^\dagger - p_y^\dagger z^\dagger = p_z y - p_y z = yp_z - zp_y = L_x \,.$$

Nicht vertauschbar sind dagegen die Drehimpulskomponenten untereinander, z.B.

$$L_x L_y - L_y L_x = (yp_z - zp_y)(zp_x - xp_z) - (zp_x - xp_z)(yp_z - zp_y)$$
$$= (yp_z zp_x - zp_y zp_x - yp_z xp_z + zp_y xp_z)$$
$$\quad - (zp_x yp_z - zp_x zp_y - xp_z yp_z + xp_z zp_y)\,.$$

Die mittleren Glieder in den beiden Klammern lassen sich so ordnen, daß paarweise die gleiche Reihenfolge der Faktoren entsteht und sie sich herausheben. Das gilt nicht für die ersten und letzten Glieder in den beiden Klammern, so daß bleibt

$$yp_z zp_x - zp_x yp_z + zp_y xp_z - xp_z zp_y$$
$$= yp_x(p_z z - zp_z) + xp_y(zp_z - p_z z)\,.$$

Wagen $p_z z - zp_z = \hbar/i$ wird das

$$\frac{\hbar}{i}(yp_x - xp_y) = -\frac{\hbar}{i}L_z$$

38. Aufgabe. Vertauschungsrelationen

oder kürzer, mit dem in Aufg. 7 eingeführten Klammersymbol

$[L_x, L_y] = -L_z$.

Die übrigen VR der Drehimpulskomponenten folgen durch zyklische Vertauschung von x, y, z:

$$[L_x, L_y] = -L_z; \quad [L_y, L_z] = -L_x; \quad [L_z, L_x] = -L_y. \tag{38.1}$$

Wir können das formal zusammenfassen zu

$$\boldsymbol{L} \times \boldsymbol{L} = \hbar i \boldsymbol{L}. \tag{38.2}$$

Auf die gleiche Weise entstehen die VR mit den Koordinaten und den Impulskomponenten, nämlich etwa

$$[L_x, x] = [yp_z - zp_y, x] = 0;$$
$$[L_y, x] = [zp_x - xp_z, x] = z[p_x, x] = z;$$
$$[L_x, y] = [yp_z - zp_y, y] = -z[p_y, y] = -z; \tag{38.3}$$

und die durch zyklische Vertauschung daraus folgenden Relationen. Ähnlich wird z.B.

$$[L_y, p_x] = [zp_x - xp_z, p_x] = -p_z[x, p_x] = +p_z;$$
$$[L_x, p_y] = [yp_z - zp_y, p_y] = p_z[y, p_y] = -p_z, \tag{38.4}$$

woraus analoge Beziehungen wieder durch zyklische Vertauschung hervorgehen.

Von besonderem Interesse ist auch, daß L^2 mit allen drei Drehimpulskomponenten kommutiert, also etwa

$$[L^2, L_z] = 0. \tag{38.5}$$

Wir beweisen das folgendermaßen:

$$[L^2, L_z] = [L_x^2, L_z] + [L_y^2, L_z] + [L_z^2, L_z].$$

Das letzte Glied verschwindet; die beiden ersten ergeben nach der Regel

$$[AB, C] = A[B, C] + [A, C]B \tag{38.6}$$

die Ausdrücke

$$[L_x^2, L_z] = L_x[L_x, L_z] + [L_x, L_z]L_x = L_xL_y + L_yL_x$$
$$[L_y^2, L_z] = L_y[L_y, L_z] + [L_y, L_z]L_y = -L_yL_x - L_xL_y,$$

so daß ihre Summe ebenfalls verschwindet.

39. Aufgabe. Transformation auf Kugelkoordinaten

Man drücke die Drehimpulskomponenten L_x, L_y, L_z und ihr Betragsquadrat L^2 in Kugelkoordinaten r, ϑ, φ aus. Welche Eigenfunktionen und Eigenwerte gehören zu den Operatoren L_z und L^2?

Lösung. Zu der Definition der Kugelkoordinaten durch

$$x = r\sin\vartheta\cos\varphi; \quad y = r\sin\vartheta\sin\varphi; \quad z = r\cos\vartheta \tag{39.1}$$

lauten die Umkehrformeln

$$r = \sqrt{x^2 + y^2 + z^2}; \quad \vartheta = \arccos\frac{z}{r}; \quad \varphi = \arctan\frac{y}{x}. \tag{39.2}$$

Dies führt auf das folgende Schema von Ableitungen der Kugelkoordinaten nach x, y, z, mit Hilfe von Gl. (39.1) ausgedrückt durch r, ϑ, φ:

$$\left.\begin{array}{l}\dfrac{\partial r}{\partial x} = \sin\vartheta\cos\varphi; \quad \dfrac{\partial r}{\partial y} = \sin\vartheta\sin\varphi; \quad \dfrac{\partial r}{\partial z} = \cos\vartheta \\[6pt] \dfrac{\partial \vartheta}{\partial x} = \dfrac{1}{r}\cos\vartheta\cos\varphi; \quad \dfrac{\partial \vartheta}{\partial y} = \dfrac{1}{r}\cos\vartheta\sin\varphi; \quad \dfrac{\partial \vartheta}{\partial z} = -\dfrac{1}{r}\sin\vartheta \\[6pt] \dfrac{\partial \varphi}{\partial x} = -\dfrac{\sin\varphi}{r\sin\vartheta}; \quad \dfrac{\partial \varphi}{\partial y} = \dfrac{\cos\varphi}{r\sin\vartheta}; \quad \dfrac{\partial \varphi}{\partial z} = 0\end{array}\right\} \tag{39.3}$$

Damit können wir L_x umformen:

$$\frac{\mathrm{i}}{\hbar}L_x = y\frac{\partial}{\partial z} - z\frac{\partial}{\partial y} = y\left(\frac{\partial r}{\partial z}\frac{\partial}{\partial r} + \frac{\partial \vartheta}{\partial z}\frac{\partial}{\partial \vartheta} + \frac{\partial \varphi}{\partial z}\frac{\partial}{\partial \varphi}\right)$$

$$- z\left(\frac{\partial r}{\partial y}\frac{\partial}{\partial r} + \frac{\partial \vartheta}{\partial y}\frac{\partial}{\partial \vartheta} + \frac{\partial \varphi}{\partial y}\frac{\partial}{\partial \varphi}\right)$$

$$= r\sin\vartheta\sin\varphi\left(\cos\vartheta\frac{\partial}{\partial r} - \frac{1}{r}\sin\vartheta\frac{\partial}{\partial \vartheta}\right)$$

$$- r\cos\vartheta\left(\sin\vartheta\sin\varphi\frac{\partial}{\partial r} + \frac{1}{r}\cos\vartheta\sin\varphi\frac{\partial}{\partial \vartheta} + \frac{\cos\varphi}{r\sin\vartheta}\frac{\partial}{\partial \varphi}\right).$$

Hier heben sich die Glieder mit $\partial/\partial r$ heraus, wie es dem Charakter des Drehimpulses entspricht. Die anderen Terme lassen sich zusammenfassen zu

$$\frac{\mathrm{i}}{\hbar}L_x = -\sin\varphi\frac{\partial}{\partial \vartheta} + \cot\vartheta\cos\varphi\frac{\partial}{\partial \varphi}.$$

39. Aufgabe. Transformation auf Kugelkoordinaten

Entsprechend lassen sich auch L_y und L_z umformen, und wir erhalten

$$\left.\begin{aligned}L_x &= \frac{\hbar}{\mathrm{i}}\left(-\sin\varphi\frac{\partial}{\partial\vartheta} - \cot\vartheta\cos\varphi\frac{\partial}{\partial\varphi}\right); \\ L_y &= \frac{\hbar}{\mathrm{i}}\left(\cos\varphi\frac{\partial}{\partial\vartheta} - \cot\vartheta\sin\varphi\frac{\partial}{\partial\varphi}\right); \\ L_z &= \frac{\hbar}{\mathrm{i}}\frac{\partial}{\partial\varphi}.\end{aligned}\right\} \quad (39.4)$$

Die beiden ersten Formeln können wir in der Schreibweise

$$L^+ = L_x + \mathrm{i}L_y = \frac{\hbar}{\mathrm{i}}\mathrm{e}^{\mathrm{i}\varphi}\left(\mathrm{i}\frac{\partial}{\partial\vartheta} - \cot\vartheta\frac{\partial}{\partial\varphi}\right);$$

$$L^- = L_x - \mathrm{i}L_y = \frac{\hbar}{\mathrm{i}}\mathrm{e}^{-\mathrm{i}\varphi}\left(-\mathrm{i}\frac{\partial}{\partial\vartheta} - \cot\vartheta\frac{\partial}{\partial\varphi}\right) \quad (39.5)$$

zu zwei hermitisch konjugierten Operatoren zusammenfassen. Damit läßt sich auch oft bequem

$$L^2 = L_x^2 + L_y^2 + L_z^2 = \tfrac{1}{2}(L^+L^- + L^-L^+) + L_z^2 \quad (39.6)$$

aufbauen. Aus Gl. (39.5) erhalten wir dann

$$L^+L^- = -\hbar^2\left(\frac{\partial^2}{\partial\vartheta^2} + \cot\vartheta\frac{\partial}{\partial\vartheta} + \cot^2\vartheta\frac{\partial^2}{\partial\varphi^2} + \mathrm{i}\frac{\partial}{\partial\varphi}\right);$$

$$L^-L^+ = -\hbar^2\left(\frac{\partial^2}{\partial\vartheta^2} + \cot\vartheta\frac{\partial}{\partial\vartheta} + \cot^2\vartheta\frac{\partial^2}{\partial\varphi^2} - \mathrm{i}\frac{\partial}{\partial\varphi}\right),$$

woraus wir Gl. (39.6) aufbauen können:

$$L^2 = -\hbar^2\left(\frac{\partial^2}{\partial\vartheta^2} + \cot\vartheta\frac{\partial}{\partial\vartheta} + \cot^2\vartheta\frac{\partial^2}{\partial\varphi^2}\right) - \hbar^2\frac{\partial^2}{\partial\varphi^2},$$

was sich zu

$$L^2 = -\hbar^2\left[\frac{1}{\sin\vartheta}\frac{\partial}{\partial\vartheta}\left(\sin\vartheta\frac{\partial}{\partial\vartheta}\right) + \frac{1}{\sin^2\vartheta}\frac{\partial^2}{\partial\varphi^2}\right] \quad (39.7)$$

zusammenziehen läßt. Hier steht in der Klammer gerade der in Gl. (AIV.2b) angegebene Winkelanteil $\mathfrak{A}$ des Laplace-Operators,

$$L^2 = -\hbar^2\mathfrak{A}, \quad (39.8)$$

IV. Zentralsymmetrische Probleme

dessen Eigenfunktionen die Kugelfunktionen sind. So erhalten wir sofort

$$L^2 Y_{l,m} = \hbar^2 l(l+1) Y_{l,m} \,. \tag{39.9}$$

Der Operator L_z aus Gl. (39.4) führt auf die Differentialgleichung

$$L_z u = \lambda u \quad \text{oder} \quad \frac{\hbar}{\mathrm{i}} \frac{\partial u}{\partial \varphi} = \lambda u \,,$$

die durch

$$u(\vartheta, \varphi) = f(\vartheta) \mathrm{e}^{\mathrm{i}\lambda\varphi/\hbar}$$

gelöst wird. Hier kann $f(\vartheta)$ noch eine beliebige Funktion von ϑ sein. Um die Abhängigkeit von φ eindeutig im Raum zu machen, muß $\lambda/\hbar$ eine ganze Zahl sein. Daher ist die in Gl. (AIV.6) definierte Kugelfunktion ebenfalls Eigenfunktion von L_z zum Eigenwert $\hbar m$,

$$L_z Y_{l,m}(\vartheta, \varphi) = \hbar m Y_{l,m} \,. \tag{39.10}$$

40. Aufgabe. Hilbertraum zu festem l-Wert

Aus den VR der Drehimpulskomponenten soll für vorgegebenes l der Hilbertraum aufgebaut werden, in dem die Eigenvektoren von L_z die Achsen bilden. Der Einfachheit halber sei in dieser Aufgabe $\hbar = 1$ gesetzt. Vgl. hierzu auch Aufgabe 27.

Lösung. Wir gehen davon aus, daß für alle Vektoren $|\psi_m\rangle$ der Operator L^2 diagonal ist, daß also

$$L^2 = \tfrac{1}{2}(L^+ L^- + L^- L^+) + L_z^2 = l(l+1) \tag{40.1}$$

einen festen Wert hat. Nun sei innerhalb dieses Raumes $|\psi_m\rangle$ ein Eigenvektor von L_z zum Eigenwert m:

$$L_z |\psi_m\rangle = m |\psi_m\rangle \,, \tag{40.2}$$

wobei einstweilen nur bekannt ist, daß m eine reelle Zahl sein muß, weil L_z ein hermitischer Operator ist. Wir wenden auf Gl. (40.2) den Operator L^+ an, für den aus Gl. (38.2) die VR

$$L^+ L_z - L_z L^+ = -L^+ \tag{40.3}$$

folgt. Dann erhalten wir

$$L^+ L_z |\psi_m\rangle = (L_z - 1) L^+ |\psi_m\rangle = m L^+ |\psi_m\rangle$$

oder, etwas anders geschrieben,

$$L_z |L^+ \psi_m\rangle = (m+1) |L^+ \psi_m\rangle \,. \tag{40.4}$$

Daher ist $|L^+\psi_m\rangle$ Eigenvektor von L_z zum Eigenwert $m + 1$. Er ist noch nicht normiert:

$$\langle L^+\psi_m|L^+\psi_m\rangle = \langle\psi_m|L^-L^+\psi_m\rangle, \tag{40.5}$$

da L^- und L^+ hermitisch konjugierte Operatoren sind. Kombinieren wir Gl. (40.1) mit der ebenfalls aus Aufg. 38 leicht herzuleitenden VR

$$\tfrac{1}{2}(L^+L^- - L^-L^+) = L_z, \tag{40.6}$$

so entsteht

$$L^-L^+ = L^2 - L_z^2 - L_z$$

und daher

$$L^-L^+|\psi_m\rangle = [l(l + 1) - m(m + 1)]|\psi_m\rangle,$$

womit Gl. (40.5) übergeht in

$$\langle L^+\psi_m|L^+\psi_m\rangle = [l(l + 1) - m(m + 1)]\langle\psi_m|\psi_m\rangle.$$

Sollen alle Eigenvektoren auf 1 normiert werden, so wird daher

$$|\psi_{m+1}\rangle = \frac{1}{\sqrt{l(l + 1) - m(m + 1)}}|L^+\psi_m\rangle. \tag{40.7}$$

Wiederholung dieser Konstruktion führt zu einer aufsteigenden Reihe von Eigenwerten $m + 1$, $m + 2$ usw. Ist m ebenso wie l eine ganze Zahl, so bricht die Reihe mit $m = l$ ab, weil $L^+|\psi_l\rangle = 0$ wird.

In analoger Weise läßt sich von $|\psi_m\rangle$ ausgehend eine absteigende Reihe konstruieren. Entsprechend zu Gl. (40.3) ist nämlich

$$L^-L_z - L_zL^- = +L^- \tag{40.8}$$

und daher

$$L_zL^-|\psi_m\rangle = (m - 1)L^-|\psi_m\rangle.$$

Der Vektor $|L^-\psi_m\rangle$ ist also unnormierter Eigenvektor zum Eigenwert $m - 1$ von L_z. Zur Normierung bilden wir

$$\langle L^-\psi_m|L^-\psi_m\rangle = \langle\psi_m|L^+L^-\psi_m\rangle$$

und aus den Gln. (40.1) und (40.6)

$$L^+L^-|\psi_m\rangle = [l(l + 1) - m(m - 1)]|\psi_m\rangle,$$

so daß

$$|\psi_{m-1}\rangle = \frac{1}{\sqrt{l(l + 1) - m(m - 1)}}|L^-\psi_m\rangle \tag{40.9}$$

114   IV. Zentralsymmetrische Probleme

wird. Für ganzzahlige l und m hört diese absteigende Reihe mit $|\psi_{-l}\rangle$ auf. da $L^-|\psi_{-l}\rangle = 0$ wird.

Wir erhalten auf diese Weise zu festem l einen Hilbertraum von $2l + 1$ Dimensionen, wobei $-l \leq m \leq +l$ ist. Für das beiderseitige Abbrechen der Reihen wesentlich ist offenbar die Ganzzahligkeit von l und m. Aus dem mathematischen Schema entspringt dagegen, davon unabhängig, die ganzzahlige Differenz aufeinander folgender m-Werte. Sie würde für *halbzahliges* l und m ebenfalls zu einem Raum endlicher Dimensionenzahl führen. Dies findet in der Spintheorie physikalische Anwendung.

Anm. Wie in Aufg. 28 für den Oszillator lassen sich die hier gewonnenen Formeln durch Übersetzung in die Sprache der Analysis zur Konstruktion der Kugelfunktionen bei festem l aus den jeweiligen Legendreschen Polynomen $P_l(\cos\vartheta)$ benutzen; die dazu erforderlichen analytischen Ausdrücke für die Operatoren L^+ und L^- sind in Gl. (39.5) angegeben. Die Rekursionsformeln lauten

$$L^+ Y_{l,m} = e^{i\varphi}\left(\frac{\partial}{\partial\vartheta} + i\cot\vartheta\frac{\partial}{\partial\varphi}\right)Y_{l,m} = -\sqrt{l(l+1) - m(m+1)}\,Y_{l,m+1}$$

und

$$L^- Y_{l,m} = e^{-i\varphi}\left(-\frac{\partial}{\partial\vartheta} + i\cot\vartheta\frac{\partial}{\partial\varphi}\right)Y_{l,m} = -\sqrt{l(l+1) - m(m-1)}\,Y_{l,m-1},$$

wobei das Minuszeichen vor der Wurzel in der Standardnormierung der Kugelfunktionen eine bei der Benutzung von $\langle\psi_m|\psi_m\rangle = 1$ offen bleibende Willkür ist.

Die Operatoren L^+ und L^- werden ebenso wie die Operatoren $b^\dagger$ und b beim Oszillator auch als *Schiebeoperatoren* (shift operators) bezeichnet.

b) Gebundene Zustände

41. Aufgabe. Hohlkugel

Man berechne das Termschema für ein im Innern einer Hohlkugel vom Radius R kräftefrei bewegliches Teilchen

Lösung. Nach (AIV. 3–7) kann die Schrödingergleichung in Kugelkoordinaten separiert werden zu

$$u(r, \vartheta, \varphi) = \frac{1}{r}\chi_l(r)\,Y_{l,m}(\vartheta, \varphi),\tag{41.1}$$

wobei der Radialteil $\chi_l(r)$ der Differentialgleichung

$$\chi_l'' + \left(k^2 - \frac{l(l+1)}{r^2}\right)\chi_l = 0\tag{41.2}$$

mit $k^2 = 2mE/\hbar^2$ genügt. Dies ist die Differentialgleichung der Kugel-Bessel-Funktionen mit der vollständigen Lösung

$$\chi_l = A_l j_l(kr) + B_l n_l(kr) \,. \tag{41.3}$$

Diese Funktionen sind durch ihren einfachen Zusammenhang mit den elementaren halbzahligen Bessel-Funktionen definiert:

$$j_l(z) = \sqrt{\frac{\pi z}{2}} J_{l+1/2}(z); \quad n_l(z) = (-1)^l \sqrt{\frac{\pi z}{2}} J_{-(l+1/2)}(z) \,. \tag{41.4}$$

Für $z \to 0$ wird $j_l \sim z^{l+1}$ und $n_l \sim z^{-l}$, d.h. für alle $l \geq 1$ muß $B_l = 0$ werden, damit die Singularität von $u \sim r^{-l-1}$ bei $r = 0$ nicht die Normierbarkeit von u

$$\langle u|u \rangle = \int_0^\infty dr\, r^2 \left(\frac{1}{r}\chi_l\right)^2 = \int_0^\infty dr\, \chi_l^2 \tag{41.5}$$

verhindert. Aber auch für $l = 0$ ist die Lösung $n_0(kr)$ auszuschließen, also $B_0 = 0$ zu setzen, da für sie das Energieintegral

$$E = \frac{\hbar^2}{2m} \int d\tau (\operatorname{grad} u)^2 = \frac{\hbar^2}{2m} \int_0^R dr\, r^2 \left[\frac{d}{dr}\left(\frac{1}{r}\chi_l\right)\right]^2$$

divergieren würde. Danach verbleibt für alle l nur der erste Term von Gl. (41.3),

$$\chi_l = A_l j_l(kr) \,. \tag{41.6}$$

Bei $r = R$ muß die Eigenfunktion verschwinden, d.h.

$$j_l(kR) = 0 \tag{41.7}$$

ist die Bedingung, aus der die Eigenwerte von k oder $E = \hbar^2 k^2/2m$ zu entnehmen sind. Da jede Bessel-Funktion eine unendliche Folge von Nullstellen besitzt, gehören zu jedem l unendlich viele Eigenwerte, die wir durch eine *radiale Quantenzahl* n_r abzählen können. Aus diesen Nullstellen $k_{n_r, l} R$ erhalten wir die Energieniveaus

$$E_{n_r, l} = \frac{\hbar^2}{2m} k_{n_r, l}^2 \,. \tag{41.8}$$

Die Nullstellen der Bessel-Funktionen kann man aus den einschlägigen mathematischen Tabellen entnehmen. Da die $j_l(z)$ elementare Funktionen sind, z.B.

$$j_0(z) = \sin z; \quad j_1(z) = \frac{\sin z}{z} - \cos z; \quad j_2(z) = \left(\frac{3}{z^2} - 1\right)\sin z - 3\frac{\cos z}{z}$$

$$\tag{41.9a}$$

IV. Zentralsymmetrische Probleme

mit der Rekursionsformel

$$j_{l+1}(z) = \frac{2l+1}{z} j_l(z) - j_{l-1}(z) ,\qquad(41.9b)$$

kann man sie auch aus der Lösung einfacher transzendenter Gleichungen entnehmen, z.B.

$j_0(z) = 0$ für $\sin z = 0$, d.h. $z = n_r \pi$,

$j_1(z) = 0$ für $\tan z = z$,

$j_2(z) = 0$ für $\tan z = 3z/(3 - z^2)$

usw. Wegen des asymptotischen Verhaltens

$$j_l(z) \to \sin(z - l\pi/2) \qquad(41.10)$$

tendieren die Nullstellen für große n_r gegen $k_{n_r,l} R \approx n_r \pi + l\pi/2$.

In Abb. 24 ist das Termschema in Vielfachen von $\hbar^2/2mR^2$ dargestellt für $k_{n_r,l} R < 15$; die Ordinaten geben die Werte von $(kR)^2$ an. Jeder eingetragene Term ist noch $(2l+1)$-fach entartet nach seinem Kugelfunktionsanteil ($-l \leq m \leq +l$).

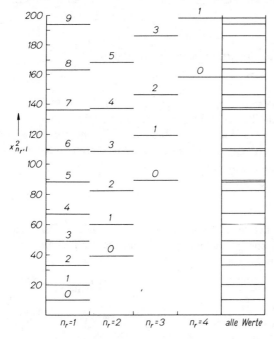

Abb. 24. Termschema für ein Teilchen, das in einer Kugel eingeschlossen ist; $x = kR$

Anm. Die Normierung $\langle u|u\rangle = 1$ führt auf

$$A_l^2 \int_0^R dr\, j_l(kr)^2 = 1$$

oder mit Gl. (41.4) auf

$$A_l^2 \int_0^{kR} dz\, \frac{\pi z}{2} J_{l+1/2}(z)^2 = k \,.$$

Nun gilt nach Schafheitlin allgemein die Integralformel

$$\int dz\, z J_\lambda(z)^2 = \tfrac{1}{2}[z^2 J'^2_\lambda + (z^2 - \lambda^2) J_\lambda^2] \,.$$

Für $\lambda = l + 1/2$ verschwindet dieser Ausdruck an der unteren Grenze $z = 0$; an der oberen Grenze ist nach Gl. (41.7) $J_\lambda(kR) = 0$, so daß nur das erste Glied bleibt. Nun ist allgemein

$$J'_\lambda = J_{\lambda-1} - \frac{\lambda}{z} J_\lambda \,;$$

mit $J_\lambda(kR) = 0$ ensteht so schließlich

$$A_l^2 \frac{\pi}{4k}[kR J_{l-1/2}(kR)]^2 = 1 \,,$$

wobei k aus $J_{l+1/2}(kR) = 0$ zu entnehmen ist.

42. Aufgabe. Erwartungswert der Energie

Man berechne für einen Eigenzustand des Potentialfeldes $V(r)$ den Erwartungswert der Energie und gebe die physikalische Bedeutung der drei ihn bildenden Glieder an.

Lösung. Wir schreiben die Schrödingergleichung in der Form

$$Eu = -\frac{\hbar^2}{2m}\left(\frac{\partial^2 u}{\partial r^2} + \frac{2}{r}\frac{\partial u}{\partial r} + \frac{1}{r^2}\mathfrak{A}u\right) + V(r)u \,. \tag{42.1}$$

Für einen gemäß $\langle u|u\rangle = 1$ normierten Zustand setzt sich dann der Erwartungswert der Energie

$$E = E_1 + E_2 + E_3 \tag{42.2}$$

aus drei Teilen zusammen:

$$E_1 = -\frac{\hbar^2}{2m}\left\langle u \left| \frac{\partial^2}{\partial r^2} + \frac{2}{r}\frac{\partial}{\partial r} \right| u \right\rangle ; \tag{42.3}$$

$$E_2 = -\frac{\hbar^2}{2m}\left\langle u \left| \frac{1}{r^2}\mathfrak{A} \right| u \right\rangle ; \tag{42.4}$$

$$E_3 = \langle u|V|u\rangle \,. \tag{42.5}$$

IV. Zentralsymmetrische Probleme

Der letzte Term ist jedenfalls der Erwartungswert der potentiellen Energie. Im zweiten Term ist $-\hbar^2\mathfrak{A} = L^2$ der Operator des Drehimpulsquadrats. Wir können ihn daher auch schreiben

$$E_2 = \left\langle u \left| \frac{L^2}{2mr^2} \right| u \right\rangle, \qquad (42.6)$$

Dies entspricht der klassischen Größe $L^2/2\Theta$ mit dem Trägheitsmoment $\Theta = mr^2$ für den Rotationsanteil der kinetischen Energie. Da in einem Eigenzustand aber die Lösung von Gl. (42.1)

$$u = v_l(r) Y_{l,m}(\vartheta, \varphi)$$

ist, wird

$$L^2 u = -\hbar^2 \mathfrak{A} u = \hbar^2 l(l+1) u$$

und der zweite Energieterm

$$E_2 = \frac{\hbar^2}{2m} l(l+1) \left\langle u \left| \frac{1}{r^2} \right| u \right\rangle. \qquad (42.7)$$

Am interessantesten ist das Glied E_1, Gl. (42.3). Hier führen wir den Operator

$$p_r = \frac{\hbar}{\mathrm{i}} \left(\frac{\partial}{\partial r} + \frac{1}{r} \right) \qquad (42.8)$$

ein. Dann ergibt sich

$$p_r^2 u = -\hbar^2 \left(\frac{\partial^2 u}{\partial r^2} + \frac{1}{r} \frac{\partial u}{\partial r} + \frac{\partial}{\partial r}\left(\frac{u}{r}\right) + \frac{1}{r^2} u \right) = -\hbar^2 \left(\frac{\partial^2 u}{\partial r^2} + \frac{2}{r} \frac{\partial u}{\partial r} \right).$$

Wir können damit Gl. (42.3) ersetzen durch

$$E_1 = \left\langle u \left| \frac{p_r^2}{2m} \right| u \right\rangle. \qquad (42.9)$$

In der klassischen Mechanik ist $p_r^2/2m$ die kinetische Energie der radialen Bewegung, wenn p_r die Radialkomponente des Impulses bedeutet. Die gleiche Deutung gilt für den Erwartungswert E_1, wenn der Ausdruck von Gl. (42.8) als Operator des radialen Impulses gedeutet werden darf.

Zu diesem Zweck bemerken wir zunächst, daß p_r nach Gl. (42.8) der Vertauschungsrelation

$$p_r r - r p_r = \frac{\hbar}{\mathrm{i}} \qquad (42.10)$$

genügt, daß es also die zur Koordinate r kanonisch konjugierte Variable ist. In der Tat wird für eine beliebige Funktion f der Koordinaten

$$(p_r r - r p_r) f = \frac{\hbar}{i}\left[\frac{\partial}{\partial r}(rf) - r\frac{\partial f}{\partial r}\right] = \frac{\hbar}{i} f.$$

Ferner müssen wir zeigen, daß der Operator p_r hermitisch ist, daß also für irgend zwei Funktionen f und g immer

$$\langle f | p_r g \rangle = \langle p_r f | g \rangle$$

gilt. Ausführlich geschrieben heißt das,

$$\int d\tau f^* \frac{\hbar}{i}\left(\frac{\partial g}{\partial r} + \frac{1}{r} g\right) = \int d\tau \left[-\frac{\hbar}{i}\left(\frac{\partial f^*}{\partial r} + \frac{1}{r} f^*\right)\right] g$$

oder

$$\frac{\hbar}{i}\int d\tau \left(f^* \frac{\partial g}{\partial r} + \frac{\partial f^*}{\partial r} g + \frac{2}{r} f^* g\right) = 0.$$

Mit $d\tau = d\Omega r^2 dr$ ist das aber dasselbe wie

$$\frac{\hbar}{i}\oint d\Omega \int_0^\infty dr \frac{\partial}{\partial r}(r^2 f^* g) = 0.$$

Also muß $r^2 f^* g$ an den Integrationsgrenzen verschwinden. Für $r = \infty$ ist das für normierbare Funktionen erfüllt. Für $r = 0$ ist die Bedingung schärfer, da die Integrale $\langle f | f \rangle$ und $\langle g | g \rangle$ auch dann existieren, wenn beide Funktionen bei $r = 0$ wie $1/r$ singulär werden. In Aufgabe 41 wurde bereits gezeigt, daß diese schärfere Bedingung für die Existenz des Energieintegrals notwendig ist; hier sehen wir, daß sie auch Voraussetzung für die Hermitizität von p_r ist.

43. Aufgabe. Kugeloszillator

Man gebe die Eigenfunktionen und Eigenwerte für das Potential

$$V(r) = \tfrac{1}{2} m \omega^2 r^2 \tag{43.1}$$

an. Vgl. hierzu auch den linearen Oszillator, Aufg. 24.

Lösung. Der Separationsansatz

$$u(r, \vartheta, \varphi) = \frac{1}{r}\chi_l(r) Y_{l,m}(\vartheta, \varphi)$$

IV. Zentralsymmetrische Probleme

führt auf die radiale Differentialgleichung

$$\chi_l'' + \left[\frac{2m}{\hbar^2}E - \left(\frac{m\omega}{\hbar}\right)^2 r^2 - \frac{l(l+1)}{r^2}\right]\chi_l = 0, \qquad (43.2)$$

die sich von der in Aufg. 24 behandelten Schrödingergleichung des linearen Oszillators um das letzte Glied unterscheidet. Wir führen auch hier die Abkürzungen

$$\frac{2m}{\hbar^2}E = k^2; \qquad \frac{m\omega}{\hbar} = \lambda \qquad (43.3)$$

ein; dann verhalten sich die Lösungen von Gl. (43.2) asymptotisch wie $\exp(\pm \lambda r^2/2)$, analog zu Aufg. 24. Für kleine r dagegen dominiert das Zentrifugalglied, und wir finden entweder $\chi_l \sim r^{l+1}$ oder $\chi_l \sim r^{-l}$. Als physikalisch brauchbare Lösung müssen wir $\exp(-\lambda r^2/2)$ und r^{l+1} auswählen, zwei Faktoren, die wir sofort abspalten, indem wir

$$\chi_l(r) = r^{l+1} \exp(-\tfrac{1}{2}\lambda r^2) v(r) \qquad (43.4)$$

schreiben. Dann geht Gl. (43.2) über in

$$v'' + 2\left(\frac{l+1}{r} - \lambda r\right)v' - \left[2\lambda\left(l + \frac{3}{2}\right) - k^2\right]v = 0. \qquad (43.5)$$

Wir lösen diese Gleichung elementar durch Potenzreihenansatz,

$$v(r) = \sum_{j=0}^{\infty} a_j r^j. \qquad (43.6)$$

Dann führt Gl. (43.5) auf die Rekursionsformel

$$a_{j+2} = \frac{2\lambda(j + l + 3/2) - k^2}{(j+2)(j+2l+3)} a_j. \qquad (43.7)$$

Das Anfangsglied entspricht wegen Gl. (43.4) $j = 0$; es treten nur gerade Potenzen von r auf. Für $j \to \infty$ führt die Formel auf $a_{j+2} \approx (2\lambda/j)a_j$, so daß sich die Reihe asymptotisch wie $\exp(\lambda r^2)$ und χ_i wie $\exp(\lambda r^2/2)$ verhält. Normierbarkeit erfordert daher das Abbrechen der Reihe. Soll $j = 2n_r$ die höchste Potenz von r werden, so muß $a_{2n_r+2} = 0$ oder nach Gl. (43.7)

$$\frac{k^2}{2\lambda} = 2n_r + l + \frac{3}{2} \qquad (43.8a)$$

oder mit Gl. (43.3)

$$E = \hbar\omega(2n_r + l + \tfrac{3}{2}) \qquad (43.8b)$$

sein. Wir bezeichnen $n_r = 0, 1, 2, \ldots$ als *radiale Quantenzahl*.

Gleichung (43.5) läßt sich auch durch Einführung der Variablen $s = \lambda r^2$, analog zu λx^2 in Aufgabe 24, in die Kummersche Differentialgleichung

$$s\frac{d^2v}{ds^2} + \left[\left(\lambda + \frac{3}{2}\right) - s\right]\frac{dv}{ds} - \left[\frac{1}{2}\left(l + \frac{3}{2}\right) - \frac{k^2}{2\lambda}\right]v = 0$$

überführen, deren bei $r = 0$ reguläre Lösung die konfluente Reihe

$$v = {}_1F_1\left(\frac{1}{2}\left(l + \frac{3}{2} - \frac{k^2}{2\lambda}\right), l + \frac{3}{2}; \lambda r^2\right) \qquad (43.9)$$

ist. Auch diese, als Potenzreihe definierte Funktion wächst im Unendlichen über alle Grenzen, wenn sie nicht abbricht. Dazu muß der erste Parameter von ${}_1F_1$ negativ ganzzahlig ($= -n_r$) sein, was wieder zu Gl. (43.8a) führt. So ergibt sich die nicht normierte Eigenfunktion

$$u(r, \vartheta, \varphi) = Cr^l e^{-\lambda r^2/2} {}_1F_1(-n_r, l + \tfrac{3}{2}; \lambda r^2) Y_{l,m}(\vartheta, \varphi). \qquad (43.10)$$

Da jeder Eigenwert mit Ausnahme des Grundzustandes nach Gl. (43.8b) durch verschiedene Kombinationen der Quantenzahlen n_r und l erzeugt werden kann und da außerdem zu jedem l noch $2l + 1$ linear unabhängige Kugelfunktionen mit $-l \leq m \leq +l$ gehören, sind die Eigenwerte vielfach entartet. Für die vier ersten angeregten Niveaus sind in der nebenstehenden Übersicht die rasch wachsenden Entartungsgrade angegeben.

$2n_r + l$	n_r	l	$2l + 1$	Entartung
1	0	1	3	3
2	1	0	1	6
	0	2	5	
3	1	1	3	10
	0	3	7	
4	2	0	1	
	1	2	5	15
	0	4	9	

44. Aufgabe. Entartung beim Kugeloszillator

Man zeige, daß sich die Eigenfunktion des Kugeloszillators für $l = 2$, $m = 0$, $n_r = 1$ auch durch Separation in kartesischen Koordinaten als Linearkombination mit einander entarteter Funktionen gewinnen läßt.

Lösung. Die Schrödingergleichung des Kugeloszillators kann in kartesischen Koordinaten bei geschickter Anordnung der Glieder

$$[u_{xx} + (k_1^2 - \lambda^2 x^2)u] + [u_{yy} + (k_2^2 - \lambda^2 y^2)]u$$
$$+ [u_{zz} + (k_3^2 - \lambda^2 z^2)u] = 0 \qquad (44.1)$$

geschrieben werden, wobei

$$k_1^2 + k_2^2 + k_3^2 = k^2 = 2\lambda \frac{E}{\hbar\omega}$$

ist. Durch den Produktansatz

$$u(x, y, z) = f_1(x)f_2(y)f_3(z) \qquad (44.2)$$

zerfällt sie in drei eindimensionale Oszillatorgleichungen,

$$\frac{d^2 f_1}{dx^2} + (k_1^2 - \lambda^2 x^2)f_1 = 0 \qquad (44.3)$$

und analog für $f_2(y)$ und $f_3(z)$. Die Eigenwerte $\hbar\omega(n_i + 1/2)$ mit $i = 1, 2, 3$ sind dann aufzusummieren zu

$$E = \hbar\omega(n_1 + n_2 + n_3 + \tfrac{3}{2}) \qquad (44.4)$$

in Übereinstimmung mit Gl. (43.8b). Die Lösungen f_i der Teilgleichungen können aus Aufg. 24 entnommen werden.

Die Lösung des Kugeloszillators zu $l = 2, m = 0, n_r = 1$ lautet nach der vorstehenden Aufgabe

$$u(r, \vartheta, \varphi) = cr^2 \exp\left(-\tfrac{1}{2}\lambda r^2\right) {}_1F_1(-1, \tfrac{7}{2}; \lambda r^2) Y_{2,0}(\vartheta) . \qquad (44.5)$$

Hier ist

$${}_1F_1(-1, \tfrac{7}{2}; \lambda r^2) = 1 - \tfrac{2}{7}\lambda r^2$$

und

$$Y_{2,0}(\vartheta) = \sqrt{\frac{5}{4\pi}} \left(\frac{3}{2}\cos^2\vartheta - \frac{1}{2}\right) .$$

Die Normierung $\langle u|u \rangle = 1$ wird erreicht für

$$c^2 = \frac{\lambda^{7/2}}{\sqrt{\pi}} \frac{56}{15} .$$

Setzen wir diese drei Faktoren in Gl. (44.5) ein und ersetzen die Variablen r und ϑ gemäß

$$r^2 = x^2 + y^2 + z^2 \quad \text{und} \quad r^2 \cos^2\vartheta = z^2$$

44. Aufgabe. Entartung beim Kugeloszillator

durch x, y, z, so lautet Gl. (44.5) ausführlich geschrieben

$$u = \frac{\lambda^{7/4}}{\pi^{3/4}}\sqrt{\frac{7}{6}}\left[1 - \frac{2}{7}\lambda(x^2 + y^2 + z^2)\right](2z^2 - x^2 - y^2)e^{-\lambda r^2/2} \; ; \quad (44.6)$$

dies ist die normierte Eigenfunktion zum Energieniveau

$$E = \hbar\omega(2n_r + l + \tfrac{3}{2}) = \hbar\omega(4 + \tfrac{3}{2}) \tag{44.7}$$

mit $l = 2$, $m = 0$ und $n_r = 1$.

Nun soll gezeigt werden, daß diese Lösung durch Linearkombination von Produkten der Form von Gl. (44.2) aufgebaut werden kann. Dazu muß jedenfalls

$$n_1 + n_2 + n_3 = 2n_r + l = 4$$

werden, so daß nur Quantenzahlen $0 \leq n_i \leq 4$ auftreten. Da die Funktion Gl. (44.6) nur gerade Potenzen von x, y, z enthält, bleiben nur die geraden Quantenzahlen $n_i = 0, 2, 4$ übrig. Das beschränkt die Faktoren f_i in Gl. (44.2) nach Gl. (24.18) auf die drei Funktionen

$$u_0(x) = \left(\frac{\lambda}{\pi}\right)^{1/4} e^{-\lambda x^2/2}; \; u_2(x) = \frac{1}{\sqrt{2}}(1 - 2\lambda x^2)u_0(x) \; ;$$

$$u_4(x) = \sqrt{\frac{3}{8}}\left(1 - 4\lambda x^2 + \frac{4}{3}\lambda^2 x^4\right)u_0(x) \tag{44.8}$$

und die entsprechenden Funktionen in y und z. So verbleiben im ganzen sechs Produktlösungen, die orthogonal sind und zum gleichen Eigenwert gehören; ihre Linearkombination ist so zu bestimmen, daß Gl. (44.6)

n_1 n_2 n_3	Eigenfunktion	desgl. ohne den gemeinsamen Faktor Gl. (44.9)	Multiplikator
0 0 4	$u_0(x)\,u_0(y)\,u_4(z)$	$\sqrt{\frac{3}{8}}(1 - 4\lambda z^2 + \frac{4}{3}\lambda^2 z^4)$	C
0 2 2	$u_0(x)\,u_2(y)\,u_2(z)$	$\frac{1}{2}(1 - 2\lambda y^2)(1 - 2\lambda z^2)$	B
0 4 0	$u_0(x)\,u_4(y)\,u_0(z)$	$\sqrt{\frac{3}{8}}(1 - 4\lambda y^2 + \frac{4}{3}\lambda^2 y^4)$	A
2 0 2	$u_2(x)\,u_0(y)\,u_2(z)$	$\frac{1}{2}(1 - 2\lambda x^2)(1 - 2\lambda z^2)$	B
2 2 0	$u_2(x)\,u_2(y)\,u_0(z)$	$\frac{1}{2}(1 - 2\lambda x^2)(1 - 2\lambda y^2)$	D
4 0 0	$u_4(x)\,u_0(y)\,u_0(z)$	$\sqrt{\frac{3}{8}}(1 - 4\lambda x^2 + \frac{4}{3}\lambda^2 x^4)$	A

entsteht. In der nebenstehenden. Tabelle enthält die vorletzte Spalte die Funktionen bis auf den gemeinsamen Faktor

$$u_0(x)u_0(y)u_0(z) = \left(\frac{\lambda}{\pi}\right)^{3/4} \exp(-\tfrac{1}{2}\lambda r^2) \,. \tag{44.9}$$

Da die gesuchte Funktion in x und y symmetrisch ist (da sie nicht von φ abhängt), stimmen einige der in der letzten Spalte angegebenen Multiplikatoren überein. So entsteht durch Gleichsetzen von u nach Gl. (44.6) (linke Seite) und nach der Tabelle (rechte Seite) die Gleichung

$$\sqrt{\frac{7}{6}}[-\lambda x^2 - \lambda y^2 + 2\lambda z^2 + \tfrac{2}{7}\lambda^2(x^4 + y^4$$
$$+ 2x^2y^2 - x^2z^2 - y^2z^2 - 2z^4)]$$
$$= \sqrt{\frac{3}{8}}[C(1 - 4\lambda z^2 + \tfrac{4}{3}\lambda^2 z^4) + A(1 - 4\lambda x^2 + \tfrac{4}{3}\lambda^2 x^4)$$
$$+ A(1 - 4\lambda y^2 + \tfrac{4}{3}\lambda^2 y^4)] + \tfrac{1}{2}D(1 - 2\lambda x^2 - 2\lambda y^2 + 4\lambda^2 x^2 y^2)$$
$$+ \tfrac{1}{2}B[(1 - 2\lambda x^2 - 2\lambda z^2 + 4\lambda^2 x^2 z^2)$$
$$+ (1 - 2\lambda y^2 - 2\lambda z^2 + 4\lambda^2 y^2 z^2)] \,.$$

Vergleichen wir Glied für Glied linke und rechte Seite, so finden wir insgesamt 10 Gleichungen für die vier Multiplikatoren A, B, C, D, die also sechs Kontrollen enthalten. Das Ergebnis lautet

$$A = \frac{1}{\sqrt{7}}; \quad B = -\frac{1}{\sqrt{42}}; \quad C = -\frac{2}{\sqrt{7}}; \quad D = \frac{2}{\sqrt{42}} \,. \tag{44.10}$$

45. Aufgabe. Keplerproblem

Man löse die Schrödingergleichung für die gebundenen Zustände eines Elektrons im Felde einer Punktladung Ze unendlich großer Masse. (Für $Z = 1$ ist dies die Theorie des Wasserstoffatoms.)

Lösung. Mit den Abkürzungen

$$\frac{2m}{\hbar^2}E = -\gamma^2(\gamma > 0); \quad \gamma\kappa = Z\frac{me^2}{\hbar^2} \tag{45.1}$$

und dem Separationsansatz

$$u = \frac{1}{r}\chi_l(r)\, Y_{l,m}(\vartheta, \varphi) \tag{45.2}$$

entsteht die radiale Differentialgleichung

45. Aufgabe. Keplerproblem

$$\chi_l'' + \left(-\gamma^2 + \frac{2\gamma\kappa}{r} - \frac{l(l+1)}{r^2}\right)\chi_l = 0 \ . \tag{45.3}$$

Sie hat eine außerwesentliche Singularität bei $r = 0$, an der ihre Lösungen sich entweder wie r^{l+1} oder wie r^{-l} verhalten, und eine wesentliche Singularität bei $r = \infty$ mit den Lösungstypen $e^{+\gamma r}$ und $e^{-\gamma r}$. Damit die Eigenfunktionen normierbar sind, muß $e^{+\gamma r}$ und r^{-l} ausgeschlossen werden, auch für $l = 0$, vgl. Aufg. 41. Wenn wir daher ansetzen

$$\chi_l(r) = Cr^{l+1}e^{-\gamma r}f(r) \ , \tag{45.4}$$

so sind die Randbedingungen bereits in den abgespaltenen Faktoren eingeschlossen, so daß $f(0) = 1$ und $f(r)$ ein Polynom in r werden müssen. Führen wir die dimensionslose Variable

$$\rho = 2\gamma r \tag{45.5}$$

ein, so genügt f der Differentialgleichung

$$\rho f'' + (2l + 2 - \rho)f' - (l + 1 - \kappa)f = 0 \ . \tag{45.6}$$

Wir könnten jetzt die Lösung durch ein Rekursionsverfahren wie in Aufg. 43 finden. Da aber Gl. (43.6) bereits eine Kummersche Differentialgleichung ist, können wir auch unmittelbar ihre Lösung zur Randbedingung $f(0) = 1$ angeben, nämlich die konfluente hypergeometrische Reihe

$$f(\rho) = {}_1F_1(l + 1 - \kappa, 2l + 2; \rho) \ . \tag{45.7}$$

Damit auch die Randbedingung für $r \to \infty$ erfüllt wird, muß die Reihe abbrechen, da sie sich sonst asymptotisch wie $\rho^{-(l+1+\kappa)}e^\rho$ verhalten würde. Sie bricht ab, wenn der erste Parameter

$$l + 1 - \kappa = -n_r \quad (n_r = 0, 1, 2, \ldots) \tag{45.8}$$

ist; dann entsteht ein Polynom vom Grade n_r.

Wir setzen aus den Gln. (45.2), (45.4) und (45.7) mit $\rho = 2\gamma r$ die Eigenfunktionen zusammen:

$$u(r, \vartheta, \varphi) = Cr^l e^{-\gamma r} {}_1F_1(-n_r, 2l + 2; 2\gamma r) \ . \tag{45.9}$$

Gleichung (45.8) besagt, daß κ eine ganze Zahl $n \geq 1$ wird. Sie wird als *Hauptquantenzahl* bezeichnet,

$$n = n_r + l + 1 \ . \tag{45.10}$$

Setzen wir in den Definitionsgleichungen (45.1) $\kappa = n$, so folgen für γ und E die Ausdrücke

$$\gamma_n = \gamma_1/n \quad \text{mit} \quad \gamma_1 = Zme^2/\hbar^2 \tag{45.11}$$

und
$$E_n = E_1/n^2 \quad \text{mit} \quad E_1 = -\tfrac{1}{2}Z^2 me^4/\hbar^2 \ . \tag{45.12}$$

Wasserstoffatom. Für $Z = 1$ gibt Gl. (45.12) das Termschema des Wasserstoffatoms, abgesehen von einer kleinen Korrektur für die Mitbewegung des Atomkerns um den gemeinsamen Schwerpunkt und von der durch den Spin hervorgerufenen Feinstruktur. Es ist üblich, *atomare Einheiten* zu benutzen, bei denen $e = 1$, $m = 1$, $\hbar = 1$ gewählt werden. Die Längeneinheit wird dann

$$a_0 = \frac{\hbar}{me^2} = 0{,}5292 \times 10^{-8}\,\text{cm} \ ;$$

sie heißt der *Bohrsche Radius* und gibt nach Gl. (45.11) die Größenordnung der Ausdehnung des Atoms wieder. Die Energieeinheit ist

$$E_0 = \frac{me^4}{\hbar^2} = 27{,}210\,\text{eV} \ .$$

Zum Emissionsspektrum des Wasserstoffatoms, das durch Übergänge zwischen den hier berechneten Energieniveaus entsteht, vgl. Aufgabe 85.

Eigenfunktionen. Wegen ihrer besonderen Bedeutung für die Atomphysik sind in den Tabellen 1 und 2 die Eigenfunktionen zu den Hauptquantenzahlen $n = 1, 2, 3$ und 4 nach Gl. (45.9) in atomaren Einheiten in der korrekten Normierung $\langle u|u\rangle = 1$ zusammengestellt. Zu jedem n gehören die Drehimpulse $l = 0, 1, \ldots, n-1$, von denen jeder durch die Werte $-l \leq m \leq +l$ der magnetischen Quantenzahl m noch $2l + 1$-fach entartet ist, so daß insgesamt

$$\sum_{l=0}^{n-1} (2l + 1) = n^2$$

Eigenfunktionen zu jedem n existieren. Die Kugelfunktionen sind in ihrer Standardnormierung

$$\oint d\Omega\, |Y_{l,m}|^2 = 1$$

bis einschließlich $l = 4$ vollständig angegeben.

46. Aufgabe. Kratzersches Molekülpotential

Zur Behandlung des Rotationsschwingungsspektrums zweiatomiger Moleküle kann man das Potential

$$V = -2D\left(\frac{1}{\rho} - \frac{1}{2\rho^2}\right) \tag{46.1}$$

46. Aufgabe. Kratzersches Molekülpotential

Tabelle 1. Radiale Eigenfunktionen in der Normierung $\int_0^\infty dr\, \chi(r)^2 = 1$.

n	l	n_r	Symbol	$\frac{1}{r}\chi_{l,n_r}(r)$
1	0	0	$1s$	$2Z^{3/2}e^{-Zr}$
2	0	1	$2s$	$\dfrac{1}{\sqrt{2}}Z^{3/2}e^{-Zr/2}(1-\tfrac{1}{2}Zr)$
2	1	0	$2p$	$\dfrac{1}{\sqrt{24}}Z^{5/2}r\,e^{-Zr/2}$
3	0	2	$3s$	$\dfrac{2}{3\sqrt{3}}Z^{3/2}e^{-Zr/3}\left(1-\dfrac{2}{3}Zr+\dfrac{2}{27}Z^2r^2\right)$
3	1	1	$3p$	$\dfrac{4}{27}\sqrt{\dfrac{2}{3}}Z^{5/2}r\,e^{-Zr/3}\left(1-\dfrac{1}{6}Zr\right)$
3	2	0	$3d$	$\dfrac{4}{81\sqrt{30}}Z^{7/2}r^2 e^{-Zr/3}$
4	0	3	$4s$	$\dfrac{1}{4}Z^{3/2}e^{-Zr/4}\left(1-\dfrac{3}{4}Zr+\dfrac{1}{8}Z^2r^2-\dfrac{1}{192}Z^3r^3\right)$
4	1	2	$4p$	$\dfrac{1}{16}\sqrt{\dfrac{5}{3}}Z^{5/2}r\,e^{-Zr/4}\left(1-\dfrac{1}{4}Zr+\dfrac{1}{80}Z^2r^2\right)$
4	2	1	$4d$	$\dfrac{1}{64\sqrt{5}}Z^{7/2}r^2 e^{-Zr/4}\left(1-\dfrac{1}{12}Zr\right)$
4	3	0	$4f$	$\dfrac{1}{768\sqrt{35}}Z^{9/2}r^3 e^{-Zr/4}$

zugrundelegen, in dem $\rho = r/a$ eine dimensionslose Variable ist und r den Abstand der beiden Atomkerne von einander bedeutet (Abb. 25). Der eine Kern sei sehr viel schwerer als der andere, so daß er als ruhend angesehen werden darf und als Koordinatenursprung eines Einkörperproblems gewählt werden kann. (Für die Berücksichtigung seiner Mitbewegung um den gemeinsamen Schwerpunkt vgl. Aufgabe 101. Hier ist m die reduzierte Masse.)

Lösung. Das Potential beschreibt für $r < a$ eine starke Abstoßung zwischen den beiden Kernen, die eine Randbedingung $u(0) = 0$ plausibel macht. Bei großen r fällt es sehr langsam ab, eine mathematische

IV. Zentralsymmetrische Probleme

Tabelle 2. Winkelanteil der Eigenfunktionen in der Normierung $\oint d\Omega |Y_{l,m}(\vartheta, \varphi)|^2 = 1$.

l	m	$Y_{l,m}(\vartheta, \varphi)$
0	0	$\dfrac{1}{\sqrt{4\pi}}$
1	0	$\sqrt{\dfrac{3}{4\pi}} \cos\vartheta$
	± 1	$\pm\sqrt{\dfrac{3}{8\pi}} \sin\vartheta\, e^{\pm i\varphi}$
2	0	$\sqrt{\dfrac{5}{4\pi}}\left(\dfrac{3}{2}\cos^2\vartheta - \dfrac{1}{2}\right)$
	± 1	$\pm\sqrt{\dfrac{15}{8\pi}} \sin\vartheta \cos\vartheta\, e^{\pm i\varphi}$
	± 2	$\dfrac{1}{2}\sqrt{\dfrac{15}{8\pi}} \sin^2\vartheta\, e^{\pm 2i\varphi}$
3	0	$\dfrac{1}{4}\sqrt{\dfrac{7}{\pi}}(5\cos^3\vartheta - 3\cos\vartheta)$
	± 1	$\pm\dfrac{1}{8}\sqrt{\dfrac{21}{\pi}} \sin\vartheta(5\cos^2\vartheta - 1)\, e^{\pm i\varphi}$
	± 2	$\dfrac{1}{4}\sqrt{\dfrac{105}{2\pi}} \sin^2\vartheta \cos\vartheta\, e^{\pm 2i\varphi}$
	± 3	$\pm\dfrac{1}{8}\sqrt{\dfrac{35}{\pi}} \sin^3\vartheta\, e^{\pm 3i\varphi}$
4	0	$\dfrac{3}{16}\sqrt{\dfrac{1}{\pi}}(35\cos^4\vartheta - 30\cos^2\vartheta + 3)$
	± 1	$\pm\dfrac{3}{8}\sqrt{\dfrac{5}{\pi}} \sin\vartheta(7\cos^3\vartheta - 3\cos\vartheta)\, e^{\pm i\varphi}$
	± 2	$\dfrac{3}{16}\sqrt{\dfrac{10}{\pi}} \sin^2\vartheta(7\cos^2\vartheta - 1)\, e^{\pm 2i\varphi}$
	± 3	$\pm\dfrac{3}{8}\sqrt{\dfrac{35}{\pi}} \sin^3\vartheta \cos\vartheta\, e^{\pm 3i\varphi}$
	± 4	$\dfrac{3}{32}\sqrt{\dfrac{70}{\pi}} \sin^4\vartheta\, e^{\pm 4i\varphi}$

46. Aufgabe. Kratzersches Molekülpotential

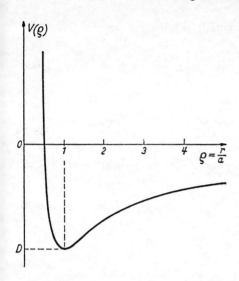

Abb. 25. Wechselwirkungspotential der Kerne eines zweiatomigen Moleküls nach Gl. (46.1). Der Abfall des Potentials bei großen r ist zu langsam; das ist der Hauptfehler dieses Modells

Übervereinfachung. Dementsprechend ist auch die Umgebung der Gleichgewichtslage bei $r \approx a$ diejenige eines stark anharmonischen Oszillators. Entwickelt man $V(\rho)$ in der Umgebung dieser Stelle, so wird

$$V(\rho) = -D + D(\rho - 1)^2 - 2D(\rho - 1)^3 + \cdots \qquad (46.2)$$

Die klassische Schwingungsfrequenz für sehr kleine Amplituden, d.h. für $\rho - 1 \ll 1$, ist dann durch $\tfrac{1}{2} m\omega^2 = D/a^2$ gegeben zu

$$\omega = \sqrt{\frac{2D}{\Theta}}, \qquad (46.3)$$

wobei $\Theta = ma^2$ das Trägheitsmoment für den Abstand a ist. Eine etwas oberflächliche Betrachtung läßt daher als rohe Näherung für die tiefsten Terme

$$E = -D + \hbar\omega\left(v + \frac{1}{2}\right) + \frac{\hbar^2}{2\Theta}l(l+1) \qquad (46.4)$$

erwarten, wobei $v = 0, 1, 2, \ldots$ die Schwingungsquantenzahl ("Vibrationsquantenzahl") und $l = 0, 1, 2, \ldots$ die Rotationsquantenzahl ist. Unsere Aufgabe ist nun, die korrekte Lösung aufzusuchen.

Dazu setzen wir wieder die Lösung der Schrödingergleichung in der Form

$$u(r, \vartheta, \varphi) = \frac{C}{\rho}\chi_l(\rho)\, Y_{l,m}(\vartheta, \varphi) \qquad (46.5)$$

IV. Zentralsymmetrische Probleme

an. Dann lautet die radiale Differentialgleichung

$$\frac{d^2\chi_l}{d\rho^2} + \left[-\beta^2 + \frac{2\gamma^2}{\rho} - \frac{\gamma^2 + l(l+1)}{\rho^2} \right]\chi_l = 0 \qquad (46.6)$$

mit den Abkürzungen

$$\beta^2 = -\frac{2ma^2}{\hbar^2}E ; \qquad \gamma^2 = \frac{2ma^2}{\hbar^2}D . \qquad (46.7)$$

Sie enthält zwei zu $1/\rho^2$ proportionale Glieder, so daß ein Ansatz $\chi_l \sim \rho^\lambda$ für kleine ρ auf

$$\lambda(\lambda - 1) = \gamma^2 + l(l+1) \qquad (46.8)$$

führt, also auf

$$\lambda = \frac{1}{2} + \sqrt{\gamma^2 + \left(l + \frac{1}{2}\right)^2} . \qquad (46.9)$$

Die zweite Lösung von Gl. (46.8) führt auf ein negatives λ und kann daher ausgeschlossen werden. Für $\rho \to \infty$ muß $\chi_l(\infty) = 0$ sein, Gl. (46.6) führt dann asymptotisch zu $\chi_l \sim e^{-\beta\rho}$. Wir berücksichtigen die beiden Randbedingungen in dem Ansatz

$$\chi_l = \rho^\lambda e^{-\beta\rho} f(\rho) . \qquad (46.10)$$

Einsetzen in Gl. (46.6) gibt dann für $f(\rho)$ die Differentialgleichung

$$\rho f'' + (2\lambda - 2\beta\rho)f' - 2(\lambda\beta - \gamma^2)f = 0 , \qquad (46.11)$$

die durch die konfluente hypergeometrische Reihe

$$f(\rho) = {}_1F_1(\lambda - \gamma^2/\beta, \ 2\lambda ; \ 2\beta\rho) \qquad (46.12)$$

gelöst wird, die mit $f(0) = 1$ der dortigen Randbedingung angepaßt ist. Für $\rho \to \infty$ würde sie wie $e^{2\beta\rho}$ über alle Grenzen wachsen, wenn sie nicht abbricht. Dann wird sie ein Polynom vom Grade v, wenn

$$\lambda - \frac{\gamma^2}{\beta} = -v; \quad v = 0, 1, 2, \ldots \qquad (46.13)$$

Mit der Bedeutung von β aus Gl. (46.7) und von λ aus Gl. (46.9) führt das auf die Eigenwertformel

$$E = -\frac{\hbar^2}{2ma^2} \frac{\gamma^4}{[v + \frac{1}{2} + \sqrt{\gamma^2 + (l + \frac{1}{2})^2}]^2} . \qquad (46.14)$$

Nun ist in fast allen Molekülen $\gamma \gg 1$, so daß wir Gl. (46.14) nach Potenzen von $1/\gamma$ entwickeln können, solange $v \ll \gamma$ und $l \ll \gamma$ bleibt. Nur dann aber ist auch das benutzte Potential physikalisch vernünftig, weil mit wachsender Anregung der zu langsame Abfall bei $r > a$ in Abb. 25 ständig größeren Einfluß gewinnt. Die Entwicklung lautet

$$E = D\left[-1 + \frac{2}{\gamma}\left(v + \frac{1}{2}\right) + \frac{1}{\gamma^2}\left(l + \frac{1}{2}\right)^2 - \frac{3}{\gamma^2}\left(v + \frac{1}{2}\right)^2 \right.$$
$$\left. - \frac{3}{\gamma^3}\left(v + \frac{1}{2}\right)\left(l + \frac{1}{2}\right)^2 \cdots \right] \tag{46.15}$$

Führen wir hier ω aus Gl. (46.3) und γ aus Gl. (46.7) ein, so folgt zunächst

$$\frac{1}{\gamma} = \frac{\hbar\omega}{2D}; \quad \frac{1}{\gamma^2} = \frac{\hbar^2}{2\Theta D}; \quad \frac{1}{\gamma^3} = \frac{\hbar^3\omega}{4\Theta D^2} = \frac{\hbar^3}{2\omega\Theta^2 D},$$

und Gl. (46.15) geht über in

$$E = -D + \hbar\omega\left(v + \frac{1}{2}\right) + \frac{\hbar^2}{2\Theta}\left(l + \frac{1}{2}\right)^2 - \frac{3\hbar^2}{2\Theta}\left(v + \frac{1}{2}\right)^2$$
$$- 6\frac{(\hbar^2/2\Theta)^2}{\hbar\omega}\left(v + \frac{1}{2}\right)\left(l + \frac{1}{2}\right)^2 \cdots \tag{46.16}$$

In dieser Formel stimmen die drei ersten Glieder im wesentlichen überein mit der Erwartung von Gl. (46.4), wobei nur das Auftreten von $(l + 1/2)^2 = l(l + 1) + 1/4$ eine additive Konstante bedeutet. Das vierte Glied entspringt der Anharmonizizät der Schwingungen um $r = a$. Da der flache Anstieg des Potentials bei wachsenden r die Mulde breiter macht, müssen die Schwingungsterme mit wachsender Energie mehr und mehr hinter denjenigen des harmonischen Oszillators zurückbleiben. Das fünfte Glied in Gl. (46.16) schließlich enthält eine Kopplung von Rotation und Schwingung: Je höher angeregt eine Schwingung ist, um so größer wird der mittlere Abstand der Kerne von einander und damit auch das Trägheitsmoment $mr^2 > \Theta$, so daß die Rotationsenergie etwas abgesenkt wird.

47. Aufgabe. Morsesches Molekülpotential

Das Rotationsschwingungsspektrum eines zweiatomigen Moleküls wird besser als in der vorigen Aufgabe durch das Morsesche Potential

$$V(r) = D(e^{-2\alpha x} - 2e^{-\alpha x}) \tag{47.1}$$

132 IV. Zentralsymmetrische Probleme

mit

$$x = \frac{r-a}{a} \qquad (47.2)$$

beschrieben, das für $r \gg a$ schneller als das Kratzersche Potential abfällt und in α einen zusätzlichen Parameter enthält. Die Schrödingergleichung soll gelöst werden, wobei das Zentrifugalglied genähert als Korrektur eingeführt werden soll.

Lösung. In der Umgebung von $x = 0$ ($r = a$) geben die ersten Entwicklungsglieder des Potentials

$$V = -D + D\frac{\alpha^2}{a^2}(r-a)^2 + \cdots ;$$

in harmonischer Näherung können wir daher

$$D\frac{\alpha^2}{a^2} = \frac{1}{2}m\omega^2 \quad \text{oder} \quad \omega = \sqrt{\frac{2D}{\Theta}}\alpha \qquad (47.3)$$

mit $\Theta = ma^2$ setzen. Der Vergleich mit Gl. (46.3) zeigt die Bedeutung des Parameters α: Je größer α, desto enger ist die Potentialmulde bei $r = a$ und um so höher liegt die Grundfrequenz ω.

Wie in Gl. (46.7) führen wir statt $E < 0$ und D dimensionslose Konstanten

$$\beta^2 = -\frac{2ma^2}{\hbar^2}E ; \qquad \gamma^2 = \frac{2ma^2}{\hbar^2}D \qquad (47.4)$$

mit $0 < \beta < \gamma$ ein. Dann lautet die radiale Schrödingergleichung in der Variablen x, Gl. (47.2),

$$\frac{d^2\chi_l}{dx^2} + \left[-\beta^2 + 2\gamma^2 e^{-\alpha x} - \gamma^2 e^{-2\alpha x} - \frac{l(l+1)}{(1+x)^2}\right]\chi_l = 0 . \qquad (47.5)$$

Da diese Differentialgleichung sowohl transzendente als rationale Koeffizientenfunktionen enthält, kann sie nicht auf eine hypergeometrische Gleichung reduziert werden. Da aber der Rotationsterm, der dies verhindert, nur eine Korrektur ist ($\gamma^2 \gg l(l+1)$), können wir ihn genähert berücksichtigen, um so mehr als zum Unterschied vom Kratzerschen Potential die Oszillationen um die Gleichgewichtslage mit kleinen Amplituden erfolgen. Wir ersetzen zu diesem Zweck die Gl. (47.5) durch die genäherte Gleichung

$$\frac{d^2\chi_l}{dx^2} + (-\beta_1^2 + 2\gamma_1^2 e^{-\alpha x} - \gamma_2^2 e^{-2\alpha x})\chi_l = 0 , \qquad (47.6)$$

47. Aufgabe. Morsesches Molekülpotential

die wir auf eine hypergeometrische Differentialgleichung zurückführen können, und wählen β_1, γ_1 und γ_2 so, daß die Entwicklungen der Koeffizienten von χ_l in den Gln. (47.5) und (47.6) bis einschließlich x^2 übereinstimmen:

$$-\beta^2 + \gamma^2(1 - \alpha^2 x^2) - l(l+1)(1 - 2x + 3x^2)$$
$$= -\beta_1^2 + 2\gamma_1^2(1 - \alpha x + \tfrac{1}{2}\alpha^2 x^2) - \gamma_2^2(1 - 2\alpha x + 2\alpha^2 x^2).$$

Dies wird eine Identität mit

$$\left.\begin{aligned}\beta_1^2 &= \beta^2 + l(l+1)\left(1 - \frac{3}{\alpha} + \frac{3}{\alpha^2}\right); \\ \gamma_1^2 &= \gamma^2 - l(l+1)\left(\frac{2}{\alpha} - \frac{3}{\alpha^2}\right); \\ \gamma_2^2 &= \gamma^2 - l(l+1)\left(\frac{1}{\alpha} - \frac{3}{\alpha^2}\right).\end{aligned}\right\} \quad (47.7)$$

Um die genäherte Differentialgleichung (47.6) exakt zu lösen, führen wir statt x die Variable

$$y = \frac{2\gamma_2}{\alpha} e^{-\alpha x} \quad (47.8)$$

ein; dann entsteht

$$y^2 \chi_l'' + y \chi_l' + \left(-\frac{\beta_1^2}{\alpha^2} + \frac{\gamma_1^2}{\gamma_2 \alpha} y - \frac{1}{4} y^2\right) \chi_l = 0. \quad (47.9)$$

Nun soll die Funktion χ_l bei $r = 0$ und für $r \to \infty$ verschwinden, also für

$$\left.\begin{aligned}&r \to \infty, \text{ d.h } y = 0 \\ \text{und } &r = 0, \text{ d.h. } y = y_0 = \frac{2\gamma_2}{\alpha} e^\alpha.\end{aligned}\right\} \quad (47.10)$$

Die erste Randbedingung führt auf $\chi_l \sim y^{\beta_1/\alpha} \sim e^{-\beta_1 x}$ bei $y = 0$ unter Ausschluß der Lösung $y^{-\beta_1/\alpha}$. Für große y gibt Gl. (47.9) asymptotisch $\chi_l \sim \exp(\pm y/2)$. Wir spalten entsprechende Faktoren von χ_l ab und setzen

$$\chi_l = C y^{\beta_1/\alpha} e^{-y/2} f(y); \quad (47.11)$$

dann erhalten wir für $f(y)$ die Differentialgleichung

$$y f'' + \left[\left(2\frac{\beta_1}{\alpha} + 1\right) - y\right] f' - \left(\frac{\beta_1}{\alpha} + \frac{1}{2} - \frac{\gamma_1^2}{\gamma_2 \alpha}\right) f = 0, \quad (47.12)$$

IV. Zentralsymmetrische Probleme

deren bei $y = 0$ reguläre Lösung die konfluente Reihe

$$f(y) = {}_1F_1\left(\frac{\beta_1}{\alpha} + \frac{1}{2} - \frac{\gamma_1^2}{\gamma_2\alpha},\ 2\frac{\beta_1}{\alpha};\ y\right) \qquad (47.13)$$

wird. Nun ist noch die zweite Randbedingung von Gl. (47.10) zu erfüllen. Wir idealisieren sie zu $f(\infty) = 0$, da y_0 in allen praktisch vorkommeden Fällen groß ist. Dann muß der erste Parameter in der konfluenten Reihe eine negative ganze Zahl sein, so daß die Reihe abbricht und ein Polynom entsteht:

$$\frac{\beta_1}{\alpha} + \frac{1}{2} - \frac{\gamma_1^2}{\gamma_2\alpha} = -v; \quad v = 0, 1, 2, \ldots \qquad (47.14)$$

Hieraus entnehmen wir β_1^2 und sodann aus Gl. (47.7) β^2 und damit die Energie:

$$-\beta^2 = \frac{\hbar^2}{2ma^2}\,E = -\frac{\gamma_1^4}{\gamma_2^2} + 2\alpha\frac{\gamma_1^2}{\gamma_2}\left(v + \frac{1}{2}\right) - \alpha^2\left(v + \frac{1}{2}\right)^2$$

$$+ l(l+1)\left(1 - \frac{3}{\alpha} + \frac{3}{\alpha^2}\right). \qquad (47.15)$$

Setzen wir hier γ_1^2 und γ_2^2 aus Gl. (47.7) ein und entwickeln nach negativen Potenzen des großen Parameters γ bis einschließlich $1/\gamma^2$, so erhalten wir

$$-\beta^2 = -\gamma^2 + 2\alpha\gamma\left(v + \frac{1}{2}\right) - \alpha^2\left(v + \frac{1}{2}\right)^2$$

$$+ l(l+1)\left[1 - \frac{3}{\gamma}\left(1 - \frac{1}{\alpha}\right)\left(v + \frac{1}{2}\right)\right] - [l(l+1)]^2\,\frac{1}{\alpha^4\gamma^2}. \qquad (47.16)$$

Drücken wir β und γ nun noch nach Gl. (47.4) durch E und D aus und führen nach Gl. (47.3) ω ein, so entsteht schließlich die Energieformel

$$E = -D + \hbar\omega\left(v + \frac{1}{2}\right) - \frac{\hbar^2}{2\Theta}\,\alpha^2\left(v + \frac{1}{2}\right)^2 + \frac{\hbar^2}{2\Theta}\,l(l+1)$$

$$- \frac{(\hbar^2/2\Theta)^2}{\hbar\omega}\,6(\alpha - 1)\left(v + \frac{1}{2}\right)l(l+1) - \frac{(\hbar^2/2\Theta)^2}{D}\,\frac{1}{\alpha^4}[l(l+1)]^2. \qquad (47.17)$$

Der Vergleich mit der Kratzerschen Formel (46.16) gibt, abgesehen von der Ersetzung von $(l + 1/2)^2$ durch $l(l+1)$ in den Rotationsanteilen, ähnliche Terme. Nur das letzte Glied von Gl. (47.17) fehlt in der Kratzerschen Formel. Vor allem aber gibt der zusätzliche Parameter α der

Formel eine größere Elastizität zur Anpassung an die experimentellen Daten.

Anm. Als Beispiel seien die Werte für HCl angegeben: $\gamma = 59.3$ rechtfertigt die Entwicklung nach Potenzen von $1/\gamma$. $y_0 = 539$ erlaubt die Idealisierung der Randbedingung $f(y_0) = 0$ zu $f(\infty) = 0$.

48. Aufgabe. Zentralkraftmodell des Deuterons

Zwischen Neutron und Proton gibt es nur *einen* gebundenen Zustand, das Deuteron, mit der empirischen Bindungsenergie $E = -2{,}23$ MeV. Der Zustand werde dahin idealisiert, daß ein Anziehungspotential

$$V(r) = -U\, e^{-r/a} \tag{48.1}$$

nur *ein* Energieniveau mit $l = 0$ bei dieser Energie zuläßt. Dies Zweikörperproblem kann als Einkörperproblem behandelt werden, wenn man statt der Nukleonenmassen m ihre reduzierte Masse $m^* = m/2$ einführt (vgl. Aufgabe 101). Man gebe für $a = 2{,}156 \times 10^{-13}$ cm denjenigen Wert von U an, welcher zur richtigen Bindungsenergie E führt. Dazu beschreite man nacheinander folgende drei Wege:
a) Die strenge Integration der Schrödingergleichung,
b) die Verwendung der genäherten Eigenfunktion

$$\tilde{u} = \frac{C}{r}(e^{-\gamma r} - e^{-2\gamma r}), \tag{48.2}$$

die für $r \approx 0$ und $r \to \infty$ das richtige Verhalten zeigt,
c) ein abgekürztes Ritzsches Verfahren auf der Basis einer einparametrigen Schar von Exponentialfunktionen.
Lösung: a) *durch Integration der Schrödingergleichung.* Für $l = 0$ und $u(r) = \chi(r)/r$ lautet die radiale Differentialgleichung

$$\frac{d^2\chi}{dr^2} + \frac{2m^*}{\hbar^2}(E + U e^{-r/a})\chi = 0. \tag{48.3}$$

Mit der Variablen

$$\xi = e^{-r/2a} \tag{48.4}$$

geht das über in

$$\frac{d^2\chi}{d\xi^2} + \frac{1}{\xi}\frac{d\chi}{d\xi} + \left(c^2 - \frac{q^2}{\xi^2}\right)\chi = 0 \tag{48.5}$$

136   IV. Zentralsymmetrische Probleme

mit den Abkürzungen

$$c^2 = \frac{8m^* a^2}{\hbar^2} U; \quad q^2 = -\frac{8m^* a^2}{\hbar^2} E > 0 \,.$$ (48.6)

Gleichung (48.5) ist gerade die Besselsche Differentialgleichung, deren bei $\xi = 0$, d.h. $r \to \infty$, verschwindende Lösung

$$\chi = C J_q(c\,\xi)$$ (48.7)

ist. Für $r = 0$ ist $\xi = 1$; damit u dort endlich bleibt, muß χ verschwinden. Dies ergibt die Eigenwertbedingung

$$J_q(c) = 0 \,.$$ (48.8)

Aus Gl. (48.6) entnimmt man für die dimensionslosen Größen c und q die numerischen Zusammenhänge

$$q = 0{,}4643\, a; \quad U = 2{,}23\, c^2/q^2 \,,$$ (48.9)

wenn a in Einheiten von 10^{-13} cm und U in MeV gemessen wird. Aus Gl. (48.9) läßt sich zu jedem a ein q angeben, aus Gl. (48.8) sodann das zugehörige c, endlich wieder aus Gl. (48.9) das gesuchte U. Auf diese Weise erhält man für $a = 2{,}156$ den Zahlenwert $q = 1$ und, da die erste Nullstelle der Besselfunktion J_1 bei $c = 3{,}8317$ liegt, schließlich

$$U = 32{,}74 \,\text{MeV} \,.$$ (48.10)

b) *Näherungslösung.* Die Wellenfunktion der Gl. (48.2) bleibt bei $r = 0$ endlich und fällt für $r \to \infty$ wie $e^{-\gamma r}$ gegen Null ab. Das ist das richtige asymptotische Verhalten, wenn wir $\gamma = q/2a$ wählen. Ferner bestimmen wir die Konstante C in Gl. (48.2), so daß $\langle u|u \rangle = 1$ wird, d.h.

$$4\pi \int_0^\infty dr\, r^2\, \tilde{u}(r)^2 = 1 \,.$$

Das führt auf

$$C^2 = \frac{3q}{2\pi a} \,.$$ (48.11)

Der Erwartungswert der Energie wird für diesen Zustand

$$\tilde{E} = 4\pi \int_0^\infty dr\, r^2 \left[\frac{\hbar^2}{2m^*} \left(\frac{d\tilde{u}}{dr} \right)^2 - U\, e^{-r/a}\, \tilde{u}^2 \right] \,.$$ (48.12)

Die elementare Auswertung dieses Integrals mit Gl. (48.2) für $\tilde{u}$ in der Normierung von Gl. (48.11) gibt

48. Aufgabe. Zentralkraftmodell des Deuterons

$$\tilde{E} = \frac{\hbar^2}{4m^*a^2} q^2 - 6U \left[\frac{1}{1+q} - \frac{2}{3/2+q} + \frac{1}{2+q} \right]. \tag{48.13}$$

Setzen wir hier für $a = 2{,}156$ den korrekten Wert $U = 32{,}74$ MeV aus Gl. (48.10) ein, so erhalten wir $\tilde{E} = -2{,}09$ MeV statt $E = -2{,}23$ MeV. Das Energieniveau liegt in der Näherung also *zu hoch*. Fordern wir umgekehrt, daß $\tilde{E} = E$ den korrekten Wert besitzt, so finden wir $\tilde{U} = 33{,}45$ MeV statt $U = 32{,}74$ MeV, also einen etwas tieferen Potentialtopf als für die exakte Lösung.

c) *Ritzsches Verfahren*. Wir benutzen die normierte Funktion

$$\bar{u} = \sqrt{\frac{\alpha^3}{8\pi a^3}}\, e^{-\alpha r/2a}, \tag{48.14}$$

in welcher der Parameter α so bestimmt werden soll, daß der mit $\bar{u}$ gebildete Erwartungswert $\bar{E}$ der Energie ein Minimum wird. Dazu setzen wir $\bar{u}$ in Gl. (48.12) ein und erhalten nach elementarer Rechnung

$$\bar{E} = \frac{\hbar^2}{8m^*a^2} \alpha^2 - U \left(\frac{\alpha}{1+\alpha} \right)^3. \tag{48.15}$$

Damit dieser Ausdruck als Funktion von α ein Minimum wird, muß

$$\frac{\partial E}{\partial \alpha} = \frac{\hbar^2}{4m^*a^2}\alpha - \frac{3U}{\alpha^2(1+1/\alpha)^4} = 0$$

oder

$$\frac{12m^*a^2}{\hbar^2} U = \frac{(1+\alpha)^4}{\alpha} \tag{48.16}$$

werden. Mit $a = 2{,}156$ und $U = 32{,}74$ folgt die linke Seite zu 22,023. Dann wird Gl. (48.16) durch $\alpha = 1{,}3236$ erfüllt und mit $\hbar^2/8m^*a^2 = 2{,}187$ MeV finden wir dann aus Gl. (48.15)

$$\bar{E} = (3{,}9068 - 6{,}0517)\,\text{MeV} = -2{,}145\,\text{MeV}.$$

Wieder gibt die Näherung ein zu hoch liegendes Energieniveau. Würden wir umgekehrt das korrekte $E = 2{,}23$ MeV in Gl. (48.15) einsetzen, so würden wir $\bar{U} = 33{,}20$ MeV erhalten, also einen zu tiefen Potentialtopf.

In Abb. 26 sind die drei Wellenfunktionen u (exakt), $\tilde{u}$ und $\bar{u}$ in korrekter Normierung gezeichnet.

Anm. Bei den numerischen Rechnungen wurde der Wert

$$\hbar^2/8m^* = 10{,}367 \times 10^{-26}\,\text{MeV cm}^2$$

zugrundegelegt.

138   IV. Zentralsymmetrische Probleme

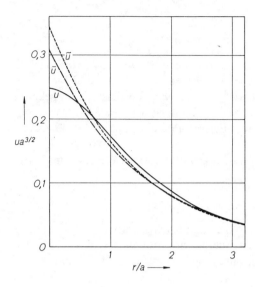

Abb. 26. Exakte Wellenfunktion u und zwei Näherungen für das Modell des Deuterons.

49. Aufgabe. Stark-Effekt am Rotator

Man berechne in zweiter Näherung eines Störungsverfahrens den Stark-Effekt an einem frei drehbaren starren zweiatomigen Molekül vom elektrischen Dipolmoment p.

Lösung. Die einzige Bewegung des Moleküls ist seine freie Rotation. Daher lautet seine ungestörte Schrödingergleichung

$$\frac{\hbar^2}{2\Theta} L^2 u = E^0 u \,. \tag{49.1}$$

Sie wird durch die Kugelfunktionen $u = Y_{l,m}(\vartheta, \varphi)$ gelöst; die zugehörigen Energieeigenwerte sind

$$E_l^0 = \frac{\hbar^2}{2\Theta} l(l+1) \,. \tag{49.2}$$

Dabei bezeichnen die Polarwinkel ϑ und φ die Richtung des elektrischen Moments.

Wird ein elektrisches Feld $\mathscr{E}$ angelegt, so wird dessen Wechselwirkung mit dem Rotator durch ein Potential $V = -p \cdot \mathscr{E}$ beschrieben. Ausführlich lautet dies in Koordinaten geschrieben

$$V(\vartheta, \varphi) = -p(\mathscr{E}_x \sin\vartheta \cos\varphi + \mathscr{E}_y \sin\vartheta \sin\varphi + \mathscr{E}_z \cos\vartheta) \tag{49.3a}$$

oder, was im folgenden oft bequemer sein wird,

$$V(\vartheta, \varphi) = - p \left[\tfrac{1}{2} (\mathscr{E}_x - i\mathscr{E}_y) \sin\vartheta \, e^{i\varphi} \right.$$
$$\left. + \tfrac{1}{2} (\mathscr{E}_x + i\mathscr{E}_y) \sin\vartheta \, e^{-i\varphi} + \mathscr{E}_z \cos\vartheta \right] . \tag{49.3b}$$

Die durch dies Zusatzglied erweiterte Schrödingergleichung

$$\frac{\hbar^2}{2\Theta} L^2 u + Vu = Eu \tag{49.4}$$

soll nun unter Berücksichtigung von V als Störpotential behandelt werden, wobei uns nur die Eigenwerte interessieren werden.

Nach den allgemeinen Formeln der Störungstheorie (vgl. auch Aufgabe 37) verschiebt sich der Eigenwert gegen E_l^0 in erster Näherung um den Betrag

$$\Delta E_{l,m}^{(1)} = \langle l, m | V | l, m \rangle , \tag{49.5}$$

wozu in zweiter Näherung hinzuzufügen ist

$$\Delta E_{l,m}^{(2)} = \sum_{l',m'} \frac{|\langle l', m' | V | l, m \rangle|^2}{E_l^0 - E_{l'}^0} . \tag{49.6}$$

Um die hier auftretenden Matrixelemente auszurechnen, brauchen wir nach Gl. (49.3b) die Beziehungen

$$\sin\vartheta \, e^{i\varphi} \, Y_{l,m} = a_{l,m} \, Y_{l+1, m+1} - a_{l-1, -m-1} \, Y_{l-1, m+1}$$
$$\sin\vartheta \, e^{-i\varphi} \, Y_{l,m} = - a_{l,-m} \, Y_{l+1, m-1} + a_{l-1, m-1} \, Y_{l-1, m-1}$$
$$\cos\vartheta \, Y_{l,m} = b_{l,m} \, Y_{l+1, m} + b_{l-1, m} \, Y_{l-1, m} \tag{49.7a}$$

mit den Abkürzungen

$$a_{l,m} = \sqrt{\frac{(l + m + 1)(l + m + 2)}{(2l + 1)(2l + 3)}}; \quad b_{l,m} = \sqrt{\frac{(l + m + 1)(l - m + 1)}{(2l + 1)(2l + 3)}} .$$
$$\tag{49.7b}$$

Fügen wir noch die Orthonormierungsrelationen

$$\oint d\Omega \, Y_{l',m'}^* \, Y_{l,m} = \delta_{ll'} \, \delta_{mm'} \tag{49.7c}$$

hinzu, so können wir alle Matrixelemente in den Gln. (49.5) und (49.6) berechnen. Insbesondere sieht man auf den ersten Blick, daß die Diagonalelemente $\langle l, m | V | l, m \rangle = 0$ sind, so daß die Störung erster Näherung, Gl. (49.5), verschwindet:

$$\Delta E_{l,m}^{(1)} = 0 .$$

140 IV. Zentralsymmetrische Probleme

Die Verschiebung der Terme durch das elektrische Feld ist also nicht proportional zur Feldstärke, sondern wir müssen die zweite Näherung, Gl. (49.6) heranziehen, um den quadratischen Stark-Effekt zu berechnen.

Zu einem vorgegebenen Zustand $|l, m\rangle$ gibt es auf Grund der Gln. (49.7a–c) insgesamt nur sechs von Null verschiedene Matrixelemente von V, nämlich

$$\left. \begin{array}{rcl} \langle l+1, m+1 | V | l, m \rangle & = & -\tfrac{1}{2}(\mathscr{E}_x - i\mathscr{E}_y)\, p\, a_{l,m} \\ \langle l-1, m+1 | V | l, m \rangle & = & +\tfrac{1}{2}(\mathscr{E}_x - i\mathscr{E}_y)\, p\, a_{l-1,-m-1} \end{array} \right\} \quad (49.8\text{a})$$

$$\left. \begin{array}{rcl} \langle l+1, m-1 | V | l, m \rangle & = & +\tfrac{1}{2}(\mathscr{E}_x + i\mathscr{E}_y)\, p\, a_{l,-m} \\ \langle l-1, m-1 | V | l, m \rangle & = & -\tfrac{1}{2}(\mathscr{E}_x + i\mathscr{E}_y)\, p\, a_{l-1,m-1} \end{array} \right\} \quad (49.8\text{b})$$

$$\left. \begin{array}{rcl} \langle l+1, m | V | l, m \rangle & = & -\mathscr{E}_z\, p\, b_{l,m} \\ \langle l-1, m | V | l, m \rangle & = & -\mathscr{E}_z\, p\, b_{l-1,m} \end{array} \right\} \quad (49.8\text{c})$$

Gleichung (49.6) wird daher eine Summe von sechs Gliedern, wobei wir die Nenner aus Gl. (49.2) entnehmen können:

$$\Delta E^{(2)}_{l,m} = p^2 \frac{2\Theta}{\hbar^2} \left\{ \frac{1}{4}(\mathscr{E}_x^2 + \mathscr{E}_y^2) \left[\frac{a^2_{l,m} + a^2_{l,-m}}{l(l+1) - (l+1)(l+2)} \right. \right.$$
$$\left. + \frac{a^2_{l-1,-m-1} + a^2_{l-1,m-1}}{l(l+1) - (l-1)l} \right] + \mathscr{E}_z^2 \left[\frac{b^2_{l,m}}{l(l+1) - (l+1)(l+2)} \right.$$
$$\left. \left. + \frac{b^2_{l-1,m}}{l(l+1) - (l-1)l} \right] \right\}. \qquad (49.9)$$

Setzen wir hier die Koeffizientenwerte aus Gl. (49.7b) ein, so ergibt eine einfache Rechnung das Endresultat

$$\Delta E^{(2)}_{l,m} = \frac{p^2 \Theta}{2\hbar^2} (2\mathscr{E}_z^2 - \mathscr{E}_x^2 - \mathscr{E}_y^2) \frac{l(l+1) - 3m^2}{(2l+3)(2l-1)l(l+1)}. \qquad (49.10)$$

Diese Formel ist für $l = 0$ nicht anwendbar. Das zeigt sich auch darin, daß Gl. (49.10) die z-Richtung auszeichnet, während für den kugelsymmetrischen Zustand $l = 0$ Proportionalität zu $\mathscr{E}^2$ zu erwarten wäre. Gehen wir auf die Gln. (49.8a–c) zurück, so entfallen für $l = 0$ die drei zu $l - 1$ führenden Matrixelemente. Das Ergebnis lautet dann

$$\Delta E^{(2)}_{0,0} = -\frac{p^2 \Theta}{3\hbar^2} \mathscr{E}^2. \qquad (49.11)$$

c) Zustände im Kontinuum. Elastische Streuung

Vgl. hierzu die Vorbemerkung zu Abschnitt AII (S. 21) für die Behandlung von Streuproblemen als Einkörperprobleme.

50. Aufgabe. Coulomb-Abstoßung

Man gebe für das Coulomb-Potential eines punktförmig gedachten Atomkerns der Ladung Ze die Wellenfunktionen für ein Proton an unter besonderer Berücksichtigung des asymptotischen Verlaufs für große r, und zwar (a) durch strenge Lösung der Schrödingergleichung und (b) durch Behandlung nach der WKB-Methode.

Lösung. Diese Aufgabe unterscheidet sich in einem wesentlichen Punkt von dem in Aufg. 45 behandelten Keplerproblem: Hier handelt es sich um ein abstoßendes, dort um ein anziehendes Coulomb-Potential. Während dort sowohl gebundene Zustände negativer Energie als auch ein Kontinuum positiver Energien (klassisch, Ellipsen- und Hyperbelbahnen) möglich sind und wir uns dort auf die gebundenen Zustände beschränkt haben, gibt es in dem hier zu behandelnden Abstoßungspotential überhaupt nur Zustände positiver Energie.

Der Ansatz

$$u = \frac{1}{r}\, \chi_l(r)\, Y_{l,m}(\vartheta, \varphi) \tag{50.1}$$

führt auf die radiale Differentialgleichung

$$\chi_l'' + \left(k^2 - \frac{2\kappa k}{r} - \frac{l(l+1)}{r^2}\right)\chi_l = 0 \tag{50.2}$$

mit

$$k^2 = \frac{2m}{\hbar^2}\, E; \quad 2\kappa k = \frac{2m}{\hbar^2}\, Ze^2. \tag{50.3}$$

Führt man hier die klassische Geschwindigkeit bei großen r, $v = \hbar k/m$, ein, so kann man auch mit der Schreibweise

$$\kappa = \frac{Ze^2}{\hbar v} = \frac{Z}{137}\, \frac{c}{v} \tag{50.4}$$

einen anschaulichen Anhalt für den dimensionslosen Parameter κ finden.

a) *Die strenge Lösung* von Gl. (50.2) lehnt sich unmittelbar an Aufg. 45 an. Der Ansatz

$$\chi_l(r) = C\, r^{l+1}\, e^{ikr}\, f(\rho) \tag{50.5a}$$

IV. Zentralsymmetrische Probleme

mit

$$\rho = -2ikr \tag{50.5b}$$

führt auf die Differentialgleichung

$$\rho f'' + (2l + 2 - \rho)f' - (l + 1 + i\kappa)f = 0,$$

deren bei $\rho = 0$ reguläre Lösung die konfluente Reihe

$$f(\rho) = {}_1F_1(l + 1 + i\kappa, 2l + 2; -2ikr) \tag{50.6}$$

ist. In Aufg. 45, Gl. (45.7), lautet der erste Parameter dieser Funktion $l + 1 - \kappa$, und die Forderung, daß er ganzzahlig $= -n_r$ sein sollte, ergab das Eigenwertspektrum. Etwas Analoges existiert nicht für die hier behandelten positiven Energien, bei denen wir uns im Kontinuum befinden.

Für große r verhält sich die Funktion Gl. (50.6) asymptotisch wie

$$f(\rho) \to e^{-i\pi(l+1)+\pi\kappa} \frac{(2l+1)!}{\Gamma(l+1-i\kappa)} \rho^{-(l+1)-i\kappa}$$

$$+ \frac{(2l+1)!}{\Gamma(l+1+i\kappa)} e^{\rho} \rho^{-(l+1)+i\kappa} . \tag{50.7}$$

Mit der Abkürzung

$$e^{2i\eta_l} = \frac{\Gamma(l+1+i\kappa)}{\Gamma(l+1-i\kappa)} \tag{50.8}$$

ergibt sich daraus für die Asymptotik der Wellenfunktion von Gl. (50.1) nach einigen Umformungen

$$u_{l,m} \to \frac{C}{r} \frac{2(2l+1)! \; e^{\pi\kappa/2}}{|\Gamma(l+1+i\kappa)|(2k)^{l+1}} \times$$

$$\times \sin\left(kr - \kappa \log 2kr - \frac{l\pi}{2} + \eta_l\right) Y_{l,m} . \tag{50.9}$$

Im kräftefreien Fall $\kappa = 0$ würde diese Funktion

$$u_{l,m}^0 = \frac{C^0}{r} \frac{2(2l+1)!}{l!(2k)^{l+1}} \sin\left(kr - \frac{l\pi}{2}\right) Y_{l,m} \tag{50.10}$$

lauten (vgl. auch Gl. (41.10)). Das Coulombfeld erzeugt also in der Wellenfunktion Gl. (50.9) zwei Phasenverschiebungen, eine konstante η_l und eine logarithmisch mit r anwachsende. Diese letzte tritt nicht in Potentialfeldern auf, die asymptotisch stärker als $1/r$ abfallen.

b) WKB-Näherung. Wir schreiben die Lösung der radialen Differentialgleichung (50.2) in der Form

$$\chi_l = \frac{C'}{\sqrt{Q_l}} \sin\left[k \int_{r_l}^{r} dr\, Q_l(r) + \frac{\pi}{4}\right] \qquad (50.11)$$

mit

$$Q_l^2 = 1 - \frac{2\kappa}{kr} - \frac{l(l+1)}{(kr)^2}. \qquad (50.12)$$

Hier bedeutet

$$r_l = \frac{1}{k}(\kappa + \sqrt{\kappa^2 + \lambda^2}); \quad \lambda^2 = l(l+1) \qquad (50.13)$$

den klassischen Umkehrpunkt gemäß $Q_l(r_l) = 0$. Die Phase $\pi/4$ ist in Aufg. 35 allgemein begründet worden.

Das Integral in Gl. (50.11) läßt sich elementar berechnen:

$$S = k \int_{r_l}^{r} dr\, Q_l = kr\, Q_l(r) + \lambda \left[\arcsin \frac{\kappa kr + \lambda^2}{kr\sqrt{\kappa^2 + \lambda^2}} - \frac{\pi}{2}\right]$$

$$+ \kappa \log \frac{\sqrt{\kappa^2 + \lambda^2}}{kr(1 + Q_l) - \kappa}; \qquad (50.14)$$

asymptotisch entsteht daraus für $r \to \infty$

$$S \to kr - \kappa \log 2kr + \kappa[\log \sqrt{\kappa^2 + \lambda^2} - 1]$$

$$+ \lambda \left[\arcsin \frac{\kappa}{\sqrt{\kappa^2 + \lambda^2}} - \frac{\pi}{2}\right]. \qquad (50.15)$$

Fassen wir die Beiträge zum konstanten, von κ abhängigen Phasenanteil zusammen zu

$$\eta_l' = \kappa[\log \sqrt{\kappa^2 + \lambda^2} - 1] + \lambda \arcsin \frac{\kappa}{\sqrt{\kappa^2 + \lambda^2}}, \qquad (50.16)$$

so ergibt Gl. (50.15) analog zu Gl. (50.9) den asymptotischen Ausdruck

$$u_{l,m} \to \frac{C'}{r} \sin\left[kr - \kappa \log 2kr + \eta_l' - \left(\sqrt{l(l+1)} - \frac{1}{2}\right)\frac{\pi}{2}\right] Y_{l,m}. \qquad (50.17)$$

Der Vergleich dieser Näherung mit der exakten Asymptotik von Gl. (50.9) zeigt zwar das korrekte Verhalten hinsichtlich des logarithmisch mit

IV. Zentralsymmetrische Probleme

r wachsenden Phasenanteils, dagegen in der Phasenkonstanten eine Differenz von

$$\delta_l = \left[\eta_l - \frac{l\pi}{2}\right] - \left[\eta'_l - \left(\sqrt{l(l+1)} - \frac{1}{2}\right)\frac{\pi}{2}\right] \tag{50.18}$$

mit η_l aus Gl. (50.8) und η'_l aus Gl. (50.16). Beschränken wir uns auf $l = 0$, so erhalten wir bei Anwendung der Stirlingschen Formel, etwa für $\kappa \geq 2$, auf $\log \Gamma(1 + i\kappa)$

$$\eta_0 = \frac{\pi}{4} + \kappa(\log \kappa - 1) - \frac{1}{12\kappa} - \frac{1}{360\kappa^3} \cdots$$

Andereseits folgt aus Gl. (50.16) für $\lambda = 0$

$$\eta'_0 = \kappa(\log \kappa - 1),$$

so daß die Phasendifferenz

$$\delta_0 = -\frac{1}{12\kappa} - \frac{1}{360\kappa^3} \cdots$$

wird. Für höhere Werte von l ist die Rechnung kompliziert. Einerseits kann man η'_l aus Gl. (50.16) elementar berechnen, andereseits gilt die Rekursionsformel

$$\eta_l = \arctan \frac{\kappa}{l} + \eta_{l-1}$$

zur Berechnung von η_l.

Die Amplituden sind hier überall durch Normierungskonstanten C, C^0 usw noch frei wählbar. Wenn wir für die Wellenfunktionen $u_{l,m}$ der Gl. (50.9) und $u^0_{l,m}$ der Gl. (50.10) asymptotisch gleiche Amplituden wählen, so wird

$$C^0 = \frac{e^{\pi\kappa/2} l!}{|\Gamma(l + 1 + i\kappa)|} C.$$

In der Umgebung von $r = 0$ wird nach Gl. (50.5a) $\chi_l = C r^{l+1}$ und entsprechend ist auch $\chi^0_l = C^0 r^{l+1}$. Danach erhalten wir

$$G_l =: \left|\frac{\chi_l(0)}{\chi^0_l(0)}\right|^2 = \frac{|\Gamma(l + 1 + i\kappa)|^2}{e^{\pi\kappa} l!^2}. \tag{50.19}$$

Die Größe G_0 für $l = 0$ (der "Gamow-Faktor") ist ein Maß dafür, wie stark das abstoßende Coulombfeld ein Eindringen der Welle in das Gebiet kleiner Abstände vermindert. Wegen

50. Aufgabe. Coulomb-Abstoßung

$$|\Gamma(1 + i\kappa)|^2 = \frac{\pi\kappa}{\sinh \pi\kappa} \tag{50.20}$$

wird insbesondere für $l = 0$

$$G_0 = \frac{2\pi\kappa}{e^{2\pi\kappa} - 1}. \tag{50.21}$$

Für $l > 0$ erhalten wir wegen

$$|\Gamma(l + 1 + i\kappa)|^2 = |(l + i\kappa) \ldots (2 + i\kappa)(1 + i\kappa)\Gamma(1 + i\kappa)|^2$$

$$= \frac{\pi\kappa}{\sinh \pi\kappa} \prod_{n=1}^{l} (n^2 + \kappa^2)$$

und

$$l!^2 = \prod_{n=1}^{l} n^2$$

aus Gl. (50.19)

$$G_l = G_0 \prod_{n=1}^{l} \left(1 + \frac{\kappa^2}{n^2}\right) \tag{50.22}$$

mit dem Grenzwert

$$\prod_{n=1}^{\infty} \left(1 + \frac{\kappa^2}{n^2}\right) = \frac{\sinh \pi\kappa}{\pi\kappa}; \quad G_\infty = e^{-\pi\kappa}.$$

Je größer der Drehimpuls ist, um so größer bleibt G_l, d.h. um so weniger tritt der Einfluß des Coulombfeldes neben der Zentrifugalkraft in Erscheinung, doch verschwindet er auch für große l niemals.

Anm. Die Größe G_l ist ein Maß dafür, wie stark die Wellenfunktion in den klassisch verbotenen Bereich des Potentialberges einzudringen vermag. Vgl. dazu auch Aufgabe 16. Sie wurde zuerst von Gamow für das umgekehrte Problem eingeführt, die Wahrscheinlichkeit abzuschätzen, mit der ein um $r = 0$ herum im Atomkern gebundenes α-Teilchen durch den Berg hindurch entweichen kann. Die sehr kleine Durchlässigkeit dieses Berges erklärt die großen Lebensdauern natürlicher α-Strahler.

Für ein Elektron der Ladung $-e$ im Felde eines Atomkerns kehrt sich das Vorzeichen von κ um; dann wird

$$G_0 = \frac{2\pi\kappa}{1 - e^{-2\pi\kappa}}; \quad 1 < G_0 < 2\pi\kappa.$$

Dieser Faktor ist nicht so signifikant, muß aber beim radioaktiven β-Zerfall für die Form des Spektrums berücksichtigt werden, allerdings in seiner relativistischen

Gestalt, weil die Elektronengeschwindigkeiten nahe der Lichtgeschwindigkeit liegen.

51. Aufgabe. Partialwellenzerlegung der ebenen Welle

Man entwickle die ebene Welle e^{ikz} in eine Reihe von Partialwellen nach der Drehimpulsquantenzahl l.

Lösung. Die ebene Welle

$$u = e^{ikz} = e^{ikr\cos\vartheta} \tag{51.1}$$

ist eine Lösung der kräftefreien Schrödingergleichung. Durch Separation in Kugelkoordinaten erhalten wir deren vollständige Lösung in der aus Aufg. 41 zu entnehmenden Form

$$u = \frac{1}{kr} \sum_{l=0}^{\infty} \sum_{m=-l}^{+l} [A_{l,m} j_l(kr) + B_{l,m} n_l(kr)] Y_{l,m}(\vartheta, \varphi). \tag{51.2}$$

Um Gl. (51.1) durch eine solche Reihe darzustellen, können wir etwas vereinfachen: Da die ebene Welle nicht von φ abhängt, brauchen wir nur die Beiträge für $m = 0$, d.h. eine einfache Summe über Legendresche Polynome $P_l(\cos\vartheta)$, und da die Funktion bei $r = 0$ keine Singularität besitzt, können wir alle $B_{l,m} = 0$ setzen. Wir schreiben deshalb

$$u = \frac{1}{kr} \sum_{l=0}^{\infty} A_l j_l(kr) P_l(\cos\vartheta). \tag{51.3}$$

Hier ist A_l etwas anders normiert als $A_{l,0}$ oben! Unsere Aufgabe besteht nun darin, die Koeffizienten A_l so zu bestimmen, daß Gl. (51.3) die Entwicklung der Funktion Gl. (51.1) wird.

Hierzu benutzen wir die Tatsache, daß die P_l ein vollständiges Orthogonalsystem bilden:

$$\int_{-1}^{+1} dt \, P_l(t) P_{l'}(t) = \frac{2}{2l+1} \delta_{l,l'} \tag{51.4}$$

mit $t = \cos\vartheta$. Dann folgt aus Gl. (51.3)

$$\int_{-1}^{+1} dt \, P_l(t) u(t) = \int_{-1}^{+1} dt \, P_l(t) e^{ikrt} = \frac{1}{kr} A_l j_l(kr) \frac{2}{2l+1}. \tag{51.5}$$

Um A_l zu bestimmen, müssen wir das Integral in Gl. (51.5) ausrechnen. Da P_l ein Polynom ist, ist das zwar elementar möglich, aber nur für jedes einzelne l getrennt und für wachsende l zunehmend mühsam. Wir können aber leicht eine allgemeine Formel für beliebige l ableiten, wenn wir uns auf große Werte von kr beschränken. Auf der rechten Seite von Gl. (51.5) erscheint dann

$$j_l(kr) \to \sin\left(kr - \frac{\pi l}{2}\right). \tag{51.6}$$

Das Integral auf der linken Seite entwickeln wir durch eine Serie von partiellen Integrationen nach negativen Potenzen von kr:

$$\int_{-1}^{+1} dt\, P_l(t)\, e^{ikrt} = \frac{1}{ikr}[P_l(t)\, e^{ikrt}]_{-1}^{+1}$$

$$- \frac{1}{ikr}\left\{\frac{1}{ikr}[P_l'(t)\, e^{ikrt}]_{-1}^{+1} - \frac{1}{ikr}\int_{-1}^{+1} dt\, P_l''(t)\, e^{ikrt}\right\}.$$

Asymptotisch für große kr trägt nur das erste Glied bei und, da

$$P_l(\pm 1) = (\pm 1)^l$$

ist, bleibt

$$\int_{-1}^{+1} dt\, P_l(t)\, e^{ikrt} \to \frac{1}{ikr}(e^{ikr} - (-1)^l e^{-ikr}) = \frac{2i^l}{kr}\sin\left(kr - \frac{l\pi}{2}\right). \tag{51.7}$$

Einsetzen von Gln. (51.6) und (51.7) in Gl. (51.5) ergibt daher für alle l.

$$A_l = (2l + 1)i^l. \tag{51.8}$$

Die gesuchte Entwicklung, Gl. (51.3), lautet also

$$e^{ikz} = \frac{1}{kr}\sum_{l=0}^{\infty}(2l + 1)i^l j_l(kr) P_l(\cos\vartheta). \tag{51.9}$$

Benutzen wir die Kugelfunktionen

$$Y_{l,0} = \sqrt{\frac{2l+1}{4\pi}}\, P_l(\cos\vartheta)$$

in der Normierung von Gl. (AIV.8a), so können wir auch schreiben

$$e^{ikz} = \frac{1}{kr}\sum_{l=0}^{\infty}\sqrt{4\pi(2l+1)}\, i^l j_l(kr)\, Y_{l,0}(\vartheta). \tag{51.10}$$

Anm. 1. Die Entwicklung der ebenen Welle nach Drehimpulsen läßt sich bis zu einem gewissen Grade klassisch veranschaulichen. Alle Zustände haben $L_z = 0$ wegen $m = 0$; geht ein Teilchen im Abstande ρ am Koordinatenzentrum vorbei, so hat es den Drehimpuls $L = mv\rho$, der je nach dem Ort verschieden in $L_x = L\sin\varphi$ und $L_y = -L\cos\varphi$ zerfällt. Schreibt man $L \approx \hbar l$, so gibt $\rho = (\hbar/mv)l$ ein rohes Maß dafür, in welchem Abstand eine Partialwelle ihre größte Amplitude hat: Je größer *l*, um so größer der Abstand vom Zentrum und, wenn dort ein Potentialfeld eingebaut wird (wie in den folgenden Aufgaben), um so geringer dessen Einfluß. Es muß aber betont werden, daß diese halbklassische Darstellung nur heuristischen Wert hat, zumal alle physikalischen Größen der Quantenmechanik Bilinearformen aus *u* and *u** sind, in denen Interferenzterme auftreten. Nur für große *l* oszillieren die $P_l(\cos\vartheta)$ so schnell, daß die Interferenzen nahezu ausgelöscht werden und klassische Bilder in etwa verwendet werden können.

Anm. 2. In Gl. (51.10) ist ϑ der Winkel zwischen der Fortpflanzungsrichtung der ebenen Welle (hier speziell als *z*-Richtung gewählt) und der Richtung des Ortsvektors *r* zum Beobachter. Läuft die Welle nicht in *z*-Richtung, sondern in der Richtung eines Vektors *k* mit den Polarwinkeln Θ, Φ und ist γ der Winkel zwischen *k* und *r*, so können wir das Additionstheorem der Kugelfunktionen anwenden,

$$\sqrt{\frac{2l+1}{4\pi}}\, Y_{l,0}(\cos\gamma) = \sum_{m=-l}^{+l} Y^*_{l,m}(\Theta,\Phi)\, Y_{l,m}(\vartheta,\varphi) \tag{51.11}$$

und erhalten statt Gl. (51.10) die allgemeinere Formel

$$e^{i\mathbf{k}\cdot\mathbf{r}} = \frac{4\pi}{kr}\sum_{l=0}^{\infty}\sum_{m=-l}^{+l} i^l j_l(kr)\, Y^*_{l,m}(\Theta,\Phi)\, Y_{l,m}(\vartheta,\varphi)\,. \tag{51.12}$$

52. Aufgabe. Partialwellenzerlegung der Streuamplitude

Zur Behandlung der elastischen Streuung eines Teilchenstromes an einem festen Potentialfeld $V(r)$ muß man die asymptotische Randbedingung

$$u \to e^{ikz} + f(\vartheta)\frac{e^{ikr}}{r} \quad \text{für } r \to \infty \tag{52.1}$$

einführen (Sommerfeldsche Ausstrahlungsbedingung). Für $r \geq R$ sei $V(r) = 0$. Man drücke die Streuwelle mit Hilfe einer Entwicklung nach Partialwellen durch deren logarithmische Ableitungen auf der Kugel $r = R$ aus.

Lösung. Im Bereich $r < R$ ist die Wellenfunktion

$$u = \frac{1}{kr}\sum_{l=0}^{\infty} i^l (2l+1)\chi_l(r) P_l(\cos\vartheta) \tag{52.2}$$

mit

$$\chi_l''(r) + \left[k^2 - \frac{l(l+1)}{r^2} - \frac{2m}{\hbar^2}V(r)\right]\chi_l(r) = 0 \tag{52.3}$$

und der Randbedingung

$$\chi_l(0) = 0\,. \tag{52.4}$$

52. Aufgabe. Partialwellenzerlegung

Dies läßt die Amplituden der χ_l noch frei, nicht aber die von ihnen unabhängigen logarithmischen Ableitungen

$$kD_l =: (d(\log \chi_l)/dr)_{r=R} \, . \tag{52.5}$$

Unsere Aufgabe ist nun, die Streuamplitude $f(\vartheta)$ in Gl. (52.1) durch die D_l auszudrücken.

Außerhalb der Kugel $r = R$, also im kräftefreien Außenraum, schreiben wir

$$u = \frac{1}{kr} \sum_{l=0}^{\infty} i^l (2l+1) [j_l(kr) + \tfrac{1}{2}\alpha_l h_l^{(1)}(kr)] P_l(\cos\vartheta) \, . \tag{52.6}$$

Wären alle $\alpha_l = 0$, so wäre dies genau die ebene Welle e^{ikz} aus Gl. (51.9). Die $h_l^{(1)}$ sind Kugel-Hankel-Funktionen,

$$h_l^{(1)}(x) = j_l(x) + in_l(x) \to i^{-(l+1)} e^{ix}$$

(vgl. Aufgabe 41 für j_l und n_l). Sie beschreiben auslaufende Kugelwellen. Zerlegen wir

$$j_l(kr) \to \sin\left(kr - \frac{l\pi}{2}\right) = \frac{1}{2} i^{-(l+1)} (e^{ikr} - (-1)^l e^{-ikr})$$

in ein- und auslaufende Wellen, so können wir die Asymptotik zu Gl. (52.6)

$$u \to \frac{1}{2ikr} \sum_{l=0}^{\infty} (2l+1) [(1+\alpha_l) e^{ikr} - (-1)^l e^{-ikr}] P_l(\cos\vartheta) \tag{52.7}$$

schreiben. Zur Erhaltung der Teilchenzahl bei elastischer Streuung müssen nun die Intensitäten der ein- und auslaufenden Wellen übereinstimmen, d.h. es muß $|1 + \alpha_l|^2 = 1$ oder

$$\alpha_l = e^{2i\delta_l} - 1 \tag{52.8}$$

mit einer noch zu bestimmenden Phasenkonstanten δ_l sein. Damit läßt sich Gl. (52.7) kürzer als

$$u \to \frac{1}{kr} \sum_{l=0}^{\infty} (2l+1) i^l e^{i\delta_l} \sin\left(kr - \frac{l\pi}{2} + \delta_l\right) P_l(\cos\vartheta) \tag{52.9}$$

schreiben. Die δ_l bedeuten also die asymptotisch für große r auftretenden Phasenverschiebungen der nach (52.3) und (52.4) beschriebenen χ_l gegenüber den j_l im kräftefreien Fall.

Die Streuamplitude $f(\vartheta)$ entnehmen wir aus Gl. (52.1),

$$u - e^{ikz} \to f(\vartheta) \frac{e^{ikr}}{r} \, ,$$

150   IV. Zentralsymmetrische Probleme

als den α_l-Anteil von Gl. (52.7). Ersetzen wir noch α_l nach Gl. (52.8) durch δ_l, so entsteht

$$f(\vartheta) = \frac{1}{2ik} \sum_{l=0}^{\infty} (2l+1)(e^{2i\delta_l} - 1) P_l(\cos\vartheta) . \qquad (52.10)$$

Wir müssen schließlich noch die δ_l oder α_l mit den logarithmischen Ableitungen D_l von Gl. (52.5) verknüpfen. Da χ_l und χ'_l auf der Kugelfläche $r = R$ stetig sein müssen, können wir D_l aus den Funktionen für den kräftefreien Außenraum $r > R$ entnehmen. Nach Gl. (52.6) ist dort in willkürlicher Normierung

$$\chi_l = j_l + \tfrac{1}{2}\alpha_l h_l^{(1)} ;$$

daher wird mit der Abkürzung $x = kR$

$$D_l = \frac{j'_l(x) + \tfrac{1}{2}\alpha_l h_l^{(1)'}(x)}{j_l(x) + \tfrac{1}{2}\alpha_l h_l^{(1)}(x)},$$

wobei der Strich die Ableitung nach dem Argument x bedeutet. Zerlegen wir hier

$$j_l(x) = \tfrac{1}{2}[h_l^{(1)}(x) + h_l^{(2)}(x)] ,$$

wobei $h_l^{(2)}$ die zweite Kugel-Hankel-Funktion ist, und ersetzen nach Gl. (52.8), so erhalten wir

$$e^{2i\delta_l} = - \frac{h_l^{(2)'}(x) - D_l h_l^{(2)}(x)}{h_l^{(1)'}(x) - D_l h_l^{(1)}(x)} . \qquad (52.11)$$

Das ist in der Tat ein reiner Phasenfaktor, da für reelle x die beiden Funktionen $h_l^{(1)}$ und $h_l^{(2)}$ konjugiert komplex sind.

Anm. Im Grenzübergang $R \to \infty$ können wir unmittelbar Gl. (52.10) zur Bestimmung der Streuamplitude benutzen, solange die χ_l asymptotisch feste Phasenkonstanten δ_l besitzen wie in Gl. (52.9). Dies trifft nicht für das Coulombfeld zu, das nach Aufg. 50 eine logarithmisch unbegrenzt wachsende Phase besitzt.

53. Aufgabe. Definition des Streuquerschnitts

Welche Größen lassen sich in einem Streuexperiment messen und wie hängen sie mit der Wellenfunktion zusammen?
Lösung. In jedem Streuexperiment ist kr sehr groß. Denn einerseits ist $k = 2\pi/\lambda$ mit der de Broglie-Wellenlänge λ verknüpft, die von atomarer Größenordnung ist, und andererseits ist r für die Größe der Apparatur charakteristisch. Mit $\lambda \sim 10^{-7}$ cm und $r \sim 10$ cm führt das auf $kr \sim 10^8$.

53. Aufgabe. Definition des Streuquerschnitts

Der Streuvorgang kann für so große kr durch die asymptotische Formel (52.1) beschrieben werden,

$$u = C\left(e^{ikz} + f(\vartheta)\frac{e^{ikr}}{r}\right) \tag{53.1}$$

in freibleibender Normierung.

Gemessen werden nun zwei Größen, der in der ebenen Welle *einfallende Teilchenstrom pro Flächeneinheit* und der radial vom Streuzentrum (vom Target) ausgehende *Strom in einen kleinen, aber enlichen Raumwinkel* $\delta\Omega$. Aus Gl. (53.1) können wir zunächst nur eine Kombination beider entnehmen, können sie aber, außer für sehr kleine Ablenkwinkel ϑ, experimentell trennen, wenn der Primärstrom durch makroskopische Blenden begrenzt wird.

Die radiale Stromdichte ist nach Gl. (A.3)

$$s_r = \frac{\hbar}{2im}\left(u^*\frac{\partial u}{\partial r} - u\frac{\partial u^*}{\partial r}\right). \tag{53.2}$$

Mit Gl. (53.1) für die Wellenfunktion führt das auf

$$s_r = |C|^2(\hbar k/m)\left\{\cos\vartheta + \frac{|f|^2}{r^2} + \frac{f}{2r}\left[1 + \cos\vartheta + \frac{i}{kr}\right]e^{ik(r-z)}\right.$$
$$\left. + \frac{f^*}{2r}\left[1 + \cos\vartheta - \frac{i}{kr}\right]e^{-ik(r-z)}\right\}. \tag{53.3}$$

Die beiden ersten Terme rühren von je einem der beiden Glieder in Gl. (53.1) her; der erste gibt den Anteil der einfallenden ebenen Welle, der zweite die Intensität der Streuwelle. Die beiden folgenden Glieder sind Interferenzterme dieser beiden Anteile. Sie fallen nur wir $1/r$ mit der Entfernung ab, scheinen also die wie $1/r^2$ fallende Streuintensität weit zu übertreffen. Wir dürfen sie trotzdem ignorieren, weil ihre Exponentialfaktoren so schnell mit ϑ oszillieren, daß ihr Integral selbst über einen sehr kleinen Raumwinkel verschwindet:

$$\int_{\vartheta}^{\vartheta+\delta\vartheta} d\vartheta \sin\vartheta \sin k(r-z) = \int_{\vartheta}^{\vartheta+\delta\vartheta} d\vartheta \sin\vartheta \sin(2kr\sin^2\vartheta/2) = 0, \tag{53.4}$$

weil $kr \gg 1$ ist, so daß auch für sehr kleine $\delta\vartheta$ die Integration über viele Perioden des Sinus läuft.

Ist $|C|^2 = N$ die Zahl der in 1 cm³ enthaltenen einfallenden Teilchen, so ist wegen $\hbar k/m = v$ der Normierungsfaktor Nv in Gl. (53.3) die Zahl der pro cm² und sec einfallenden Teilchen. Auf einen Raumwinkel $\delta\Omega$ im

Abstand r, also auf eine kleine Fläche $r^2 \delta\Omega$ senkrecht zum Radius, fallen nach Gl. (53.3)

$$Nv \frac{|f|^2}{r^2} r^2 \delta\Omega = Nv|f(\vartheta)|^2 \delta\Omega$$

Teilchen pro Sekunde auf. Das Verhältnis beider Größen

$$\delta\sigma = |f(\vartheta)|^2 \delta\Omega \qquad (53.5)$$

ist unabhängig von der verwendeten primären Intensität. Es hat die Dimension eines Querschnitts und heißt *differentieller Streuquerschnitt*. Durch Integration über alle Richtungen,

$$\sigma = \oint d\Omega |f(\vartheta)|^2, \qquad (53.6)$$

erhalten wir daraus den *totalen Streuquerschnitt*. Setzen wir hier für $f(\vartheta)$ die Entwicklung von Gl. (52.10) ein und nutzen die Orthogonalität der Legendreschen Polynome aus, so entsteht für σ eine einfache Summe über Drehimpulse,

$$\sigma = \frac{4\pi}{k^2} \sum_{l=0}^{\infty} (2l+1) \sin^2 \delta_l. \qquad (53.7)$$

Anm. Die Partialwellenentwicklung von $f(\vartheta)$ konvergiert um so besser, je kleiner die Energie der gestreuten Teilchen und damit auch ihre Wellenzahl k ist. Dies folgt wie in Anm. 1 von Aufg. 51, wenn wir halbklassisch für den Drehimpuls $L = mv\rho$ oder, mit $L \approx \hbar l$ und $k = mv/\hbar$, $l \approx k\rho$ schreiben: Ein Teilchen mit der Drehimpulsquantenzahl l passiert das Streuzentrum im Abstand ρ und, je größer dieser Abstand ist, um so weniger wirkt das streuende Hindernis auf das Teilchen ein.

54. Aufgabe. Streuung an einem Potentialtopf

Man berechne den Streuquerschnitt für $l = 0$ an einem Potential $V(r)$ der gleichen Form wie $V(x)$ in Aufg. 31. Insbesondere soll der Fall $\lambda = 3$ durchgeführt werden.

Lösung. Der in Aufg. 31 beschriebene Potentialtopf (mit x statt r),

$$V(r) = -\frac{U}{\cosh^2(r/2a)}; \quad U = \frac{\hbar^2 \lambda(\lambda-1)}{8ma^2}; \quad \lambda > 1 \qquad (54.1)$$

wurde dort für gebundene Zustände negativer Energie behandelt. Zum Unterschied von dort ist für das kugelsymmetrische Problem die Randbedingung $\chi_l(r) = 0$ bei $r = 0$ zu berücksichtigen, die nur von der in Gl. (31.9) angegebenen Lösung u_- befriedigt wird. Setzen wir außerdem für

54. Aufgabe. Streuung an einem Potentialtopf

positive Energie in Gl. (31.3) $\kappa = ik$, so erhalten wir in willkürlicher Normierung für $l = 0$

$$\chi_0(r) = \cosh^\lambda \frac{r}{2a} \sinh\frac{r}{2a} \times$$

$$\times {}_2F_1\left(\frac{\lambda+1}{2} + ika, \frac{\lambda+1}{2} - ika, \frac{3}{2}; -\sinh^2\frac{r}{2a}\right). \quad (54.2)$$

Das ebenfalls in Aufg. 31 angegebene asymptotische Verhalten dieser Funktion bei $r \gg a$ ist

$$\chi_0(r) \to \Gamma\left(\frac{3}{2}\right)\left\{\frac{\Gamma(2ika)e^{-2ika\log 2}}{\Gamma((\lambda+1)/2 + ika)\Gamma(1 - (\lambda/2) + ika)}e^{ikr} + \text{c.c.}\right\}, \quad (54.3)$$

wobei die Abkürzung "c.c." für konjugiert komplex steht. Auf $\Gamma(2ika)$ wenden wir die Formel

$$\Gamma(2z) = \frac{1}{2\sqrt{\pi}}e^{2z\log 2}\Gamma(z)\Gamma(z + \tfrac{1}{2})$$

an. Mit $\Gamma(3/2) = \sqrt{\pi}/2$ folgt dann

$$\Gamma(\tfrac{3}{2})\Gamma(2ika) = \tfrac{1}{4}e^{2ika\log 2}\Gamma(ika)\Gamma(ika + \tfrac{1}{2}).$$

Damit geht Gl. (54.3) über in

$$\chi_0(r) \to \frac{1}{4}\left\{\frac{\Gamma(ika)\Gamma(1/2 + ika)}{\Gamma((\lambda+1)/2 + ika)\Gamma(1 - (\lambda/2) + ika)}e^{ikr} + \text{c.c.}\right\}, \quad (54.4)$$

Ist λ eine ganze Zahl, so lassen sich die Γ-Funktionen des Nenners nach der Formel

$$\Gamma(z + 1) = z\Gamma(z)$$

auf diejenigen des Zählers reduzieren, z.B. für $\lambda = 3$,

$$\Gamma\left(\frac{\lambda+1}{2} + ika\right) = (1 + ika)ika\,\Gamma(ika);$$

$$\Gamma\left(1 - \frac{\lambda}{2} + ika\right) = \Gamma\left(-\frac{1}{2} + ika\right) = \Gamma\left(\frac{1}{2} + ika\right)\bigg/\left(-\frac{1}{2} + ika\right).$$

Daher wird in diesem Fall

$$\chi_0(r) \to \frac{1}{4}\left\{\frac{ika - 1/2}{(1 + ika)ika}e^{ikr} + \text{c.c.}\right\}. \quad (54.5)$$

IV. Zentralsymmetrische Probleme

Eine elementare Umformung führt auf

$$\frac{ika - 1/2}{(1 + ika)ika} = \frac{\sqrt{4(ka)^4 + 5(ka)^2 + 1}}{2ka[1 + (ka)^2]} \exp\left[i\arctan\frac{1 - 2(ka)^2}{3ka}\right], \tag{54.6}$$

woraus

$$\chi_0(r) \to C\cos\left[kr + \arctan\frac{1 - 2(ka)^2}{3ka}\right] \tag{54.7}$$

folgt.

Nun soll nach Gl. (52.9) für $l = 0$ asymptotisch

$$\chi_0 \to C\sin(kr + \delta_0)$$

werden; mit Gl. (54.7) führt das auf

$$\delta_0 = \frac{\pi}{2} + \arctan\frac{1 - 2(ka)^2}{3ka} \tag{54.8}$$

und

$$\sin\delta_0 = \cos\left[\arctan\frac{1 - 2(ka)^2}{3ka}\right].$$

Mit der Identität

$$\cos(\arctan z) = (1 + z^2)^{-1/2}$$

erhalten wir den Beitrag von $l = 0$ zum Streuquerschnitt

$$\sigma_0 = \frac{4\pi}{k^2}\sin^2\delta_0 = \frac{36\pi a^2}{1 + 5(ka)^2 + 4(ka)^4}. \tag{54.9}$$

Solange $ka \ll 1$ ist, also für relativ kleine Energien ($E \ll U$), ist dies der Hauptbeitrag zum Streuquerschnitt, d.h. die Entwicklung nach Partialwellen konvergiert so schnell, daß der Beitrag von $l = 1$ bereits vernachlässigt werden darf.

55. Aufgabe. Streuung an der harten Kugel

Die elastische Streuung an einer "harten" Kugel vom Radius R, d.h. einer für die Teilchen undurchdringlichen Kugel, soll untersucht werden. Insbesondere sollen die Teilquerschnitte für $l = 0$ bis $l = 4$ diskutiert werden.

55. Aufgabe. Streuung an der harten Kugel

Lösung. Für die harte Kugel lauten die Randbedingungen bei $r = R$

$$\chi_l(R) = 0 , \tag{55.1}$$

so daß die logarithmische Ableitung D_l dort unendlich groß wird. Dann ergibt Gl. (52.11) mit der Abkürzung $kR = x$

$$e^{2i\delta_l} = - h_l^{(2)}(x)/h_l^{(1)}(x) .$$

Mit

$$i \tan \delta_l = \frac{e^{2i\delta_l} - 1}{e^{2i\delta_l} + 1}$$

und

$$h_l^{(1)} = j_l + i n_l; \quad h_l^{(2)} = j_l - i n_l$$

führt das auf

$$\tan \delta_l = \frac{j_l(x)}{n_l(x)} \tag{55.2}$$

in reeller Schreibweise. Die gesuchten Teilquerschnitte sind durch Gl. (53.7) bestimmt:

$$\sigma = \sum_{l=0}^{\infty} \sigma_l; \quad \sigma_l = 4\pi R^2 (2l+1) \left(\frac{\sin \delta_l}{x} \right)^2 \tag{55.3}$$

oder nach Gl. (55.2)

$$\sigma_l = 4\pi R^2 \frac{2l+1}{x^2} \frac{j_l(x)^2}{j_l(x)^2 + n_l(x)^2} . \tag{55.4}$$

Die Funktionen $j_l(x)$ und

$$n_l(x) = (-1)^{l+1} j_{-l-1} \tag{55.5}$$

sind so normiert, daß ihre Wronski-Determinante

$$W_l = j_l n_l' - n_l j_l' = 1$$

wird. Sie genügen den Rekursionsformeln

$$j_{l+1} + j_{l-1} = \frac{2l+1}{x} j_l; \quad n_{l+1} + n_{l-1} = \frac{2l+1}{x} n_l \tag{55.6}$$

und haben die Form

$$j_l = A_l \sin x + B_l \cos x; \quad n_l = B_l \sin x - A_l \cos x , \tag{55.7}$$

wobei die $A_l(x)$ und $B_l(x)$ Polynome in $1/x$ sind. Für die niedrigsten l wird

$$A_0 = 1; \quad A_1 = \frac{1}{x}; \quad A_2 = \frac{3}{x^2} - 1; \quad A_3 = \frac{15}{x^3} - \frac{6}{x};$$

$$B_0 = 0; \quad B_1 = -1; \quad B_2 = -\frac{3}{x}; \quad B_3 = -\frac{15}{x^2} + 1;$$

$$A_4 = \frac{105}{x^4} - \frac{45}{x^2} + 1; \quad B_4 = -\frac{105}{x^3} + \frac{10}{x}. \tag{55.8}$$

Ebenso werden die im Nenner von Gl. (55.4) erscheinenden Ausdrücke $j_l^2 + n_l^2 = A_l^2 + B_l^2$ Polynome. Für die Teilquerschnitte entstehen so aus Gl. (55.4) elementare Formeln, z.B.

$$\sigma_0 = 4\pi R^2 \left(\frac{\sin x}{x}\right)^2; \quad \sigma_1 = 4\pi R^2 \frac{3}{1+x^2}\left(\frac{\sin x}{x} - \cos x\right)^2 \tag{55.9}$$

usw.

Die Funktionen j_l und n_l sind in der Literatur[1] weitgehend tabuliert, was wir auch ausnutzen können, um unmittelbar Gl. (55.4) der numerischen Rechnung zugrundezulegen.

Nach Gl. (55.9) wird $\sigma_0 = 0$ für $x = kR = \pi$. Im totalen Streuquerschnitt wird diese Nullstelle kaum sichtbar, da bei einem so großen Wert von x die Teilquerschnitte σ_1 und σ_2 bereits dominieren (Tabelle, Einheit: $4\pi R^2$). Für $kR \le 4$ hat kein anderes j_l und daher auch kein anderes σ_l eine Nullstelle; die nächsthöhere ist die für j_1 bei $x = 4{,}4936$, was sich bereits in

$kR = x$	σ_0	σ_1	σ_2	σ_3	σ_4
0	1	0	0		
0.5	0.91941	0.01585	0.00001		
1.0	0.70807	0.13606	0.00148		
1.5	0.44222	0.32745	0.01972	0.00017	
2.0	0.20671	0.45497	0.08515	0.00292	0.00002
2.5	0.05731	0.44802	0.19772	0.01874	0.00044
3.0	0.00221	0.32263	0.30872	0.06394	0.00372
3.5	0.01004	0.15833	0.35641	0.14180	0.01740
4.0	0.03580	0.03807	0.31216	0.22910	0.05189

---

[1] Z.B. bei M. Abramowitz und I.A. Stegun, Handbook of Mathematical Functions. Die dort mit j_l und y_l bezeichneten Funktionen sind in unserer Bezeichnung $j_l(x)/x$ und $n_l(x)/x$.

dem scharfen Abfall von σ_1 bei $x = 4$ ankündigt. Nullstellen der n_l haben viel geringeren Einfluß. Der Grund dafür wird deutlich aus Gl. (55.4): Für $n_l = 0$ wird $\sin^2 \delta_l = 1$ ein Maximum. Das zeigt sich bei σ_1, das ein flaches Maximum kurz vor der Nullstelle von n_1 bei $x = 2{,}798$ hat. Andere Nullstellen treten im Bereich der Tabelle nicht auf.

Im ganzen zeigt die Tabelle, daß die σ_l zunächst um so langsamer mit kR ansteigen, je größer l ist. Dies folgt unmittelbar aus dem Verhalten von j_l und n_l für $x \ll l$, wo $j_l \sim x^{l+1}$ und $n_l \sim x^{-l}$, also nach Gl. (55.4) der Teilquerschnitt $\sigma_l \sim x^{4l}$ wird. Je kleiner die Energie ($\sim x^2$), um so besser konvergiert daher die Entwicklung von σ nach Drehimpulsen.

Anm. Die Konvergenz der Entwicklung nach Drehimpulsen beweist man folgendermaßen: Für Reihenglieder $l \gg x$ kann man j_l und n_l durch das erste Glied ihrer Potenzreihe bei $x = 0$ annähern,

$$j_l \approx \frac{\sqrt{\pi}}{\Gamma(l + 3/2)} \left(\frac{x}{2}\right)^{l+1}; \quad n_l \approx -\frac{\Gamma(l + 1/2)}{\sqrt{\pi}} \left(\frac{2}{x}\right)^l. \tag{55.10}$$

Dann werden die Teilquerschnitte σ_l wegen $|n_l| \gg j_l$ proportional zu $(j_l/n_l)^2$:

$$\sigma_l \approx 4\pi R^2 \frac{2\pi^2}{(l + 1/2)\Gamma(l + 1/2)^4} \left(\frac{x}{2}\right)^{4l}.$$

Das führt auf Quotienten

$$\sigma_{l+1}/\sigma_l \approx \left(\frac{x}{2l}\right)^4,$$

so daß für $x \ll l$ eine gut konvergente geometrische Reihe der Restglieder entsteht.

56. Aufgabe. Streuung am Potentialschacht

Die elastische Streuung eines Teilchenstroms der Energie $E = \hbar^2 k^2/2m$ an dem Potentialschacht der Abb. 27 soll für $l = 0$ und $l = 1$ untersucht werden. Was geschieht, wenn der Topf durch ein abstoßendes Potential ersetzt wird?

Lösung. Für $r < R$ ist $\chi_l(r) = C_l j_l(Kr)$; daher ist in der Bezeichnungsweise von Gl. (52.5)

$$xD_l = Xj_l'(X)/j_l(X) \tag{56.1}$$

mit $X = KR$ und $x = kR$. Dabei bedeutet der Strich die Ableitung nach X. Anderseits folgt aus Gl. (52.11) nach einfachen Umformungen

$$\tan \delta_l = \frac{D_l j_l(x) - j_l'(x)}{D_l n_l(x) - n_l'(x)}. \tag{56.2}$$

158   IV. Zentralsymmetrische Probleme

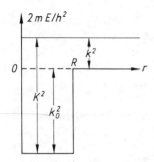

Abb. 27. Bezeichnungen am Potentialschacht

Setzen wir D_l aus Gl. (56.1) in Gl. (56.2) ein, so können wir zu jedem l die Phase δ_l berechnen.

Für $l = 0$ erhalten wir mit $j_0(x) = \sin x$ für die Gln. (56.1) und (56.2) speziell

$$xD_0 = X \cot X; \quad \tan \delta_0 = \frac{D_0 \sin x - \cos x}{-D_0 \cos x - \sin x}.$$

Die letzte Formel führt durch einfache Umformungen auf

$$\delta_0 = -x + \arctan\left(x \frac{\tan X}{X}\right). \tag{56.3}$$

Um den Streuquerschnitt zu erhalten, müssen wir das in

$$\sigma_0 = 4\pi R^2 \frac{\sin^2 \delta_0}{x^2} \tag{56.4}$$

einsetzen. Zwei Fälle sind hier von besonderem Interesse:

1. In der Umgebung einer Energie, für die $X = (2n + 1)\pi/2$ wird, so daß $\tan X$ über alle Grenzen wächst, springt δ_0 von $-x + \pi/2$ auf $-x - \pi/2$ (Resonanzverhalten, vgl. Aufg. 19). Der Streuquerschnitt wird an dieser Stelle $\sigma_0 = 4\pi R^2 (\cos^2 x)/x^2$; er zeigt keine besondere Anomalie. Die Wellenfunktion wird für $X = \pi/2$

$$\chi_0 = \begin{cases} \sin Kr & \text{für } r < R \\ \cos k(r - R) & \text{für } r > R \end{cases}$$

mit $\chi_0'(R) = 0$ und hat innen ($r < R$) dieselbe Amplitude wie außen ($r > R$); im Sinne von Aufg. 15 liegt ein virtuelles Niveau vor. Ein Zahlenbeispiel mag dies veranschaulichen: Für einen Potentialtopf der Größe $k_0 R = 1,5$ erreicht $X = \sqrt{2,25 + x^2}$ für $x = 0,46626$ den Resonanzwert $\pi/2$, an dem $\tan X$ über alle Grenzen wächst. Die Tabelle zeigt, daß an dieser Stelle δ_0

x	δ_0	$\sin^2 \delta_0$
0	0	0
0,1	0,67757	0,39300
0,2	0,95989	0,67097
0,3	1,06415	0,76454
0,4	1,09958	0,79391
0,45	1,11336	0,80494
0,46626	$\left\{ \begin{array}{c} 1{,}10454 \\ -2{,}03705 \end{array} \right\}$	0,79791
0,50	− 2,03810	0,79707
0,6	− 2,07312	0,78676
0,7	− 2,10141	0,76819

unstetig um π springt, da $\tan X$ unstetig von $+\infty$ nach $-\infty$ springt. In $\sin^2 \delta_0$ und damit auch in σ_0, Gl. (56.4), ergibt dies keine Unstetigkeit.

2. Bei sehr kleinen Energien, d.h. für $x \ll 1$, kann der arctan durch sein Argument ersetzt werden, solange nicht $\tan X$ zu groß wird. Dann geht Gl. (56.3) über in

$$\delta_0 = x \left(\frac{\tan X}{X} - 1 \right). \tag{56.5}$$

Da δ_0 dann ebenfalls sehr klein ist, kann es gleich $\sin \delta_0$ gesetzt werden, und es entsteht in dieser Näherung

$$\sigma_0 = 4\pi R^2 \left(\frac{\tan X}{X} - 1 \right)^2. \tag{56.6}$$

Für $l = 1$ sind die Funktionen

$$j_1(x) = \frac{\sin x}{x} - \cos x: \quad n_1(x) = -\sin x - \frac{\cos x}{x}$$

aus der vorstehenden Aufgabe zu entnehmen. Mit ihnen gibt Gl. (56.1)

$$x D_1 = \frac{X^2 \tan X}{\tan X - X} - 1 \tag{56.7}$$

und Gl. (56.2)

$$\tan \delta_1 = - \frac{(xD_1 + 1)(\tan x - x) - x^2 \tan x}{(xD_1 + 1)(1 + x \tan x) - x^2}.$$

160　IV. Zentralsymmetrische Probleme

Mit der Abkürzung

$$p = xD_1 + 1 = \frac{X^2 \tan X}{\tan X - X} \tag{56.8}$$

schreiben wir dann einfacher

$$\tan \delta_1 = -\frac{(p - x^2) \tan x - px}{(p - x^2) + px \tan x},$$

woraus schließlich

$$\delta_1 = -x + \arctan \frac{px}{p - x^2} \tag{56.9}$$

hervorgeht. Hier hängt die durch Gl. (56.8) definierte Größe p allein von X ab.

Auch für $l = 1$ prägt sich die Stelle bei $X = \pi/2$ nicht im Streuquerschnitt aus; denn wenn $|\tan X|$ über alle Grenzen wächst, wird p nach Gl. (56.8) davon unabhängig gleich X^2 und in der Umgebung dieser Energie nur wenig veränderlich. Allerdings ist dies auch keine Resonanzstelle für $l = 1$, da $\chi'_1(X)$ nicht verschwindet.

Ist $x \ll 1$, so wird $p \gg x^2$, und wir können in Gl. (56.9) entwickeln:

$$\arctan \frac{px}{p - x^2} \approx x\left(1 + \frac{x^2}{p}\right) - \frac{1}{3} x^3 \ldots$$

Daher wächst

$$\delta_1 \approx \left(\frac{1}{p} - \frac{1}{3}\right) x^3$$

nur wie x^3, σ_1 also wie $x^4 = (kR)^4$ mit der zweiten Potenz der Energie, während δ_0 nach Gl. (56.5) proportional zu x wird, so daß σ_0 nach Gl. (56.6) auch bei $x = 0$ endlich bleibt. Dies zeigt noch einmal deutlich, daß für kleine Energie der Beitrag von $l = 0$ zum Streuquerschnitt dominiert.

Für das Zahlenbeispiel $k_0 R = 1{,}5$ seien in der Tabelle noch einige numerische Werte angefügt. Man sieht den stetigen Verlauf von p mit nur geringen Änderungen, vor allem aber die Kleinheit von δ_1 im Vergleich mit den oben angegebenen Werten von δ_0. Bei $x = 0{,}5$ erhält man

$$\sin^2 \delta_0 = 0{,}79707$$

$$3 \sin^2 \delta_1 = 0{,}000186 \, .$$

Die Beiträge von σ_1 stellen daher bei $x = 0{,}5$ erst eine Korrektur von 0,023% an σ_0 dar, die auch für $x = 0{,}7$ erst auf 0,18% anwächst.

x	p	δ_1
0	2,51783	0
0,1	2,51552	0,000 064
0,2	2,50861	0,000 510
0,3	2,49704	0,001 716
0,4	2,48079	0,004 051
0,5	2,45977	0,007 871
0,6	2,43391	0,013 507
0,7	2,40308	0,021 256

Für ein *abstoßendes Potential* $V(r) = +U$ innerhalb $r = R$ müssen wir die Fälle $E > U$ und $E < U$ getrennt betrachten. Im ersten Fall ändert sich im Prinzip nichts, außer daß mit $2mUR^2/\hbar^2 = x_0^2$ jetzt $X^2 = x^2 - x_0^2$ statt $x^2 + x_0^2$ wird. Ist jedoch $E < U$, so wird diese Größe negativ, so daß wir in allen vorherigen Formeln

$$X = i Y; \qquad Y^2 = x_0^2 - x^2 > 0$$

zu ersetzen haben. Die Gln. (56.3), bzw. (56.8) und (56.9) gehen dann über in

$$\delta_0 = -x + \arctan\left(x \frac{\tanh Y}{Y}\right)$$

und

$$\delta_1 = -x + \arctan \frac{px}{p - x^2} \text{ mit } p = \frac{Y^2}{Y - \tanh Y} \tanh Y.$$

Ist $Y \gg 1$, so wird $\tanh Y \approx 1$, und die Formeln vereinfachen sich zu

$$\delta_0 \approx -x\left(1 - \frac{1}{Y}\right)$$

und

$$\delta_1 \approx -x + \arctan \frac{x}{1 - x^2/Y}.$$

Hier ist der Grenzübergang $Y \to \infty$ zur harten Kugel von Aufg. 55 leicht zu vollziehen:

$$\delta_0 = -x; \quad \delta_1 = -x + \arctan x.$$

Dies folgt ebenso aus Gl. (55.2), wenn wir dort $j_l(x)$ und $n_l(x)$ einsetzen.

57. Aufgabe. Anomale Streuung

Für das in Abb. 28 skizzierte Potential

$$\frac{2m}{\hbar^2} V(r) = \begin{cases} -K_1^2 & \text{für } 0 \leqslant r < r_1 \\ +K_0^2 & \text{für } r_1 \leqslant r < R \\ 0 & \text{für } R \leqslant r < \infty \end{cases} \tag{57.1}$$

sollen die Phasenverschiebungen δ_0 als Funktion der Energie $E = \hbar^2 k^2/2m$ berechnet werden. Sie sind mit denjenigen $\bar{\delta}_0$ zu vergleichen, die man erhält, wenn man die Anomalie bei $r < r_1$ beseitigt, d.h. für das Potential

$$\frac{2m}{\hbar^2} \bar{V}(r) = \begin{cases} +K_0^2 & \text{für } 0 \leqslant r < R \\ 0 & \text{für } R \leqslant r < \infty \end{cases} \tag{57.\bar{1}}$$

Der Vergleich werde an dem Zahlenbeispiel $K_0 R = 4$, $K_1 R = 3$, $r_1 = \frac{1}{2} R$ durchgeführt.

Lösung. Aus Abb. 28 entnehmen wir

$$\kappa^2 = K_0^2 - k^2; \quad K^2 = K_1^2 + k^2 \tag{57.2}$$

für Energien unterhalb der Potentialschwelle. (Für $k^2 > K_0^2$ wird κ rein imaginär.) Die radiale Wellenfunktion lautet

$$\chi_0(r) = \begin{cases} C_1 \sin Kr & \text{für } 0 \leqslant r < r_1 \\ C_2 (\sinh \kappa r + \gamma \cosh \kappa r) & \text{für } r_1 \leqslant r < R \\ \sin(kr + \delta_0) & \text{für } R \leqslant r < \infty \end{cases} \tag{57.3}$$

Solange wir nur Phasen und keine Amplituden zu berechnen haben, genügt es, die Stetigkeit der logarithmischen Ableitung χ_0'/χ_0 bei $r = r_1$ und $r = R$ zu fordern. Das führt auf

$$K \cot K r_1 = \kappa \frac{\cosh \kappa r_1 + \gamma \sinh \kappa r_1}{\sinh \kappa r_1 + \gamma \cosh \kappa r_1} \tag{57.4}$$

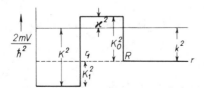

Abb. 28. Potentialwall. Bezeichnungen der Aufgabe 57

57. Aufgabe Anomale Streuung

und

$$\frac{\cosh \kappa R + \gamma \sinh \kappa R}{\sinh \kappa R + \gamma \cosh \kappa R} = k \cot(kR + \delta_0).\qquad(57.5)$$

Mit den Zeichen

$$x = kR, \quad X = KR, \quad y = \kappa R \qquad(57.6)$$

und dem speziellen Wert $r_1 = R/2$ erhalten wir durch Auflösen von Gl. (57.4) nach γ

$$\gamma = \left(\frac{y}{X}\tan\frac{X}{2} - \tanh\frac{y}{2}\right)\bigg/\left(1 - \frac{y}{X}\tan\frac{X}{2}\tanh\frac{y}{2}\right)\qquad(57.7)$$

und von Gl. (57.5) nach δ_0

$$\delta_0 = -x + \arctan\left[\frac{x}{y}\frac{\tanh y + \gamma}{1 + \gamma \tanh y}\right].\qquad(57.8)$$

Setzen wir γ aus Gl. (57.7) in (57.8) ein, so entsteht nach einigen elementaren Umformungen die Schlußformel

$$\delta_0 = -x + \arctan\left[\frac{x}{y}\frac{\tanh(y/2) + (y/X)\tan(X/2)}{1 + (y/X)\tan(X/2)\tanh(y/2)}\right].\qquad(57.9)$$

Diese Phasen sollen verglichen werden mit $\bar{\delta}_0$ für das Potential $\bar{V}$. In diesem Fall wird $r_1 = 0$, und Gl. (57.3) gibt $\gamma = 0$, so daß Gl. (57.8) sofort in

$$\bar{\delta}_0 = -x + \arctan\left(\frac{x}{y}\tanh y\right)\qquad(57.10)$$

übergeht.

Zahlenbeispiel. Die Ergebnisse für $K_0 R = 4$ und $K_1 R = 3$ mit $r_1 = R/2$ sind in Abb. 29 für $x < 7$ dargestellt. Dabei liegt für $x > 4$ das Energieniveau oberhalb der Potentialschwelle, was im wesentlichen auf die Ersetzung von y durch iy in allen Formeln hinausläuft. Bei niedrigen Energien, etwa bis aufwärts zu $x = 2$, dringt die Welle nicht tief genug in den Potentialwall ein, um von dem Potentialverlauf bei $r < r_1$ beeinflußt zu werden; δ_0 und $\bar{\delta}_0$ unterscheiden sich deshalb fast gar nicht von einander, obwohl natürlich beide von dem Wert $\delta_0 = -x$ der harten Kugel (Aufgabe 55) abweichen. Bei höheren Energien "sieht" die Welle das Innengebiet, und hier zeigt sich in dem völlig verschiedenen Verlauf von δ_0 und $\bar{\delta}_0$ sehr deutlich der Einfluß der Streuanomalie. Insbesondere deutet der steile Anstieg von δ_0 um $x = 2,92$ herum das Vorliegen einer Resonanz an. Das Argument des arctan in Gl. (57.9) springt bei $x = 2,919$ von $+\infty$

164 IV. Zentralsymmetrische Probleme

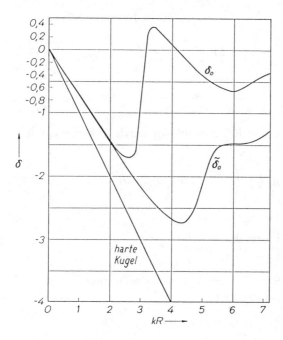

Abb. 29. Phase δ_0 für $l = 0$ bei anomaler Streuung an einem Potentialtopf, der von einem Wall umgeben ist. Zum Vergleich die Phase $\bar{\delta}_0$ bei Wegfall des Topfes. Die gerade Linie gilt für die harte Kugel

auf $-\infty$, so daß die Phase um π springen würde, wenn wir nicht durch Übergang auf den nächsten parallelen Zweig des arctan Stetigkeit herbeiführen würden. Dies charakteristische Resonanzverhalten tritt in $\bar{\delta}_0$ natürlich nicht auf.

58. Aufgabe. Streuung an einer dünnwandigen Kugel

Eine Kugel vom Radius R ist von einer dünnwandigen Potentialschwelle der Opazität Ω umschlossen. Die elastische Streuung eines Teilchenstroms an dieser Kugel soll untersucht werden.

Lösung. In Aufg. 17 wurde an einem eindimensionalen Problem gezeigt, daß für das Potential

$$V(r) = \frac{\hbar^2}{m} \Omega \, \delta(r - R) \tag{58.1}$$

die Randbedingung

$$\lim_{\varepsilon \to 0} \left\{ \frac{d(\log \chi_l(R + \varepsilon))}{dr} - \frac{d(\log \chi_l(R - \varepsilon))}{dr} \right\} = 2\Omega \tag{58.2}$$

58. Aufgabe. Streuung an dünnwandiger Kugel

zu erfüllen ist. Hierzu tritt für das zentralsymmetrische Potential noch die Randbedingung $\chi_l(0) = 0$. Damit können wir von

$$\chi_l(r) = \begin{cases} C j_l(kr) & \text{für } r < R \\ j_l(kr) \cos \delta_l - n_l(kr) \sin \delta_l & \text{für } r > R \end{cases} \tag{58.3}$$

mit der Asymptotik für $kr \gg l$

$$\chi_l(r) \to \sin(kr - l\pi/2 + \delta_l) \tag{58.4}$$

ausgehen. Gleichung (58.2) lautet dann explicite

$$\frac{j_l'(x) \cos \delta_l - n_l'(x) \sin \delta_l}{j_l(x) \cos \delta_l - n_l(x) \sin \delta_l} - \frac{j_l'(x)}{j_l(x)} = \frac{2\Omega}{k}, \tag{58.5}$$

wobei der Strich die Ableitung der Funktionen nach ihrem Argument

$$x = kR \tag{58.6}$$

markiert. Auflösung von Gl. (58.5) nach $\tan \delta_l$ unter Berücksichtigung der Wronski-Determinante

$$j_l n_l' - n_l j_l' = 1 \tag{58.7}$$

und von $2\Omega/k = 2\Omega R/x$ ergibt dann

$$\tan \delta_l = \frac{j_l(x)^2}{n_l(x) j_l(x) - x/2\Omega R}. \tag{58.8}$$

Für das Zahlenbeispiel $2\Omega R = 5$ sind in Abb. 30 die Teilquerschnitte σ_l in geeigneter Normierung aufgetragen, nämlich die Größem $(2l + 1) \sin^2 \delta_l$ unter Auslassung des monoton mit wachsendem $x = kR$ abnehmenden Faktors $4\pi/k^2$. Für $l = 0$ gibt es zwei Resonanzen zwischen $x = 2$ und $x = 3$, an denen der Nenner von Gl. (58.8) verschwindet und $\tan \delta_0$ über alle Grenzen wächst, so daß δ_0 jeweils um π springt. An beiden, in Abb. 30 markierten Stellen ist $\sin^2 \delta_0 = 1$ maximal. Bei $x = \pi$ folgt die erste Nullstelle von σ_0, da dort in Gl. (58.8) der Zähler wegen $j_0(x) = \sin x$ verschwindet. Die Beiträge von $l = 1$ und $l = 2$ (und erst recht von höheren l) verlaufen zunächst so flach, daß ihre Beiträge für kleine x neben σ_0 vernachlässigt werden können. Mit wachsenden x tragen sie immer mehr bei, jeweils etwa von $x \approx l$ ab, wobei sie infolge des Faktors $2l + 1$ sehr schnell sogar überwiegen können. Hier bestätigt sich wieder die Faustregel, daß die Entwicklung nach Partialwellen für kleine Energien am schnellsten konvergiert und daß für einen gegebenen Wert von $x = kR$ alle Glieder bis einschließlich $l \approx x$ zu berücksichtigen sind. Dabei ist im allgemeinen R nicht so scharf definiert wie hier und gibt lediglich die Größenordnung der Ausdehnung des Streugebietes an.

166 IV. Zentralsymmetrische Probleme

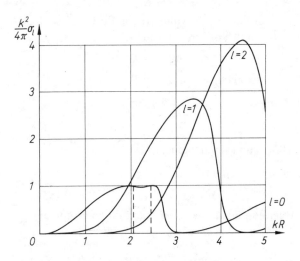

Abb. 30. Teilquerschnitte für die dünnwandige Kugel

59. Aufgabe. Rutherfordsche Streuformel

Elektronen der Ladung $-e$ werden an einem ruhenden, unendlich schwer gedachten Atomkern der Ladung $+Ze$ gestreut. Die endliche Ausdehnung des Kerns werde vernachlässigt. Man untersuche die Streuung unter Benutzung parabolischer Koordinaten.

Lösung. Die Koordinatenwahl läßt sich von dem bekannten experimentellen Befund der Rutherfordschen Streuung rechtfertigen. Danach muß sich die Wellenfunktion asymptotisch wie

$$u \to e^{ikz} + \frac{A}{\sin^2(\vartheta/2)} \frac{e^{ikr}}{r} \tag{59.1}$$

verhalten, wenn man von den für das Coulombfeld nach Aufg. 50 charakteristischen logarithmischen Phasen in den Exponenten absieht. In den Parabelkoordinaten

$$\xi = r - z = 2r \sin^2 \vartheta/2$$
$$\eta = r + z = 2r \cos^2 \vartheta/2$$
$$\varphi = \arctan y/x \tag{59.2}$$

59. Aufgabe. Rutherfordsche Streuformel

nimmt nun Gl. (59.1) die einfache Form

$$u \to e^{ikz}\left(1 + \frac{2A}{\xi} e^{ik\xi}\right) \tag{59.3}$$

an. Wir setzen deshalb versuchsweise für *alle* Entfernungen vom Streuzentrum

$$u = e^{ikz} f(\xi) \tag{59.4}$$

an. Aus der Schrödingergleichung

$$\nabla^2 u + \left(k^2 + \frac{2k\kappa}{r}\right) u = 0 \tag{59.5}$$

mit

$$k^2 = \frac{2mE}{\hbar^2} = \left(\frac{mv}{\hbar}\right)^2; \quad \kappa = \frac{Ze^2}{\hbar v}$$

erhalten wir dann zunächst

$$\nabla^2 f + 2ik \frac{\partial f}{\partial z} + \frac{2k\kappa}{r} f = 0. \tag{59.6}$$

In den Koordinaten von Gl. (59.2) lautet der Laplace-Operator

$$\nabla^2 = \frac{4}{\xi + \eta}\left[\frac{\partial}{\partial \xi}\left(\xi \frac{\partial}{\partial \xi}\right) + \frac{\partial}{\partial \eta}\left(\eta \frac{\partial}{\partial \eta}\right) + \frac{\xi + \eta}{4\xi\eta} \frac{\partial^2}{\partial \varphi^2}\right] \tag{59.7a}$$

und ferner wird

$$r = \frac{1}{2}(\xi + \eta); \quad \frac{\partial}{\partial z} = \frac{2}{\xi + \eta}\left(-\xi \frac{\partial}{\partial \xi} + \eta \frac{\partial}{\partial \eta}\right). \tag{59.7b}$$

Soll f nur von ξ abhängen, so ergibt sich hieraus für Gl. (59.6)

$$\frac{d}{d\xi}\left(\xi \frac{df}{d\xi}\right) - ik\xi \frac{df}{d\xi} + k\kappa f = 0$$

oder

$$f'' + (1 - ik\xi)f' + k\kappa f = 0. \tag{59.8}$$

Das ist eine Differentialgleichung vom Kummerschen Typ, deren bei $\xi = 0$ reguläre Lösung die konfluente hypergeometrische Reihe ist:

$$f(\xi) = C \, _1F_1(i\kappa, 1; ik\xi). \tag{59.9}$$

Wir müssen nun zeigen, daß die so gefundene Lösung der Schrödingergleichung (59.5),

$$u = C\, e^{ikz}\, {}_1F_1(i\kappa, 1; ik\xi)\,, \tag{59.10}$$

für $r \to \infty$ das korrekte, der Gl. (59.1) entsprechende asymptotische Verhalten besitzt. Nach Gl. (59.2) geht dann auch $\xi \to \infty$, außer wenn ϑ sehr klein wird, d.h. wenn $kr\,\vartheta^2 \sim 1$ ist. Dies bleibt ohne praktische Bedeutung, führt aber zu einer unphysikalischen Divergenz des Streuquerschnitts bei $\vartheta = 0$. Ihre Ursache ist die gleiche wie die der logarithmisch wachsenden Phase: Das Coulombpotential fällt für $r \to \infty$ so langsam ab, daß auch in großem Abstand am Streuzentrum vorbeilaufende Teilchen noch immer merklich zur Streuwelle beitragen.

Die Variable ξ ist nach Gl. (59.2) positiv reell, das Argument der konfluenten Reihe in Gl. (59.10) also positiv imaginär. Gerade dort versagen aber die üblichen asymptotischen Entwicklungen[1]. Wir gehen deshalb mit Hilfe der allgemeinen Beziehung

$${}_1F_1(a, c; t) = e^t\, {}_1F_1(c - a, c; -t) \tag{59.11}$$

über zu der Schreibweise

$$u = C\, e^{ik(z+\xi)}\, {}_1F_1(1 - i\kappa, 1; -ik\xi)\,. \tag{59.12}$$

Mit Standardformeln erhält man dann für die Asymptotik zunächst

$${}_1F_1(1 - i\kappa, 1; -ik\xi) \to e^{-i\pi(1-i\kappa)} \frac{1}{\Gamma(i\kappa)} (-ik\xi)^{-1+i\kappa}$$

$$+ \frac{1}{\Gamma(1-i\kappa)} e^{-ik\xi} (-ik\xi)^{-i\kappa}$$

oder nach einigen Umformungen

$${}_1F_1(1 - i\kappa, 1; -ik\xi) \to \frac{e^{-\pi\kappa/2}}{\Gamma(1-i\kappa)} \left\{ e^{-i\kappa \log k\xi - ik\xi} + \frac{\kappa}{k\xi} e^{ik \log k\xi - 2i\eta_0} \right\}$$
(59.13)

---

[1] Die konfluente Reihe ist eindeutig in der von 0 nach ∞ aufgeschnittenen komplexen Ebene definiert. Dieser Schnitt wird konventionell längs der positiv imaginären Achse geführt; (59.11) beweist man durch Einsetzen in die Differentialgleichung für ${}_1F_1(a, c; t)$; dann entsteht für den Faktor von e^t wieder eine Kummersche Gleichung. Da Gl. (59.11) bei $t = 0$ eine Identität ergibt, ist deren Lösung dann eindeutig festgelegt.

59. Aufgabe. Rutherfordsche Streuformel

mit der Abkürzung (vgl. Gl. (50.8))

$$e^{2i\eta_0} = \frac{\Gamma(1 + i\kappa)}{\Gamma(1 - i\kappa)}.$$

Wählen wir den Normierungsfaktor in Gl. (59.12)

$$C = \Gamma(1 - i\kappa)\, e^{\pi\kappa/2}, \tag{59.14}$$

so gibt diese in Verbindung mit Gl. (59.13)

$$u \to e^{ik(z+\xi)} \left[e^{-ik\xi - i\kappa \log k\xi} + \frac{\kappa}{k\xi} e^{ik \log k\xi - 2i\eta_0} \right]$$

und beim Übergang zu Kugelkoordinaten

$$u \to \exp\left[i\, kz - i\kappa \log\left(2kr \sin^2 \frac{\vartheta}{2}\right) \right]$$
$$+ \frac{\kappa e^{-2i\eta_0}}{2kr \sin^2 \vartheta/2} \exp\left[i\, kr + i\kappa \log\left(2kr \sin^2 \frac{\vartheta}{2}\right) \right]. \tag{59.15}$$

Dieser Ausdruck unterscheidet sich von dem in früheren Aufgaben diskutierten

$$u \to e^{ikz} + f(\vartheta)\, \frac{e^{ikr}}{r}$$

nur durch die logarithmischen Phasen in beiden Gliedern. Auf die Berechnung des differentiellen Streuquerschnitts sind sie ohne Einfluß, wovon man sich leicht durch Berechnung der einfallenden Stromdichte und des Streustroms nach der Methode von Aufg. 53 überzeugen kann. Daher gilt auch hier für den differentiellen Querschnitt die Formel

$$d\sigma = |f(\vartheta)|^2\, d\Omega,$$

also für das Winkelintervall zwischen ϑ und $\vartheta + d\vartheta$ rings um die z-Achse

$$d\sigma = 2\pi \left(\frac{\kappa}{2k}\right)^2 \frac{\sin\vartheta\, d\vartheta}{\sin^4 \vartheta/2} = 2\pi \left(\frac{Ze^2}{4E}\right)^2 \frac{\sin\vartheta\, d\vartheta}{\sin^4 \vartheta/2}. \tag{59.16}$$

Das ist die Rutherfordsche Streuformel. Sie besagt, daß die Ablenkungen um kleine Winkel ϑ so stark überwiegen, daß der Gesamtquerschnitt σ divergiert, wie bereits oben erläutert wurde.

Anm. Am Streuzentrum bei $r = 0$ wird nach Gl. (59.10) $u = C$, nach Gl. (59.14) also

$$|u(0)|^2 = e^{\pi\kappa} \frac{\pi\kappa}{\sinh \pi\kappa} = \frac{2\pi\kappa}{1 - e^{-2\pi\kappa}}. \tag{59.17a}$$

170 IV. Zentralsymmetrische Probleme

Hätten die beiden Ladungen nicht entgegengesetzte, sondern gleiche Vorzeichen, so müßten wir κ überall durch $-\kappa$ ersetzen. Dann würde der vorstehende Ausdruck in

$$|u(0)|^2 = \frac{2\pi\kappa}{e^{2\pi\kappa} - 1} \tag{59.17b}$$

übergehen, und das ist gerade der in Gl. (51.21) für $l = 0$ berechnete Gamow-Faktor.

Die Rutherfordsche Streuformel (59.16) enthält nicht das Wirkungsquantum $\hbar$. In der Tat läßt sich die gleiche Formel auch im Rahmen der klassischen Mechanik durch eine Untersuchung der Hyperbelbahnen der Teilchen ableiten.

60. Aufgabe. Partialwellenentwicklung der Rutherford-Streuung

Die Lösung der vorstehenden Aufgabe soll in eine Reihe nach Partialwellen entwickelt werden, wobei insbesondere ihre Asymptotik zu untersuchen ist. Dabei mögen gleiche Vorzeichen für die beiden Ladungen vorausgesetzt werden.

Lösung. Wir gehen von der Wellenfunktion in der durch die Gln. (59.12) und (59.14) gegebenen Form mit umgekehrtem Vorzeichen von κ aus,

$$u = e^{-\pi\kappa/2}\, \Gamma(1 + i\kappa)\, e^{ikr}\, {}_1F_1(1 + i\kappa, 1;\, -ik\xi) \tag{60.1}$$

mit

$$\xi = r(1 - \cos\vartheta). \tag{60.2}$$

Diese Funktion soll in eine Reihe

$$u = \frac{1}{r} \sum_{l=0}^{\infty} (2l + 1)\, \chi_l(r)\, P_l(\cos\vartheta) \tag{60.3}$$

entwickelt werden. Unter Ausnutzung der Orthogonalität der Legendreschen Polynome folgt dann für die Koeffizienten dieser Entwicklung

$$\frac{1}{r}\chi_l(r) = \frac{1}{2} e^{-\pi\kappa/2}\, \Gamma(1 + i\kappa)\, e^{ikr} \times$$

$$\times \int_{-1}^{+1} d\cos\vartheta\, P_l(\cos\vartheta)\, {}_1F_1(1 + i\kappa, 1;\, -ik\xi).$$

Hier ist es zweckmäßig, zu der Integrationsvariablen

$$x = -ik\xi = ikr(\cos\vartheta - 1);\quad d\cos\vartheta = \frac{dx}{ikr}$$

überzugehen:

$$\frac{1}{r}\chi_l(r) = e^{-\pi\kappa/2}\,\Gamma(1+i\kappa)\,\frac{e^{ikr}}{2ikr}J_l \qquad (60.4)$$

mit der Abkürzung

$$J_l = \int_{-2ikr}^{0} dx\,P_l\!\left(1+\frac{x}{ikr}\right){}_1F_1(1+i\kappa,1;x)\,. \qquad (60.5)$$

Die Aufgabe besteht nun darin, das Integral J_l insbesondere für $kr \gg l$ auszurechnen. Dabei ist zu erwarten, daß sich für die χ_l in Gl. (60.4) die bereits in Aufg. 50 gefundenen Funktionen ergeben. Darüber hinaus erhalten wir hier deren für die Lösung des Streuproblems korrekte Normierung.

Um J_l zu berechnen, benutzen wir die Relation

$${}_1F_1(a,1;x) = \frac{d}{dx}[{}_1F_1(a,1;x) - {}_1F_1(a-1,1;x)]\,,$$

ersetzen also ${}_1F_1$ im Integranden durch eine Ableitung nach x und bauen sodann durch partielle Integration das Polynom P_l um einen Grad ab, ein Verfahren, das wir l-mal wiederholen bis zum völligen Abbau des Polynoms. Bezeichnen wir die Ableitungen von P_l nach dem Argument mit P_l', so ist

$$\frac{dP_l}{dx} = \frac{1}{ikr}P_l' \quad \text{und} \quad \frac{d^n P_l}{dx^n} = (ikr)^{-n}P_l^{(n)}\,.$$

Schreiben wir noch kurz F_a für ${}_1F_1(a,1;x)$, so wird mit $a = i\kappa$

$$J_l = \int dx\,P_l\frac{d}{dx}(F_{a+1}-F_a) = P_l(F_{a+1}-F_a) - \frac{1}{ikr}\int dx\,P_l'(F_{a+1}-F_a)$$

$$= P_l(F_{a+1}-F_a) - \frac{1}{ikr}\int dx\,P_l'\frac{d}{dx}(F_{a+1}-2F_a+F_{a-1})$$

$$= P_l(F_{a+1}-F_a) - \frac{1}{ikr}P_l'(F_{a+1}-2F_a+F_{a-1})$$

$$+ \left(\frac{1}{ikr}\right)^2\int dx\,P_l''(F_{a+1}-2F_a+F_{a-1})$$

usw. Hierbei treten in den Klammern die Binomialkoeffizienten auf. Fortsetzung bis zum völligen Abbau des Polynoms P_l ergibt so die endliche Reihe

172   IV. Zentralsymmetrische Probleme

$$J_l = \sum_{n=0}^{l} \left(\frac{i}{kr}\right)^n P_l^{(n)} \sum_{\mu=0}^{n+1} (-1)^\mu \binom{n+1}{\mu} {}_1F_1(1 + i\kappa - \mu, 1; x)$$

und

$$P_l^{(n)} = \frac{d^n}{dz^n} P_l(z); \quad z = 1 - \frac{ix}{kr}.$$

Dies gilt zunächst für das unbestimmte Integral. An der oberen Grenze $x = 0$ werden alle ${}_1F_1 = 1$, die Summe über μ daher $(1 - 1)^{n+1} = 0$. An der unteren Grenze $x = -2ikr$ wird das Argument von $P_l^{(n)}$ gleich -1. Mit

$$\frac{d^n}{dz^n} P_l(-1) = (-1)^{l+n} \frac{(l+n)!}{2^n n! (l-n)!}$$

entsteht so die vollständige Formel

$$J_l = -\sum_{n=0}^{l} \left(\frac{i}{kr}\right)^n \frac{(-1)^{l+n}(l+n)!}{2^n n! (l-n)!} \times$$

$$\times \sum_{\mu=0}^{n+1} (-1)^\mu \binom{n+1}{\mu} {}_1F_1(1 + i\kappa - \mu, 1; -2ikr).$$

Für die Streuamplituden interessiert uns nur das asymptotische Verhalten bei großen kr:

$${}_1F_1(1 + i\kappa - \mu, 1; -2ikr) \to \frac{e^{i\pi(\mu-1)/2 + \pi\kappa/2}}{\Gamma(\mu - i\kappa)} (2kr)^{\mu-1} e^{-i\kappa \log 2kr}$$

$$+ \frac{e^{\pi\kappa/2 - i\pi\mu/2}}{\Gamma(1 - \mu + i\kappa)} (2kr)^{-\mu} e^{i\kappa \log 2kr - 2ikr}.$$

Hier ist das erste Glied proportional zu $(kr)^{-1}$, so daß in der Summe über μ das Glied mit $\mu = n + 1$ asymptotisch allein verbleibt. Umgekehrt verhält sich das zweite, zu $(kr)^{-\mu}$ proportionale Glied, bei dem die Berücksichtigung von $\mu = 0$ genügt. Das führt auf

$$J_l \to -\sum_{n=0}^{l} \left(\frac{i}{kr}\right)^n \frac{(-1)^{l+n}(l+n)!}{2^n n! (l+n)!} \times$$

$$\times \left[\frac{(-1)^{n+1} e^{(\kappa + in)\pi/2}}{\Gamma(n+1-i\kappa)} (2kr)^n e^{-i\kappa \log 2kr} + \frac{e^{\pi\kappa/2}}{\Gamma(1+i\kappa)} e^{i\kappa \log 2kr} e^{-2ikr}\right].$$

Hier können wir uns im zweiten Gliede aus analogen Gründen auf $n = 0$ beschränken; im ersten Gliede heben sich aber die Potenzen von kr in allen Summanden heraus, so daß alle von gleicher Größenordnung werden. Mit

60. Aufgabe. Partialwellenentwicklung

einigen einfachen Umformungen führt das auf

$$J_l \to \frac{(-1)^l e^{\pi\kappa/2}}{\Gamma(1+i\kappa)} \left[S_l(\kappa) e^{-i\kappa \log 2kr} - e^{i\kappa \log 2kr - 2ikr} \right] \quad (60.6)$$

mit

$$S_l(\kappa) = \sum_{n=0}^{l} (-1)^n \frac{(l+1)!}{(l-n)! n!} \frac{\Gamma(1+i\kappa)}{\Gamma(n+1-i\kappa)} . \quad (60.7)$$

Um die Ausrechnung von S_l zu vermeiden, greifen wir auf Aufg. 50 zurück, in der das asymptotische χ_l bis auf den für unser Streuproblem notwendigen Normierungsfaktor berechnet wurde. Dort ergab sich asymptotisch

$$\chi_l \to C \sin\left(kr - \kappa \log 2kr - \frac{l\pi}{2} + \eta_l\right) \quad (60.8a)$$

mit

$$e^{2i\eta_l} = \frac{\Gamma(l+1+i\kappa)}{\Gamma(l+1-i\kappa)}, \quad (60.8b)$$

während wir hier durch Kombination von (60.4) und (60.6)

$$\chi_l \to \frac{(-1)^l}{2ik} \left[S_l e^{i(kr - \kappa \log 2kr)} - e^{-i(kr - \kappa \log 2kr)} \right]$$

erhalten. Der Vergleich mit Gl. (60.8a) zeigt sofort, daß wir dies mit

$$S_l = (-1)^l e^{2i\eta_l} \quad (60.9)$$

zu

$$\chi_l \to \frac{1}{k} e^{i\eta_l} i^l \sin\left(kr - \kappa \log 2kr - \frac{l\pi}{2} + \eta_l\right) \quad (60.10)$$

zusammenfassen können. Damit ist der Amplitudenfaktor bestimmt, und die Wellenfunktion u, Gl. (60.3), wird asymptotisch

$$u \to \frac{1}{kr} \sum_{l=0}^{\infty} (2l+1) i^l e^{i\eta_l} \sin\left(kr - \kappa \log 2kr - \frac{l\pi}{2} + \eta_l\right) P_l(\cos\vartheta) .$$

$$(60.11)$$

Abgesehen von der logarithmischen Phase hat diese Formel den gleichen Aufbau wie Gl. (52.9) für ein asymptotisch schneller als $1/r$ abfallendes Potentialfeld.

IV. Zentralsymmetrische Probleme

Rückwärts können wir mit Hilfe von Aufg. 50 aus dem Vergleich der Asymptotik die Funktion $\chi_l(r)$ für alle Argumente konstruieren:

$$\chi_l = \frac{i^l \Gamma(l+1+i\kappa)}{2(2l+1)!} e^{-\pi\kappa/2} (2kr)^{l+1} e^{ikr} {}_1F_1(l+1+i\kappa, 2l+2; -2ikr),$$

(60.12)

womit die Lösung einschließlich der korrekten Normierung vollständig bekannt ist.

61. Aufgabe. Anomale Coulombstreuung

Dem abstoßenden Coulombfeld der vorigen Aufgabe sei innerhalb einer Kugel vom Radius R ein Potential kurzer Reichweite überlagert (z.B. herrührend von der endlichen Ausdehnung einer Ladungswolke für ein Ion oder von Kernkräften bei der Wechselwirkung eines Protons mit einem Atomkern). Die Energie sei klein genug, um $kR \ll 1$ zu machen. Die von diesem Zusatzpotential herrührende Veränderung der Streuamplitude soll berechnet werden.

Lösung. Ist $kR \ll 1$, so erfährt nur die zu $l = 0$ gehörige Partialwelle eine merkliche Änderung durch das Zusatzpotential. Daher ist in Gl. (60.3) nur das zu $l = 0$ gehörige Glied $\chi_0(r)/r$ verändert. An die Stelle von χ_0 mit der Asymptotik von Gl. (60.10),

$$\chi_0 \to \frac{1}{k} e^{i\eta_0} \sin(kr - \kappa \log 2kr + \eta_0),$$

(61.1)

tritt daher eine geänderte Partialwelle $\tilde{\chi}_0$ mit der Asymptotik

$$\tilde{\chi}_0 \to \frac{A}{k} e^{i\eta_0} \sin(kr - \kappa \log 2kr + \eta_0 + \delta_0)$$

(61.2)

mit zunächst unbekannter Amplitude A und Phase δ_0. Zur Wellenfunktion des Rutherfordschen Problems, also zu Gl. (60.11) oder besser zu Gl. (59.15), ist deshalb die Differenz $\tilde{\chi}_0 - \chi_0$ hinzuzufügen. Damit sie nur zur auslaufenden Welle beiträgt, muß bei Zerlegung des Sinus in e^{ikr} und e^{-ikr} der zweite Anteil verschwinden, d.h. es muß $A = e^{i\delta_0}$ werden. Dann verbleibt die auslaufende Kugelwelle

$$\frac{1}{r}(\tilde{\chi}_0 - \chi_0) \to \frac{1}{2ikr}(e^{2i\delta_0} - 1) e^{i(kr - \kappa \log 2kr + 2\eta_0)}.$$

(61.3)

Fügen wir diese Differenz zu Gl. (59.15), mit Berücksichtigung des umgekehrten Vorzeichens von κ, hinzu, so entsteht die Streuwelle

$$u_s \to \frac{-\kappa e^{2i\eta_0}}{2kr\sin^2 \vartheta/2} \exp[i(kr - \kappa \log(2kr\sin^2\vartheta/2))]$$

$$+ \frac{e^{2i\delta_0} - 1}{2ikr} \exp[i(kr - \kappa \log 2kr + 2\eta_0)] \,. \tag{61.4}$$

Das führt zu einem differentiellen Streuquerschnitt

$$\frac{d\sigma}{d\Omega} = \frac{1}{4k^2} \left| \frac{\kappa}{\sin^2 \vartheta/2} e^{-i\kappa \log \sin^2 \vartheta/2} + i(e^{2i\delta_0} - 1) \right|^2 \,. \tag{61.5}$$

Da der Zusatzterm in dieser Gleichung nur von $l = 0$ herrührt, hängt er nicht vom Streuwinkel ϑ ab. Sein Einfluß ist daher am größten bei großen Streuwinkeln, für die das Rutherfordsche Glied klein wird. In der Tat entsprechen ja auch diese Winkel Teilchen, die nahe am Streuzentrum vorbeigehen. Gleichung (61.5) läßt auch das Auftreten eines Interferenzgliedes zwischen Rutherford-Amplitude und Anomalie erkennen.

62. Aufgabe. Integralgleichung

Die radialen Differentialgleichungen für die $\chi_l(r)$ sollen durch Integralgleichungen ersetzt werden, indem eine Greensche Funktion zur kräftefreien Gleichung benutzt wird. Das asymptotische Verhalten der Lösung soll kurz diskutiert werden.

Lösung. Wir schreiben die radialen Differentialgleichungen in der Form

$$\chi_l'' + \left[k^2 - \frac{l(l+1)}{r^2} \right] \chi_l = U(r)\chi_l$$

mit

$$U(r) = \frac{2m}{\hbar^2} V(r) \,. \tag{62.1}$$

Behandeln wir die rechte Seite dieser Gleichung als Inhomogenität, so wird die zugehörige homogene Gleichung durch die linear unabhängigen Funktionen $j_l(kr)$ und $n_l(kr)$ gelöst. Aus diesen bauen wir eine Greensche Funktion $G(r, r')$ auf:

$$G(r, r') = \begin{cases} \dfrac{1}{k} j_l(kr) n_l(kr') & \text{für } r < r' \\[2mm] \dfrac{1}{k} n_l(kr) j_l(kr') & \text{für } r > r' \,. \end{cases} \tag{62.2}$$

Sie genügt sowohl als Funktion von r wie auch als Funktion von r' der homogenen Differentialgleichung außer an der Stelle $r = r'$, wo ihre erste Ableitung um

$$\Delta = \lim_{\varepsilon \to 0} \left\{ \left(\frac{\partial G}{\partial r}\right)_{r=r'+\varepsilon} - \left(\frac{\partial G}{\partial r}\right)_{r=r'-\varepsilon} \right\} = 1 \qquad (62.3)$$

springt. Aus Gl. (62.2) folgt nämlich sofort

$$\Delta = n'_l j_l - j'_l n_l \, ,$$

wobei der Strich Differentiation nach dem Argument kr bedeutet. Als Wronski-Determinante der homogenen Gleichung ist dies konstant. Setzt man für j_l und n_l ihre asymptotischen Ausdrücke

$$j_l \to \sin(kr - l\pi/2); \; n_l \to -\cos(kr - l\pi/2) \, . \qquad (62.4)$$

ein, so findet man, daß diese Konstante in der Tat = 1 wird.

Mit Hilfe der Greenschen Funktion läßt sich die vollständige Lösung der inhomogenen Gleichung (62.1) aufschreiben:

$$\chi_l(r) = A j_l(kr) + B n_l(kr) + \int_0^\infty dr' \, G(r, r') U(r') \chi_l(r') \, . \qquad (62.5)$$

Wir interessieren uns nur für Lösungen, welche der Randbedingung $\chi_l(0) = 0$ genügen. Da nach Gl. (62.2) $G(0, r') = 0$ und da außerdem $j_l(0) = 0$ ist, müssen wir daher $B = 0$ wählen. Setzen wir noch willkürlich $A = 1$, so zwingen wir der Lösung nur eine willkürliche Normierung auf. Damit geht die Integralgleichung (62.5) über in

$$\chi_l(r) = j_l(kr) + \int_0^\infty dr' \, G(r, r') U(r') \chi_l(r') \, , \qquad (62.6)$$

womit anschaulich χ_l aus der kräftefreien Lösung j_l und dem Einfluß des Potentials auf die Lösung additiv zusammengesetzt ist.

Wir betrachten nun das asymptotische Verhalten von χ_l für $r \to \infty$. Da zum Integral wegen des Faktors $U(r')$ nur ein begrenztes Gebiet beiträgt, ist im Integranden für $G(r, r')$ sein Wert für $r > r'$ aus Gl. (62.2) einzusetzen:

$$\chi_l(r) \to j_l(kr) + \frac{1}{k} n_l(kr) \int_0^\infty dr' \, j_l(kr') U(r') \chi_l(r') \, . \qquad (62.7)$$

Beachten wir Gl. (62.4) und setzen außerdem

$$-\frac{1}{k} \int_0^\infty dr' \, j_l(kr') U(r') \chi_l(r') = \tan \delta_l \, , \qquad (62.8)$$

so geht Gl. (62.7) über in

$$\chi_l(r) \to \frac{1}{\cos\delta_l} \sin\left(kr - \frac{l\pi}{2} + \delta_l\right).\tag{62.9}$$

Anm. Gleichung(62.6) ist eine Integralgleichung mit *un*symmetrischem Kern $G(r,r')U(r')$. Wir können sie aber leicht in eine solche mit symmetrischem Kern umformen, indem wir sie mit $\sqrt{U(r)}$ erweitern und definieren:

$$\sqrt{U(r)}\chi_l(r) = y(r); \quad \sqrt{U(r)}j_l(kr) = f(r);$$

$$\sqrt{U(r)}G(r,r')\sqrt{U(r')} = K(r,r') = K(r',r).\tag{62.10}$$

Dann geht Gl. (62.6) über in

$$y(r) = f(r) + \int_0^\infty dr' K(r,r')y(r')\tag{62.11}$$

und Gl. (62.8) für die Phase in

$$\tan\delta_l = -\frac{1}{k}\int_0^\infty dr' f(r')y(r').\tag{62.12}$$

Auf Gl. (62.11) können die üblichen Lösungsmethoden für Integralgleichungen unmittelbar angewandt werden. Die folgende Aufgabe enthält eine darauf zugeschnittene spezielle Näherungsmethode.

63. Aufgabe. Schwingersches Variationsprinzip

Man stelle für $k \tan \delta_l$ ein Variationsprinzip zur genäherten Berechnung der Phasen δ_l von vorstehender Aufgabe auf.

Lösung. In der durch Gl. (62.12) definierten Größe

$$k\tan\delta_l = -\int_0^\infty dr f(r)y(r)\tag{63.1}$$

folgt die unbekannte Funktion $y(r)$ aus der Lösung der Integralgleichung

$$y(r) = f(r) + \int_0^\infty dr' K(r,r')y(r').\tag{63.2}$$

Das Integral von (63.1) kann daher auch aus Gl. (63.2) durch Integration über r gewonnen werden:

$$\int_0^\infty dr\, y(r)^2 = \int_0^\infty dr\, y(r)f(r) + \int_0^\infty dr \int_0^\infty dr'\, y(r)K(r,r')y(r').\tag{63.3}$$

IV. Zentralsymmetrische Probleme

Genügt $y(r)$ der Integralgleichung (63.2), so müssen die Zahlenwerte der Integrale

$$I_1 = \int_0^\infty dr\, y(r)^2 - \int_0^\infty dr \int_0^\infty dr'\, y(r) K(r,r') y(r') \tag{63.4a}$$

und

$$I_2 = \int_0^\infty dr\, y(r) f(r) \tag{63.4b}$$

einander gleich werden; andernfalls sind sie es nicht.

Ersetzen wir das richtige $y(r)$ durch eine benachbarte Funktion $y(r) + \delta y(r)$ im Sinne der Variationsrechnung, so ändern sich die beiden Integrale um

$$\delta I_1 = 2 \int_0^\infty dr\, \delta y(r) \left\{ y(r) - \int_0^\infty dr'\, K(r,r') y(r') \right\} \tag{63.5a}$$

und

$$\delta I_2 = \int_0^\infty dr\, \delta y(r) f(r) \,. \tag{63.5b}$$

Erfüllt $y(r)$ die Integralgleichung (63.2), so folgt aus Gln. (63.4a, b)

$$I_1 = I_2 \tag{63.6}$$

und aus Gln. (63.5a, b)

$$\delta I_1 = 2 \delta I_2 \,. \tag{63.7}$$

Hieraus können wir durch Kombination sofort das von der willkürlichen Normierung unabhängige Variationsprinzip

$$\delta \left(\frac{I_1}{I_2^2} \right) = 0 \tag{63.8}$$

entnehmen; denn

$$\delta(I_1/I_2^2) = \delta I_1/I_2^2 - 2 I_1 \delta I_2/I_2^3 = 0 \,,$$

wenn (63.6) und (63.7) gelten. Ausführlich geschrieben lautet Gl. (63.8)

$$\delta \frac{\int_0^\infty dr\, y(r)^2 - \int_0^\infty dr \int_0^\infty dr'\, y(r) K(r,r') y(r')}{\left[\int_0^\infty dr\, y(r) f(r) \right]^2} = 0 \,. \tag{63.9}$$

Das Nennerintegral I_2 ist nach Gl. (63.1) gleich $-k\tan\delta_l$ und wird im Extremalfall nach Gl. (63.6) gleich dem Zählerintegral I_1, also

$$I_1/I_2^2 = -\frac{1}{k}\cot\delta_l. \tag{63.10}$$

Das Variationsverfahren ermöglicht also unmittelbar die gesuchten Phasen δ_l für das Streuproblem genähert zu berechnen, da es im Wesen der Variationsmethode liegt, daß ein Fehler in der verwendeten Näherungsfunktion anstelle der korrekten $y(r)$ sich in viel geringerem Maße in dem zu extremierenden Ausdruck $\cot\delta_l$ niederschlägt.

64. Aufgabe. Streulänge und effektive Reichweite

Man wende das Schwingersche Variationsprinzip zur Phasenbestimmung für $l = 0$ auf den Fall sehr kleiner Energien an, bei denen als Näherung die Wellenfunktion für $k^2 = 0$ verwendet werden kann. Die ersten zwei Glieder der Potenzreihenentwicklung von $\cot\delta_0$ nach k^2 sollen bestimmt werden.

Lösung. Der zu extremierende Ausdruck aus (63.10),

$$-\frac{1}{k}\cot\delta_0 = I_1/I_2^2, \tag{64.1}$$

enthält in ausführlicher Schreibweise nach (63.4a, b) und (62.10) die Integrale

$$I_1 = \int_0^\infty dr\, U(r)\chi(r)\left[\chi(r) - \int_0^\infty dr'\, U(r')\chi(r')G(r,r')\right] \tag{64.2}$$

und

$$I_2 = \int_0^\infty dr\, U(r)\sin kr\,\chi(r). \tag{64.3}$$

Die Näherungslösung $\chi(r)$, die wir statt der korrekten Lösung $\chi_0(r)$ der radialen Schrödingergleichung benutzen, genügt in dem Bereich $r > R$, in dem das Potential bereits auf Null gesunken ist, der Differentialgleichung für $k^2 = 0$, $\chi'' = 0$, im Innern dieses Gebiets dagegen der Gleichung $\chi'' = U\chi$. Ihre Lösung ist in willkürlicher Normierung

$$\chi(r) = 1 - \frac{r}{a} \quad \text{für} \quad r > R. \tag{64.4a}$$

180 IV. Zentralsymmetrische Probleme

Da bei $r = 0$ die Randbedingung $\chi = 0$ eingehalten werden muß, schreiben wir im folgenden

$$\chi(r) = 1 - \frac{r}{a} - \varphi(r) \text{ für } r < R \tag{64.4b}$$

mit $\varphi(0) = 1$. Wir können formal Gl. (64.4b) für alle r benutzen, wenn wir φ und alle seine Ableitungen für $r > R$ gleich Null setzen.

Wir beginnen die Berechnung der Integrale in Gl. (64.1) mit I_2, Gl. (64.3), indem wir dort

$$U\chi = \chi'' = -\varphi'' \tag{64.5}$$

einführen:

$$I_2 = -\int_0^\infty dr\,\varphi''(r)\sin kr .$$

Mit Hilfe von zwei partiellen Integrationen erhalten wir daraus unter Berücksichtigung der Randbedingungen

$$I_2 = -k + k^2 \int_0^\infty dr\,\varphi(r)\sin kr .$$

Das verbleibende Integral ist tatsächlich nur über $r < R$ zu erstrecken. Ist die Energie so niedrig, daß

$$kR \ll 1 \tag{64.6}$$

wird, so können wir $\sin kr$ durch kr ersetzen und finden schließlich

$$I_2 = -k + k^3 \int_0^\infty dr\,r\varphi(r) . \tag{64.7}$$

Ganz analog verfahren wir mit dem Integral von Gl. (64.2) für I_1, aus dem wir zunächst mit Hilfe von Gl. (64.5) das Potential eliminieren,

$$I_1 = -\int_0^\infty dr\,\varphi''(r)\left[\chi(r) + \int_0^\infty dr'\,\varphi''(r')G(r,r')\right] . \tag{64.8}$$

Nach Gl. (62.2) ist die Greensche Funktion für $l = 0$

$$G(r,r') = \begin{cases} -\dfrac{1}{k}\sin kr \cos kr' & \text{für } r < r' \\[1ex] -\dfrac{1}{k}\cos kr \sin kr' & \text{für } r > r' . \end{cases} \tag{64.9}$$

64. Aufgabe. Streulänge und effektive Reichweite

Setzen wir das in Gl. (64.8) ein, so wird das innere Integral

$$L = \int_0^\infty dr' \varphi''(r') G(r, r'')$$

$$= -\frac{\cos kr}{k} \int_0^r dr' \varphi''(r') \sin kr' - \frac{\sin kr}{k} \int_r^\infty dr' \varphi''(r') \cos kr'.$$

In beiden Termen gehen wir wieder durch zwei nacheinander ausgeführte partielle Integrationen von φ'' zu φ über mit dem Ergebnis

$$L = \varphi(r) - \cos kr + k \left[\cos kr \int_0^r dr' \varphi(r') \sin kr' \right.$$

$$\left. + \sin kr \int_r^\infty dr' \varphi(r') \cos kr' \right].$$

Entwicklung nach Potenzen von k für $kR \ll 1$ ergibt dann

$$L = \varphi(r) - \cos kr + k^2 \cos kr \int_0^r dr' r' \varphi(r') + k \sin kr \int_r^\infty dr' \varphi(r').$$

Wir können das in Gl. (64.8) für I_1 einsetzen. Dort tritt $L(r)$ im Integranden wegen des Faktors $\varphi''(r)$ nur für $r < R$ in Erscheinung, so daß wir auch die in L noch verbliebenen Winkelfunktionen entwickeln dürfen. Wir führen daher in Gl. (64.8)

$$L = \varphi(r) - 1 + k^2 \left[\frac{1}{2} r^2 + \int_0^r dr' r' \varphi(r') + r \int_r^\infty dr' \varphi(r') \right]$$

ein. Dabei tritt die Kombination $\chi + L$ im Integranden auf, für die wir mit Hilfe von Gl. (64.4b)

$$\chi + L = -\frac{r}{a} + k^2 F(r) \tag{64.10a}$$

mit

$$F(r) = \frac{1}{2} r^2 + \int_0^r dr' r' \varphi(r') + r \int_r^\infty dr' \varphi(r') \tag{64.10b}$$

schreiben. Gleichung (64.8) lautet dann

$$I_1 = \frac{1}{a} \int_0^\infty dr\, r \varphi''(r) - k^2 \int_0^\infty dr\, \varphi''(r) F(r). \tag{64.11}$$

Hier führen wir wieder zwei partielle Integrationen aus, um φ'' durch φ zu ersetzen. Dabei treten die Ableitungen

$$F'(r) = r + \int_r^\infty dr' \varphi(r'); \qquad F''(r) = 1 - \varphi(r)$$

auf. Die Berücksichtigung der Randbedingungen führt dann schließlich auf die Formel

$$I_1 = \frac{1}{a} - k^2 \int_0^\infty dr\, \varphi(r)(2 - \varphi(r))\,. \tag{64.12}$$

Aus den Ergebnissen von (64.7) für I_2 und (64.12) für I_1 können wir dann Gl. (64.1) kombinieren, die in der Näherung $kR \ll 1$ lautet

$$k\cot\delta_0 = -\frac{1}{a} + k^2 \int_0^\infty dr\, \varphi(r)\left[2\left(1 - \frac{r}{a}\right) - \varphi(r)\right]. \tag{64.13}$$

Wir diskutieren dies Ergebnis. Im Grenzfall $k^2 = 0$ steht rechts der endliche Wert $-1/a$; also muß links $\cot\delta_0$ unendlich groß werden, d.h. die Phase δ_0 gegen Null gehen. In der Nähe dieser Grenze ist $\cot\delta_0 \approx 1/\delta_0$ und daher $\delta_0 \approx -ka$. Der Streuquerschnitt wird dann $\sigma = 4\pi a^2$, strebt also für kleine Energie einem endlichen Grenzwert zu, aus dem sich experimentell unmittelbar die "*Streulänge*" (scattering length) a bis auf das Vorzeichen entnehmen läßt.

Für etwas größere Energie enthält (64.13) eine Korrektur. Setzen wir zur Abkürzung

$$\int_0^\infty dr\, \varphi(r)\left[2\left(1 - \frac{r}{a}\right) - \varphi(r)\right] = \frac{1}{2}r_0\,, \tag{64.14}$$

so entsteht aus

$$k \cot \delta_0 = -\frac{1}{a} + \frac{1}{2}r_0 k^2 \tag{64.15}$$

die Wirkungsquerschnittsformel

$$\sigma = \frac{4\pi}{k^2(1 + \cot^2\delta_0)} = \frac{4\pi a^2}{1 + k^2 a(a - r_0)}\,. \tag{64.16}$$

Dabei ist im Nenner von Gl. (64.16) konsequent ein Glied mit k^4 vernachlässigt.

Das Integral Gl. (64.14) heißt die *effektive Reichweite* r_0 (effective range) des streuenden Potentialfeldes. Schreiben wir es mit Hilfe von (64.4b) von φ auf die Wellenfunktion χ um,

$$\frac{1}{2}r_0 = \int_0^R dr\,[(1 - r/a)^2 - \chi(r)^2]\,, \tag{64.17}$$

so wird mit der Randbedingung $\chi(0) = 0$ und der Anschlußbedingung $\chi(R) = 1 - R/a$ deutlich, daß das Integral etwa von der Größenordnung

R wird und damit ein bequemes Maß für die Reichweite der streuenden Kräfte darstellt.

65. Aufgabe. Potentialschacht, Streulänge

Man berechne die Streulänge a und die effektive Reichweite r_0 für einen Potentialschacht der Tiefe

$$V = -\frac{\hbar^2}{2m}K_0^2$$

vom Radius R, insbesondere für Energien in der Umgebung von $K_0 R = \pi/2$.

Lösung. Für $l = 0$ ist die radiale Wellenfunktion zur Energie Null

$$\chi = \begin{cases} C \sin K_0 r & \text{für } r < R \\ 1 - r/a & \text{für } r > R \end{cases} \tag{65.1}$$

Die Konstanten C und a folgen aus der Stetigkeit von χ und χ' bei $r = R$ zu

$$a = R\left(1 - \frac{\tan K_0 R}{K_0 R}\right) \tag{65.2}$$

und

$$C = -\frac{1}{K_0 a \cos K_0 R} . \tag{65.3}$$

Bei $K_0 R = \pi/2$ versagt die Formel für C, während Gl. (65.2) auf $|a| = \infty$ und daher Gl. (65.1) auf $C = 1$ führt, wobei das Vorzeichen von $a < 0$ bei $K_0 R < \pi/2$ zu $a > 0$ bei $K_0 R > \pi/2$ umschlägt. Die physikalische Bedeutung dieses Wertes von $K_0 R$ ist evident: Ist $K_0 R > \pi/2$, so existiert ein reelles Energieniveau bei einer negativen Energie; ist es etwas kleiner, so geht dies Niveau in einen virtuellen Zustand bei positiver Energie über (vgl. Aufg. 18). In Abb. 31 ist die Wellenfunktion χ von Gl. (65.1) für diese beiden Fälle skizziert. Zu Gl. (65.3) sei noch angemerkt, daß C oberhalb wie unterhalb von $K_0 R = \pi/2$ stets positiv bleibt.

Die effektive Reichweite berechnen wir aus Gl. (64.17) mit der Wellenfunktion von (65.1)

$$\frac{1}{2}r_0 = \int_0^R dr[(1 - r/a)^2 - C^2 \sin^2 K_0 r] . \tag{65.4}$$

Mit den dimensionslosen Abkürzungen

$$\alpha = \frac{a}{R}; \quad X = K_0 R \tag{65.5}$$

184 IV. Zentralsymmetrische Probleme

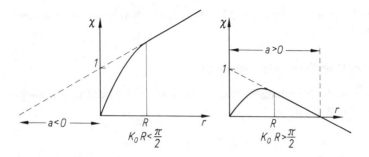

Abb. 31. Wellenfunktion zur Energie Null und Vorzeichenwechsel der Streulänge a in der Umgebung von $K_0 R = \pi/2$

gibt das nach Integration und einer Reihe elementarer Umformungen beim Einsetzen von C aus Gl. (65.3)

$$r_0 = R\left(1 - \frac{1}{\alpha X^2} - \frac{1}{3\alpha^2}\right). \tag{65.6}$$

In der Tabelle sind die Ergebnisse für a und r_0 in Einheiten von R als Funktionen der "Schachttiefe" $K_0 R$ numerisch aus (65.2) und (65.6) berechnet. In der letzten Spalte sind die in der Wirkungsquerschnittsformel, Gl. (64.16), auftretenden Ausdrücke $1 - r_0/a$ angegeben.

Die Tabelle zeigt noch einmal deutlich die Singularität der Streulänge bei $K_0 R = \pi/2 = 1{,}57\ldots$ In einiger Entfernung von dieser Resonanzstelle hat a etwa die Größenordnung von R. Darüber hinaus zeigt die Tabelle den monotonen Verlauf der effektiven Reichweite r_0, die langsam mit tiefer werdendem Potentialschacht abnimmt, für $k_0 R = \pi/2$ den Wert $r_0 = R$

$X = K_0 R$	$\alpha = a/R$	r_0/R	$1 - r_0/a$
1,0	− 0,5574	1,7212	2,1052
1,2	− 1,1435	1,3524	2,1828
1,3	− 1,7709	1,2279	1,6934
1,4	− 3,1414	1,1286	1,3593
1,5	− 8,4010	1,0482	1,1248
1,6	+ 22,3953	0,9819	0,9562
1,7	+ 5,5274	0,9265	0,8324
1,8	+ 3,3813	0,8796	0,7399
2,0	+ 2,0925	0,8044	0,6155

passiert und überall in der gleichen Größenordnung bleibt. Das Verhältnis r_0/a hat eine Nullstelle bei $K_0 R = \pi/2$. In der Näherung, die in Aufg. 64 entwickelt wurde, ist nirgends vorausgesetzt, daß r_0 klein gegen a sein müsse, was ein Blick auf die Zahlenwerte bestätigt.

Anm. Für ein abstoßendes Potential, wie es sich mit imaginärem $K_0 = i\kappa_0$ ergibt, wird

$$a = R\left(1 - \frac{\tanh \kappa_0 R}{\kappa_0 R}\right)$$

positiv für alle Wert von $\kappa_0 R$ und stets kleiner als R. Für große $\kappa_0 R$ nähern wir uns dem Grenzfall der harten Kugel (Aufg. 55). Dann wird $a = R$ und nach Gl. (65.6) $r_0 = 2R/3$. Setzen wir das in Gl. (64.16) ein, so finden wir für den Teilquerschnitt zu $l = 0$

$$\sigma_0 = \frac{4\pi R^2}{1 + (kR)^2/3}.$$

Das stimmt für $kR \ll 1$ überein mit der strengen Gl. (55.4b),

$$\sigma_0 = 4\pi R^2 \left(\frac{\sin kR}{kR}\right)^2 \approx 4\pi R^2 \left(1 - \frac{1}{3} k^2 R^2 + \cdots\right).$$

66. Aufgabe. Streuung und gebundener Zustand

Man untersuche $\cot \delta_0$ als Funktion der Variablen k in der Umgebung der Stelle $k = 0$ in der komplexen k-Ebene. Auf diese Weise soll ein Zusammenhang zwischen dem Streuquerschnitt und einem Energie-Eigenwert hergestellt werden, wenn beide in den Bereich der Näherung von Aufg. 64 fallen.

Lösung. Gilt die Entwicklung nach Potenzen von k,

$$k \cot \delta_0 = -\frac{1}{a} + \frac{1}{2} r_0 k^2 + \cdots, \tag{66.1}$$

so ist $\cot \delta_0$ eine analytische Funktion in der komplexen k-Ebene mit einem einfachen Pol bei $k = 0$. Gebundene Zustände liegen auf der imaginären Achse in dieser Ebene, der zur Energie Null nächste etwa bei

$$k = i\kappa \tag{66.2}$$

mit positivem κ. Setzen wir das in Gl. (66.1) ein, so entsteht

$$\cot \delta_0 = i\left(\frac{1}{\kappa a} + \frac{1}{2}\kappa r_0\right), \tag{66.3}$$

d.h. $\cot\delta_0$ ist rein imaginär auf der imaginären Achse. Nun ist δ_0 über die Asymptotik der Wellenfunktion χ_0 für $l = 0$,

$$\chi_0 \to C\sin(kr + \delta_0),$$

mit den physikalischen Erscheinungen verknüpft. Auch χ_0 ist eine analytische Funktion von k, die an der Stelle $k = i\kappa$, also für eine negative Energie,

$$\chi_0 \to \frac{C}{2i}(e^{i\delta_0}e^{-\kappa r} - e^{-i\delta_0}e^{\kappa r})$$

wird. Soll diese Wellenfunktion für einen Wert $\kappa > 0$ einen Eigenzustand beschreiben, so muß der zweite Term verschwinden, also

$$e^{-i\delta_0} = 0$$

oder

$$\cot\delta_0 = i \tag{66.4}$$

sein. Setzen wir das in Gl. (66.3) ein, so entsteht die reelle Beziehung

$$1 = \frac{1}{\kappa a} + \frac{1}{2}\kappa r_0, \tag{66.5}$$

welche die für den gebundenen Zustand charakteristische Größe κ mit den Parametern a und r_0 des Streuvorganges bei niedriger Energie verbindet. Diese Beziehung läßt sich in beiden Richtungen verfolgen, nämlich.

1. *zur Bestimmung der Bindungsenergie* des höchsten gebundenen Zustandes aus Streudaten: Entsprechend dem Potenzreihencharakter von Gl. (66.1) müssen wir voraussetzen, daß der letzte Term für $k = i\kappa$ in Gl. (66.5) klein ist. Dann wird aber in erster Näherung $\kappa = 1/a$ und der letzte Term $r_0/2a$. Unsere Näherung ist also nur anwendbar, wenn $a \gg r_0$ ist. Ein Blick auf die Tabelle in Aufg. 65 lehrt, daß dies nur für die Umgebung einer Resonanz (im Beispiel, für $K_0 R \approx \pi/2$) gilt. Mit dieser Einschränkung folgt aus Gl. (66.5)

$$\kappa a = 1 + r_0/2a, \tag{66.6}$$

und die Energie des gebundenen Zustandes

$$E = -\frac{\hbar^2\kappa^2}{2m} = -\frac{\hbar^2}{2ma^2}\left(1 + \frac{r_0}{a}\right) \tag{66.7}$$

läßt sich vollständig durch die Streudaten ausdrücken.

2. *zur Bestimmung eines Streuquerschnitts* aus der Bindungsenergie: Das ist nur unvollständig möglich, da hierzu zwei Parameter a und r_0

gebraucht werden, die Bindungsenergie aber natürlich nur eine Größe liefert. Wir setzen in

$$\sigma_0 = \frac{4\pi}{k^2}\sin^2\delta_0 = \frac{4\pi}{k^2(1 + \cot^2\delta_0)} \tag{66.8}$$

aus Gl. (66.1) ein:

$$1 + \cot^2\delta_0 = 1 + \frac{1}{(ka)^2} - \frac{r_0}{a} + \frac{1}{4}(kr_0)^2 ,$$

wobei wir das letzte Glied sofort vernachlässigen können. Drücken wir nun a nach Gl. (66.6) durch κ aus, so geht das über in

$$1 + \cot^2\delta_0 = 1 + \frac{\kappa^2}{k^2}\left(1 - \frac{r_0}{a}\right) - \kappa r_0\left(1 - \frac{r_0}{2a}\right).$$

Hier können wir im letzten Gliede die Klammer genähert gleich 1 setzen und in der ersten Klammer $r_0/a \approx \kappa r_0$ einführen:

$$1 + \cot^2\delta_0 = 1 + \frac{\kappa^2}{k^2}(1 - \kappa r_0) - \kappa r_0 = \left(\frac{\kappa^2}{k^2} + 1\right)(1 - \kappa r_0) .$$

Damit geht Gl. (66.8) schließlich in unserer Näherung über in

$$\sigma_0 = \frac{4\pi}{\kappa^2 + k^2}(1 + \kappa r_0) . \tag{66.9}$$

Anm. Die Formel wurde 1935 von Bethe und Peierls für das System aus Proton und Neutron (mit parallelen Spins) hergeleitet, bei dem die Voraussetzungen für die Näherung einigermaßen zutreffen.

d) Elastische Streuung bei höheren Energien

Den im vorigen Abschnitt c), Aufg. 50 bis 66, behandelten Problemen liegt durchweg die Partialwellenmethode zugrunde, die um so besser konvergiert, je niedriger die Energie ist. Bei höheren Energien treten andere Methoden in den Vordergrund, bei denen der Einfluß des Potentialfeldes auf die Wellenfunktion als kleine Störung behandelt wird. Solchen Problemen sind die folgenden Aufgaben gewidmet. Diese Methoden können gelegentlich mit der Entwicklung nach Partialwellen kombiniert werden, um den Beitrag der Glieder mit höheren Werten von l auch für mäßig große Energien abzuschätzen, bei denen die Phasen δ_l klein werden.

67. Aufgabe. Bornsche Näherung

Die Streuung eines Teilchenstromes in einem festen Potentialfeld $V(r)$ soll genähert unter der Voraussetzung behandelt werden, daß das Feld als kleine Störung angesehen werden darf.
Lösung. Wir schreiben die Schrödingergleichung in der Form

$$\nabla^2 u + k^2 u = \beta W(r) u \qquad (67.1)$$

mit

$$k^2 = \frac{2mE}{\hbar^2}; \quad \beta W(r) = \frac{2m}{\hbar^2} V(r). \qquad (67.2)$$

Hier soll der Parameter β als klein im Sinne eines sukzessiven Näherungsverfahrens behandelt werden, indem wir ansetzen

$$u = u_0 + \beta u_1 + \beta^2 u_2 + \ldots \qquad (67.3)$$

und Gl. (67.1) nach Potenzen von β geordnet in ein System von Gleichungen zerlegen:

$$\left.\begin{array}{l}\nabla^2 u_0 + k^2 u_0 = 0 \\ \nabla^2 u_1 + k^2 u_1 = W u_0 \\ \nabla^2 u_2 + k^2 u_2 = W u_1\end{array}\right\} \qquad (67.4)$$

usw. Ihre sukzessive Lösung, ausgehend von der ungestörten ebenen Welle

$$u_0 = e^{i\mathbf{k}\cdot\mathbf{r}} \qquad (67.5)$$

in Richtung $\mathbf{k}$, führt dann zur Lösung des Streuproblems. Die Gln. (67.4) für u_1, u_2 usw. sind inhomogene Gleichungen, da die Funktion auf der rechten Seite jeweils aus der Lösung der vorhergehenden Gleichung bekannt ist. Zur Lösung verwenden wir eine Greensche Funktion, welche der speziellen inhomogenen Differentialgleichung

$$\nabla^2 G(r) + k^2 G(r) = \delta^3(r) \qquad (67.6)$$

genügt. Dann wird

$$u_n(\mathbf{r}) = \int d\tau' \, G(\mathbf{r} - \mathbf{r}') \, W(\mathbf{r}') u_{n-1}(\mathbf{r}') . \qquad (67.7)$$

Da wir Lösungen suchen, die zu der ebenen Welle u_0 nur *auslaufende* Wellen hinzufügen, benutzen wir de Greensche Funktion

$$G(\mathbf{r} - \mathbf{r}') = -\frac{e^{ik|\mathbf{r} - \mathbf{r}'|}}{4\pi|\mathbf{r} - \mathbf{r}'|}, \qquad (67.8)$$

67. Aufgabe. Bornsche Näherung

die in der Anmerkung am Ende dieser Aufgabe hergeleitet wird. Die Wellenfunktion des Streuproblems ist dann in der *ersten Bornschen Näherung*

$$u(r) = e^{ik\cdot r} - \frac{1}{4\pi}\int d\tau' \frac{e^{ik|r-r'|}}{|r-r'|} \beta W(r') e^{ik\cdot r'}. \tag{67.9}$$

Um die zweite Näherung zu berechnen, müßten wir das Integral für alle r ausrechnen und das Ergebnis auf der rechten Seite von Gl. (67.4) einführen, um u_2 zu bestimmen. Dieser sehr mühsame Prozeß bleibt uns erspart, wenn wir uns auf die erste Näherung beschränken, da wir dann nur das asymptotische Verhalten des Integrals in Gl. (67.9) brauchen.

Zum Integral trägt nur ein begrenztes Gebiet $r' < R$ bei, außerhalb dessen $W(r)$ praktisch gleich Null ist. (Dies gilt nicht unbedingt für das Coulombfeld, vgl. Aufg. 69). Um das asymptotische Verhalten für $r \gg R$ zu finden, können wir daher im Integranden $r' \ll r$ voraussetzen. Im Exponenten dürfen wir dann

$$k|r-r'| = k\left(r - \frac{r}{r}\cdot r'\right)$$

und im Nenner sogar $|r-r'| \approx r$ setzen. Hier ist es zweckmäßig, den Hilfsvektor $k_1 = kr/r$ einzuführen, der die Richtung von r und den Betrag k hat. Damit entsteht die Streuformel

$$u(r) = e^{ik\cdot r} + f(\vartheta)\frac{e^{ikr}}{r} \tag{67.10}$$

mit der Streuamplitude

$$f(\vartheta) = -\frac{1}{4\pi}\int d\tau' \beta W(r') e^{i(k-k_1)\cdot r'}. \tag{67.11}$$

Benutzt man zur Ausrechnung dieses Integrals sphärische Polarkoordinaten r', ϑ', φ' mit der Richtung des Vektors $K = k - k_1$ als Polarachse,

$$f(\vartheta) = -\frac{1}{4\pi}\int d\tau' \, \beta W(r', \vartheta', \varphi') e^{iKr'\cos\vartheta'}, \tag{67.12}$$

so gehen die ungestrichenen Koordinaten nur in

$$K = 2k\sin\frac{\vartheta}{2} \tag{67.13}$$

ein. Die Streuamplitude hängt also nur vom Streuwinkel ϑ ab, ist also rotationssymmetrisch um die Achse der einfallenden Welle, auch wenn das Potential keine solche Symmetrie aufweist.

In den meisten Fällen hängt V nur vom Radius ab. Dann können wir in Gl. (67.12) die Integration über ϑ' und φ' elementar ausführen:

$$\oint d\Omega' e^{iKr'\cos\vartheta'} = 4\pi \frac{\sin Kr'}{Kr'}. \tag{67.14}$$

Das Ergebnis lautet dann bei Beachtung von Gl. (67.2):

$$f(\vartheta) = -\frac{2m}{\hbar^2} \int_0^\infty dr' \, r'^2 \, V(r') \frac{\sin Kr'}{Kr'}. \tag{67.15}$$

Diese Formel ist natürlich nur brauchbar, wenn das Integral nicht an der unteren oder oberen Grenze divergiert. In der Umgebung von $r' = 0$ darf $V(r')$ daher nicht stärker als $r'^{\varepsilon-3}$ mit $\varepsilon > 0$ gegen Unendlich gehen; für große r' muß es steiler als das Coulombpotential, mindestens wie $r'^{-1-\varepsilon}$ abfallen. (Über das Coulombpotential s. Aufg. 69).

Anm. Zu Gl. (67.6) rechnet man leicht nach, daß $G(r)$ der homogenen Differentialgleichung $\nabla^2 G + k^2 G = 0$ überall außer bei $r = 0$ genügt. Um die Umgebung dieser Stelle genauer zu untersuchen, setzen wir

$$G(r) = -\lim_{\varepsilon \to 0} \frac{e^{ikr}}{4\pi r^{1-\varepsilon}};$$

dann entsteht für kleine $r < R$

$$\nabla^2 G + k^2 G = \frac{\varepsilon}{4\pi} \left[\frac{1-\varepsilon}{r^{3-\varepsilon}} - \frac{2ik}{r^{2-\varepsilon}} \right].$$

Das verschwindet für $\varepsilon \to 0$ überall außer bei $r = 0$, wo es auch für endliche ε divergiert. Das Integral hiervon wird

$$\int d\tau (\nabla^2 G + k^2 G) = \int_0^R dr \left(\frac{1-\varepsilon}{r^{1-\varepsilon}} - 2ikr^\varepsilon \right)$$

$$= \left[(1-\varepsilon) r^\varepsilon - \frac{2ik\varepsilon}{1+\varepsilon} r^{1+\varepsilon} \right]_0^R.$$

Im Grenzübergang $\varepsilon \to 0$ trägt nur das erste Glied und dies auch nur an der oberen Grenze bei, so daß das Integral $= 1$ wird, entsprechend der räumlichen δ-Funktion $\delta^3(r)$ auf der rechten Seite von Gl. (67.6).

68. Aufgabe. Genäherte und exakte Streuamplitude

Man berechne in Bornscher Näherung die Streuamplitude $f(\vartheta)$ für das Potential der Aufg. 56 und zerlege sie nach den Anteilen der Partialwellen.

68. Aufgabe. Genäherte und exakte Streuamplitude

Für $l = 0$ soll diese Näherung mit der in Aufg. 56 angegebenen exakten Lösung verglichen werden.

Lösung. Die in Gl. (67.15) angegebene Bornsche Streuamplitude wird für dies spezielle Potential

$$f^B(\vartheta) = k_0^2 \int_0^R dr\, r^2 \frac{\sin Kr}{Kr} \tag{68.1}$$

mit $K = 2k \sin \vartheta/2$ und der Bedeutung von k_0^2 wie in Aufg. 56. Sie kann elementar ausgerechnet werden und ergibt

$$f^B(\vartheta) = k_0^2 R^3 \frac{\sin KR - KR \cos KR}{(KR)^3}. \tag{68.2}$$

Mit Hilfe der Reihenentwicklung

$$\frac{\sin Kr}{Kr} = \sum_{l=0}^{\infty} (2l+1)\left(\frac{j_l(kr)}{kr}\right)^2 P_l(\cos \vartheta) \tag{68.3}$$

geht Gl. (68.1) über in

$$f^B(\vartheta) = \frac{k_0^2}{k^2} \sum_{l=0}^{\infty} (2l+1) P_l(\cos \vartheta) \int_0^R dr\, j_l(kr)^2. \tag{68.4}$$

Das Glied zu $l = 0$ in dieser Entwicklung wird

$$f_0^B = (k_0^2/k^2) \int_0^R dr \sin^2 kr = \frac{k_0^2}{2k^3}(kR - \tfrac{1}{2}\sin 2kR). \tag{68.5}$$

Wir entnehmen nun aus Aufg. 52 die allgemeine Formel für die Entwicklung der Streuamplitude ohne Näherung

$$f(\vartheta) = \frac{1}{2ik} \sum_{l=0}^{\infty} (2l+1)(e^{2i\delta_l} - 1) P_l(\cos \vartheta). \tag{68.6}$$

Für das spezielle Potential dieser Aufgabe können wir das exakte δ_0 aus Gl. (56.3) entnehmen:

$$\delta_0 = -kR + \arctan\left[\frac{k}{\sqrt{k^2 + k_0^2}} \tan(\sqrt{k^2 + k_0^2}\, R)\right]. \tag{68.7}$$

Nun ist die Bornsche Amplitude f_0^B in Gl. (68.5) eine Hochenergienäherung für $k^2 \gg k_0^2$ oder

$$\varepsilon = k_0/k \ll 1. \tag{68.8}$$

Schreiben wir in Gl. (68.7) noch kurz $y = kR$, so entsteht

$$\delta_0 = -y + \arctan[(1+\varepsilon^2)^{-1/2} \tan(\sqrt{1+\varepsilon^2}\, y)],$$

und das haben wir für kleine ε zu entwickeln. Das führt auf

$$\tan(\sqrt{1+\varepsilon^2}\, y) = \tan y + \frac{1}{2}\varepsilon^2 y \frac{1}{\cos^2 y}$$

und weiter zu

$$\arctan\left[\left(1 - \frac{1}{2}\varepsilon^2\right)\left(\tan y + \frac{1}{2}\varepsilon^2 \frac{y}{\cos^2 y}\right)\right]$$
$$= y + \frac{1}{2}\varepsilon^2 \frac{y/\cos^2 y - \tan y}{1 + \tan^2 y}.$$

Mit $1 + \tan^2 y = 1/\cos^2 y$ vereinfacht sich das schließlich zu

$$\delta_0 = \tfrac{1}{2}\varepsilon^2 (y - \sin y \cos y)$$

oder

$$\delta_0 = \frac{k_0^2}{2k^2}(kR - \tfrac{1}{2}\sin 2kR). \tag{68.9}$$

Dieser Phasenwinkel ist klein, solange $k_0^2 R/k \ll 1$ bleibt. Dann gibt Gl. (68.6) in diesem Fall einfach $f_0 = \delta_0/k$, so daß aus Gl. (68.9)

$$f_0 = (k_0^2/2k^3)(kR - \tfrac{1}{2}\sin 2kR)$$

in Übereinstimmung mit der Bornschen Näherung von Gl. (68.5) entsteht. Die Voraussetzung von Gl. (68.6) haben wir dabei verschärft zu

$$\frac{k_0}{k} k_0 R \ll 1. \tag{68.10}$$

Zahlenbeispiel. Zur Veranschaulichung vergleichen wir in der Tabelle für $k_0 R = 1$ und verschiedene Werte von kR die Phasen δ_0 gemäß der exakten Gl. (68.7) und der Bornschen Näherung nach Gl. (68.9). Hierbei sind die durch Singularitäten im Tangens mehrfach auftretenden Sprünge in δ_0 um π durch Übergang auf andere Zweige der arctan-Funktion ausgeglichen. Der stetige Abfall der Phasenwerte mit steigender Energie ist evident, auch die Abnahme der Unterschiede zwischen δ_0 und δ_0^B. Diese Differenzen zeigen allerdings noch Schwankungen; so ist die Abweichung etwa bei $kR = 6$ deutlich größer als bei $kR = 5$ und $kR = 7$. Dies rührt von der trigonometrischen Funktion $\sin 2kR$ her, deren Einfluß nach Gl. (68.9) allmählich mehr und mehr hinter dem monotonen Anteil zurücktritt. Zur Beurteilung sei noch angemerkt, daß der in Gl. (68.10) definierte "kleine" Parameter in unserem Zahlenbeispiel einfach gleich $1/kR$ wird.

kR	δ_0	δ_0^B
1	0,3511	0,2727
1,5	0,3474	0,3177
2	0,2909	0,2973
2,5	0,2209	0,2384
3	0,1612	0,1744
3,5	0,1238	0,1295
4	0,1090	0,1095
5	0,1059	0,1054
6	0,0854	0,0871
7	0,0660	0,0664
8	0,0638	0,0614

Anm. Ist bei einer bestimmten Energie die Differenz zwischen δ_0 und δ_0^B noch zu groß, um die Näherung zu benutzen, aber schon klein genug, um für $l \geq 1$ die Bornsche Näherung gut genug zu machen, so kann man die Streuamplitude auch

$$f(\vartheta) = (f_0 - f_0^B) + f^B(\vartheta)$$

oder

$$f(\vartheta) = \frac{e^{2i\delta_0} - e^{2i\delta_0^B}}{2ik} + f^B(\vartheta) \approx \frac{1}{k}(\delta_0 - \delta_0^B) + f^B(\vartheta)$$

schreiben, wobei $f^B(\vartheta)$ aus Gl. (68.1) oder (67.15) zu entnehmen ist. Vgl. auch das analoge Verfahren in Aufg. 61.

69. Aufgabe. Bornsche Näherung: Yukawa-und Coulombfeld

Man berechne in Bornscher Näherung den differentiellen und totalen Streuquerschnitt für das Yukawa-Potential

$$V(r) = -U \frac{e^{-r/r_0}}{r/r_0} \tag{69.1}$$

Durch den Grenzübergang $r_0 \to \infty$ bei endlichem $Ur_0 = Ze^2$ leite man hieraus die Rutherfordsche Streuformel ab.

Lösung. Nach Gl. (67.15) ist die Streuamplitude für das Potential von Gl. (69.1)

$$f(\vartheta) = \frac{2mUr_0}{\hbar^2 K} \int_0^\infty dr\, e^{-r/r_0} \sin Kr = \frac{2mUr_0^2}{\hbar^2 K} \int_0^\infty dx\, e^{-x} \sin(Kr_0 x) \tag{69.2}$$

mit

$$K = 2k \sin \frac{\vartheta}{2}. \tag{69.3}$$

Das Integral läßt sich elementar ausrechnen:

$$\int_0^\infty dx\, e^{-x} \sin(Kr_0 x) = \frac{Kr_0}{1 + (Kr_0)^2}.$$

Daher wird

$$f(\vartheta) = \frac{2mUr_0^3}{\hbar^2} \frac{1}{1 + (Kr_0)^2}. \tag{69.4}$$

Mit Gl. (69.3) folgt dann der differentielle Streuquerschnitt zu

$$\frac{d\sigma}{d\Omega} = |f(\vartheta)|^2 = \left(\frac{2mUr_0^3}{\hbar^2}\right)^2 \frac{1}{[1 + 4k^2 r_0^2 \sin^2 \vartheta/2]^2}. \tag{69.5}$$

Zur Berechnung des totalen Streuquerschnitts

$$\sigma = 2\pi \left(\frac{2mUr_0^3}{\hbar^2}\right)^2 \int_{-1}^{+1} \frac{d\cos\vartheta}{[1 + 4k^2 r_0^2 \sin^2 \vartheta/2]^2} \tag{69.6}$$

berücksichtigen wir die Identität

$$2\sin^2 \frac{\vartheta}{2} = 1 - \cos\vartheta$$

und führen

$$t = 4k^2 r_0^2 \sin^2 \frac{\vartheta}{2} = 2k^2 r_0^2 (1 - \cos\vartheta)$$

als Integrationsvariable ein. Dann wird

$$\int_{-1}^{+1} \frac{d\cos\vartheta}{[1 + 4k^2 r_0^2 \sin^2 \vartheta/2]^2} = \frac{1}{2k^2 r_0^2} \int_0^{4k^2 r_0^2} \frac{dt}{(1+t)^2} = \frac{2}{1 + 4k^2 r_0^2}$$

und nach Gl. (69.6)

$$\sigma = 4\pi \left(\frac{2mUr_0^3}{\hbar^2}\right)^2 \frac{1}{1 + 4k^2 r_0^2}. \tag{69.7}$$

Der Grenzübergang $r_0 \to \infty$ mit $Ur_0 = Ze^2$ führt Gl. (69.1) in das Coulombpotential

$$V(r) = -\frac{Ze^2}{r} \tag{69.1'}$$

über, wie es zwischen einer Kernladung Ze und einem Elektron der Ladung $-e$ besteht. Der differentielle Querschnitt von Gl. (69.5) wird dann

$$\frac{d\sigma}{d\Omega} = \left(\frac{2mZe^2}{\hbar^2}\right)^2 \frac{1}{(4k^2\sin^2\vartheta/2)^2},$$

so daß mit $k^2\hbar^2 = 2mE$ die Rutherfordsche Formel, Gl. (59.16),

$$d\sigma = \left(\frac{Ze^2}{4E}\right)^2 \frac{d\Omega}{\sin^4\vartheta/2} \qquad (69.5')$$

entsteht. Der totale Streuquerschnitt, Gl. (69.7), wächst dagegen für $r_0 \to \infty$ bei endlichem Ur_0 wie r_0^2 über alle Grenzen, wie man sofort an Gl. (69.7) abliest. Vgl. auch Aufg. 59.

70. Aufgabe. Stoßparameter-Integral

Für hohe Energie $E \gg |V(r)|$ verwandle man die Partialwellensumme für $f(\vartheta)$ in ein Integral über den Stoßparameter

$$b = (l + \tfrac{1}{2})/k. \qquad (70.1)$$

Die Phasen δ_l sind hierbei in WKB-Näherung durch eine Funktion $\delta(b)$ zu ersetzen. Wie läßt sich aus diesem Integral der totale Streuquerschnitt entnehmen?

Lösung. Die physikalische Bedeutung des Stoßparameters wurde in Anm. 1 von Aufg. 51 erklärt. In einem halbklassischen Modell ist b der Abstand, in dem ein Teilchen mit dem Drehimpuls $\hbar l$ das Streuzentrum passiert. Die Summenformel

$$f(\vartheta) = \frac{1}{2ik} \sum_{l=0}^{\infty} (2l+1)(e^{2i\delta_l} - 1) P_l(\cos\vartheta) \qquad (70.2)$$

kann bei hoher Energie, wenn viele l vergleichbare Beiträge dazu leisten, genähert durch ein Integral ersetzt werden. Mit $\Delta b = 1/k$ wird $2l + 1 = 2bk$, so daß

$$\frac{1}{2k}(2l+1) = \frac{1}{2k} 2bk\, k\Delta b = kb\Delta b$$

wird. Damit geht die Summe in das Integral

$$f(\vartheta) = -ik \int_0^\infty db\, b\, (e^{2i\delta_l} - 1) P_l(\cos\vartheta) \qquad (70.3)$$

über.

196 IV. Zentralsymmetrische Probleme

Hier müssen wir noch l in δ_l und P_l durch den Stoßparameter b ersetzen. Für $l \gg 1$ gilt in guter Näherung

$$P_l(\cos\vartheta) = J_0\left((2l+1)\sin\frac{\vartheta}{2}\right) = J_0\left(2kb\sin\frac{\vartheta}{2}\right). \tag{70.4}$$

Der Beweis dieser Formel ist in Anm. 1 skizziert. Für δ_l erhalten wir in WKB-Näherung

$$\delta_l = k\left[\int_{r_l}^{\infty} dr\sqrt{1 - \frac{b^2}{r^2} - \frac{V(r)}{E}} - \int_{b}^{\infty} dr\sqrt{1 - \frac{b^2}{r^2}}\right]. \tag{70.5}$$

Hier ist b^2/r^2 der Zentrifugalterm, eigentlich $l(l+1)/k^2r^2$; d.h. wir haben bei Einführung von b aus Gl. (70.1) $l(l+1)$ durch $(l+1/2)^2$ ersetzt. Solange $|V| \ll E$ bleibt, können wir im ersten Glied von Gl. (70.5) den Integranden entwickeln,

$$\sqrt{1 - \frac{b^2}{r^2} - \frac{V}{E}} \approx \sqrt{1 - \frac{b^2}{r^2}} - \frac{V}{2E}\left(1 - \frac{b^2}{r^2}\right)^{-1/2},$$

und den Unterschied zwischen dem klassischen Umkehrpunkt r_l und b an der unteren Integrationsgrenze vernachlässigen. Dann entsteht anstelle von δ_l

$$\delta(b) = -\frac{k}{2E}\int_{b}^{\infty} dr\frac{rV(r)}{\sqrt{r^2 - b^2}}. \tag{70.6}$$

Mit (70.4) und (70.6) können wir nunmehr die Streuamplitude $f(\vartheta)$ als Stoßparameter-Integral schreiben:

$$f(\vartheta) = -ik\int_{0}^{\infty} db\, b(e^{2i\delta(b)} - 1)J_0\left(2kb\sin\frac{\vartheta}{2}\right). \tag{70.7}$$

Den totalen Streuquerschnitt entnehmen wir aus dem (in Anm. 2 bewiesenen) optischen Theorem

$$\sigma = \frac{4\pi}{k}\mathrm{Im}f(0). \tag{70.8}$$

Mit Gl. (70.7) ergibt das wegen $J_0(0) = 1$ für $\vartheta = 0$

$$\sigma = 4\pi\int_{0}^{\infty} db\, b[1 - \cos 2\delta(b)]. \tag{70.9}$$

Anm. 1. Das Legendre-Polynom $P_l(\cos\vartheta)$ läßt sich als hypergeometrische Reihe schreiben,

$$P_l(\cos\vartheta) = {}_2F_1\left(l+1, -l, 1; \sin^2\frac{\vartheta}{2}\right)$$

$$= 1 - \frac{l(l+1)}{1!^2}\sin^2\frac{\vartheta}{2} + \frac{(l-1)l(l+1)(l+2)}{2!^2}\sin^4\frac{\vartheta}{2} + \ldots$$

Für $l \gg 1$ wird mit $\lambda = l + 1/2$

$$l(l+1) = \lambda^2 - \tfrac{1}{4}; \quad (l-1)(l+2) = \lambda^2 - \tfrac{9}{4};$$

$$(l-n)(l+n+1) = \lambda^2 - (n+1/2)^2.$$

Ersetzen wir alle diese Produkte einfach durch λ^2, so entsteht die Näherungsformel für große l

$$P_l(\cos\vartheta) \approx 1 - \frac{\lambda^2}{1!^2}\sin^2\frac{\vartheta}{2} + \frac{\lambda^4}{2!^2}\sin^4\frac{\vartheta}{2}\ldots,$$

und dies ist gerade die Potenzreihe der Besselfunktion:

$$P_l(\cos\vartheta) \approx J_0\left(2\lambda\sin\frac{\vartheta}{2}\right).$$

Für das Beispiel $l = 10$ ist der Vergleich in Abb. 32 ausgeführt.

Anm. 2. Der Streuquerschnitt σ ist einerseits

$$\sigma = \frac{4\pi}{k^2}\sum_{l=0}^{\infty}(2l+1)\sin^2\delta_l = \frac{2\pi}{k^2}\sum_{l=0}^{\infty}(2l+1)(1-\cos 2\delta_l).$$

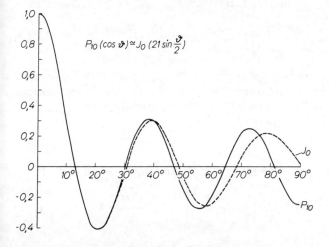

Abb. 32. Das Legendre-Polynom P_{10} (voll ausgezogen) und seine Annäherung durch die Bessel-Funktion J_0 (gestrichelt)

198   IV. Zentralsymmetrische Probleme

Andererseits folgt aus Gl. (70.2) für $\vartheta = 0$ wegen $P_l(1) = 1$

$$\mathrm{Im} f(0) = \frac{1}{2k} \sum_{l=0}^{\infty} (2l + 1)(1 - \cos 2\delta_l) \, .$$

Der Vergleich ergibt unmittelbar das optische Theorem, Gl. (70.8).

71. Aufgabe. Strahlenoptik und Stoßparameterintegral

Ausgehend von den Begriffen der Strahlenoptik bilde man das Stoßparameterintegral und zeige, wie es mit der Bornschen Näherung zusammenhängt.

Lösung. Durchläuft ein Strahl parallel zur z-Achse ein Gebiet von ortsabhängigem Brechungsindex $n(r)$ unter geringer Ablenkung, so entwickelt sich längs des Strahls eine Phasenverschiebung

$$\delta = k \int_0^\infty dz (n - 1) \, . \tag{71.1}$$

Für einen Strahl im Abstand b von der z-Achse ist $b = \sqrt{r^2 - z^2}$ und $dz = dr\, r / \sqrt{r^2 - b^2}$, so daß wir in Gl. (71.1) r statt z als Integrationsvariable einführen können. Mit dem Brechungsindex für Materiewellen

$$n(r) = \sqrt{1 - \frac{V(r)}{E}} \, , \tag{71.2}$$

können wir dann für Gl. (71.1) schreiben

$$\delta(b) = k \int_b^\infty \frac{dr\, r}{\sqrt{r^2 - b^2}} \left[\sqrt{1 - \frac{V(r)}{E}} - 1 \right] . \tag{71.3}$$

Dieser Ausdruck gilt, solange $|V(r)| < E$ ist, setzt aber zum Unterschied von Gl. (70.6) nicht $|V| \ll E$ voraus. Wäre auch noch diese einschränkende Voraussetzung erfüllt, so würde Gl. (71.3) in (70.6) übergehen.

Bleibt jedoch nur $|\delta(b)| \ll 1$, so wird genähert

$$e^{2i\delta_l} - 1 \approx 2i\delta_l \, , \tag{71.4}$$

und das Stoßparameterintegral, Gl. (70.7), nimmt mit Gl. (71.3) die Form

$$f(\vartheta) = 2k^2 \int_0^\infty db\, b J_0(Kb) \int_b^\infty \frac{dr\, r}{\sqrt{r^2 - b^2}} \left[\sqrt{1 - \frac{V(r)}{E}} - 1 \right] \tag{71.5}$$

an mit

$$K = 2k \sin \frac{\vartheta}{2} \, .$$

Vertauschen wir hier die Reihenfolge der Integrationen und führen statt b die dimensionslose Variable $u = b/r$ ein, so geht das über in

$$f(\vartheta) = 2k^2 \int_0^\infty dr\, r^2 \left(\sqrt{1 - \frac{V(r)}{E}} - 1\right) \int_0^1 \frac{du\, u}{\sqrt{1 - u^2}} J_0(Kru)\,. \qquad (71.6)$$

Nach einer bekannten Formel, die leicht durch Potenzreihenentwicklung von J_0 zu beweisen ist, gibt das innere Integral

$$\int_0^1 \frac{du\, u}{\sqrt{1 - u^2}} J_0(Kru) = \frac{\sin Kr}{Kr}\,, \qquad (71.7)$$

so daß

$$f(\vartheta) = 2k^2 \int_0^\infty dr\, r^2 \left(\sqrt{1 - \frac{V(r)}{E}} - 1\right) \frac{\sin Kr}{Kr} \qquad (71.8)$$

entsteht.

Gleichung (71.8) geht bei Entwicklung der Wurzel für $|V| \ll E$ in die Bornsche Näherung

$$f(\vartheta) = -\frac{k^2}{E} \int_0^\infty dr\, r^2 V(r) \frac{\sin Kr}{Kr} \qquad (71.9)$$

mit der Konstanten $k^2/E = 2m/\hbar^2$ über. Die Näherung von Gl. (71.8) ist danach etwas besser und auch für nicht so große Energien anwendbar.

Anm. Erreicht ein Potential $V > 0$ an einer Stelle $r = r_0$ den Wert $V(r_0) = E$, so fällt jenseits davon die Wellenfunktion rasch ab. Für ein Abstoßungspotential kann man daher $b = r_0$ als untere Integrationsgrenze einführen. Dann tritt anstelle von Gl. (71.6)

$$f(\vartheta) = 2k^2 \int_{r_0}^\infty dr\, r^2 \left(\sqrt{1 - \frac{V(r)}{E}} - 1\right) \int_{r_0/r}^1 \frac{du\, u}{\sqrt{1 - u^2}} J_0(Kru)\,.$$

Mit dieser Gleichung läßt sich auch die Streuung an singulären Potentialen behandeln, für welche das Bornsche Integral (71.9) divergiert. Ein Abschneiden bei $r = r_0$ in Gl. (71.9) würde der geänderten unteren Grenze im Integral über u nicht Rechnung tragen.

72. Aufgabe. Calogero-Gleichung

Schreibt man die radiale Wellenfunktion

$$\chi_l(r) = C_l(r) j_l(kr) - S_l(r) n_l(kr) \qquad (72.1)$$

mit der Asymptotik

$$\chi_l(r) \to C_l(\infty)\sin\left(kr - \frac{l\pi}{2}\right) + S_l(\infty)\cos\left(kr - \frac{l\pi}{2}\right), \quad (72.2)$$

so folgt die Phase δ_l aus

$$\tan\delta_l = S_l(\infty)/C_l(\infty). \quad (72.3)$$

Man bestimme die Funktionen S_l und C_l mit Hilfe einer Greenschen Funktion und stelle eine Differentialgleichung erster Ordnung für die Funktion

$$t_l(r) = S_l(r)/C_l(r), \quad (72.4)$$

die sogenannte Calogero-Gleichung, auf.

Lösung. Wir schreiben die radiale Differentialgleichung für χ_l in der Form

$$\chi_l'' + \left(k^2 - \frac{l(l+1)}{r^2}\right)\chi_l = U(r)\chi_l(r) \quad (72.5)$$

mit

$$U(r) = \frac{2m}{\hbar^2}V(r)$$

und behandeln die rechte Seite formal als Inhomogenität. Dann können wir sie mit der Randbedingung $\chi_l(0) = 0$ durch die Integralgleichung

$$\chi_l(r) = j_l(kr) + \int_0^\infty dr'\, G(r,r')U(r')\chi_l(r') \quad (72.6)$$

ersetzen. Darin bedeutet $G(r, r')$ eine Greensche Funktion, die der Randbedingung $G(0, r') = 0$ genügt. Wählen wir

$$G(r,r') = \begin{cases} -\frac{1}{k}[j_l(kr)n_l(kr') - n_l(kr)j_l(kr')] & \text{für } r' < r \\ 0 & \text{für } r' > r, \end{cases} \quad (72.7)$$

so nimmt Gl. (72.6) die gewüschte Form der Gl. (72.1) an mit

$$C_l(r) = 1 - \frac{1}{k}\int_0^r dr'\, n_l(kr')U(r')\chi_l(r');$$

$$S_l(r) = -\frac{1}{k}\int_0^r dr'\, j_l(kr')U(r')\chi_l(r'). \quad (72.8)$$

72. Aufgabe. Calogero-Gleichung

Um eine Differentialgleichung für $t_l(r)$, Gl. (72.4), zu konstruieren, bilden wir die Ableitung

$$t'_l = \frac{C_l S'_l - S_l C'_l}{C_l^2}$$

mit

$$S'_l = -\frac{1}{k} j_l(kr) U(r) \chi_l(r); \quad C'_l = -\frac{1}{k} n_l(kr) U(r) \chi_l(r) .$$

Das führt auf

$$t'_l(r) = -\frac{U(r)\chi_l(r)}{k C_l(r)^2} [C_l(r) j_l(kr) - S_l(r) n_l(kr)]$$

oder mit $\chi_l/C_l = j_l - t_l n_l$ nach Gl. (72.1) und $t_l = S_l/C_l$

$$t'_l = -\frac{U(r)}{k} [j_l(kr) - t_l(r) n_l(kr)]^2 . \tag{72.9}$$

Das ist die gesuchte Differentialgleichung erster Ordnung von Calogero zur Bestimmung der Phase δ_l aus $\tan \delta_l = t_l(\infty)$.

Gleichung (72.9) ist eine Riccati-Gleichung, die sich allgemein nicht in geschlossener Form lösen läßt. Solange aber $|t(r)| \ll 1$ bleibt, lassen sich einfache Näherungsverfahren angeben. In der niedrigsten Näherung kann man das Glied $t_l n_l$ auf der rechten Seite von Gl. (72.9) streichen und erhält durch Quadratur

$$\tan \delta_l = -\frac{1}{k} \int_0^\infty dr\, U(r) j_l(kr)^2 . \tag{72.10}$$

Dies entspricht genau der ersten Bornschen Näherung.

Ein besseres Ergebnis erhält man bei Linearisierung von Gl. (72.9), indem man

$$t'_l = -\frac{U(r)}{k} [j_l(kr)^2 - 2 j_l(kr) n_l(kr) t_l(r)] \tag{72.11}$$

setzt, unter Vernachlässigung des Gliedes $n_l^2 t_l^2$ in der Klammer. Die Lösung dieser Gleichung lautet

$$t_l(r) = -\frac{1}{k} \int_0^r dr'\, U(r') j_l(kr')^2 \exp\left[\frac{2}{k} \int_{r'}^r dr''\, U(r'') j_l(kr'') n_l(kr'')\right], \tag{72.12}$$

wobei wieder für $r = \infty$ der gesuchte $\tan \delta_l$ entsteht. Dies Ergebnis ist

etwas besser als die zweite Bornsche Näherung, die bei Mitnahme des ersten Entwicklungsgliedes der Exponentialfunktion entsteht.
Hierzu und zu Gl. (72.10) vgl. auch die folgende Aufgabe.

73. Aufgabe. Zweite Bornsche Näherung für Partialwellen

Man löse die radiale Differentialgleichung bei Behandlung des Potentials als Störung durch sukzessive Approximationen in zweiter Näherung und gebe eine Formel für die asymptotische Phase an.

Lösung. Analog zur vorstehenden Aufgabe schreiben wir die radiale Differentialgleichung in der Form

$$\chi_l'' + \left[k^2 - \frac{l(l+1)}{r^2}\right]\chi_l = \beta U(r)\chi_l(r)$$

mit

$$\beta U(r) = \frac{2m}{\hbar^2} V(r), \tag{73.1}$$

wobei wir β als Ordnungsparameter wie in Aufg. 67 behandeln, nach dem wir entwickeln:

$$\chi_l = \chi_l^{(0)} + \beta\chi_l^{(1)} + \beta^2\chi_l^{(2)} + \ldots \tag{73.2}$$

und beim Einsetzen in Gl. (73.1) die Glieder ordnen. Dann erhalten wir das folgende System von Gleichungen

$$\chi_l^{(0)''} + \left[k^2 - \frac{l(l+1)}{r^2}\right]\chi_l^{(0)} = 0$$

$$\chi_l^{(1)''} + \left[k^2 - \frac{l(l+1)}{r^2}\right]\chi_l^{(1)} = U(r)\chi_l^{(0)}$$

......

$$\chi_l^{(n)''} + \left[k^2 - \frac{l(l+1)}{r^2}\right]\chi_l^{(n)} = U(r)\chi_l^{(n-1)}: \tag{73.3}$$

Diese Gleichungen können sukzessive gelöst werden, wobei die jeweils aus der vorhergehenden Gleichung bekannte rechte Seite als Inhomgenität behandelt werden kann.

Wir suchen Lösungen zur Randbedingung $\chi_l(0) = 0$ und gehen daher von

$$\chi_l^{(0)}(r) = j_l(kr) \tag{73.4a}$$

aus. Die folgenden inhomogenen Gleichungen können mit Hilfe einer

73. Aufgabe. Zweite Bornsche Näherung

Greenschen Funktion $G(r, r')$ gelöst werden:

$$\chi_l^{(n)}(r) = \int_0^\infty dr' G(r, r') U(r') \chi_l^{(n-1)}(r'), \qquad (73.4b)$$

die der Randbedingung $G(0, r') = 0$ genügen muß. Die Lösung der Differentialgleichung (73.1) lautet dann in zweiter Näherung

$$\chi_l(r) = j_l(kr) + \int_0^\infty dr' G(r, r') U(r') \Bigg[j_l(kr')$$

$$+ \int_0^\infty dr'' G(r', r'') U(r'') j_l(kr'') \Bigg]. \qquad (73.5)$$

Verwenden wir die Greensche Funktion von Gl. (72.7),

$$G(r, r') = \begin{cases} -\dfrac{1}{k}[j_l(kr)n_l(kr') - n_l(kr)j_l(kr')] & \text{für } r' < r \\ 0 \text{ für } r' > r, \end{cases} \qquad (73.6)$$

so nimmt χ_l wie bei der Methode von Calogero in Aufg. 72 die Form

$$\chi_l(r) = C_l(r) j_l(kr) - S_l(r) n_l(kr) \qquad (73.7)$$

an, wobei in zweiter Näherung entsteht

$$C_l(r) = 1 - \frac{1}{k}\int_0^r dr' U(r') n_l(kr') \Bigg[j_l(kr') + \int_0^{r'} dr'' U(r'') G(r', r'') j_l(kr'') \Bigg]$$

$$S_l(r) = -\frac{1}{k}\int_0^r dr' U(r') j_l(kr') \Bigg[j_l(kr') + \int_0^{r'} dr'' U(r'') G(r', r'') j_l(kr'') \Bigg].$$

$$(73.8a, b)$$

Im inneren Integral ist dabei noch $G(r', r'')$ entsprechend Gl. (73.6) einzusetzen. Die asymptotische Phase δ_l folgt dann wie in Aufg. 72 aus

$$\tan \delta_l = S_l(\infty)/C_l(\infty), \qquad (73.9)$$

wobei sinngemäß nach Potenzen von $1/k$ zu ordnen ist.

In der *ersten Näherung* stimmen die Gln. (73.8a, b) mit Gl. (72.8) überein, wenn wir dort das korrekte $\chi_l(r')$ durch $j_l(kr')$ ersetzen. In dieser Näherung genügt es, $C_l(\infty) = 1$ und $\tan \delta_l = S_l(\infty)$ zu setzen; Gl. (73.8b) ergibt dann

$$\tan \delta_l = -\frac{1}{k}\int_0^\infty dr\, U(r) j_l(kr)^2 \qquad (73.10)$$

in Übereinstimmung mit Gl. (72.10).

Unterschiede zu Aufg. 72 treten in *zweiter Näherung* auf. Um $\tan\delta_l$ nach Gl. (73.9) in dieser Näherung zu bilden, genügt es, $C_l(\infty)$ in erster Näherung einzuführen, d.h. nach Gl. (73.8a)

$$1/C_l(\infty) = 1 + \frac{1}{k}\int_0^\infty dr\, U(r) n_l(kr) j_l(kr)$$

mit $S_l(\infty)$ nach Gl. (73.8b) zu multiplizieren. Schreiben wir dabei noch die Greensche Funktion $G(r', r'')$ nach Gl. (73.6) aus, so folgt

$$\tan\delta_l = -\frac{1}{k}\int_0^\infty dr\, U(r) j_l(kr) \left[j_l(kr) - \frac{1}{k} j_l(kr) \int_0^r dr'\, U(r') j_l(kr') n_l(kr') \right.$$
$$\left. + \frac{1}{k} n_l(kr) \int_0^r dr'\, U(r') j_l(kr')^2 + \frac{1}{k} j_l(kr) \int_0^\infty dr'\, U(r') j_l(kr') n_l(kr') \right].$$

Das zweite und dritte Glied sind Doppelintegrale, in denen wir die Reihenfolge der Integrationen nach dem Schema

$$\int_0^\infty dr\, f(r) \int_0^r dr'\, g(r') = \int_0^\infty dr\, g(r) \int_r^\infty dr'\, f(r')$$

vertauschen. Das letzte Glied enthält das Produkt zweier unabhängiger Integrale, in denen wir die Zeichen r und r' vertauschen. Dann wird

$$\tan\delta_l = -\frac{1}{k}\int_0^\infty dr\, U(r) j_l(kr) \left[j_l(kr) - \frac{1}{k} n_l(kr) \int_r^\infty dr'\, U(r') j_l(kr')^2 \right.$$
$$\left. + \frac{1}{k} n_l(kr) \int_0^r dr'\, U(r') j_l(kr')^2 + \frac{1}{k} n_l(kr) \int_0^\infty dr'\, U(r') j_l(kr')^2 \right].$$

Hier lassen sich die drei inneren Integrale zu einem einzigen zusammenziehen, und wir erhalten das Ergebnis

$$\tan\delta_l = -\frac{1}{k}\int_0^\infty dr\, U(r) j_l(kr) \left[j_l(kr) + \frac{2}{k} n_l(kr) \int_0^r dr'\, U(r') j_l(kr')^2 \right].$$

(73.11)

Durch abermalige Vertauschung von Integrationsreihenfolgen im zweiten Gliede entsteht hieraus

$$\tan\delta_l = -\frac{1}{k}\int_0^\infty dr\, U(r) j_l(kr)^2 \left[1 + \frac{2}{k}\int_r^\infty dr'\, U(r') j_l(kr') n_l(kr') \right],$$

und das stimmt überein mit einer Entwicklung der Exponentialfunktion in Gl. (72.12) bis einschließlich des linearen Gliedes im Exponenten.

V. Verschiedene Einkörperprobleme

74. Aufgabe. Ionisiertes Wasserstoffmolekül

Die Dissoziationsenergie von H_2^+ soll genähert berechnet werden. Dabei sollen die beiden Protonen als im festen Abstand R von einander ruhend betrachtet werden (Born-Oppenheimer-Näherung) und die Eigenfunktion des Elektrons als Linearkombination aus

$$|a\rangle = \frac{\gamma^{3/2}}{\sqrt{\pi}} e^{-\gamma r_a}; \qquad |b\rangle = \frac{\gamma^{3/2}}{\sqrt{\pi}} e^{-\gamma r_b} \tag{74.1}$$

aufgebaut werden, wobei r_a und r_b die Abstände des Elektrons von den beiden Protonen a und b bedeuten. Der Parameter γ dient dabei als Ritzscher Parameter. Die Rechnung wird zweckmäßig in atomaren Einheiten ausgeführt ($\hbar = 1$, $e = 1$, $m = 1$).

Lösung. Die Schrödingergleichung für das Elektron lautet in atomaren Einheiten

$$Hu = -\frac{1}{2}\nabla^2 u - \left(\frac{1}{r_a} + \frac{1}{r_b}\right)u = E_e u. \tag{74.2}$$

Hier ist E_e die Energie des Elektrons. Die Gleichung soll genähert durch

$$u = \alpha|a\rangle \pm \beta|b\rangle \tag{74.3}$$

mit der Normierung $\langle u|u\rangle = 1$ gelöst werden. Die beiden Funktionen der Gl. (74.1) sind getrennt normiert, so daß $\langle a|a\rangle = \langle b|b\rangle = 1$ ist; in

$$\langle u|u\rangle = (\alpha^2 + \beta^2) + 2\alpha\beta S = 1 \tag{74.4}$$

tritt das *Überlappungsintegral*

$$S = \langle a|b\rangle = \langle b|a\rangle \tag{74.5}$$

auf. Aus Gl. (74.2) entsteht dann

$$\langle u|H|u\rangle = E_e = (\alpha^2 + \beta^2)\langle a|H|a\rangle + 2\alpha\beta\langle b|H|a\rangle. \tag{74.6}$$

Hier müssen wir α und β so wählen, daß unter Einhaltung der Nebenbedingung Gl. (74.4) E_e ein Minimum wird. Wir schreiben daher mit einem Lagrangeschen Multiplikator λ

$$\langle u|H|u\rangle - \lambda \langle u|u\rangle = \text{Min}.$$

Das führt auf zwei Gleichungen,

$$\frac{\partial}{\partial \alpha} \langle u|H - \lambda|u\rangle = 0; \quad \frac{\partial}{\partial \beta} \langle u|H - \lambda|u\rangle = 0,$$

die mit Hilfe von (74.4) und (74.6) in der Form

$$\alpha[\langle a|H|a\rangle - \lambda] + \beta[\langle b|H|a\rangle - \lambda S] = 0;$$

$$\alpha[\langle b|H|a\rangle - \lambda S] + \beta[\langle a|H|a\rangle - \lambda] = 0$$

geschrieben werden können. Diese Gleichungen haben zwei Lösungen, $\beta = \alpha$ und $\beta = -\alpha$, in der Normierung von Gl. (74.4) die *symmetrische Lösung*

$$\beta = \alpha = \frac{1}{\sqrt{2(1+S)}}; \quad E_e = \frac{\langle a|H|a\rangle + \langle b|H|a\rangle}{1+S} \tag{74.7}$$

und die *antisymmetrische Lösung*

$$\beta = -\alpha = \frac{1}{\sqrt{2(1-S)}}; \quad E_e = \frac{\langle a|H|a\rangle - \langle b|H|a\rangle}{1-S}. \tag{74.8}$$

Da zur Bestimmung der Dissoziationsenergie nur der Grundzustand von Interesse ist, begnügen wir uns im folgenden, die symmetrische Lösung zu untersuchen.

Mit den in Gl. (74.1) angegebenen speziellen Funktionen $|a\rangle$ und $|b\rangle$ erhalten wir bei Anwendung des in Gl. (74.2) definierten Hamiltonoperators H

$$H|a\rangle = \left(-\frac{1}{2}\gamma^2 + \frac{\gamma-1}{r_a} - \frac{1}{r_b}\right)|a\rangle$$

und daraus die Matrixelemente

$$\langle a|H|a\rangle = \frac{\gamma^3}{\pi}\int d\tau\, e^{-2\gamma r_a}\left(-\frac{1}{2}\gamma^2 + \frac{\gamma-1}{r_a} - \frac{1}{r_b}\right)$$

und

$$\langle b|H|a\rangle = \frac{\gamma^3}{\pi}\int d\tau\, e^{-\gamma(r_a+r_b)}\left(-\frac{1}{2}\gamma^2 + \frac{\gamma-1}{r_a} - \frac{1}{r_b}\right). \tag{74.9}$$

Hier tritt eine Reihe von Teilintegralen auf, deren Ausrechnung teils trivial ist, teils im Anhang zu dieser Aufgabe erläutert wird. Es sind die folgenden Integrale:

$$\frac{\gamma^3}{\pi} \int d\tau \, e^{-2\gamma r_a} = 1 \, ,$$

$$\frac{\gamma^3}{\pi} \int d\tau \frac{e^{-2\gamma r_a}}{r_a} = \gamma \, ,$$

$$K = \frac{\gamma^3}{\pi} \int d\tau \frac{e^{-2\gamma r_a}}{r_b} = \frac{1}{R}[1 - (1 + \gamma R)e^{-2\gamma R}] \, , \tag{74.10}$$

$$S = \frac{\gamma^3}{\pi} \int d\tau \, e^{-\gamma(r_a + r_b)} = [1 + \gamma R + \tfrac{1}{3}(\gamma R)^2] e^{-\gamma R} \, , \tag{74.11}$$

$$A = \frac{\gamma^3}{\pi} \int d\tau \frac{e^{-\gamma(r_a + r_b)}}{r_a} = \frac{\gamma^3}{\pi} \int d\tau \frac{e^{-\gamma(r_a + r_b)}}{r_b} = \gamma(1 + \gamma R) e^{-\gamma R} \, . \tag{74.12}$$

Das Integral K heißt das *klassische Wechselwirkungsintegral*. Es beschreibt (bis auf das Vorzeichen) die elektrostatische Anziehung des Protons b durch eine Elektronenwolke im Zustand $|a\rangle$. Das Überlappungsintegral S ist ein Maß für die gegenseitige Überdeckung der Zustände $|a\rangle$ und $|b\rangle$. Das Integral A schließlich heißt *Austauschintegral*; es hat kein klassisches Vorbild und rührt von der Symmetrisierung der Elektronenfunktion her.

Mit den Abkürzungen von (74.9–12) wird die Elektronenenergie aus Gl. (74.7)

$$E_e = -\frac{1}{2}\gamma^2 + \frac{\gamma(\gamma - 1) - K + (\gamma - 2)A}{1 + S} \, . \tag{74.13}$$

In diesem Ausdruck erscheint γ als Ritzscher Parameter, der optimal zu wählen ist. Da wir aber den Abstand R der beiden Protonen von einander noch nicht bestimmt haben, müssen wir auch diesen als Ritzschen Parameter einführen. Beide sind dann so festzulegen, daß die Gesamtenergie des Moleküls

$$E = E_e + \frac{1}{R} \tag{74.14}$$

unter Einbeziehung der Abstoßung zwischen den beiden Protonen ein Minimum wird. Die Schwingungsenergie der beiden Protonen gegeneinander ist dabei im Rahmen der Born-Oppenheimer-Näherung vernachlässigt.

Diese Minimierung wird besonders einfach, wenn wir neben γ die Größe $x = \gamma R$ anstelle von R als Parameter benutzen. Wir können dann schreiben

$$K = \gamma K'(x) \quad \text{mit} \quad K'(x) = \frac{1}{x}[1 - (1 + x)e^{-2x}] ;$$

$$A = \gamma A'(x) \quad \text{mit} \quad A'(x) = (1 + x)e^{-x} \tag{74.15}$$

und $S = S(x)$. Gleichung (74.13) geht dann über in

$$E = f(x)\gamma^2 - g(x)\gamma \tag{74.16}$$

mit

$$f(x) = -\frac{1}{2} + \frac{1 + A'}{1 + S}; \quad g(x) = -\frac{1}{x} + \frac{1 + K' + 2A'}{1 + S}. \tag{74.17}$$

Aus

$$\frac{\partial E}{\partial \gamma} = 2\gamma f - g = 0$$

folgt

$$\gamma = \frac{g}{2f} \tag{74.18}$$

und

$$E = -\frac{g^2}{4f} \tag{74.19}$$

für das Energieminimum als Funktion des verbliebenen Parameters x. Dies Minimum läßt sich numerisch an Hand der Gln. (74.15–19) bestimmen, wie das in der Tabelle angegeben ist. Eine Schmiegungsparabel für die Umgebung des Energieminimums führt dann zu einem Oszillatorpotential

$$E = -0{,}586523 + 0{,}06868(R - 1{,}9607)^2 , \tag{74.20}$$

für die Schwingung der beiden Protonen gegeneinander. Ihr Gleichgewichtsabstand ist daher

$$R = 1{,}9607 = 1{,}0375 \times 10^{-8} \text{ cm} ,$$

die Tiefe des Potentialtopfes

$$V_0 = 0{,}586523 = 15{,}959 \text{ eV} .$$

74. Aufgabe. Ionisiertes Wasserstoffmolekül

x	γ	$-E$	R
1,6	1,144323	0,5218119	1,39821
1,8	1,188852	0,5529592	1,51407
2,0	1,216842	0,5719336	1,64360
2,2,	1,232224	0.5821693	1,78539
2,3	1,236130	0,5848280	1,86065
2,4	1,2379248	0,5861955	1,93873
2,45	1,2381194	0,5864640	1,97881
2,48	1,2380299	0,5865065	2,00318
2,5	1,23789	0,5864885	2,01957
2,55	1,2372608	0,5862922	2,06100
2,6	1,2362668	0,5858957	2,10311
2,8	1,2291565	0,5826816	2,27799

Die Nullpunktsenergie $\hbar\omega/2$ dieser Schwingung entnehmen wir aus den Potentialkonstanten von Gl. (74.20),

$$\tfrac{1}{2} M_p^* \omega^2 = 0,06868 \ .$$

Hier ist $M_p^* = M_p/2$ die reduzierte Protonenmasse. Daraus berechnet man sofort $\omega = 0,01223$ und $\hbar\omega/2 = 0,00612$.

Bei der Dissoziation $H_2^+ \to H + H^+$ bleibt das Elektron am einen Proton gebunden. Die Bindungsenergie dieses H-Atoms im Grundzustand ist $-\tfrac{1}{2} = -13,60$ eV. Nimmt man alle diese Terme zusammen, so folgt für die Dissoziationsenergie

$$D = (V_0 - \tfrac{1}{2}\hbar\omega) - \tfrac{1}{2} = 0,0804 = 2,19 \text{ eV} \ .$$

Vergleicht man dies Ergebnis mit dem experimentellen Wert 2,65 eV, so scheint die Näherung mit einem Fehler von rund 20% recht mäßig. Man darf aber nicht vergessen, daß wir die Theorie zur Approximation von V_0 und nicht von D aufgebaut haben. Unser Wert V_0 weicht aber nur um 2,8% vom experimentellen ab. Man beachte, daß der Näherungswert von $E = -V_0$ höher als der korrekte liegt; dies ist ein gemeinsamer Zug aller Ritzschen Verfahren im Grundzustand.

Die Amplitude der Kernschwingung ist in diesem Fall ziemlich groß und die Approximation durch eine Schmiegungsparabel schlecht. Die Schwingungsenergie $\hbar\omega/2$ ist daher nur ungenau bestimmt; da sie aber nur eine Korrektur ist, hat das keinen großen Einfluß auf das Ergebnis. Eben diese Kleinheit rechtfertigt das Born-Oppenheimer-Verfahren.

Anhang. Zur Berechnung von K, Gl. (74.10), benutzen wir Polarkoordinaten um das Proton a mit der Polarachse in Richtung nach b. Entwickeln wir sodann $1/r_b$ nach Legendre-Polynomen,

$$\frac{1}{r_b} = \begin{cases} \dfrac{1}{R} \sum_{n=0}^{\infty} (r_a/R)^n \, P_n(\cos \vartheta_a) & \text{für } r_a < R \\ \dfrac{1}{r_a} \sum_{n=0}^{\infty} (R/r_a)^n \, P_n(\cos \vartheta_a) & \text{für } r_a > R \,, \end{cases}$$

so tragen nur Glieder mit $n = 0$ zum Integral bei:

$$K = \frac{\gamma^3}{\pi} 4\pi \left[\frac{1}{R} \int_0^R dr_a r_a^2 \, e^{-2\gamma r_a} + \int_R^\infty dr_a r_a \, e^{-2\gamma r_a} \right].$$

Die elementare Auswertung dieser Integrale führt auf Gl. (74.10).

Für die Integrale S und A, Gln. (74.11) und (74.12), benutzen wir die elliptischen Koordinaten

$$\xi = \frac{1}{R}(r_a + r_b); \quad \eta = \frac{1}{R}(r_a - r_b)$$

mit $1 \leq \xi < \infty$ und $-1 \leq \eta \leq +1$, sowie den Drehwinkel φ um die Molekülachse. Dann ist das Volumelement

$$d\tau = \left(\frac{R}{2}\right)^3 (\xi^2 - \eta^2) \, d\xi \, d\eta \, d\varphi \,,$$

und wir erhalten

$$A = \frac{\gamma^3}{\pi} 2\pi \left(\frac{R}{2}\right)^3 \int_1^\infty d\xi \int_{-1}^{+1} d\eta \, (\xi^2 - \eta^2) \frac{e^{-\gamma R \xi}}{R(\xi - \eta)/2}$$

und

$$S = \frac{\gamma^3}{\pi} 2\pi \left(\frac{R}{2}\right)^3 \int_1^\infty d\xi \int_{-1}^{+1} d\eta \, (\xi^2 - \eta^2) \, e^{-\gamma R \xi} \,.$$

Beide Integrale lassen sich elementar auswerten und führen zu (74.11) und (74.12).

75. Aufgabe. Elektromagnetisches Feld

Für ein Teilchen der Ladung e, das sich in einem elektromagnetischen Feld mit dem Vektorpotential A und dem skalaren Potential Φ bewegt, lautet die klassische Hamiltonfunktion

$$H = \frac{1}{2m}\left(\boldsymbol{p} - \frac{e}{c}\boldsymbol{A}\right)^2 + e\Phi. \tag{75.1}$$

(a) Man übertrage diesen Ausdruck in die Quantenmechanik.
(b) Die klassische Elektrodynamik ist invariant gegen die Eichtransformation

$$\boldsymbol{A} \to \boldsymbol{A}' = \boldsymbol{A} + \nabla\chi; \qquad \Phi \to \Phi' = \Phi - \frac{1}{c}\frac{\partial\chi}{\partial t} \tag{75.2}$$

mit einer beliebigen Funktion $\chi(\boldsymbol{r}, t)$; d.h. die Meßgrößen

$$\boldsymbol{B} = \operatorname{rot} \boldsymbol{A}; \quad \boldsymbol{E} = -\operatorname{grad}\Phi - \frac{1}{c}\frac{\partial\boldsymbol{A}}{\partial t} \tag{75.3}$$

sind gegen die Transformationsgruppe (75.2) invariant. Man zeige, daß die zugehörige Schrödingergleichung eichinvariant ist, wenn man außerdem die Wellenfunktion gemäß

$$\psi \to \psi' = e^{i\alpha}\psi \quad \text{mit} \quad \alpha = \frac{e}{\hbar c}\chi \tag{75.4}$$

transformiert.

Lösung. (a) Der Operator

$$\Omega = \left(\boldsymbol{p} - \frac{e}{c}\boldsymbol{A}\right)^2 = \boldsymbol{p}^2 - \frac{e}{c}(\boldsymbol{p}\cdot\boldsymbol{A} + \boldsymbol{A}\cdot\boldsymbol{p}) + \frac{e^2}{c^2}\boldsymbol{A}^2 \tag{75.5}$$

muß bei korrekter Übertragung in die Quantenmechanik hermitisch sein. Wegen $\boldsymbol{A} = \boldsymbol{A}^\dagger$ und $\boldsymbol{p} = \boldsymbol{p}^\dagger$ ist dies für $\boldsymbol{A}^2$ und $\boldsymbol{p}^2$ erfüllt. Im mittleren Glied gilt

$$(\boldsymbol{p}\cdot\boldsymbol{A})^\dagger = \boldsymbol{A}^\dagger\cdot\boldsymbol{p}^\dagger = \boldsymbol{A}\cdot\boldsymbol{p}; \quad (\boldsymbol{A}\cdot\boldsymbol{p})^\dagger = \boldsymbol{p}^\dagger\cdot\boldsymbol{A}^\dagger = \boldsymbol{p}\cdot\boldsymbol{A},$$

so daß auch das mittlere Glied von Gl. (75.5) und somit $\Omega = \Omega^\dagger$ hermitisch ist.

Mit der speziellen Darstellung $\boldsymbol{p} = (\hbar/i)\nabla$ wird nun

$$(\boldsymbol{p}\cdot\boldsymbol{A} + \boldsymbol{A}\cdot\boldsymbol{p})\psi = \frac{\hbar}{i}[\nabla\cdot(\boldsymbol{A}\psi) + \boldsymbol{A}\cdot\nabla\psi] = \frac{\hbar}{i}[\psi\operatorname{div}\boldsymbol{A} + 2\boldsymbol{A}\cdot\operatorname{grad}\psi],$$

so daß die Schrödingergleichung zum Hamiltonoperator Gl. (75.1) lautet

$$-\frac{\hbar^2}{2m}\nabla^2\psi - \frac{e\hbar}{2mci}(\psi\operatorname{div}\boldsymbol{A} + 2\boldsymbol{A}\cdot\operatorname{grad}\psi)$$
$$+ \frac{e^2}{mc^2}\boldsymbol{A}^2\psi + e\Phi\psi = -\frac{\hbar}{i}\frac{\partial\psi}{\partial t}. \tag{75.6}$$

212 V. Verschiedene Einkörperprobleme

(b) Wir ersetzen zunächst nach Gl. (75.2) A und Φ durch A' und Φ', lassen aber noch anstelle von ψ das Zeichen ψ' stehen:

$$\frac{1}{2m}\left\{-\hbar^2\nabla^2\psi' - \frac{e\hbar}{ci}[(\operatorname{div} A + \nabla^2\chi)\psi' + 2(A+\nabla\chi)\cdot\nabla\psi']\right.$$
$$\left. + \frac{e^2}{c^2}[A^2 + 2(A\cdot\nabla\chi) + (\nabla\chi)^2]\psi'\right\} + e\left(\Phi - \frac{1}{c}\frac{\partial\chi}{\partial t}\right)\psi' = -\frac{\hbar}{i}\frac{\partial\psi'}{\partial t}.$$
(75.7)

Bilden wir nun nach Gl. (75.4) die Ableitungen von ψ',

$$\nabla\psi' = e^{i\alpha}(\nabla\psi + i\psi\nabla\alpha); \quad \frac{\partial\psi'}{\partial t} = e^{i\alpha}\left(\frac{\partial\psi}{\partial t} + i\psi\frac{\partial\alpha}{\partial t}\right);$$

$$\nabla^2\psi' = e^{i\alpha}[\nabla^2\psi + 2i(\nabla\alpha\cdot\nabla\psi) + i\psi\nabla^2\alpha - \psi(\nabla\alpha)^2],$$

und setzen diese in Gl. (75.7) ein, so treten Zusatzterme auf, die bei Weglassung des gemeinsamen Faktors $e^{i\alpha}$ lauten

$$\frac{1}{2m}\left\{-\hbar^2[2i(\nabla\alpha\cdot\nabla\psi) + i\psi\nabla^2\alpha - (\nabla\alpha)^2\psi] - \frac{e\hbar}{ci}[\psi\nabla^2\chi + 2i\psi(A\cdot\nabla\alpha)\right.$$
$$\left. + 2(\nabla\chi\cdot\nabla\psi) + 2i\psi(\nabla\chi\cdot\nabla\alpha)] + \frac{e^2}{c^2}[2(A\cdot\nabla\chi)\psi + (\nabla\chi)^2\psi]\right\}$$
$$- \frac{e}{c}\frac{\partial\chi}{\partial t}\psi = -\hbar\frac{\partial\alpha}{\partial t}\psi.$$

Ist $\alpha = e\chi/\hbar c$, wie in Gl. (75.4) angenommen, so heben sich die Zeitableitungen heraus. Es bleiben die Glieder mit dem gemeinsamen Faktor $1/2m$, und man überzeugt sich leicht davon, daß sie sich beim Einsetzen dieses Ausdrucks für α alle gegenseitig aufheben, so daß alle Zusatzterme zur Schrödingergleichung entfallen. Gl. (75.6) ist also in der Tat eichinvariant.

76. Aufgabe. Elektrische Stromdichte

Man ergänze den Ausdruck für die elektrische Stromdichte,

$$s = \frac{\hbar e}{2mi}(\psi^*\operatorname{grad}\psi - \psi\operatorname{grad}\psi^*) \tag{76.1}$$

durch ein Zusatzglied derart, daß mit $\rho = e\psi^*\psi$ der Erhaltungssatz der Ladung auch im Magnetfeld erhalten bleibt.

76. Aufgabe. Elektrische Stromdichte

Lösung. Die Wellenfunktionen ψ und ψ^* erfüllen gemäß Gl. (75.6) die erweiterten Schrödingergleichungen

$$-\frac{\hbar^2}{2m}\nabla^2\psi - \frac{e\hbar}{2mci}(\psi\,\mathrm{div}\,A + 2A\cdot\mathrm{grad}\,\psi)$$

$$+\left(\frac{e^2}{mc^2}A^2 + e\Phi\right)\psi = -\frac{\hbar}{i}\frac{\partial\psi}{\partial t} \qquad (76.2\mathrm{a})$$

und

$$-\frac{\hbar^2}{2m}\nabla^2\psi^* + \frac{e\hbar}{2mci}(\psi^*\,\mathrm{div}\,A + 2A\cdot\mathrm{grad}\,\psi^*)$$

$$+\left(\frac{e^2}{mc^2}A^2 + e\Phi\right)\psi^* = +\frac{\hbar}{i}\frac{\partial\psi^*}{\partial t}. \qquad (76.2\mathrm{b})$$

Bei Multiplikation der ersten Gleichung mit ψ^*, der zweiten mit ψ und Subtraktion heben sich die letzten Glieder der linken Seiten heraus, und es entsteht

$$-\frac{\hbar^2}{2m}(\psi^*\nabla^2\psi - \psi\nabla^2\psi^*) - \frac{e\hbar}{mci}[\psi^*\psi\,\mathrm{div}\,A + A\cdot\mathrm{grad}(\psi^*\psi)]$$

$$= -\frac{\hbar}{i}\frac{\partial}{\partial t}(\psi^*\psi).$$

Die beiden Glieder links lassen sich als Divergenz schreiben,

$$-\frac{\hbar^2}{2m}\mathrm{div}(\psi^*\nabla\psi - \psi\nabla\psi^*) - \frac{e\hbar}{mci}\mathrm{div}(\psi^*\psi\,A) = -\frac{\hbar}{i}\frac{\partial}{\partial t}(\psi^*\psi).$$

Dies hat die Form einer Kontinuitätsgleichung,

$$\mathrm{div}\,s + \frac{\partial\rho}{\partial t} = 0 \qquad (76.3)$$

mit der Ladungsdichte $\rho = e\psi^*\psi$ und der elektrischen Stromdichte

$$s = \frac{\hbar e}{2mi}\left[(\psi^*\nabla\psi - \psi\nabla\psi^*) - \frac{2ie}{\hbar c}A\psi^*\psi\right]. \qquad (76.4)$$

Der vom Magnetfeld herrührende letzte Term unterscheidet den Ausdruck Gl. (76.4) von dem bekannten der Gl. (76.1) Vgl. hierzu auch die Gln. (A.2) bis (A.4) auf S.1.

77. Aufgabe. Normaler Zeemaneffekt

Wie unterscheiden sich die stationären Zustände eines Elektrons im Potentialfeld $V(r)$ beim Anlegen eines homogenen Magnetfeldes von denjenigen ohne Magnetfeld?

Lösung. Wir gehen von der Schrödingergleichung (75.6) aus, in der wir $V = -e\Phi$ für die potentielle Energie schreiben, wobei $-e$ die Ladung des Elektrons ist. Ferner lassen wir den Term mit A^2/c^2 weg, da er die Größenordnung relativistischer Korrekturen hat. Das Vektorpotential A normieren wir in der für statische Felder üblichen Weise durch

$$\text{div}\, A = 0 \,. \tag{77.1}$$

Dann vereinfacht sich Gl. (75.6) zu

$$-\frac{\hbar^2}{2m}\nabla^2\psi - \frac{e\hbar}{mc}\mathrm{i}(A\cdot\text{grad}\,\psi) + V\psi = -\frac{\hbar}{\mathrm{i}}\frac{\partial\psi}{\partial t}\,. \tag{77.2}$$

Wir spezialisieren weiter auf ein Zentralfeld $V(r)$ und ein homogenes Magnetfeld H in z-Richtung, dessen Vektorpotential in der Normierung von Gl. (77.1) die Komponenten

$$A_x = -\tfrac{1}{2}\mathscr{H}y;\quad A_y = +\tfrac{1}{2}\mathscr{H}x;\quad A_z = 0 \tag{77.3}$$

hat. Dann wird in Gl. (77.2)

$$A\cdot\text{grad}\,\psi = \frac{1}{2}\mathscr{H}\left(x\frac{\partial\psi}{\partial y} - y\frac{\partial\psi}{\partial x}\right) = \frac{1}{2}\mathscr{H}\frac{\partial\psi}{\partial\varphi}\,. \tag{77.4}$$

Für einen stationären Zustand

$$\psi(r,t) = u(r)\,\mathrm{e}^{-\mathrm{i}\omega t};\quad \hbar\omega = E \tag{77.5}$$

geht Gl. (77.2) dann über in

$$-\frac{\hbar^2}{2m}\nabla^2 u - \frac{e\hbar}{2mc}\mathrm{i}\,\mathscr{H}\frac{\partial u}{\partial\varphi} + V(r)\,u = E u\,. \tag{77.6}$$

Da

$$L_z = -\mathrm{i}\hbar\frac{\partial}{\partial\varphi} \tag{77.7}$$

die z-Komponente des Drehimpulsoperators L ist (vgl. Gl. (39.4)), läßt sich der zweite Term auch

$$\frac{e\mathscr{H}}{2mc}L_z u = \frac{e}{2mc}(H\cdot L)\,u \tag{77.8}$$

schreiben. Die klassische Elektrodynamik lehrt, daß eine Ladung $-e$, die sich mit dem Drehimpuls L bewegt, einen magnetischen Dipol vom Moment

$$M = -\frac{e}{2mc} L \qquad (77.9)$$

erzeugt, so daß wir für den Ausdruck Gl. (77.8) auch $-(M \cdot H) u$ schreiben können, womit wir im Hamiltonoperator H mit

$$H = -\frac{\hbar^2}{2m} \nabla^2 - (M \cdot H) + V(r) \qquad (77.10)$$

als Zusatzglied die potentielle Energie des Dipols M im Felde H wie in der klassischen Theorie erhalten.

Gleichung (77.6) wird gelöst durch

$$u(r, \vartheta, \varphi) = f(r) \, Y_{l,\mu}(\vartheta, \varphi), \qquad (77.11)$$

wobei der Radialteil der Differentialgleichung

$$-\frac{\hbar^2}{2m}\left(f'' + \frac{2}{r}f' - \frac{l(l+1)}{r^2}f\right) + V(r)f = \left(E - \frac{e\hbar}{2mc}\mathscr{H}\mu\right)f \qquad (77.12)$$

genügt. Dies ist die gleiche Differentialgleichung wie diejenige ohne Magnetfeld, deren Eigenwerte wir mit $E^0_{n,l}$ bezeichnen wollen. Beim Einschalten des Magnetfeldes verschieben sich diese zu

$$E_{n,l,\mu} = E^0_{n,l} + \frac{e\hbar}{2mc}\mathscr{H}\mu \qquad (77.13)$$

oder, da $\hbar\mu = L_z$ Eigenwert dieser Drehimpulskomponente ist, nach Gl. (77.9) zu

$$E_{n,l,\mu} = E^0_{n,l} - M \cdot H, \qquad (77.14)$$

was auch klassisch zu erwarten wäre.

Anm. Das magnetische Moment $e\hbar/2mc$ heißt das *Bohrsche Magneton*, die Quantenzahl μ die *magnetische Quantenzahl*. Die für ein Zentralfeld $V(r)$ bestehende Richtungsentartung hinsichtlich μ ist durch das Magnetfeld aufgehoben.

78. Aufgabe. Anregung durch eine Lichtwelle

Ein Alkaliatom im Grundzustand wird von einer linear in x-Richtung polarisierten, in z-Richtung laufenden Lichtwelle überstrichen. Die Frequenz ω des Lichts ist zu klein, um Elektronen aus den abgeschlossenen

216 V. Verschiedene Einkörperprobleme

Schalen des Atoms anzuregen. Wie sieht die gestörte Wellenfunktion des Leuchtelektrons in erster Näherung aus?

Lösung. Wir beschreiben den Zustand des Leuchtelektrons der Ladung $-e$ durch Gl. (77.2),

$$-\frac{\hbar^2}{2m}\nabla^2\psi + V(r)\psi - \frac{e\hbar}{mc}i(A\cdot\mathrm{grad}\,\psi) = -\frac{\hbar}{i}\frac{\partial\psi}{\partial t}, \qquad (78.1)$$

wobei das Vektorpotential A, das die Lichtwelle beschreibt, gemäß $\mathrm{div}\,A = 0$ normiert ist. $V(r)$ ist das auf das Leuchtelektron wirkende Potentialfeld des kugelsymmetrischen Atomrumpfes. Das Vektorpotential hat nur eine Komponente A_x in Polarisationsrichtung, die von Null verschieden ist,

$$A_x = \mathscr{E}_0 \frac{c}{\omega}\cos\omega\left(t - \frac{z}{c}\right); \quad A_y = 0; \quad A_z = 0, \qquad (78.2)$$

woraus die Feldstärken

$$\mathscr{E}_x = -\frac{1}{c}\dot{A}_x = \mathscr{E}_0 \sin\omega\left(t - \frac{z}{c}\right); \quad \mathscr{H}_y = \frac{\partial A_x}{\partial z} = \mathscr{E}_0 \sin\omega\left(t - \frac{z}{c}\right)$$
$$(78.3)$$

folgen.

Wir lösen Gl. (78.1) in erster Näherung, indem wir von der ungestörten Lösung für $A = 0$,

$$\psi_0 = u_0\,e^{-i\omega_0 t} \qquad (78.4a)$$

mit

$$-\frac{\hbar^2}{2m}\nabla^2 u_0 + V(r)u_0 = \hbar\omega_0 u_0 \qquad (78.4b)$$

ausgehen. Dabei ist u_0 im Grundzustand unabhängig von den Polarwinkeln ϑ und φ.

Für das Vektorpotential von Gl. (78.2) ist die Störenergie in Gl. (78.1) der Operator

$$W = \frac{e\hbar}{2m\omega}i\mathscr{E}_0[e^{i\omega(t-z/c)} + e^{-i\omega(t-z/c)}]\frac{\partial}{\partial x}. \qquad (78.5)$$

Wir schreiben nun die Lösung der vollständigen Gleichung (78.1) in der Form

$$\psi = \psi_0 + \psi_1; \qquad (78.6)$$

78. Aufgabe. Anregung durch eine Lichtwelle

dann genügt ψ_1 in erster Näherung, d.h. bei Vernachlässigung des Gliedes $W\psi_1$ der Differentialgleichung

$$\left[-\frac{\hbar^2}{2m} \nabla^2 + V(r) + \frac{\hbar}{i} \frac{\partial}{\partial t} \right] \psi_1 = W\psi_0 \,. \tag{78.7}$$

Wegen

$$\frac{\partial \psi_0}{\partial x} = \sin \vartheta \cos \varphi \, \frac{du_0}{dr} \, e^{-i\omega_0 t}$$

lautet die rechte Seite ausführlich geschrieben

$$W\psi_0 = \frac{e\hbar}{2m\omega} \mathscr{E}_0 \, i \, [e^{i\omega(t-z/c)} + e^{-i\omega(t-z/c)}] \sin \vartheta \cos \varphi \, \frac{du_0}{dr} \, e^{-i\omega_0 t} \,. \tag{78.8}$$

Da auf der rechten Seite von Gl. (78.7) zwei periodische Funktionen von t stehen, muß ψ_1 wie

$$\psi_1 = f(r) \, e^{i(\omega - \omega_0)t} + g(r) \, e^{-i(\omega + \omega_0)t} \tag{78.9}$$

von der Zeit abhängen. Setzen wir das in (78.7) und (78.8) ein, so erhalten wir für f und g zwei von einander unabhängige Differentialgleichungen

$$\left[-\frac{\hbar^2}{2m} \nabla^2 + V + \hbar(\omega - \omega_0) \right] f = i \, \frac{e\hbar}{2m\omega} \mathscr{E}_0 \sin \vartheta \cos \varphi \, \frac{du_0}{dr} \, e^{-i\omega z/c} \,;$$

$$\left[-\frac{\hbar^2}{2m} \nabla^2 + V - \hbar(\omega + \omega_0) \right] g = i \, \frac{e\hbar}{2m\omega} \mathscr{E}_0 \sin \vartheta \cos \varphi \, \frac{du_0}{dr} \, e^{+i\omega z/c} \,. \tag{78.10}$$

Diese Gleichungen können wir lösen, indem wir beide Seiten nach dem vollständigen normierten Orthogonalsystem $\langle u_k | u_j \rangle = \delta_{kj}$ des ungestörten Leuchtelektrons,

$$-\frac{\hbar^2}{2m} \nabla^2 u_k + V(r) \, u_k = \hbar \, \omega_k \, u_k \tag{78.11}$$

entwickeln. Die rechten Seiten von Gl. (78.10) schreiben wir dann

$$i \, \frac{e\hbar}{2m\omega} \mathscr{E}_0 \sin \vartheta \cos \varphi \, \frac{du_0}{dr} \, e^{\pm i\omega z/c} = \sum_k a_k^\pm \, u_k \,, \tag{78.12}$$

wobei die Koeffizienten

$$a_k^\pm = i \, \frac{e\hbar}{2m\omega} \mathscr{E}_0 \int d\tau \, u_k^* \sin \vartheta \cos \varphi \, \frac{du_0}{dr} \, e^{\pm i\omega z/c} \tag{78.13}$$

werden. Da zu diesen Integralen praktisch nur ein Gebiet von Atomabmessungen beiträgt, die Frequenz des Lichtes aber so klein ist, daß innerhalb dieses Integrationsbereichs $|\omega z/c| \ll 1$ und damit der Exponentialfaktor in Gl. (78.13) ≈ 1 bleibt, wollen wir im folgenden auf die Unterscheidung verzichten und kurz

$$a_k = i\, \frac{e\hbar}{2m\omega}\, \mathscr{E}_0 \int d\tau\, u_k^*\, \sin\vartheta \cos\varphi\, \frac{du_0}{dr} \tag{78.14}$$

schreiben. Dies ist, abgesehen von dem Zeitfaktor in Gl. (78.8) das Matrixelement des Störungsoperators W zwischen dem Grundzustand u_0 und dem angeregten Zustand u_k:

$$\langle k|W|0\rangle = \int d\tau\, u_k^*\, W u_0 = a_k\, (e^{i\omega t} + e^{-i\omega t}). \tag{78.15}$$

Hier steht (vgl. Aufg. 45) im Integranden der Faktor

$$\sin\vartheta \cos\varphi = \sqrt{\frac{2\pi}{3}}\,(Y_{1,1} - Y_{1,-1}),$$

also die *reelle* Kombination zweier Kugelfunktionen zu $l = 1$. Daher können auch nur solche Koeffizienten a_k von Null verschieden sein, die zu

$$u_k = \sqrt{\frac{3}{4\pi}}\, v_k(r)\, \sin\vartheta \cos\varphi = u_k^*$$

gehören, so daß nur Übergänge von $l = 0$ nach $l = 1$ auftreten. Dies ist ein Beispiel für die bekannte Auswahlregel $\Delta l = 1$ bei Emission oder Absorption von Licht und gilt in der Näherung $|\omega z/c| \ll 1$.

Auch die Entwicklungen der Funktionen von Gl. (78.9),

$$f(r) = \sum_k b_k\, u_k;\quad g(r) = \sum_k c_k\, u_k \tag{78.16}$$

enthalten daher nur die entsprechenden Zustände mit $l = 1$. Diese reichen allerdings auch ins Kontinuum hinauf, wobei freilich die Matrixelemente a_k mit wachsender Anregungsenergie infolge der immer kurzwelligeren Oszillationen der u_k rasch abnehmen.

Setzen wir nun Gl. (78.16) in Gl. (78.10) ein, so finden wir

$$\hbar b_k = \frac{a_k}{(\omega_k - \omega_0) + \omega};\quad \hbar c_k = \frac{a_k}{(\omega_k - \omega_0) - \omega} \tag{78.17}$$

78. Aufgabe. Anregung durch eine Lichtwelle

und damit schließlich die vollständige gestörte Wellenfunktion in erster Näherung

$$\psi = e^{-i\omega_0 t} \left\{ u_0 + \frac{1}{\hbar} \sum_k a_k \left[\frac{e^{i\omega t}}{(\omega_k - \omega_0) + \omega} + \frac{e^{-i\omega t}}{(\omega_k - \omega_0) - \omega} \right] u_k \right\}.$$
(78.18)

In der Summe überwiegen diejenigen Glieder, deren Resonanznenner besonders klein werden. Da $\hbar\omega_0$ die Energie des tiefsten Zustandes ist, muß $\omega_k - \omega_0 > 0$ für alle Summenglieder sein, so daß der erste Term in der Summe von Gl. (78.18) für kein k Resonanz haben kann. Daher genügt es, wenn wir uns auf den zweiten Term beschränken, der für alle $\omega_k - \omega_0 \approx \omega$ Resonanz aufweist.

Aus Gl. (78.18) entnehmen wir die *Dichte* $\rho = |\psi|^2$, die sich in erster Näherung zu

$$\rho = u_0^2 + \frac{e\mathscr{E}_0}{m\omega} \sin \omega t \sum_k \frac{u_k u_0}{(\omega_k - \omega_0) - \omega} \int d\tau \, u_k \sin \vartheta \cos \varphi \, \frac{du_0}{dr} \quad (78.19)$$

ergibt. Dabei haben wir berücksichtigt, daß sowohl u_0 als u_k reelle Funktionen sind und daß a_k rein imaginär ist. Gleichung (78.19) zeigt deutlich, daß die von der Lichtwelle herrührenden Zusatzglieder ein Mitschwingen des Elektrons mit der Lichtwelle beschreiben.

Ergänzung. Der optische Brechungsindex n wird genähert durch die Formel

$$n^2 - 1 = 4\pi N \alpha$$

beschrieben, in der N die Anzahl der Atome im cm^3 und α die atomare Polarisation (cm^3/Atom) bedeutet. Letztere ist definiert durch das von der Lichtwelle induzierte elektrische Moment eines Atoms, $p = \alpha\mathscr{E}$. Für ein Elektron entnehmen wir aus Gl. (78.19)

$$\boldsymbol{p} = -e \int d\tau \, \boldsymbol{r} \, \rho = \frac{e^2}{m\omega} \mathscr{E}_0 \sin \omega t \sum_k \frac{\int d\tau \, u_k^* \boldsymbol{r} u_0}{\omega - (\omega_k - \omega_0)} \int d\tau \, u_k^* \frac{\partial u_0}{\partial x}.$$

Hier hat das Matrixelement $\int d\tau \, u_k^* \boldsymbol{r} u_0$ nur eine nicht verschwindende x-Komponente. Das Integral am Schluß der Formel können wir nach Aufg. 4 auch umschreiben gemäß

$$\int d\tau \, u_k^* \frac{\partial u_0}{\partial x} = \frac{m}{\hbar} (\omega_k - \omega_0) \int d\tau \, u_k^* \, x \, u_0.$$

Führen wir beide Änderungen aus, so entsteht

$$\alpha = \frac{e^2}{\hbar\omega} \sum_k \frac{\omega_k - \omega_0}{\omega - (\omega_k - \omega_0)} \, |\int d\tau \, u_k^* \, x \, u_0|^2 \,.$$

Dies stimmt im Aufbau überein mit der Dispersionsformel der klassischen Optik, sinngemäß unter Vernachlässigung der Strahlungsdämpfung der Resonanzen.

VI. Nichtstationäre Probleme

Vorbemerkung. Ein System mit zeitunabhängigem Hamiltonoperator H habe stationäre Zustände $|v\rangle$ der Energie $\hbar\omega_v$ gemäß

$$H|v\rangle = \hbar\omega_v |v\rangle . \tag{AVI.1}$$

Zur Zeit $t = 0$ werde eine Störung W eingeschaltet, so daß von nun an die Schrödingergleichung

$$i\hbar \dot\psi = (H + W)\psi \tag{AVI.2}$$

gilt. Da die $|v\rangle$ ein vollständiges Orthogonalsystem

$$\langle \lambda | v \rangle = \delta_{\lambda v} \tag{AVI.3}$$

bilden, läßt sich ψ nach ihnen entwickeln:

$$\psi(t) = \sum_v c_v(t)\, e^{-i\omega_v t} |v\rangle . \tag{AVI.4}$$

Befindet sich das System zur Zeit $t = 0$ im Zustand $|\mu\rangle$, so entsteht die Aufgabe, die $c_v(t)$ mit der Anfangsbedingung

$$c_v(0) = \delta_{\mu v} \tag{AVI.5}$$

zu bestimmen. Dies geschieht durch Einsetzen in Gl. (AVI.2) und führt bei Ausnutzung der Orthonormierung, Gl. (AVI.3), zu

$$i\hbar \dot c_\lambda = \sum_v c_v \langle \lambda | W | v \rangle\, e^{i(\omega_\lambda - \omega_v)t} . \tag{AVI.6}$$

Die Koeffizienten der c_v auf der rechten Seite lassen sich aus den ungestörten Eigenvektoren $|v\rangle$ vollständig berechnen. Gleichung (AVI.6) ist daher ein System linearer Differentialgleichungen erster Ordnung für die $c_v(t)$, das mit den Anfangsbedingungen Gl. (AVI.5) zu lösen ist. Setzt man diese Lösung in Gl. (AVI.4) ein, so kennt man ψ vollständig. Die Größe $|c_\lambda(t)|^2$ gibt die Wahrscheinlichkeit an, daß sich das System zur Zeit t im Zustand $|\lambda\rangle$ befindet.

Da es sich in Gl. (AVI.6) meist (nicht immer!) um unendliche Reihen handelt, erfordert dies allgemeine Schema besondere Näherungsverfahren. Dabei ergeben sich auch wichtige Unterschiede je nachdem, ob die Störung W für $t > 0$ zeitunabhängig ist oder von der Zeit abhängt (z.B. periodisch in einer Lichtwelle).

79. Aufgabe. Zwei Zustände, zeitunabhängige Störung

Ein System werde durch zwei Hilbertvektoren $|1\rangle$ und $|2\rangle$ beschrieben, die orthonormiert sind (z.B. die zwei Einstellungen α und β des Spins). Die zugehörigen Energien seien $\hbar\omega_1$ und $\hbar\omega_2$. Zur Zeit $t = 0$ sei das System im Grundzustand $|1\rangle$. Für $t > 0$ soll es der zeitunabhängigen Störung W unterworfen sein. Mit welcher Wahrscheinlichkeit befindet sich das System zu einer späteren Zeit im angeregten Zustand $|2\rangle$?

Lösung. Mit den Bezeichnungen der Vorbemerkung erhalten wir für die Koeffizienten c_1 und c_2 von

$$\psi = c_1(t)e^{-i\omega_1 t}|1\rangle + c_2(t)e^{-i\omega_2 t}|2\rangle \tag{79.1}$$

die Differentialgleichungen

$$i\hbar\dot{c}_1 = c_1\langle 1|W|1\rangle + c_2\langle 1|W|2\rangle e^{-i\omega_0 t}$$
$$i\hbar\dot{c}_2 = c_1\langle 2|W|1\rangle e^{i\omega_0 t} + c_2\langle 2|W|2\rangle \tag{79.2}$$

mit der Anregungsenergie

$$\hbar\omega_0 = \hbar(\omega_2 - \omega_1). \tag{79.3}$$

Als Teil des Hamiltonoperators ist W hermitisch; die diagonalen Matrixelemente

$$W_{11} = \langle 1|W|1\rangle; \quad W_{22} = \langle 2|W|2\rangle$$

sind daher reell und

$$W_{21} = \langle 1|W|2\rangle = W_{12}^* = \langle 2|W|1\rangle^*.$$

Die Differentialgleichungen lassen sich durch den Ansatz

$$c_1 = A e^{-i\omega t}; \quad c_2 = B e^{i(\omega_0 - \omega)t} \tag{79.4}$$

in das algebraische System

$$(W_{11} - \hbar\omega)A + W_{21}B = 0$$
$$W_{12}A + (W_{22} - \hbar\omega + \hbar\omega_0)B = 0$$

79. Aufgabe. Zeitunabhängige Störung

überführen. Das notwendige Verschwinden der Determinante führt auf zwei mögliche Werte von ω, nämlich

$$\hbar\omega_{I,II} = W_{11} + \tfrac{1}{2}\gamma \pm \hbar\sigma \tag{79.5}$$

mit

$$\gamma = W_{22} - W_{11} + \hbar\omega_0 \ ; \quad \hbar\sigma = \sqrt{\gamma^2/4 + |W_{21}|^2} \tag{79.6}$$

zu den Lösungen

$$B_{I,II} = \frac{\hbar\omega_{I,II} - W_{11}}{W_{21}} A_{I,II} \ . \tag{79.7}$$

Die allgemeine Lösung von. (79.2) ist die Überlagerung zweier Glieder der Gestalt von Gl. (79.4):

$$c_1(t) = A_I e^{-i\omega_I t} + A_{II} e^{-i\omega_{II} t} ,$$
$$c_2(t) = e^{i\omega_0 t}(B_I e^{-i\omega_I t} + B_{II} e^{-i\omega_{II} t}) \ . \tag{79.8}$$

Die Anfangsbedingungen zur vollständigen Festlegung der Konstanten sind

$$c_1(0) = A_I + A_{II} = 1; \quad c_2(0) = B_I + B_{II} = 0 \ . \tag{79.9}$$

Aus (79.5) bis (79.9) können wir dann die gesuchte Lösung vollständig aufbauen. Die etwas mühsame Rechnung ergibt

$$c_1 = e^{-(i/\hbar)(W_{11} + \gamma/2)t} \left[\left(\frac{1}{2} - \frac{\gamma}{4\hbar\sigma} \right) e^{-i\sigma t} + \left(\frac{1}{2} + \frac{\gamma}{4\hbar\sigma} \right) e^{i\sigma t} \right] \tag{79.10a}$$

und

$$c_2 = e^{-(i/\hbar)(W_{11} + \gamma/2)t} \frac{(\hbar\sigma)^2 - \gamma^2/4}{i W_{21} \hbar\sigma} \sin \sigma t \ . \tag{79.10b}$$

Hieraus ergeben sich die gesuchten Wahrscheinlichkeiten

$$|c_2|^2 = \frac{|W_{21}|^2}{(\hbar\sigma)^2} \sin^2 \sigma t \tag{79.11}$$

und

$$|c_1|^2 = 1 - |c_2|^2 \ .$$

Die Wahrscheinlichkeit einer Anregung des Systems wird nach Gl. (79.11) proportional zum Betragsquadrat des Matrixelements der Störungsenergie. Das System pendelt periodisch mit der durch Gl. (79.6) gegebenen Frequenz σ zwischen den beiden Zuständen hin und her.

224 VI. Nichtstationäre Probleme

80. Aufgabe. Zwei Zustände, zeitabhängige Störung

Das System der vorstehenden Aufgabe soll für $t > 0$ einer in t periodischen Störung $W \sin \omega t$ unterworfen werden, deren Frequenz ω *nahezu* mit der Anregungsdifferenz $\omega_0 = \omega_2 - \omega_1$ übereinstimmt:

$$\omega - \omega_0 = \Delta\omega; \quad |\Delta\omega| \ll \omega_0 . \tag{80.1}$$

Gesucht ist die Wahrscheinlichkeit, das System im angeregten Zustand vorzufinden, wenn die Störung zur Zeit t abgeschaltet wird.

Lösung. Wir gehen sofort von zwei Differentialgleichungen aus, die genau den Gln. (79.2) entsprechen. Unter Verwendung der gleichen Bezeichnungen lauten sie

$$\hbar i \dot c_1 e^{-i\omega_1 t} = \sin \omega t \, [W_{11} c_1 e^{-i\omega_1 t} + W_{21} c_2 e^{-i\omega_2 t}] ;$$

$$\hbar i \dot c_2 e^{-i\omega_2 t} = \sin \omega t \, [W_{12} c_1 e^{-i\omega_1 t} + W_{22} c_2 e^{-\omega_2 t}] \tag{80.2}$$

und lassen sich unter Verwendung von Gl. (80.1) umschreiben in

$$-2\hbar \dot c_1 = W_{11}(e^{i\omega t} - e^{-i\omega t}) c_1 + W_{21} c_2 (e^{i\Delta\omega t} - e^{-i(\omega_0 + \omega)t}) ;$$

$$-2\hbar \dot c_2 = W_{12}(e^{i(\omega + \omega_0)t} - e^{-i\Delta\omega t}) c_1 + W_{22} c_2 (e^{i\omega t} - e^{-i\omega t}) . \tag{80.2'}$$

Wegen der vorausgesetzten Kleinheit von $\Delta\omega$ besteht nun ein grundsätzlicher Unterschied zwischen den schnell veränderlichen Gliedern mit den hohen Frequenzen ω und $\omega + \omega_0$ und den langsam veränderlichen Gliedern mit der sehr viel niedrigeren Frequenz $\Delta\omega$. Dies macht es sinnvoll, über ein Zeitintervall $2\pi/\omega$ zu mitteln, in dem $e^{i\Delta\omega t}$ als konstant behandelt werden kann, aber die Hochfrequenzglieder ausgelöscht werden. Wir ersetzen daher die $c_\mu(t)$ durch

$$C_\mu(t) = \frac{1}{2\tau} \int_{t-\tau}^{t+\tau} dt' \, c_\mu(t') \quad \text{mit} \quad \tau = \pi/\omega . \tag{80.3}$$

Die $C_\mu(t)$ befolgen dann die viel einfacheren Gleichungen

$$-2\hbar \dot C_1 = W_{21} C_2 e^{i\Delta\omega t} ;$$

$$-2\hbar \dot C_2 = -W_{12} C_1 e^{-i\Delta\omega t} \tag{80.4}$$

Wir lösen sie durch den Ansatz

$$C_1 = A e^{i(\lambda + \Delta\omega)t/2}; \quad C_2 = B e^{i(\lambda - \Delta\omega)t/2} ,$$

der Gl. (80.4) in das algebraische System

$$(\lambda + \Delta\omega) A - i \frac{W_{21}}{\hbar} B = 0; \quad (\lambda - \Delta\omega) B + i \frac{W_{12}}{\hbar} A = 0$$

80. Aufgabe. Zeitabhängige Störung

überführt, dessen Determinante verschwinden muß. Mit der Abkürzung

$$\Omega = \frac{1}{\hbar}|W_{21}| \tag{80.5}$$

gibt das

$$\lambda^2 = \Omega^2 + (\Delta\omega)^2 \,. \tag{80.6}$$

Bezeichnen wir von jetzt ab die beiden Lösungen von Gl. (80.6) mit $+\lambda$ und $-\lambda$, so wird

$$C_1(t) = e^{i\Delta\omega t/2}(A_1 e^{i\lambda t/2} + A_2 e^{-i\lambda t/2}) \,; \tag{80.7}$$

$$C_2(t) = -\frac{1}{\hbar}W_{12}e^{-i\Delta\omega t/2}\left(\frac{A_1}{\lambda - \Delta\omega}e^{i\lambda t/2} - \frac{A_2}{\lambda + \Delta\omega}e^{-i\lambda t/2}\right).$$

Die Anfangsbedingungen

$$C_1(0) = A_1 + A_1 = 1 \,;$$

$$C_2(0) = -\frac{i}{\hbar}W_{12}\left(\frac{A_1}{\lambda - \Delta\omega} - \frac{A_2}{\lambda + \Delta\omega}\right) = 0$$

erlauben dann die vollständige Bestimmung von

$$A_1 = \frac{\lambda - \Delta\omega}{2\lambda} \,; \quad A_2 = \frac{\lambda + \Delta\omega}{2\lambda} \,,$$

womit Gl. (80.7) übergeht in

$$C_1(t) = e^{i\Delta\omega t/2}\left(\cos\frac{\lambda t}{2} - i\frac{\Delta\omega}{\lambda}\sin\frac{\lambda t}{2}\right);$$

$$C_2(t) = e^{-i\Delta\omega t/2}\frac{W_{12}}{\hbar\lambda}\sin\frac{\lambda t}{2} \,. \tag{80.8}$$

Die Wahrscheinlichkeit, das System zur Zeit t im angeregten Zustand anzutreffen, folgt dann unter Verwendung der Ausdrücke Gl. (80.5) und (80.6) zu

$$|C_2(t)|^2 = \frac{\Omega^2}{\Omega^2 + (\Delta\omega)^2}\sin^2\frac{\lambda t}{2} \,. \tag{80.9}$$

Zum Verständnis dieser *Resonanzformel* beachte man, daß auch Ω, Gl. (80.5), klein gegen die "echten" Frequenzen ω und ω_0 sein muß, damit W überhaupt als "Störung" angesehen werden kann. Die Aussage, daß die Wahrscheinlichkeit $|C_2|^2$ für $\Delta\omega = 0$ ein scharfes Maximum hat, ist daher durchaus sinnvoll: Das Frequenzband der Resonanz um $\omega = \omega_0$ herum hat eine Breite der Größenordnung $\Omega \ll \omega_0$. Auch die Frequenz λ, mit der der Quantensprung von $|1\rangle$ nach $|2\rangle$ und zurück wiederholt wird, ist nach Gl. (80.6) wesentlich durch die Größe des Matrixelements W_{21} bestimmt.

81. Aufgabe. Paramagnetische Resonanz

Als Anwendung der vorstehenden Aufgabe behandle man die Umklappung des Spins für ein Elektron in einem starken Magnetfeld $\mathscr{H}_0 \| z$ beim Anlegen eines schwachen magnetischen Wechselfeldes $\mathscr{H}'\sin\omega t$ parallel zur x-Achse. Die Untersuchung soll auf einen Zustand ohne Bahndrehimpuls beschränkt werden. Zur Behandlung des Spins vgl. S. 244 ff.

Lösung. Das Feld $\mathscr{H}_0$ verursacht einen Term $\mu \mathscr{H}_0 \sigma_z$ mit $\mu = e\hbar/2mc$ im ungestörten Hamiltonoperator. Wegen $\sigma_z \alpha = \alpha$ und $\sigma_z \beta = -\beta$ erhalten wir zwei Terme, den Grundzustand $|1\rangle = u(r)\,\beta$ der Energie $\hbar\omega_1$ und den angeregten Zustand $|2\rangle = u(r)\,\alpha$ der Energie $\hbar\omega_2$. Dabei ist die Anregungsenergie

$$\hbar\omega_0 = \hbar(\omega_2 - \omega_1) = 2\mu\mathscr{H}_0 \,. \tag{81.1}$$

Das zusätzliche Magnetfeld $\mathscr{H}'\sin\omega t$ ergibt eine Störenergie $W\sin\omega t$ mit $W = \mu\mathscr{H}'\sigma_x$. Sie hat wegen $\sigma_x\beta = \alpha$ und $\sigma_x\alpha = \beta$ verschwindende Diagonalelemente (z.B. $\langle\alpha|\sigma_x|\alpha\rangle = \langle\alpha|\beta\rangle = 0$), aber

$$W_{12} = W_{21} = \mu\mathscr{H}' \,. \tag{81.2}$$

Gleichung (80.9) ergibt daher sofort

$$|C_2(t)|^2 = \frac{(\mu\mathscr{H}')^2}{(\mu\mathscr{H}')^2 + (\hbar\omega - 2\mu\mathscr{H}_0)^2}\sin^2\lambda t \,, \tag{81.3}$$

wobei $\lambda^2\hbar^2$ gleich dem Nenner von Gl. (81.3) ist. Hier interessiert der zeitliche Mittelwert

$$P = \overline{|C_2(t)|^2} = \frac{\tfrac{1}{2}(\mu\mathscr{H}')^2}{(\mu\mathscr{H}')^2 + (\hbar\omega - 2\mu\mathscr{H}_0)^2} \,. \tag{81.4}$$

Wenn man in einer "Durchdrehaufnahme" die Frequenz ω langsam verändert, so daß sie dabei den Wert $\omega = \omega_0 = 2\mu\mathscr{H}_0/\hbar$ durchläuft, so erhält man ein Maximum $P = 1/2$ für die Resonanzfrequenz mit einer Linienbreite der Ordnung $\Delta\omega/\omega_0 = \mathscr{H}'/\mathscr{H}_0 \ll 1$. Die Messung dieser Resonanzfrequenz und damit von μ ist also um so schärfer, je kleiner $\mathscr{H}'$ im Vergleich zu $\mathscr{H}_0$ ist.

Anm. Diese Methode der Elektronenspin-Resonanz (ESR) läßt sich auf einen Materieblock anwenden. Dann ist die dem Feld entzogene Energie groß genug, um makroskopisch gemessen zu werden. Für Elektronenzustände, bei denen der Bahndrehimpuls mit dem Spin gekoppelt ist, liegen die Verhältnisse komplizierter. − Die Methode läßt sich auf einen höheren Frequenzbereich übertragen, um auch Kernzustände zu untersuchen (NMR = nukleare magnetische Resonanz).

82. Aufgabe. Photoanregung

Ein Atomelektron wird durch Einstrahlung eines geeigneten Lichtfrequenzbandes aus dem Grundzustand ψ_0 in einen angeregten Zustand ψ_n gehoben. Die Lichtwelle laufe in z-Richtung und sei in x-Richtung linear polarisiert. Die Wahrscheinlichkeit eines solchen Überganges soll berechnet werden.

Lösung. Wir gehen von der Schrödingergleichung aus,

$$(H + W)\psi = -\frac{\hbar}{i}\frac{\partial \psi}{\partial t}, \tag{82.1}$$

in der H der Hamiltonoperator des ungestörten Atomzustandes ist:

$$H\psi_n = -\frac{\hbar}{i}\frac{\partial \psi_n}{\partial t}; \quad \psi_n = u_n(r)e^{-i\omega_n t}; \quad \langle u_k | u_n \rangle = \delta_{kn}. \tag{82.2}$$

Die Größe

$$W = -i\frac{\hbar e}{mc}(\boldsymbol{A} \cdot \text{grad}) \tag{82.3}$$

ist der Störoperator (vgl. Aufg. 78). Zunächst greifen wir nur *eine* Lichtfrequenz heraus und schreiben wie in Aufg. 78

$$A_x = A\cos\omega\left(t - \frac{z}{c}\right); \quad A_y = 0; \quad A_z = 0; \tag{82.4}$$

dann geht Gl. (82.3) in

$$W = -i\frac{\hbar e}{mc}A\cos\omega\left(t - \frac{z}{c}\right)\frac{\partial}{\partial x} \tag{82.5}$$

über. Nach den Ausführungen der Vorbemerkung auf S. 221 lösen wir Gl. (82.1) durch die Entwicklung

$$\psi = \sum_n c_n(t)u_n(r)e^{-i\omega_n t}; \tag{82.6}$$

228 VI. Nichtstationäre Probleme

dann entsteht für die Koeffizienten das System von Differentialgleichungen

$$-\frac{\hbar}{i}\dot{c}_n = \sum_k c_k(t)\langle n|W|k\rangle e^{i(\omega_n - \omega_k)t}. \qquad (82.7)$$

Dies ist jetzt, im Gegensatz zu den vorhergehenden Aufgaben, ein unendliches System, das die unendlich vielen Zustände des Orthogonalsystems $\{u_k\}$ verkoppelt. In der Summe ist auch ein Integral über das Kontinuum enthalten.

Wir versuchen eine Lösung in der *ersten Näherung* eines Störungsverfahrens: Da u_0 der Anfangszustand sein soll, müssen die $c_n(t)$ den Anfangsbedingungen $c_n(0) = \delta_{n0}$ genügen; für "kleine" Zeiten dürfen wir daher einfach $c_0 = 1$ setzen und annehmen, daß alle anderen c_n klein genug sind, um in der Summe nur das überwiegende Glied $k = 0$ zu berücksichtigen:

$$-\frac{\hbar}{i}\dot{c}_n = \langle n|W|0\rangle e^{i(\omega_n - \omega_0)t}. \qquad (82.8)$$

Damit sind die Gln. (82.7) entkoppelt und können getrennt durch Quadratur gelöst werden,

$$c_n(t) = -\frac{i}{\hbar}\int_0^t dt\,\langle n|W|0\rangle e^{i(\omega_n - \omega_0)t}. \qquad (82.9)$$

Was dabei unter einer hinreichend "kleinen" Zeit zu verstehen ist, werden wir noch diskutieren müssen.

Das Matrixelement in Gl. (82.9) folgt für unser spezielles Problem aus Gl. (82.5) zu

$$\langle n|W|0\rangle = -i\frac{\hbar e}{mc}A\int d\tau\, u_n^* \cos\left[\omega\left(t - \frac{z}{c}\right)\right]\frac{\partial u_n}{\partial x}.$$

Im folgenden wollen wir wie in Aufg. 78 ausnutzen, daß die Wellenlänge des Lichtes groß gegen die Atomdimensionen ist, so daß im Integrationsgebiet $|\omega z/c| \ll 1$ bleibt und vernachlässigt werden darf:

$$\langle n|W|0\rangle = -\frac{i\hbar eA}{mc}\cos\omega t\left\langle n\left|\frac{\partial}{\partial x}\right|0\right\rangle. \qquad (82.10)$$

Setzen wir das in Gl. (82.9) ein, so können wir die Integration nach der Zeit vollziehen und erhalten

$$c_n(t) = -i\frac{e}{2mc}A\left\langle n\left|\frac{\partial}{\partial x}\right|0\right\rangle\left(\frac{e^{i(\omega_n - \omega_0 + \omega)t} - 1}{(\omega_n - \omega_0) + \omega} + \frac{e^{i(\omega_n - \omega_0 - \omega)t} - 1}{(\omega_n - \omega_0) - \omega}\right).$$
$$(82.11)$$

Da die Anregungsenergie $\omega_n - \omega_0 > 0$ ist, hat nur der zweite Term eine Resonanz für $\omega = \omega_n - \omega_0$. Zur Bestimmung der Anregungswahrscheinlichkeit für den Zustand u_n können wir uns daher auf die Umgebung dieser Resonanzfrequenz $\omega_R = \omega_n - \omega_0$ beschränken und, indem wir ein Frequenzband um die Stelle $\omega = \omega_R$ herum herausgreifen, nur das zweite Glied in Gl. (82.11) mitnehmen. Dann erhalten wir für die Wahrscheinlichkeit, das System zur Zeit t im Zustand u_n anzutreffen,

$$|c_n(t)|^2 = \left(\frac{e}{mc}\right)^2 A^2 \left|\left\langle n \left|\frac{\partial}{\partial x}\right| 0 \right\rangle\right|^2 \frac{\sin^2[(\omega_R - \omega)t/2]}{(\omega_R - \omega)^2}. \quad (82.12)$$

Dieser in t periodische Ausdruck steht nun sicher in Widerspruch zu jeder Erfahrung, die ein lineares Anwachsen von $|c_n|^2$ mit der Zeit erfordert.

Die Lösung dieser Schwierigkeit ergibt sich aus einer näheren Betrachtung des eingestrahlten Frequenzbandes. Dazu gehen wir vom Poyntingvektor aus. Der *mittlere* Energietransport pro cm² und sec ist durch

$$\overline{S_z} = \frac{c}{8\pi} \mathscr{E}_x \mathscr{H}_y = \frac{c}{8\pi}\left(\frac{\omega}{c}A\right)^2 \quad (82.13)$$

gegeben. Treffen nun pro cm² und sec insgesamt N Photonen $\hbar\omega$ ein, so ist diese Größe gleich $N\hbar\omega$ oder, in einem Frequenzband, gleich

$$\overline{S_z} = \int d\omega\, \hbar\omega\, \frac{dN}{d\omega}. \quad (82.14)$$

Gleichsetzen der beiden Ausdrücke führt dann auf

$$A^2 = 8\pi\hbar c \int \frac{d\omega}{\omega}\frac{dN}{d\omega}, \quad (82.15)$$

was wir in Gl. (82.12) für A^2 einzuführen haben:

$$|c_n(t)|^2 = \left(\frac{e}{mc}\right)^2 8\pi\hbar c \left|\left\langle n \left|\frac{\partial}{\partial x}\right| 0 \right\rangle\right|^2 \int \frac{d\omega}{\omega}\frac{dN}{d\omega}\frac{\sin^2[(\omega - \omega_R)t/2]}{(\omega - \omega_R)^2}.$$

Dabei ist das Integral über das einfallende Frequenzband zu erstrecken.

Führen wir unter dem Integral die Variable

$$s = (\omega - \omega_R)\frac{t}{2}$$

ein und integrieren über ein Frequenzband $\omega_R - \delta\omega < \omega < \omega_R + \delta\omega$, so geht das Integral über in

$$\frac{t}{2}\int_{-s_0}^{+s_0} ds \left(\frac{1}{\omega}\frac{dN}{d\omega}\right)\frac{\sin^2 s}{s^2}$$

mit $s_0 = t\delta\omega/2$. Hier führen wir zwei Forderungen ein: *Erstens* soll $\delta\omega \ll \omega_R$ sein; dann können wir den Faktor $(1/\omega)dN/d\omega$ mit $\omega = \omega_R$ als Konstante vor das Integral ziehen; wir betrachten also ein *schmales Frequenzband*. *Zweitens* soll $\delta\omega \gg 2\pi/t$ und daher $s_0 \gg \pi$ sein. Da der Integrand bei $s = \pm\pi$ seine ersten Nullstellen hat, jenseits deren er schnell abfällt, können wir dann die Integration beiderseits bis ins Unendliche erstrecken und die Formel

$$\int_{-\infty}^{+\infty} ds\, \frac{\sin^2 s}{s^2} = \pi \tag{82.16}$$

ausnutzen. Auf diese Weise folgt

$$\frac{1}{t}|c_n|^2 = \left(\frac{e}{mc}\right)^2 8\pi\hbar c \left|\left\langle n\left|\frac{\partial}{\partial x}\right|0\right\rangle\right|^2 \left(\frac{1}{\omega}\frac{dN}{d\omega}\right)_{\omega_R} \frac{\pi}{2}. \tag{82.17}$$

Diese Größe ist unabhängig von der Zeit, wie wir es erwarten mußten. Wir bezeichnen sie als Übergangswahrscheinlichkeit.

Die beiden Bedingungen, die wir zu

$$\omega_R \gg \delta\omega \gg \frac{2\pi}{t} \tag{82.18}$$

zusammenziehen können, sind normalerweise gleichzeitig erfüllt. Ein zur Zeit $t = 0$ eingeschalteter Wellenzug, der ein zu absorbierendes Photon $\hbar\omega$ darstellt, genügt bis zum Absorptionsprozeß notwendig einer Unschärferelation $t\Delta\omega \gtrsim 2\pi$. Daher ist die Forderung $\delta\omega \ll 2\pi/t$ lediglich eine Verschärfung einer unvermeidbaren Beziehung. Andererseits kann die makroskopische Forderung $\delta\omega \ll \omega_R$ für praktisch monochromatisches Licht, leicht gleichzeitig erfüllt werden. Dies alles gilt unter der Voraussetzung, daß die Übergangswahrscheinlichkeit klein genug ist, um Re-emission von Licht aus dem angeregten Zustand vernachlässigen und daher die Störungsmethode anwenden zu dürfen.

Anm. Man vergleiche das hier behandelte nichtstationäre Problem mit dem in Aufg. 78 behandelten stationären.

Das hier entwickelte nichtstationäre Näherungsverfahren heißt *Diracsche Störungsmethode*. Sie gestattet die Bestimmung von Übergangswahrscheinlichkeiten mit Hilfe einer Integration, wenn entweder (wie hier) der Anfangszustand oder (wie in den folgenden Aufgaben) der Endzustand im Kontinuum liegt.

83. Aufgabe. Elastische Streuung

Man berechne nach der Diracschen Methode in erster Näherung die Übergangswahrscheinlichkeit für ein Teilchen, das im Anfangszustand durch die ebene Welle

83. Aufgabe. Elastische Streuung

$$|k_0\rangle = \frac{1}{\sqrt{V}} e^{ik_0 \cdot r} \tag{83.1a}$$

mit der Energie $\hbar\omega_0$ beschrieben wird, zu einem Endzustand

$$|k\rangle = \frac{1}{\sqrt{V}} e^{ik \cdot r}. \tag{83.1b}$$

Dabei soll die Störung durch ein zeitunabhängiges Potential $W(r)$ erfolgen. Man gebe für diesen Prozeß den differentiellen Streuquerschnitt an.

Lösung. In einem Kontinuum von Zuständen (oder einem Quasikontinuum bei endlichem Normierungsvolumen V) ist die Frage nach dem Übergang in *genau* den Zustand Gl. (83.1b) sinnlos. Wir können nur fragen, mit welcher Wahrscheinlichkeit wir zur Zeit t das Teilchen im Raumwinkelelement $d\Omega$ mit einem zwischen $p = \hbar k$ und $p + dp = \hbar(k + dk)$ liegenden Impuls antreffen. In diesem Bereich enthält das Quasikontinuum für endliches V nach Aufg. 13

$$dz = \frac{V p^2 dp \, d\Omega}{(2\pi\hbar)^3} \tag{83.2}$$

Zustände. Wegen $p\,dp = m\,dE = m\hbar\,d\omega$ können wir dafür auch

$$dz = \frac{V p \, m}{(2\pi\hbar)^3} dE \, d\Omega \tag{83.3}$$

schreiben.

Wird nun zur Zeit $t = 0$ die Störung W eingeschaltet, so ist die Wahrscheinlichkeit zu einer späteren Zeit t das Teilchen in dem durch Gl. (83.3) beschriebenen Zustandsgebiet anzutreffen

$$dw(t) = \int dz |c_k(t)|^2, \tag{83.4}$$

wobei wir aus Gl. (82.9)

$$c_k(t) = -\frac{i}{\hbar} \int_0^t dt \langle k|W|k_0\rangle e^{i(\omega_k - \omega_0)t} \tag{83.5a}$$

und daher

$$|c_k(t)|^2 = \frac{4|\langle k|W|k_0\rangle|^2}{\hbar^2} \frac{\sin^2[(\omega_k - \omega_0)t/2]}{(\omega_k - \omega_0)^2} \tag{83.5b}$$

entnehmen. Damit entsteht

$$dw(t) = d\Omega \int dE \frac{Vpm}{(2\pi\hbar)^3} \frac{4|\langle k|W|k_0\rangle|^2}{\hbar^2} \frac{\sin^2[(\omega_k - \omega_0)t/2]}{(\omega_k - \omega_0)^2}. \tag{83.6}$$

VI. Nichtstationäre Probleme

Setzen wir hier wie in Aufg. 82

$$(\omega_k - \omega_0)\frac{t}{2} = s\,;\quad ds = \frac{t}{2\hbar}dE\,,$$

so gibt der letzte Faktor in Gl. (83.6) $(t/2)^2(\sin^2 s)/s^2$. Die Unschärferelation erfordert Integration über ein Gebiet der Breite $\Delta E > 2\pi\hbar/t$ oder $\Delta s > \pi$. Ist t groß genug (und das trifft zu, solange Störungsrechnung berechtigt ist), so sind die anderen Faktoren in Gl. (83.6) im Integrationsgebiet praktisch konstant, und es bleibt wie in Aufg. 82 das Integral

$$\int_{-\infty}^{+\infty} ds(\sin^2 s)/s^2 = \pi\,.$$

Damit geht Gl. (83.6) über in die von t unabhängige Größe

$$dP = \frac{1}{t}dw(t) = d\Omega\frac{Vpm}{4\pi^2\hbar^4}|\langle k|W|k_0\rangle|^2\,,\qquad(83.7)$$

die eben die gesuchte Übergangswahrscheinlichkeit ist.

Mit der Normierung von (83.1a, b) ist dP proportional zu $1/V$, also von dem Normierungsvolumen abhängig. Daher ist es üblich, den hiervon unabhängigen differentiellen Streuquerschnitt

$$d\sigma = \frac{V}{v_0}dP \qquad(83.8)$$

einzuführen (vgl. Aufgabe 53), wobei $v_0 = p_0/m$ und $p = p_0$ ist:

$$d\sigma = d\Omega\left|\frac{m}{2\pi\hbar^2}V\langle k|W|k_0\rangle\right|^2\,.\qquad(83.9)$$

Nach (83.1a, b) ist das Matrixelement

$$\langle k|W|k_0\rangle = \frac{1}{V}\int d\tau\, e^{i(k_0 - k)\cdot r}W(r)\,,$$

so daß Gl. (83.9) in der Tat von V unabhängig wird:

$$\frac{d\sigma}{d\Omega} = \left|\frac{m}{2\pi\hbar^2}\int d\tau\, e^{i(k_0 - k)\cdot r}W(r)\right|^2\,.\qquad(83.10)$$

Dies Ergebnis stimmt überein mit dem der ersten Bornschen Näherung, vgl. Aufg. 67.

84. Aufgabe. Photoeffekt

Eine in x-Richtung linear polarisierte Lichtwelle streicht in z-Richtung über ein Wasserstoffatom im Grundzustand. Man berechne den differentiellen Querschnitt für die Emission des Elektrons. Dabei sollen Retardierungseffekte vernachlässigt und der Endzustand genähert als ebene Welle beschrieben werden.

Lösung. Das Problem unterscheidet sich von dem der Aufg. 82 nur dadurch, daß hier das Elektron ins Kontinuum emittiert wird. Wir können daher mit monochromatischem Licht rechnen und die Summation statt über Anfangs- über Endzustände ausführen.

Die Störungsenergie wird auch hier durch den Operator von Gl. (82.5) beschrieben, den wir mit $\mathscr{E}_0 = \omega A/c$ sofort durch die Feldstärke ausdrücken:

$$W = -i\frac{e\hbar}{m\omega}\mathscr{E}_0 \cos\left[\omega\left(t - \frac{z}{c}\right)\right]\frac{\partial}{\partial x}. \tag{84.1}$$

In der ersten Näherung des Diracschen Störungsverfahrens gilt wieder Gl. (82.9) für einen durch den Index n markierten Endzustand u_n des Elektrons, woraus mit Vernachlässigung der Retardierung und Beschränkung auf den Resonanzterm Gl. (82.12) folgt:

$$|c_n(t)|^2 = \left(\frac{e}{m\omega}\mathscr{E}_0\right)^2 \left|\left\langle n\left|\frac{\partial}{\partial x}\right|0\right\rangle\right|^2 \frac{\sin^2[(\omega - \omega_R)t/2]}{(\omega - \omega_R)^2}, \tag{84.2}$$

wobei $\omega_R = \omega_n - \omega_0$ ist. Wir müssen nun zwei Normierungen hinsichtlich der Fragestellung vornehmen:

1. *Anfangszustand.* Die Feldstärke $\mathscr{E}_0$ läßt jede beliebige Intensität des einfallenden Lichtes zu. Der Poyntingvektor, der den Energiestrom pro cm² und sec angibt, ist im Zeitmittel

$$\bar{S}_z = \frac{c}{8\pi}\mathscr{E}_0^2 = N\hbar\omega,$$

wenn N die Zahl der Photonen pro cm² und sec ist. Wir wollen speziell auf $N = 1$ normieren, d.h. wir setzen

$$\mathscr{E}_0^2 = \frac{8\pi}{c}\hbar\omega. \tag{84.3}$$

2. *Endzustand.* Der Zustand u_n des Elektrons liegt im Kontinuum. Nach Gl. (83.3) enthält dies

$$dz = V\frac{p_n m}{(2\pi\hbar)^3}dE_n\, d\Omega_n \tag{84.4}$$

Zustände im Energieintervall $dE_n = \hbar d\omega_n$ und im Raumwinkelelement $d\Omega_n$. Wir fragen daher nicht nach $|c_n|^2$, sondern nach

$$\int dz |c_n|^2 = \left(\frac{e}{m\omega}\mathscr{E}_0\right)^2 \left|\left\langle u_n \left|\frac{\partial u_0}{\partial x}\right.\right\rangle\right|^2 V \frac{p_n m}{(2\pi\hbar)^3} d\Omega_n$$

$$\times \hbar \int d\omega_n \frac{\sin^2[(\omega - \omega_R)t/2]}{(\omega - \omega_R)^2}.$$

In der Variablen $s = (\omega_R - \omega)t/2$ wird das letzte Integral

$$\int_{-\infty}^{+\infty} \frac{2ds}{t} \frac{\sin^2 s}{(2s/t)^2} = \frac{t}{2} \int_{-\infty}^{+\infty} ds (\sin^2 s)/s^2 = \frac{\pi}{2} t,$$

so daß

$$\frac{1}{t}\int dz|c_n|^2 = \left(\frac{e}{m\omega}\mathscr{E}_0\right)^2 \left|\left\langle u_n\left|\frac{\partial u_n}{\partial x}\right.\right\rangle\right|^2 V\frac{p_n m}{(2\pi\hbar)^3} d\Omega_n \frac{\pi\hbar}{2} \tag{84.5}$$

für die Übergangswahrscheinlichkeit entsteht.

Bezogen auf die normierte Lichtintensität von Gl. (84.3) ist dieser Ausdruck der differentielle Wirkungsquerschnitt ("Photoquerschnitt") $d\sigma_n$:

$$d\sigma_n = \frac{1}{2\pi}\frac{e^2}{mc^2}\frac{p_n c}{\hbar\omega}\left|\sqrt{V}\left\langle u_n\left|\frac{\partial u_0}{\partial x}\right.\right\rangle\right|^2 d\Omega_n. \tag{84.6}$$

Diese allgemeine Formel spezialisieren wir nun auf ein Wasserstoffatom. Dann ist

$$u_0 = \pi^{-1/2} a^{-3/2} e^{-r/a}; \quad a = \frac{\hbar^2}{me^2}; \quad \frac{\partial u_0}{\partial x} = \sin\vartheta\cos\varphi\frac{du_0}{dr} \tag{84.7}$$

und genähert für $ka \gg 1$

$$\sqrt{V} u_n^* = e^{-ikr\cos\gamma} = \frac{1}{kr}\sum_{l=0}^{\infty}(2l+1)(-i)^l j_l(kr) P_l(\cos\gamma), \tag{84.8}$$

wobei γ der Winkel zwischen $\boldsymbol{k}$ (Θ, Φ) und $\boldsymbol{r}$ (ϑ, φ) ist, also

$$\cos\gamma = \cos\Theta\cos\vartheta + \sin\Theta\cos\Phi\sin\vartheta\cos\varphi + \sin\Theta\sin\Phi\sin\vartheta\sin\varphi.$$

Zum Matrixelement in Gl. (84.6) kann von der Summe, Gl. (84.8), nur das zu $\cos\gamma$ proportionale Glied mit $l = 1$ beitragen, und auch davon nur der Anteil mit $\sin\vartheta\cos\varphi$:

$$\sqrt{V}\left\langle u_n\left|\frac{\partial u_0}{\partial x}\right.\right\rangle = \int d\tau \frac{-3ij_1(kr)}{kr}\sin\Theta\cos\Phi\sin^2\vartheta\cos^2\varphi\frac{du_0}{dr}.$$

Die Winkelintegration gibt

$$\oint d\Omega \, \sin^2 \vartheta \, \cos^2 \varphi = \frac{4\pi}{3},$$

das Integral über die Radien mit den Abkürzungen $kr = x$ und $ka = 1/\beta$

$$\int_0^\infty dx \, x j_1(x) e^{-\beta x} = \frac{2}{(1 + \beta^2)^2}.$$

Da Gl. (84.8) nur genähert für $ka \gg 1$ oder $\beta^2 \ll 1$ den Endzustand beschreibt, können wir das letzte Integral auch gleich 2 setzen. Mit

$$\sqrt{V} \left\langle u_n \left| \frac{\partial u_0}{\partial x} \right. \right\rangle = \frac{8i\sqrt{\pi}}{k^3 a^{5/2}} \sin \Theta \cos \Phi$$

geht Gl. (84.6) über in

$$\frac{d\sigma}{d\Omega} = 8 \frac{e^2}{mc^2} \frac{c}{\omega} \frac{\sin^2 \Theta \, \cos^2 \Phi}{(ka)^5}. \tag{84.9}$$

Die beiden ersten Faktoren, Elektronenradius e^2/mc^2 und Wellenlänge des Lichtes $c/\omega = \lambda/2\pi$ geben der Größe in der Tat die Dimension eines Querschnitts.

Gleichung (84.9) zeigt besonders, daß der Photoquerschnitt mit wachsender Frequenz des einfallenden Lichtes rasch abnimmt. Die Resonanzbedingung $\omega_n - \omega_0 = \omega$ ist der Energiesatz und kann explicite für das Wasserstoffatom im Grundzustand

$$\frac{\hbar^2 k^2}{2m} + \frac{me^4}{2\hbar^2} = \hbar\omega \tag{84.10}$$

geschrieben werden. Wäre $\hbar\omega = me^4/2\hbar^2 = 13{,}6$ eV, so betrüge die Wellenlänge des Lichtes 911 Å, was sehr viel größer als die Ausdehnung des Atoms ist ($a \sim 0{,}5$ Å). Dies rechtfertigt die Vernachlässigung der Retardierung auch noch für erheblich größere Frequenzen. Wenn wir für $\hbar\omega \gg me^4/2\hbar^2$ diesen Term in Gl. (84.10) vernachlässigen, so wird genähert

$$k \approx \sqrt{\frac{2m\omega}{\hbar}},$$

so daß nach Gl. (84.9) der Photoquerschnitt etwa wie $\omega^{-7/2}$ rasch mit wachsender Frequenz abnimmt.

Die Elektronenemission erfolgt vorwiegend in der Richtung des elektrischen Vektors ($\Theta = 90°$, $\Phi = 0°$). Berücksichtigung der Retardierung würde dies Maximum etwas in die positive z-Richtung verschieben ("Voreilung" des Maximums).

Integration von Gl. (84.9) über alle Raumrichtungen ergibt schließlich

$$\sigma = \frac{32\pi}{3}\frac{e^2}{mc^2}\frac{c}{\omega}(ka)^{-5} \tag{84.11}$$

für den totalen Photoquerschnitt.

Anm. zu Aufg. 82–84. Die Diracsche Methode läßt sich wie folgt zusammenfassen: Die Übergangswahrscheinlichkeit vom Zustand ψ_0 in den Zustand ψ_n ist

$$w = \frac{1}{t}\int dz |c_n|^2$$

mit

$$|c_n|^2 = \frac{4|\langle n|W|0\rangle|^2}{\hbar^2}\frac{\sin^2 \omega t/2}{\omega^2},$$

wobei $\omega = \omega_n - \omega_0$ ist. Hier umfaßt dz ein Energieband im Anfangs- oder Endzustand, so daß wir schreiben können

$$dz = dE\rho(E).$$

Die Integration

$$\int dE \sin^2\frac{\omega t}{2}/\omega^2 = \hbar\int_{-\infty}^{+\infty}\frac{d\omega}{\omega^2}\sin^2\frac{\omega t}{2} = \frac{\pi\hbar}{2}t$$

über ein Energieband, das schmal genug ist, um die anderen Faktoren als konstant zu behandeln, führt zu der allgemeinen Formel

$$w = \frac{2\pi}{\hbar}\rho(E)|\langle n|W|0\rangle|^2,$$

die als *Goldene Regel* bezeichnet wird.

85. Aufgabe. Spontane Emission

Ein Elektron, das sich in einem Zentralfeld $V(r)$ im Zustand $\psi_\lambda = u_\lambda(r)e^{-i\omega_\lambda t}$ befindet, geht unter Emission eines Lichtquants $\hbar\omega$ in einen tieferen Zustand $\psi_\mu = u_\mu(r)e^{-i\omega_\mu t}$ über. Für die Übergangswahrscheinlichkeit $w\ [s^{-1}]$ gilt die Formel

$$w = \frac{4}{3}\frac{e^2}{\hbar c}\frac{\omega^2}{c^2}|\mathbf{r}_{\lambda\mu}|^2. \tag{85.1}$$

85. Aufgabe. Spontane Emission

Sie soll danach unter Berücksichtigung der Entartung der Zustände im Zentralfeld berechnet werden.

Lösung. Die Elektronenzustände ψ_λ und ψ_μ werden jeweils durch eine radiale und zwei Drehimpulsquantenzahlen beschrieben:

$$\psi_\lambda = |n, l, m\rangle = \varphi_{nl}(r)\, Y_{lm}(\vartheta, \varphi)\,;$$
$$\psi_\mu = |n', l', m'\rangle = \varphi_{n'l'}(r)\, Y_{l'm'}(\vartheta, \varphi)\,. \tag{85.2}$$

Dann haben wir in Gl. (85.1) das vektorielle Matrixelement

$$r_{\lambda\mu} = \langle \mu|r|\lambda\rangle = \langle n', l', m'|r|n, l, m\rangle$$
$$= \int\limits_0^\infty dr\, r^3\, \varphi_{n'l'}(r)\, \varphi_{nl}(r) \oint d\Omega\, Y^*_{l'm'}\,\frac{r}{r}\, Y_{lm} \tag{85.3}$$

zu berechnen. Hier spalten wir den radialen Anteil ab:

$$\int\limits_0^\infty dr\, r^3\, \varphi_{n'l'}\, \varphi_{nl} = R_{nn',ll'}, \tag{85.4}$$

der von der Gestalt des Potentials abhängt, das die Radialteile der Eigenfunktionen bestimmt. Im folgenden lassen wir überall die Indices n, n' weg, die überall die gleichen sein würden, und schreiben kurz $R_{ll'}$. Der Vektor r/r hängt allein von den Polarwinkeln ϑ und φ ab. Seine Komponenten fassen wir wie folgt zusammen:

$$\frac{1}{r}(x \pm iy) = \sin\vartheta\, e^{\pm i\varphi}\,;\quad \frac{z}{r} = \cos\vartheta\,. \tag{85.5}$$

Dann können wir den Vektor Gl. (85.3) zerlegen in die Komponenten

$$\left.\begin{array}{l}
\langle n', l', m'|x+iy|n, l, m\rangle = R_{ll'} \oint d\Omega\, Y^*_{l'm'}\, \sin\vartheta\, e^{i\varphi}\, Y_{lm} \\
\langle n', l', m'|x-iy|n, l, m\rangle = R_{ll'} \oint d\Omega\, Y^*_{l'm'}\, \sin\vartheta\, e^{-i\varphi}\, Y_{lm} \\
\langle n', l', m'|z|n, l, m\rangle \quad\;\; = R_{ll'} \oint d\Omega\, Y^*_{l'm'}\, \cos\vartheta\, Y_{lm}\,.
\end{array}\right\} \tag{85.6}$$

Nun gelten die folgenden Formeln aus der Theorie der Kugelfunktionen:

$$\left.\begin{array}{l}
\sin\vartheta\, e^{i\varphi}\, Y_{lm} = a_{l,m}\, Y_{l+1,m+1} - a_{l-1,-m-1}\, Y_{l-1,m+1} \\
\sin\vartheta\, e^{-i\varphi}\, Y_{lm} = -a_{l,m}\, Y_{l+1,m-1} + a_{l-1,m-1}\, Y_{l-1,m-1} \\
\cos\vartheta\, Y_{lm} = b_{l,m}\, Y_{l+1,m} + b_{l-1,m}\, Y_{l-1,m}\,.
\end{array}\right\} \tag{85.7a}$$

mit den Abkürzungen

$$a_{l,m} = \sqrt{\frac{(l+m+1)(l+m+2)}{(2l+1)(2l+3)}}\ ;\quad b_{l,m} = \sqrt{\frac{(l+m+1)(l-m+1)}{(2l+1)(2l+3)}}.$$
(85.7b)

Daher sind die Matrixelemente von Gl. (85.6) nur für $l' = l + 1$ und $l' = l - 1$ von Null verschieden. Das ist die bekannte Auswahlregel für Dipolstrahlung. Für $x + iy$ muß außerdem $m' = m + 1$ sein, für $x - iy$ ist nur $m' = m - 1$ und für z schließlich nur $m' = m$ von Null verschieden. Auf diese Weise ergeben sich im ganzen sechs nicht verschwindende Matrixelemente:

$$\left.\begin{aligned}\langle n', l+1, m+1|x+iy|n, l, m\rangle &= R_{l,l+1}\sqrt{\frac{(l+m+1)(l+m+2)}{(2l+1)(2l+3)}} \\ \langle n', l-1, m+1|x+iy|n, l, m\rangle &= -R_{l,l-1}\sqrt{\frac{(l-m-1)(l-m)}{(2l-1)(2l+1)}}\end{aligned}\right\}$$
(85.8a)

$$\left.\begin{aligned}\langle n', l+1, m-1|x-iy|n, l, m\rangle &= -R_{l,l+1}\sqrt{\frac{(l-m+1)(l-m+2)}{(2l+1)(2l+3)}} \\ \langle n', l-1, m-1|x-iy|n, l, m\rangle &= R_{l,l-1}\sqrt{\frac{(l+m-1)(l+m)}{(2l-1)(2l+1)}}\end{aligned}\right\}$$
(85.8b)

$$\left.\begin{aligned}\langle n', l+1, m|z|n, l, m\rangle &= R_{l,l+1}\sqrt{\frac{(l+m+1)(l-m+1)}{(2l+1)(2l+3)}} \\ \langle n', l-1, m|z|n, l, m\rangle &= R_{l,l-1}\sqrt{\frac{(l+m)(l-m)}{(2l-1)(2l+1)}}\end{aligned}\right\}$$
(85.8c)

Die Übergangswahrscheinlichkeit zwischen zwei Zuständen ist nun nach Gl. (85.1) proportional zum Betragsquadrat des Vektors von Gl. (85.3). Solange keine Raumrichtung ausgezeichnet ist, können wir unterstellen (was sich auch leicht nachrechnen läßt), daß bei Summation über die $2l + 1$ möglichen Anfangszustände mit $-l \leq m \leq +l$ die drei Komponentenanteile einander gleich werden,

85. Aufgabe. Spontane Emission

$$\frac{1}{2}\sum_m |\langle\mu|x + iy|\lambda\rangle|^2 = \frac{1}{2}\sum_m |\langle\mu|x - iy|\lambda\rangle|^2 = \sum_m |\langle\mu|z|\lambda\rangle|^2. \quad (85.9)$$

Daher genügt es, eine dieser drei Summen auszurechnen, z.B. die zu z gehörige Summe

$$\sum_{m=-l}^{+l} |\langle n', l+1, m|z|n, l, m\rangle|^2 = R_{l,l+1}^2 \sum_{m=-l}^{+l} \frac{(l+m+1)(l-m+1)}{(2l+1)(2l+3)}.$$

Hierin sind die Teilsummen

$$\sum_{m=-l}^{+l} m^2 = \frac{1}{3}l(l+1)(2l+1); \quad \sum_{m=-l}^{+l} m = 0; \quad \sum_{m=-l}^{+l} 1 = 2l+1$$

enthalten, so daß die Summe über m schließlich $R_{l,l+1}^2(l+1)/3$ wird. Die Summe der drei gleichen Terme von Gl. (85.9), d.h. das Betragsquadrat von $r_{\lambda\mu}$, summiert über alle m, wird daher einfach $R_{l,l+1}^2(l+1)$ und der Mittelwert über alle Richtungen des Anfangszustandes für $l \to l+1$

$$R_{l,l+1}(l+1)/(2l+1). \quad (85.10a)$$

Eine analoge Rechnung für $l \to l-1$ führt auf

$$R_{l,l-1} l/(2l+1). \quad (85.10b)$$

Damit ergeben sich die folgenden Übergangswahrscheinlichkeiten, durch welche die Linienintensitäten festgelegt werden:

$$w_{l,l+1} = \frac{4}{3}\frac{e^2}{\hbar c}\frac{\omega^3}{c^2} R_{l,l+1}^2 \frac{l+1}{2l+1} \quad (85.11a)$$

und

$$w_{l,l-1} = \frac{4}{3}\frac{e^2}{\hbar c}\frac{\omega^3}{c^2} R_{l,l-1}^2 \frac{l}{2l+1}. \quad (85.11b)$$

Man beachte, daß die Frequenz ω des emittierten Lichtes in den beiden Formeln verschiedene Werte hat (außer beim Wasserstoffatom).

Anm. Der Beweis von Gl. (85.1) gehört in den Rahmen der Quantenelektrodynamik und würde über die Grenzen der hier besprochenen Aufgaben hinausgehen. Das Auftreten der Matrixelemente ist verständlich, da in der Wechselwirkungsenergie

$$W = -i\frac{e\hbar}{mc}(\boldsymbol{A}\cdot\text{grad})$$

VI. Nichtstationäre Probleme

durch die in Aufg. 4 bewiesene Beziehung

$$\langle\mu|\text{grad}|\lambda\rangle = \frac{m\omega}{\hbar}\langle\mu|r|\lambda\rangle$$

das elektrische Dipolmoment $-er$ eingeführt werden kann.

Klassisch gilt bekanntlich für den Hertzschen Oszillator die Energieabnahme durch Strahlung gemäß

$$-\frac{dE}{dt} = \frac{2e^2}{3c^3}\ddot{r}^2 \ .$$

Für die Quantentheorie ersetzen wir die linke Seite durch $w\hbar\omega$ und führen rechts $\ddot{r} \doteq -\omega^2 r_{\lambda\mu}$ ein; dann folgt bis auf einen Faktor 2 unsere Ausgangsgleichung.

Höhere Multipolstrahlungen (Quadrupol usw.) können mit geringer Intensität infolge der endlichen Ausdehnung der schwingenden Ladungswolke ebenfalls auftreten.

B. Mehrkörperprobleme

Zur Behandlung von Mehrkörperproblemen gibt es zwei verschiedene Methoden, je nachdem, ob wir vom klassischen Wellenbild oder vom klassischen Korpuskelbild ausgehen.

Das *klassische Wellenbild* beschreibt einen Vorgang in drei Raumdimensionen; die Wellenintensität muß dann durch ein Quantisierungsverfahren in Beziehung zur Teilchenzahl gesetzt werden. Da letztere eine ganze Zahl ist, muß man den Wellenamplituden bestimmte nichtklassische Eigenschaften zuschreiben. Dieser Weg gestattet auch die Beschreibung von Prozessen, bei denen Teilchen erzeugt und vernichtet werden, und, sofern man ihn auch auf das elektromagnetische Feld anwendet, die Erzeugung und Vernichtung von Photonen.

In diesem Band beschränken wir uns auf den anderen Weg und gehen von dem *klassischen Korpuskelbild* einer festen Anzahl von N Teilchen aus, deren Lagen in einem *Konfigurationsraum* von $3N$ Koordinaten x_k beschrieben werden. Wir führen hier die gleiche Quantisierung wie beim Einkörperproblem durch, indem wir die zu den x_k kanonisch konjugierten Impulse p_k durch Operatoren $(\hbar/i)\partial/\partial x_k$ ersetzen. Dadurch geht die Hamiltonfunktion $H(p_k, x_k)$ in den Hamiltonoperator über, und die zeitabhängige Schrödingergleichung

$$-\frac{\hbar}{i}\frac{\partial \Psi}{\partial t} = H\Psi \tag{B.1}$$

ist eine Wellengleichung im Konfigurationsraum.

Können die Kräfte auf die N Teilchen durch ein Potential $V(r_1, r_2, \ldots r_N)$ beschrieben werden, so nimmt Gl. (B.1) die Form

$$-\frac{\hbar}{i}\frac{\partial \Psi}{\partial t} = -\sum_{k=1}^{N} \frac{\hbar^2}{2m_k}\nabla_k^2 \Psi + V\Psi \tag{B.2}$$

an. Durch den Ansatz

$$\Psi(r_1, r_2, \ldots r_N, t) = U(r_1, r_2, \ldots r_N)e^{-iEt/\hbar} \tag{B.3}$$

B. Mehrkörperprobleme

entsteht daraus die Schrödingergleichung im Konfigurationsraum

$$-\sum_{k=1}^{N} \frac{\hbar^2}{2m_k} \nabla_k^2 U + VU = EU, \qquad (B.4)$$

deren Lösung einen stationären Zustand mit der scharf definierten Energie E beschreibt. Die Wellenfunktion Ψ oder U kann analog zum Einkörperproblem wie folgt gedeutet werden: Die Größe

$$|\Psi|^2 d\tau_1 d\tau_2 \ldots d\tau_N$$

bedeutet die Wahrscheinlichkeit, die erste Korpuskel im Volumelement $d\tau_1$, die zweite in $d\tau_2$ usw. gleichzeitig anzutreffen. Dann gilt die Normierung

$$\int d\tau_1 \int d\tau_2 \ldots \int d\tau_N |\Psi|^2 = 1. \qquad (B.5)$$

Sonderfall. Bewegen sich die Korpuskeln unabhängig voneinander in einem äußeren Feld (unendlich verdünnte Materie), so läßt sich die potentielle Energie in eine Summe

$$V = V_1(\mathbf{r}_1) + V_2(\mathbf{r}_2) + \ldots + V_N(\mathbf{r}_N)$$

zerlegen, wobei für gleichartige Korpuskeln die Funktionen V_k übereinstimmen. Bezeichnen wir dann als Hamiltonoperator der k-ten Korpuskel

$$H_k = -\frac{\hbar^2}{2m_k} \nabla_k^2 + V_k(\mathbf{r}_k),$$

so kann die Schrödingergleichung (B.4) durch den Produktansatz

$$U = u_1(\mathbf{r}_1) u_2(\mathbf{r}_2) \ldots u_N(\mathbf{r}_N)$$

separiert werden:

$$H_k u_k = E_k u_k, \quad E = \sum_{k=1}^{N} E_k.$$

Normieren wir in diesem Fall für alle k

$$\int d\tau_k |u_k|^2 = 1,$$

so wird in Einklang mit Gl. (B.5)

$$d\tau_1 \int d\tau_2 \ldots \int d\tau_N |U|^2 = d\tau_1 |u_1(\mathbf{r}_1)|^2$$

die Wahrscheinlichkeit, die erste Korpuskel in $d\tau_1$ anzutreffen, gleichgültig, wo sich die anderen befinden.

Vgl. hierzu auch die Vorbemerkung zu Abschnitt AII (S.21) über die Behandlung von Stoßproblemen als Einkörperprobleme.

B. Mehrkörperprobleme

Kräfte zwischen den Korpuskeln können zu dem vorstehenden Problem hinzugefügt werden. Behandelt man sie als Störung, so dient der Produktansatz als nullte Näherung.

Austauschentartung ist eine charakteristische Eigenschaft der Mehrkörperprobleme *gleichartiger Teilchen*. Aus dem Prinzip von Aktion und Reaktion folgt dann die Invarianz der Funktion V und damit des ganzen Hamiltonoperators in Gl. (B. 2) gegen beliebige Permutationen der N Variablentripel $r_1, r_2, \ldots r_N$, so daß jede durch eine solche Permutation entstehende Lösung und somit auch jede Linearkombination aus diesen wieder eine Lösung der Schrödingergleichung ist. Aus dieser Summe von $N!$ Gliedern die für einen speziellen Fall richtige Lösung herauszufinden, ist eine Aufgabe, die mit Hilfe des *Pauliprinzips* gelöst wird, zu dessen Formulierung die zusätzliche Klassifizierung der Lösungen mit Hilfe des *Spins* erforderlich ist.

I. Spin

Vorbemerkung

Die meisten stabilen Elementarteilchen (Elektronen, Nukleonen u.a.) sind *Fermionen*, d.h. Teilchen vom Spin 1/2. Die Grundeigenschaften eines solchen Teilchens sind:

1. Mit dem Teilchen ist ein Drehimpuls S verbunden, der additiv zum Bahndrehimpuls L hinzutritt, so daß der Gesamtdrehimpuls $M = L + S$ entsteht.

2. Der Drehimpuls S, genannt der Spin, ist eine Eigenschaft des Teilchens, die nicht von dessen Ortskoordinaten abhängt.

3. Mißt man eine Komponente des Spins, so ergibt sich stets einer der beiden Werte $+\hbar/2$ oder $-\hbar/2$.

Es ist üblich, den Spin in der Form

$$S = \frac{1}{2}\hbar\sigma \tag{BI.1}$$

zu schreiben. Wegen seiner Drehimpulseigenschaft müssen dann die drei Komponenten von S die gleichen Vertauschungsrelationen wie die von L erfüllen (vgl. Aufgabe 38). Daher gilt

$$\sigma_x\sigma_y - \sigma_y\sigma_x = 2i\sigma_z \tag{BI.2}$$

und zyklisch.

Da die drei σ_v nur die reellen Eigenwerte $+1$ und -1 besitzen, lassen sie sich durch hermitische Matrizen in einem *zweidimensionalen Hilbert-Raum* (dem Spinraum) darstellen. Wegen Gl. (BI.2) kann in einem einmal gewählten Hilbertschen Koordinatensystem nur eine dieser drei Matrizen diagonal sein. Es ist üblich, dazu σ_z auszuwählen, so daß

$$\sigma_z = \begin{pmatrix} 1 & 0 \\ 0 & -1 \end{pmatrix} \tag{BI.3}$$

ist.

Die Einheitsvektoren der Koordinatenrichtungen im Hilbert-Raum ("*Basisvektoren*") bezeichnen wir mit $|\alpha\rangle$ und $|\beta\rangle$ oder kürzer mit α und β, in Komponenten

$$\alpha = \begin{pmatrix} 1 \\ 0 \end{pmatrix}; \quad \beta = \begin{pmatrix} 0 \\ 1 \end{pmatrix}. \tag{BI.4}$$

Daher ist

$$\sigma_z \alpha = \alpha; \quad \sigma_z \beta = -\beta. \tag{BI.5}$$

Die Wellenfunktion eines Teilchens können wir dann

$$\psi = u(r)\alpha + v(r)\beta \tag{BI.6a}$$

oder zweikomponentig nach Gl. (BI.4)

$$\psi = \begin{pmatrix} u(r) \\ v(r) \end{pmatrix} \tag{BI.6b}$$

schreiben.

Das skalare Produkt zweier Vektoren $\psi = u\alpha + v\beta$ und $\psi' = u'\alpha + v'\beta$ folgt aus den Definitionen von Gl. (BI.4) mit $\alpha^2 = \beta^2 = 1$ und $\alpha\beta = \beta\alpha = 0$ zu

$$\langle \psi' | \psi \rangle = u'^* u + v'^* v = \langle \psi | \psi' \rangle^*.$$

86. Aufgabe. Antikommutator

Man beweise, daß die drei Spinmatrizen σ_ν antikommutieren.

Lösung. Aus Gl. (BI.3),

$$\sigma_z = \begin{pmatrix} 1 & 0 \\ 0 & -1 \end{pmatrix}$$

folgt unmittelbar

$$\sigma_z^2 = \begin{pmatrix} 1 & 0 \\ 0 & 1 \end{pmatrix} = \mathbf{1}. \tag{86.1}$$

Dasselbe gilt für σ_x^2 und σ_y^2, da σ_x und σ_y die gleichen Eigenwerte besitzen. Multiplizieren wir nun die Gleichung

$$\sigma_x \sigma_y - \sigma_y \sigma_x = 2\mathrm{i}\sigma_z \tag{86.2}$$

von links und rechts mit σ_x und benutzen wir $\sigma_x^2 = \mathbf{1}$, so entsteht

$$\sigma_y \sigma_x - \sigma_x \sigma_y = 2\mathrm{i}\sigma_x \sigma_z \sigma_x.$$

Die Summe dieser beiden Gleichungen verschwindet, d.h.

$$\sigma_z + \sigma_x \sigma_z \sigma_x = 0.$$

Multiplikation von links mit σ_x führt auf die gewünschte Relation

$$\sigma_x \sigma_z + \sigma_z \sigma_x = 0. \tag{86.3}$$

Entsprechende Relationen für σ_y usw. folgen durch zyklische Vertauschung,

Anm. Aus Gl. (86.1) folgt

$$\sigma^2 = \sigma_x^2 + \sigma_y^2 + \sigma_z^2 = 3\begin{pmatrix} 1 & 0 \\ 0 & 1 \end{pmatrix},$$

kurz $\sigma^2 = 3$ oder $S^2 = 3\hbar^2/4$. Mit der *Spinquantenzahl* $s = 1/2$ wird also

$$S^2 = s(s+1)\hbar^2$$

analog zu der Bahndrehimpulsformel

$$L^2 = l(l+1)\hbar^2.$$

87. Aufgabe. Konstruktion der Paulimatrizen

Die Matrizen für σ_x und σ_y sollen unter der Voraussetzung

$$\sigma_z = \begin{pmatrix} 1 & 0 \\ 0 & -1 \end{pmatrix} \tag{87.1}$$

aus den antikommutativen Eigenschaften konstruiert werden.

Lösung. Mit

$$\sigma_x = \begin{pmatrix} a_{11} & a_{12} \\ a_{21} & a_{22} \end{pmatrix}$$

erhalten wir

$$\sigma_x \sigma_z + \sigma_z \sigma_x = \begin{pmatrix} a_{11} & -a_{12} \\ a_{21} & -a_{22} \end{pmatrix} + \begin{pmatrix} a_{11} & a_{12} \\ -a_{21} & -a_{22} \end{pmatrix} = 2\begin{pmatrix} a_{11} & 0 \\ 0 & a_{22} \end{pmatrix}.$$

Dies soll nach Gl. (86.3) verschwinden, d.h. es muß $a_{11} = 0$, $a_{22} = 0$ werden. Analoges folgt aus $\sigma_y \sigma_z + \sigma_z \sigma_y = 0$ für σ_y. Da beide Matrizen die reellen Eigenwerte ± 1 haben, wird $a_{21} = a_{12}^*$ in σ_x und entsprechend in σ_y. Wir können daher kurz schreiben

$$\sigma_x = \begin{pmatrix} 0 & a \\ a^* & 0 \end{pmatrix}; \quad \sigma_y = \begin{pmatrix} 0 & b \\ b^* & 0 \end{pmatrix}$$

87. Aufgabe. Konstruktion der Paulimatrizen

mit komplexen Zahlen a und b. Weiter gilt

$$\sigma_x^2 = \begin{pmatrix} |a|^2 & 0 \\ 0 & |a|^2 \end{pmatrix} = 1 ,$$

also $|a|^2 = 1$ und analog $|b|^2 = 1$, mit anderen Worten

$$\sigma_x = \begin{pmatrix} 0 & e^{i\xi} \\ e^{-i\xi} & 0 \end{pmatrix}; \quad \sigma_y = \begin{pmatrix} 0 & e^{i\eta} \\ e^{-i\eta} & 0 \end{pmatrix} \tag{87.2}$$

mit reellen ξ und η. Dann folgt

$$\sigma_x \sigma_y = \begin{pmatrix} e^{i(\xi-\eta)} & 0 \\ 0 & e^{i(\eta-\xi)} \end{pmatrix}$$

und daher

$$\sigma_x \sigma_y + \sigma_y \sigma_x = 2 \begin{pmatrix} \cos(\xi-\eta) & 0 \\ 0 & \cos(\xi-\eta) \end{pmatrix}.$$

Das soll aber verschwinden, d.h. $\cos(\xi-\eta) = 0$, und daher ist

$$\eta = \xi - \pi/2 + 2\pi n ,$$

d.h.

$$e^{i\eta} = -i e^{i\xi} . \tag{87.3}$$

Dasselbe folgt übrigens auch aus

$$\sigma_x \sigma_y - \sigma_y \sigma_x = 2i \begin{pmatrix} \sin(\xi-\eta) & 0 \\ 0 & -\sin(\xi-\eta) \end{pmatrix} = 2i\sigma_z$$

$$= 2i \begin{pmatrix} 1 & 0 \\ 0 & -1 \end{pmatrix}$$

oder $\sin(\xi-\eta) = 1$. Damit erhalten wir schließlich

$$\sigma_x = \begin{pmatrix} 0 & e^{i\xi} \\ e^{-i\xi} & 0 \end{pmatrix}; \quad \sigma_y = \begin{pmatrix} 0 & -ie^{i\xi} \\ ie^{-i\xi} & 0 \end{pmatrix} \tag{87.4}$$

mit reellem ξ. Der Parameter ξ kann nicht weiter festgelegt werden.

Anm. Es ist üblich, $\xi = 0$ zu wählen; dann entstehen die drei *Pauli-Matrizen*

$$\sigma_x = \begin{pmatrix} 0 & 1 \\ 1 & 0 \end{pmatrix}; \quad \sigma_y = \begin{pmatrix} 0 & -i \\ i & 0 \end{pmatrix}; \quad \sigma_z = \begin{pmatrix} 1 & 0 \\ 0 & -1 \end{pmatrix} \tag{87.5}$$

und die Beziehungen

$$\sigma_x \alpha = \beta \quad \sigma_y \alpha = i\beta \quad \sigma_z \alpha = \alpha$$
$$\sigma_x \beta = \alpha \quad \sigma_y \beta = -i\alpha \quad \sigma_z \beta = -\beta \,. \tag{87.6}$$

Im folgenden werden wir stets auf (87.5) und (87.6) zurückgreifen.

88. Aufgabe. Eigenvektoren der Spinoperatoren

Man bestimme die Eigenvektoren der Paulimatrizen σ_x und σ_y im Hilbert-Raum. Was läßt sich über die Operatoren $\sigma_+ = \sigma_x + i\sigma_y$ und $\sigma_- = \sigma_x - i\sigma_y$ in dieser Hinsicht aussagen?

Lösung. Aus Gl. (87.6) entnehmen wir sofort

$$\sigma_x(\alpha \pm \beta) = \beta \pm \alpha = \pm(\alpha \pm \beta); \tag{88.1a}$$

daher besitzt σ_x zwei Eigenwerte und zwei Eigenvektoren;

$$\lambda_1 = +1; \quad \chi_1 = \frac{1}{\sqrt{2}}(\alpha + \beta)$$

$$\lambda_2 = -1; \quad \chi_2 = \frac{1}{\sqrt{2}}(\alpha - \beta)\,. \tag{88.1b}$$

Hier haben wir die Eigenvektoren gemäß $\langle \chi | \chi \rangle = 1$ unter Verwendung von $\alpha^2 = \beta^2 = 1$ und $\alpha\beta = 0$ normiert. Weiter entnehmen wir aus Gl. (87.6)

$$\sigma_y(\alpha \pm i\beta) = i\beta \pm \alpha = \pm(\alpha \pm i\beta)\,, \tag{88.2a}$$

so daß sich für σ_y die Eigenwerte und Eigenvektoren

$$\lambda_1 = +1; \quad \chi_1 = \frac{1}{\sqrt{2}}(\alpha + i\beta)$$

$$\lambda_2 = -1; \quad \chi_2 = \frac{1}{\sqrt{2}}(\alpha - i\beta) \tag{88.2b}$$

ergeben.

Aus (87.5) und (87.6) folgt weiter

$$\sigma_+ = 2\begin{pmatrix} 0 & 1 \\ 0 & 0 \end{pmatrix} \quad \text{und} \quad \sigma_- = 2\begin{pmatrix} 0 & 0 \\ 1 & 0 \end{pmatrix}, \tag{88.3a}$$

bzw.

$$\sigma_+ \alpha = 0; \quad \sigma_+ \beta = 2\alpha \quad \text{und} \quad \sigma_- \alpha = 2\beta; \quad \sigma_- \beta = 0\,. \tag{88.3b}$$

Wenden wir σ_+ auf eine Wellenfunktion

$$\psi = u\alpha + v\beta$$

an, so erhalten wir $\sigma_+\psi = 2v\alpha$, Um ψ zu einer Eigenfunktion des Operators σ_+ zu einem Eigenwert λ zu machen, muß $\sigma_+\psi = \lambda\psi$ oder

$$2v\alpha = \lambda u\alpha + \lambda v\beta$$

werden, also $\lambda u = 2v$ und $\lambda v = 0$ sein. Für $\lambda \neq 0$ können diese Gleichungen nicht für eine normierbare Funktion

$$\langle\psi|\psi\rangle = |u|^2 + |v|^2 = 1$$

erfüllt werden. Für $\lambda = 0$ als Eigenwert gilt die Beziehung $\sigma_+\alpha = 0$; wieder wird dann $v = 0$, aber u ist beliebig. Analoges gilt für σ_-. In diesem Sinne besitzen die beiden Operatoren keine Eigenvektoren. Das zeigt sich auch deutlich darin, daß $\sigma_+^2 = 0$ und $\sigma_-^2 = 0$ ist.

89. Aufgabe. Produkt der Spinoperatoren

Man zeige durch Aufstellen der Multiplikationstabelle, daß die Pauli-Matrizen zusammen mit der Einheitsmatrix die vollständige Basis einer Algebra bilden.

Lösung. Die Algebra ist dadurch definiert, daß zwischen allen dazu gehörigen Zahlen

$$N = a_0 + a_1\sigma_x + a_2\sigma_y + a_3\sigma_z \tag{89.1}$$

mit beliebigen komplexen Koeffizienten a_v Additionen und Multiplikationen möglich sind, ohne zu Zahlen außerhalb der durch Gl. (89.1) definierten Algebra zu führen. Für die Addition ist dies wegen der Linearität des Aufbaus von N in den Pauli-Matrizen trivial. Für die Multiplikation folgt es aus der nebenstehenden Übersicht (in die wir zusätzlich

erster Faktor	zweiter Faktor				
	σ_x	σ_y	σ_z	σ_+	σ_-
σ_x	1	$i\sigma_z$	$-i\sigma_y$	$1-\sigma_z$	$1+\sigma_z$
σ_y	$-i\sigma_z$	1	$i\sigma_x$	$i(1-\sigma_z)$	$-i(1+\sigma_z)$
σ_z	$i\sigma_y$	$-i\sigma_x$	1	σ_+	$-\sigma_-$
σ_+	$1+\sigma_z$	$i(1+\sigma_z)$	$-\sigma_+$	0	$2(1+\sigma_z)$
σ_-	$1-\sigma_z$	$-i(1-\sigma_z)$	σ_-	$2(1-\sigma_z)$	0

die Kombinationen $\sigma_+ = \sigma_x + i\sigma_y$ und $\sigma_- = \sigma_x - i\sigma_y$ aufgenommen haben).

Bedeuten λ, μ, ν die drei Zeichen x, y, z in beliebiger zyklischer Permutation, so gelten neben den Vertauschungsrelationen des Drehimpulses

$$\sigma_\mu \sigma_\nu - \sigma_\nu \sigma_\mu = 2i\sigma_\lambda \tag{89.2}$$

die in Aufg. 86 abgeleiteten Antikommutatoren

$$\sigma_\mu \sigma_\nu + \sigma_\nu \sigma_\mu = 0, \tag{89.3}$$

woraus durch Addition folgt

$$\sigma_\mu \sigma_\nu = i\sigma_\lambda. \tag{89.4}$$

Wegen $\sigma_\lambda^2 = 1$ ist jedes der drei σ_λ zu sich selbst *reziprok*, $\sigma_\lambda^{-1} = \sigma_\lambda$. Nicht jede Zahl dieser Algebra hat aber eine Reziproke. Man rechnet leicht nach, daß zu N, Gl. (89.1),

$$N^{-1} = \frac{1}{D}(-a_0 + a_1\sigma_x + a_2\sigma_y + a_3\sigma_z) \tag{89.5a}$$

mit

$$D = -a_0^2 + a_1^2 + a_2^2 + a_3^2 \tag{89.5b}$$

reziprok ist, und zwar gilt sowohl $NN^{-1} = 1$ als auch $N^{-1}N = 1$. Für die Existenz einer Reziproken wesentlich ist daher, daß $D \neq 0$ ist. Für die Zahlen σ_+ und σ_- ist aber $D = 0$; sie besitzen keine Reziproke. Das wird leicht verständlich, da $\sigma_+^2 = 0$ und $\sigma_-^2 = 0$ ist; diese beiden Zahlen sind *Nullteiler*.

Man rechnet leicht nach, daß für die Zahl

$$A = 1 + \sigma_+ - \sigma_z$$

das Produkt $A\sigma_+ = 0$ wird; dagegen ist $\sigma_+ A = 2\sigma_+$. Umgekehrt ist für

$$A' = 1 + \sigma_+ + \sigma_z$$

das Produkt $A'\sigma_+ = 2\sigma_+$ und $\sigma_+ A' = 0$. Daher ist σ_+ rechter Nullteiler zu A und linker Nullteiler zu A'.

Eine Algebra, in der es Nullteiler gibt, wird als ein *Zahlenring* bezeichnet.

In dem vorliegenden Ring ist die Zahl $N = 1$ nicht die einzige, für die $N^2 = N$ gilt. Vielmehr sind auch die sechs Zahlen $(1 \pm \sigma_\lambda)/2$ *idempotent*, wie man leicht nachrechnet.

In Matrixschreibweise erhält man mit (87.5) für die Pauli-Matrizen

$$\frac{1}{2}\sigma_+ = \frac{1}{2}(\sigma_x + i\sigma_y) = \begin{pmatrix} 0 & 1 \\ 0 & 0 \end{pmatrix}; \quad \frac{1}{2}\sigma_- = \frac{1}{2}(\sigma_x - i\sigma_y) = \begin{pmatrix} 0 & 0 \\ 1 & 0 \end{pmatrix}$$
(89.6a)

und

$$P_+ = \frac{1}{2}(1 + \sigma_z) = \begin{pmatrix} 1 & 0 \\ 0 & 0 \end{pmatrix}; \quad P_- = \frac{1}{2}(1 - \sigma_z) = \begin{pmatrix} 0 & 0 \\ 0 & 1 \end{pmatrix}. \quad (89.6b)$$

In Anwendung auf eine zweikomponentige Wellenfunktion

$$\psi = u\alpha + v\beta = \begin{pmatrix} u \\ v \end{pmatrix}$$

wird

$$\frac{1}{2}\sigma_+\psi = v\alpha; \quad \frac{1}{2}\sigma_-\psi = u\beta; \quad P_+\psi = u\alpha; \quad P_-\psi = v\beta. \quad (89.7)$$

Die Operatoren P_+ und P_- unterdrücken jeweils eine Komponente jedes Vektors ψ im Spinraum, ergeben also anschaulich seine Projektion auf die eine oder andere Basisrichtung. Sie heißen deshalb auch *Projektionsoperatoren*.

Anm. 1. Die Pauli-Algebra stimmt im wesentlichen mit der Quaternionen-Algebra überein, welche die $i\sigma_\lambda$ statt der σ_λ als Basiselemente benutzt.

Anm. 2. Ersetzt man als Verknüpfungsvorschrift die Multiplikation durch die Vertauschungsklammern, so wird I als Basiselement überflüssig, und die drei σ_λ bilden die vollständige Basis für einen Lieschen Ring.

90. Aufgabe. Spinortransformation

Der Erwartungswert eines Teilchenspins im Zustand ψ,

$$s = \int d^3x \, \psi^\dagger \sigma \psi \quad (90.1)$$

soll ein Vektor sein. Wie muß ψ bei einer infinitesimalen Koordinatendrehung transformiert werden, damit sich für s die korrekte Vektortransformation ergibt? Man beachte, daß die drei σ_λ nicht mittransformiert werden.

Lösung. Die Koordinatendrehung wird beschrieben durch

$$x'_\lambda = x_\lambda + \sum_\mu{}' \varepsilon_{\lambda\mu} x_\mu; \quad \varepsilon_{\mu\lambda} = -\varepsilon_{\lambda\mu}, \quad (90.2)$$

252   I. Spin

wobei die infinitesimalen Drehwinkel um die drei Achsen

$$\alpha_1 = \varepsilon_{23}; \quad \alpha_2 = \varepsilon_{31}; \quad \alpha_3 = \varepsilon_{12} \tag{90.3}$$

sind. Damit s ein Vektor wird, muß es der gleichen Transformationsformel genügen,

$$s'_\lambda = s_\lambda + {\sum_\mu}' \varepsilon_{\lambda\mu} s_\mu . \tag{90.4}$$

Dies soll durch eine infinitesimale Transformation von ψ erreicht werden, für die wir kurz schreiben

$$\psi' = (1 + \xi)\psi; \quad \psi'^\dagger = \psi^\dagger(1 + \xi^\dagger) . \tag{90.5}$$

Damit die einfachere Größe $\psi^\dagger \psi$ ein Skalar wird, damit also

$$\psi'^\dagger \psi' = \psi^\dagger (1 + \xi^\dagger)(1 + \xi)\psi = \psi^\dagger \psi$$

bleibt, muß

$$\xi^\dagger = -\xi \tag{90.6}$$

werden. Das führt auf die Transformationsformel

$$s'_\lambda = \int d^3x\, \psi^\dagger (1 - \xi)\sigma_\lambda (1 + \xi)\psi = s_\lambda + \int d^3x\, \psi^\dagger (\sigma_\lambda \xi - \xi \sigma_\lambda)\psi . \tag{90.7}$$

Der hier auftretende infinitesimale Zusatz muß sich nach Gl. (90.4) linear aus den s_μ aufbauen lassen, was nur möglich ist, wenn ξ selbst eine Zahl der Pauli-Algebra (besser: des entsprechenden Lie-Ringes) ist:

$$\xi = \sum_\nu c_\nu \sigma_\nu . \tag{90.8}$$

Dann entsteht aus Gl. (90.7)

$$\sigma_\lambda \xi - \xi \sigma_\lambda = \sum_\nu c_\nu (\sigma_\lambda \sigma_\nu - \sigma_\nu \sigma_\lambda) = {\sum_\mu}' \varepsilon_{\lambda\mu} \sigma_\mu .$$

Schreiben wir kurz

$$\sigma_\lambda \sigma_\nu - \sigma_\nu \sigma_\lambda = [\sigma_\lambda, \sigma_\nu] ,$$

so folgt für $\lambda = 1, 2, 3$

$$c_2[\sigma_1, \sigma_2] + c_3[\sigma_1, \sigma_3] = \varepsilon_{12}\sigma_2 + \varepsilon_{13}\sigma_3$$
$$c_1[\sigma_2, \sigma_1] + c_3[\sigma_2, \sigma_3] = \varepsilon_{21}\sigma_1 + \varepsilon_{23}\sigma_3$$
$$c_1[\sigma_3, \sigma_1] + c_2[\sigma_3, \sigma_2] = \varepsilon_{31}\sigma_1 + \varepsilon_{32}\sigma_2 .$$

Mit
$$[\sigma_1, \sigma_2] = -[\sigma_2, \sigma_1] = 2i\sigma_3$$

und den zyklisch permutierten Relationen sowie mit Einführung der Drehwinkel aus Gl. (90.3) entsteht dann

$$2i(c_2\sigma_3 - c_3\sigma_2) = \alpha_3\sigma_2 - \alpha_2\sigma_3$$
$$2i(-c_1\sigma_3 + c_3\sigma_1) = -\alpha_3\sigma_1 + \alpha_1\sigma_3$$
$$2i(c_1\sigma_2 - c_2\sigma_1) = \alpha_2\sigma_1 - \alpha_1\sigma_2$$

und daher eindeutig

$$c_1 = \frac{i}{2}\alpha_1; \quad c_2 = \frac{i}{2}\alpha_2; \quad c_3 = \frac{i}{2}\alpha_3; \quad \zeta = \frac{i}{2}\sum_\nu \alpha_\nu \sigma_\nu . \tag{90.9}$$

Wenden wir nun die Spinortransformation von (90.5) auf

$$\psi = u\alpha + v\beta \tag{90.10}$$

an, so wird

$$\psi' = u'\alpha + v'\beta \tag{90.10'}$$

mit

$$u' = \left(1 + \frac{i}{2}\alpha_3\right)u + \frac{i}{2}(\alpha_1 - i\alpha_2)v$$
$$v' = \frac{i}{2}(\alpha_1 + i\alpha_2)u + \left(1 - \frac{i}{2}\alpha_3\right)v . \tag{90.11}$$

Eine Größe ψ mit dieser Transformationseigenschaft heißt ein *Spinor*.

91. Aufgabe. Ebene Welle mit Spin

Für eine ebene Welle von Spin-1/2-Teilchen in der Richtung $\boldsymbol{k}$ (ϑ, φ) soll die Wellenfunktion angegeben werden, und zwar sowohl für die Helizität $h = +1$ als auch für $h = -1$.

Lösung. Die Wellenfunktion hat die Form

$$\psi = (u\alpha + v\beta)e^{i\boldsymbol{k}\cdot\boldsymbol{r}} = \binom{u}{v}e^{i\boldsymbol{k}\cdot\boldsymbol{r}} \tag{91.1}$$

mit noch zu bestimmenden Amplitudenkonstanten u und v. Die Helizität ist definiert durch

$$h = \frac{(\boldsymbol{s}\cdot\boldsymbol{k})}{k} , \tag{91.2}$$

wobei

$$s = \psi^\dagger \sigma \psi \qquad (91.3)$$

der Spin eines Teilchens im Zustand ψ in Einheiten von $\hbar/2$ ist. Für $h = +1$ soll s parallel zu k, für $h = -1$ entgegengesetzt gerichtet sein.

Der Vektor s, Gl. (91.3), hat die Komponenten

$$s_x = (u^*, v^*)\begin{pmatrix} 0 & 1 \\ 1 & 0 \end{pmatrix}\begin{pmatrix} u \\ v \end{pmatrix} = u^*v + v^*u; \qquad (91.4a)$$

$$s_y = (u^*, v^*)\begin{pmatrix} 0 & -i \\ i & 0 \end{pmatrix}\begin{pmatrix} u \\ v \end{pmatrix} = i(-u^*v + v^*u); \qquad (91.4b)$$

$$s_z = (u^*, v^*)\begin{pmatrix} 1 & 0 \\ 0 & -1 \end{pmatrix}\begin{pmatrix} u \\ v \end{pmatrix} = u^*u - v^*v. \qquad (91.4c)$$

Für $h = +1$ müssen diese drei Komponenten von s

$$s_x = \sin\vartheta\cos\varphi; \quad s_y = \sin\vartheta\sin\varphi; \quad s_z = \cos\vartheta \qquad (91.5)$$

werden. Gleichung (91.4c) führt dann sofort auf

$$u = \cos\frac{\vartheta}{2}\,e^{i\delta_1}; \quad v = \sin\frac{\vartheta}{2}\,e^{i\delta_2}.$$

Damit entsteht aus (91.4a,b)

$$s_x = \sin\vartheta\cos(\delta_2 - \delta_1); \quad s_y = \sin\vartheta\sin(\delta_2 - \delta_1).$$

Zur Übereinstimmung mit Gl. (91.5) muß daher $\delta_2 - \delta_1 = \varphi$ werden, was durch $\delta_2 = \varphi/2; \delta_1 = -\varphi/2$ erfüllt wird:

$$u = \cos\frac{\vartheta}{2}\,e^{-i\varphi/2}; \quad v = \sin\frac{\vartheta}{2}\,e^{+i\varphi/2}. \qquad (91.6)$$

Die Wellenfunktion von (91.1) können wir also bei positiver Helizität $h = +1$ schreiben

$$\psi_+ = \left(\alpha\cos\frac{\vartheta}{2}\,e^{-i\varphi/2} + \beta\sin\frac{\vartheta}{2}\,e^{i\varphi/2}\right)e^{i\mathbf{k}\cdot\mathbf{r}}. \qquad (91.7)$$

Im umgekehrten Fall, $h = -1$, wenn s und k entgegengesetzte Richtung haben, müssen wir ϑ durch $\pi - \vartheta$ und φ durch $\varphi + \pi$ ersetzen, um alle Vorzeichen in Gl. (91.5) umzukehren. Dann wird

$$u = -i\sin\frac{\vartheta}{2}\,e^{-i\varphi/2}; \quad v = +i\cos\frac{\vartheta}{2}\,e^{+i\varphi/2} \qquad (91.8)$$

und die Wellenfunktion

$$\psi_- = i\left(-\alpha \sin\frac{\vartheta}{2} e^{-i\varphi/2} + \beta \cos\frac{\vartheta}{2} e^{i\varphi/2}\right) e^{i\mathbf{k}\cdot\mathbf{r}}. \tag{91.9}$$

92. Aufgabe. Spinelektron im Zentralfeld

Die Wellenfunktion eines Elektrons im Potentialfeld $V(r)$ soll unter Berücksichtigung des Spins bestimmt werden. Sie muß Eigenfunktion des Gesamtdrehimpulses $\mathbf{J} = \mathbf{L} + \mathbf{S}$, d.h. der beiden Operatoren

$$\mathbf{J}^2 = (\mathbf{L} + \mathbf{S})^2 \text{ und } J_z = L_z + S_z \tag{92.1}$$

sein, deren Eigenwerte mit $\hbar^2 j(j+1)$ und $\hbar m_j$ bezeichnet werden.

Lösung. Wir beginnen mit der z-Komponente des Gesamtdrehimpulses, nach Gl. (92.1)

$$J_z = \hbar\left(-i\frac{\partial}{\partial\varphi} + \frac{1}{2}\sigma_z\right), \tag{92.2}$$

die wir auf die Wellenfunktion

$$\psi = u(r)\alpha + v(r)\beta \tag{92.3}$$

anwenden. Dann läßt sich die Beziehung

$$J_z\psi = \hbar m_j \psi,$$

ausführlich geschrieben

$$\left(-i\frac{\partial u}{\partial\varphi} + \frac{1}{2}u\right)\alpha + \left(-i\frac{\partial v}{\partial\varphi} - \frac{1}{2}v\right)\beta = m_j(u\alpha + v\beta),$$

nach α und β in zwei Differentialgleichungen zerlegen:

$$-i\frac{\partial u}{\partial\varphi} = \left(m_j - \frac{1}{2}\right)u; \quad -i\frac{\partial v}{\partial\varphi} = \left(m_j + \frac{1}{2}\right)v.$$

Ihre Lösungen sind

$$u = f_1(r,\vartheta)\, e^{i(m_j - 1/2)\varphi}; \quad v = f_2(r,\vartheta)\, e^{i(m_j + 1/2)\varphi}. \tag{92.4}$$

Diese beiden in ψ enthaltenen Teilzustände gehören zu verschiedenen Eigenwerten $\hbar m_l$ des Bahnoperators L_z und verschiedenen z-Komponenten $\hbar m_s$ des Spins, nämlich

u zu $m_l = m_j - \frac{1}{2}$ und $m_s = +\frac{1}{2}$,

v zu $m_l = m_j + \frac{1}{2}$ und $m_s = -\frac{1}{2}$. \hfill (92.5)

Dabei muß $m_l = 0$, ± 1, $\pm 2, \ldots$ eine ganze Zahl sein, damit u und v eindeutig sind; m_j ist also halbzahlig, $m_j = \pm 1/2$, $\pm 3/2$ usw. Während zu jedem Elektronenzustand ψ ein fester Wert der Quantenzahl m_j gehört, sind zwei verschiedene Werte von m_l zu entgegengesetzten Spinrichtungen darin nach Gl. (92.5) gemischt.

Wir wenden uns nun dem Operator $\boldsymbol{J}^2$ von Gl. (92.1) zu, den wir umformen in

$$\boldsymbol{J}^2 = \boldsymbol{L}^2 + \boldsymbol{S}^2 + 2(\boldsymbol{L} \cdot \boldsymbol{S}) = \boldsymbol{L}^2 + 3\hbar^2/4 + \hbar(L_z \sigma_z + L^+ \sigma_- + L^- \sigma_+). \tag{92.6}$$

Bei Anwendung auf ψ, Gl. (92.3), gibt das

$$\boldsymbol{J}^2 \psi = (\boldsymbol{L}^2 + \tfrac{3}{4}\hbar^2)(u\alpha + v\beta) + \hbar^2[(m_j - \tfrac{1}{2})u\alpha - (m_j + \tfrac{1}{2})v\beta]$$
$$+ \hbar(L^+ u\beta + L^- v\alpha) = \hbar^2 j(j+1)(u\alpha + v\beta).$$

Hier führt die Zerlegung nach α und β auf zwei gekoppelte Differentialgleichungen:

$$[\hbar^2 j(j+1) - \boldsymbol{L}^2 - \tfrac{3}{4}\hbar^2 - (m_j - \tfrac{1}{2})\hbar^2]u = \hbar L^- v;$$
$$[\hbar^2 j(j+1) - \boldsymbol{L}^2 - \tfrac{3}{4}\hbar^2 + (m_j + \tfrac{1}{2})\hbar^2]v = \hbar L^+ u. \tag{92.7}$$

Dies Gleichungspaar wird gelöst durch Kugelfunktionen der Ordnung l, für die wir unter Berücksichtigung von Gl. (92.4) schreiben

$$u = A\, F_l(r)\, Y_{l, m_j - 1/2}(\vartheta, \varphi); \quad v = B\, F_l(r)\, Y_{l, m_j + 1/2}(\vartheta, \varphi). \tag{92.8}$$

Dann ergibt nämlich auf der linken Seite von (92.7) der Operator $\boldsymbol{L}^2$ einfach Multiplikation mit $\hbar^2 l(l+1)$, während auf der rechten Seite (vgl. Aufg. 40)

$$L^- Y_{l, m_j + 1/2} = -\hbar \sqrt{l(l+1) - (m_j - \tfrac{1}{2})(m_j + \tfrac{1}{2})}\, Y_{l, m_j - 1/2}$$

und

$$L^+ Y_{l, m_j - 1/2} = -\hbar \sqrt{l(l+1) - (m_j - \tfrac{1}{2})(m_j + \tfrac{1}{2})}\, Y_{l, m_j + 1/2}$$

ergibt, d.h. die Rollen von v und u werden durch die Operatoren L^- und L^+ vertauscht ($L^- v \sim u$; $L^+ u \sim v$) und dadurch die Gln. (92.7) entkoppelt. Mit dem Ansatz von Gl. (92.8) entsteht daher

$$[j(j+1) - l(l+1) - \tfrac{1}{4} - m_j]A + \sqrt{l(l+1) - m_j^2 + \tfrac{1}{4}}\, B = 0.$$
$$[j(j+1) - l(l+1) - \tfrac{1}{4} + m_j]B + \sqrt{l(l+1) - m_j^2 + \tfrac{1}{4}}\, A = 0.$$
$$\tag{92.9}$$

92. Aufgabe. Spinelektron im Zentralfeld

Die Determinante dieses Gleichungssystems für die Amplituden A und B muß verschwinden:

$$\{[j(j+1) - l(l+1) - \tfrac{1}{4}]^2 - m_j^2\} - \{l(l+1) - m_j^2 + \tfrac{1}{4}\} = 0\,.$$

Diese Beziehung ist unabhängig von m_j^2, das sich heraushebt, und kann kürzer

$$[j(j+1) - (l+\tfrac{1}{2})^2]^2 - (l+\tfrac{1}{2})^2 = 0$$

geschrieben werden. sie hat zwei Lösungen, $j = l + \tfrac{1}{2}$ und $j = l - \tfrac{1}{2}$. Für $j = l + \tfrac{1}{2}$ folgt dann

$$B = -\sqrt{\frac{j - m_j}{j + m_j}}\, A$$

und für $j = l - \tfrac{1}{2}$

$$B = +\sqrt{\frac{j + 1 + m_j}{j + 1 - m_j}}\, A\,.$$

Normieren wir so, daß

$$\langle \psi | \psi \rangle = \langle u | u \rangle + \langle v | v \rangle = 1$$

wird und für die radiale Funktion $F_l(r)$ in Gl. (92.8)

$$\int_0^\infty dr\, r^2\, F_l(r)^2 = 1 \tag{92.10}$$

gilt, so entsteht schließlich für $j = l + \tfrac{1}{2}$

$$\psi_I = \frac{F_l(r)}{\sqrt{2l+1}}\, [\sqrt{l + \tfrac{1}{2} + m_j}\, Y_{l, m_j - 1/2}\, \alpha$$

und für $j = l - \tfrac{1}{2}$

$$\psi_{II} = \frac{F_l(r)}{\sqrt{2l+1}}\, [\sqrt{l + \tfrac{1}{2} - m_j}\, Y_{l, m_j - 1/2}\, \alpha$$
$$+ \sqrt{l + \tfrac{1}{2} - m_j}\, Y_{l, m_j + 1/2}\, \beta]\,. \tag{92.11b}$$

Dabei genügt die Funktion $F_l(r)$ der radialen Schrödingergleichung

$$-\frac{\hbar^2}{2m}\left(F_l'' + \frac{2}{r} F_l' - \frac{l(l+1)}{r^2} F_l\right) + V(r)\, F_l = E F_l\,; \tag{92.12}$$

258 I. Spin

die beiden Lösungen (92.11a,b) gehören also zum gleichen Energieeigenwert. Diese Entartung wird nur aufgehoben, wenn das Potential einen spinabhängigen Zusatzterm enthält (*Feinstruktur*, s. Anm. 2).

Anm. 1. Für $l = 0$ ist nur die Kugelfunktion $Y_{0,0} = 1/\sqrt{4\pi}$ von Null verschieden. Dann verschwindet die Lösung ψ_{II} identisch, während ψ_I zu $j = 1/2$ zwei Möglichkeiten enthält, nämlich

$$\psi_I = \frac{1}{\sqrt{4\pi}} F_0(r)\, \alpha \quad \text{zu } m_j = +\frac{1}{2}$$

und

$$\psi_{II} = \frac{-1}{\sqrt{4\pi}} F_0(r)\, \beta \quad \text{zu } m_j = -\frac{1}{2}.$$

Anm. 2. Das mit dem Elektronenspin verbundene magnetische Moment $\mu = -e\mathbf{S}/mc$ hat eine Wechselwirkung mit dem Bahndrehimpuls $\mathbf{L}$ des Elektrons, die durch ein Zusatzglied der Form $W = q(r)\,(\mathbf{L}\cdot\mathbf{S})$ zum Hamiltonoperator beschrieben wird. Ohne Beweis sei angegeben, daß

$$q(r) = \frac{1}{2m^2 c^2} \frac{1}{r} \frac{dV}{dr}$$

ist. Für einen Zustand zu den Quantenzahlen j und l ist nach Gl. (92.6)

$$\mathbf{L}\cdot\mathbf{S} = \tfrac{1}{2}\hbar^2 [j(j+1) - l(l+1) - 3/4]\,,$$

was für $j = l + 1/2$ gleich $\hbar^2 l/2$ und für $j = l - 1/2$ gleich $-\hbar^2(l+1)/2$ wird. Behandelt man daher W als Störung in erster Näherung, so entsteht eine Aufspaltung zwischen den Zuständen ψ_I und ψ_{II} von

$$\Delta E = E_I - E_{II} = \frac{1}{2}\hbar^2 (2l+1) \int_0^\infty dr\, r^2\, q(r)\, F_l(r)^2 \,.$$

Diese Aufspaltung heißt *Feinstruktur*.

93. Aufgabe. Landéscher g-Faktor

Man berechne die Erwartungswerte des magnetischen Moments für die beiden in der vorhergehenden Aufgabe berechneten Elektronenzustände.

Lösung. Die in (92.11a,b) angegebenen Eigenfunktionen von $\mathbf{J}^2$ und J_z haben den Aufbau

$$\psi = u\alpha + v\beta = \frac{F_l(r)}{\sqrt{2l+1}} (A\, Y_{l,m_j-1/2}\,\alpha + B\, Y_{l,m_j+1/2}\,\beta) \tag{93.1}$$

mit

$$\int_0^\infty dr\, r^2\, F_l(r)^2 = 1 \qquad (93.2)$$

und den reellen Konstanten A und B

$$\left.\begin{array}{ll}\text{für } j = l + 1/2: & A = \sqrt{j + m_j};\quad B = -\sqrt{j - m_j}\,, \\ \text{für } j = l - 1/2: & A = \sqrt{j + 1 - m_j};\quad B = \sqrt{j + 1 + m_j}\,.\end{array}\right\} (93.3)$$

Wir bilden nun die Erwartungswerte

$$\langle\psi|\psi\rangle = \langle u\alpha + v\beta|u\alpha + v\beta\rangle = \langle u|u\rangle + \langle v|v\rangle\,;$$

$$\langle\psi|\sigma_x|\psi\rangle = \langle u\alpha + v\beta|u\beta + v\alpha\rangle = \langle u|v\rangle + \langle v|u\rangle\,;$$

$$\langle\psi|\sigma_y|\psi\rangle = \langle u\alpha + v\beta|iu\beta - iv\alpha\rangle = -i(\langle u|v\rangle - \langle v|u\rangle)\,;$$

$$\langle\psi|\sigma_z|\psi\rangle = \langle u\alpha + v\beta|u\alpha - v\beta\rangle = \langle u|u\rangle - \langle v|v\rangle\,. \qquad (93.4)$$

Bei Ausführung der Winkelintegrale verschwinden die Kombinationen $\langle u|v\rangle$ und $\langle v|u\rangle$ infolge der Orthogonalität der Kugelfunktionen und damit die Erwartungswerte von σ_x und σ_y. Mit der Normierung von Gl. (93.2) entsteht dann

$$\langle\psi|\psi\rangle = \frac{A^2 + B^2}{2l + 1};\quad \langle\psi|\sigma_z|\psi\rangle = \frac{A^2 - B^2}{2l + 1},$$

was mit $\langle\psi|\psi\rangle = 1$ auf den Erwartungswert

$$\langle\psi|\sigma_z|\psi\rangle = \frac{A^2 - B^2}{A^2 + B^2} \qquad (93.5)$$

führt.

Für die Komponenten des Bahndrehimpulses wird

$$\langle\psi|L_i|\psi\rangle = \langle u|L_i|u\rangle + \langle v|L_i|v\rangle\,.$$

Bei L^+ und L^- verschiebt sich der zweite Index der Kugelfunktion hinter dem Operator um ± 1, so daß diese Komponenten ebenfalls infolge der Orthogonalität verschwinden. Es bleibt nur

$$\langle\psi|L_z|\psi\rangle = \hbar\,(m_j - \tfrac{1}{2})\,\langle u|u\rangle + \hbar(m_j + \tfrac{1}{2})\,\langle v|v\rangle$$

oder nach Gl. (93.4)

$$\langle\psi|L_z|\psi\rangle = \hbar m_j\langle\psi|\psi\rangle - \tfrac{1}{2}\hbar\,\langle\psi|\sigma_z|\psi\rangle\,. \qquad (93.6)$$

Da $S_z = \hbar\,\sigma_z/2$ der Spinoperator ist, können wir Gl. (93.6) auch schreiben

$$\langle\psi|L_z + S_z|\psi\rangle = \hbar\,m_j\,, \qquad (93.7)$$

was selbstverständlich ist, da ψ Eigenfunktion von J_z zum Eigenwert $\hbar m_j$ ist. Man beachte jedoch, daß ψ nicht Eigenfunktion von L_z allein oder S_z allein ist.

Das *magnetische Moment* des Elektrons ist

$$M = -\frac{e}{2mc}(L + 2S). \tag{93.8}$$

Die Erwartungswerte von M_x und M_y verschwinden nach dem Vorhergehenden. Für die z-Komponente wird in der Zerlegung $L + 2S = J + S$ nach den Gln. (93.6) und (93.8)

$$\langle\psi|M_z|\psi\rangle = -\frac{e}{2mc}(\hbar m_j + \tfrac{1}{2}\hbar\langle\psi|\sigma_z|\psi\rangle)$$

oder, mit Hilfe von Gl. (93.5),

$$\langle\psi|M_z|\psi\rangle = -\frac{e\hbar}{2mc}\left(m_j + \frac{1}{2}\frac{A^2 - B^2}{A^2 + B^2}\right). \tag{93.9}$$

Wir greifen nun zurück auf die in Gl. (93.3) angegebene Bedeutung der Konstanten A und B, aus denen

für $j = l + 1/2$: $A^2 - B^2 = 2m_j$; $A^2 + B^2 = 2l + 1 = 2j$,

für $j = l - 1/2$: $A^2 - B^2 = -2m_j$; $A^2 + B^2 = 2l + 1 = 2j + 2$
$$\tag{93.10}$$

folgt. Einsetzen in Gl. (93.9) gibt dann für $j = l + 1/2$

$$\langle\psi|M_z|\psi\rangle = -\frac{e\hbar}{2mc}m_j\frac{2j + 1}{2j} \tag{93.11a}$$

und für $j = l - 1/2$

$$\langle\psi|M_z|\psi\rangle = -\frac{e\hbar}{2mc}m_j\frac{2j + 1}{2j + 2}. \tag{93.11b}$$

Anm. 1. Es ist üblich, die Ausdrücke (93.11a,b) kurz zu

$$\langle\psi|M_z|\psi\rangle = -\frac{e\hbar}{2mc}m_j g(j) \tag{93.12}$$

zusammenzufassen. Hier heißt $g(j)$ der *Landésche g-Faktor*. Seine Abweichung vom klassischen Wert $g = 1$ rührt davon her, daß für den Spin das Verhältnis M/S doppelt so groß ist wie für den Bahndrehimpuls M/L, vgl. Gl. (93.8).

Anm. 2. Zur Behandlung des *Zeeman-Effekts* genügt es, in erster Näherung $W = -(\boldsymbol{M} \cdot \boldsymbol{H}) = -M_z \mathscr{H}$ als Störung in den Hamiltonoperator einzuführen. Dann tritt nach Gl. (93.12) eine Verschiebung der Energieniveaus um

$$\Delta E = \langle \psi | W | \psi \rangle = \frac{e\hbar}{2mc} \mathscr{H} \, m_j \, g(j)$$

ein. Man berechnet aus den Gln. (93.11a,b) z.B. folgende g-Faktoren:

für $S_{1/2}$ $g = 2$; für $P_{3/2}$ $g = \frac{4}{3}$; für $D_{5/2}$ $g = \frac{6}{5}$

für $P_{1/2}$ $g = \frac{2}{3}$; für $D_{3/2}$ $g = \frac{4}{5}$.

94. Aufgabe. Zwei Teilchen vom Spin 1/2

Für zwei Teilchen vom Spin 1/2 soll der Hilbert-Raum aufgebaut werden. Die gemeinsamen Eigenzustände für die z-Komponente des Gesamtspins und für sein Betragsquadrat sind zu bestimmen. Die Teilchen seien z.B. ein Proton (p) und ein Neutron (n), ohne damit andere Zuordnungen auszuschließen.

Lösung. Führen wir für jedes der beiden Teilchen die Eigenvektoren α und β wie in den vorstehenden Aufgaben ein, so läßt sich ein *vierdimensionaler Hilbert-Raum* über den Basisvektoren

$$\chi_1 = \alpha_p \alpha_n; \quad \chi_2 = \beta_p \alpha_n; \quad \chi_3 = \alpha_p \beta_n; \quad \chi_4 = \beta_p \beta_n \tag{94.1}$$

aufbauen. Sie bilden ein orthogonales Achsenkreuz gemäß

$$\langle \chi_1 | \chi_1 \rangle = \langle \alpha_p | \alpha_p \rangle \langle \alpha_n | \alpha_n \rangle = 1,$$

$$\langle \chi_1 | \chi_2 \rangle = \langle \alpha_p | \beta_p \rangle \langle \alpha_n | \alpha_n \rangle = 0$$

usw. Der Spinoperator ist

$$\boldsymbol{\sigma} = \boldsymbol{\sigma}_p + \boldsymbol{\sigma}_n \,. \tag{94.2}$$

Er ist nach dem folgenden Schema auf die Basisvektoren anzuwenden:

$$\sigma_x \chi_2 = (\sigma_{px} + \sigma_{nx}) \beta_p \alpha_n = (\sigma_{px} \beta_p) \alpha_n + \beta_p (\sigma_{nx} \alpha_n)$$

$$= \alpha_p \alpha_n + \beta_p \beta_n = \chi_1 + \chi_4 \,.$$

Unter Verwendung von (87.6) des Einkörperproblems erhalten wir auf diese Weise die Formeln

$\sigma_x \chi_1 = \chi_2 + \chi_3$	$\sigma_y \chi_1 = i(\chi_2 + \chi_3)$	$\sigma_z \chi_1 = 2\chi_1$
$\sigma_x \chi_2 = \chi_1 + \chi_4$	$\sigma_y \chi_2 = i(\chi_4 - \chi_1)$	$\sigma_z \chi_2 = 0$;
$\sigma_x \chi_3 = \chi_4 + \chi_1$	$\sigma_y \chi_3 = i(\chi_4 - \chi_1)$	$\sigma_z \chi_3 = 0$
$\sigma_x \chi_4 = \chi_3 + \chi_2$	$\sigma_y \chi_4 = -i(\chi_3 + \chi_2)$	$\sigma_z \chi_4 = -2\chi_4$ (94.3)

und für die Operatoren $\sigma_+ = \sigma_x + i\sigma_y$ und $\sigma_- = \sigma_x - i\sigma_y$ die Ausdrücke

$$\begin{aligned}
\sigma_+ \chi_1 &= 0 & \sigma_- \chi_1 &= 2(\chi_2 + \chi_3) \\
\sigma_+ \chi_2 &= 2\chi_1 & \sigma_- \chi_2 &= 2\chi_4 \\
\sigma_+ \chi_3 &= 2\chi_1 & \sigma_- \chi_3 &= 2\chi_4 \\
\sigma_+ \chi_4 &= 2(\chi_2 + \chi_3) & \sigma_- \chi_4 &= 0 \; .
\end{aligned} \qquad (94.4)$$

Gleichung (94.3) zeigt bereits, daß die vier χ_μ Eigenvektoren von σ_z sind, und zwar zu den Eigenwerten $+2, 0, 0, -2$ oder in der gebräuchlichen Schreibweise des Spins in Einheiten von $\hbar$ zu $+1, 0, 0, -1$. Die Vektoren χ_2 und χ_3 gehören zum gleichen Eigenwert von σ_z, so daß jede aus ihnen gebildete Linearkombination wieder Eigenvektor bleibt.

Diese Entartung lösen wir auf, indem wir die Eigenvektoren von

$$\sigma^2 = \sigma_x^2 + \sigma_y^2 + \sigma_z^2 = \tfrac{1}{2}(\sigma_+ \sigma_- + \sigma_- \sigma_+) + \sigma_z^2 \qquad (94.5)$$

aufsuchen. Das geschieht mit Hilfe von Gl. (94.4) nach dem Schema

$$\sigma_+ \sigma_- \chi_2 = \sigma_+ (2\chi_4) = 4(\chi_2 + \chi_3)$$

und führt auf

$$\begin{aligned}
\sigma^2 \chi_1 &= 8\chi_1 \\
\sigma^2 \chi_2 &= 4(\chi_2 + \chi_3) \\
\sigma^2 \chi_3 &= 4(\chi_2 + \chi_3) \\
\sigma^2 \chi_4 &= 8\chi_4 \; .
\end{aligned} \qquad (94.6)$$

Daher sind χ_1 und χ_4 Eigenvektoren von σ^2 zum Eigenwert 8; dagegen sind χ_2 und χ_3 keine Eigenvektoren von σ^2, wohl aber die (normierten) Kombinationen

$$\varphi = \frac{1}{\sqrt{2}}(\chi_2 + \chi_3); \quad \varphi' = \frac{1}{\sqrt{2}}(\chi_2 - \chi_3) \qquad (94.7)$$

gamäß

$$\sigma^2 \varphi = 8\varphi; \quad \sigma^2 \varphi' = 0 \; . \qquad (94.8)$$

Diese Ergebnisse lassen sich folgendermaßen zusammenfassen: Die gemeinsamen Eigenzustände von σ_z und σ^2 spalten auf in ein *Triplett* zum Eigenwert 8 von σ^2 und ein *Singulett* zum Spin Null:

$$\sigma_z \chi_1 = +2\chi_1; \quad \sigma_z \varphi = 0; \quad \sigma_z \chi_4 = -2\chi_4 \quad \text{zu } \sigma^2 = 8 \qquad (94.9a)$$

und

$$\sigma_z \varphi' = 0 \quad \text{zu } \sigma^2 = 0 \; . \qquad (94.9b)$$

Das Ergebnis entspricht dem Vektormodell, das (in Einheiten $\hbar$) für $S = (\sigma_p + \sigma_n)/2$ die Triplettkomponenten $+1, 0, -1$ und $S^2 = S(S+1)$ mit $S = 1$ wie Gl. (94.9a) ergibt ("parallele" Spins), während daneben ein Singulett mit Gesamtspin Null (mit "antiparallelen" Spins) wie in Gl. (94.9b) auftritt. Man beachte noch, daß die Triplett-Vektoren nach (94.1) und (94.7) gegen eine Vertauschung der Teilchen *symmetrisch* sind, der Singulett-Vektor dagegen antisymmetrisch ist.

Anm. Für ein einziges Teilchen vom Spin 1 würde der dreidimensionale Unterraum der Basisvektoren χ_1, φ, χ_4 angemessen sein, der das Triplett ergibt, natürlich ohne die dann sinnlose Deutung der drei Vektoren im Sinne von Gl. (94.1). An die Stelle von (94.3) und (94.4) treten dann

$$\begin{array}{lll} \sigma_x \chi_1 = \sqrt{2}\,\varphi & \sigma_y \chi_1 = i\sqrt{2}\,\varphi & \sigma_z \chi_1 = 2\chi_1 \\ \sigma_x \varphi = \sqrt{2}(\chi_1 + \chi_4) & \sigma_y \varphi = i\sqrt{2}(\chi_4 - \chi_1) & \sigma_z \varphi = 0 \\ \sigma_x \chi_4 = \sqrt{2}\,\varphi & \sigma_y \chi_4 = -i\sqrt{2}\,\varphi & \sigma_z \chi_4 = -2\chi_4 \end{array} \qquad (94.10)$$

und

$$\begin{array}{ll} \sigma_+ \chi_1 = 0 & \sigma_- \chi_1 = 2\sqrt{2}\,\varphi \\ \sigma_+ \varphi = 2\sqrt{2}\,\chi_1 & \sigma_- \varphi = 2\sqrt{2}\,\chi_4 \\ \sigma_+ \chi_4 = 2\sqrt{2}\,\varphi & \sigma_- \chi_4 = 0 \,. \end{array} \qquad (94.11)$$

Die Gln. (94.11) machen deutlich, daß auch hier (wie in Gl. (88.3) für ein Teilchen vom Spin 1/2) die Operatoren σ_+ und σ_- die z-Komponente des Spins jeweils um 1 erhöhen, bzw. senken. Sie werden daher auch als *Schiebeoperatoren* (shift operators) bezeichnet.

95. Aufgabe. Austauschkräfte

Die Wechselwirkung zwischen einem Proton und einem Neutron hängt von ihrer gegenseitigen Spinorientierung ab. Sie soll unter der vereinfachenden (nicht korrekten) Voraussetzung einer Zentralkraft im Rahmen des Spinformalismus beschrieben werden.

Lösung. Die beiden Teilchen befinden sich entweder in einem Triplettzustand χ_t mit parallelen Spins; das zugehörige Potential der Zentralkraft sei dann $V_t(r)$. Oder sie befinden sich im Singulettzustand χ_s mit dem Potential $V_s(r)$ und antiparallelen Spins. In beiden Fällen ist nach der vorstehenden Aufgabe

$$\sigma^2 = (\sigma_p + \sigma_n)^2 = \sigma_p^2 + \sigma_n^2 + 2(\sigma_p \cdot \sigma_n) = 6 + 2(\sigma_p \cdot \sigma_n) \qquad (95.1)$$

eine gewöhnliche Zahl, nämlich nach Gl. (94.9a,b) entweder 8 für das Triplett oder 0 für das Singulett, so daß sich für das skalare Produkt

$$(\sigma_p \cdot \sigma_n) \chi_t = \chi_t; \quad (\sigma_p \cdot \sigma_n) \chi_s = -3\chi_s \tag{95.2}$$

ergibt. Wir können daher auch schreiben

$$V(r) = V_1(r) + V_2(r)(\sigma_p \cdot \sigma_n) \tag{95.3}$$

mit

$$V_t = V_1 + V_2; \quad V_s = V_1 - 3V_2. \tag{95.4}$$

Die Gln. (95.2) lassen sich auch symmetrisch schreiben

$$\tfrac{1}{2}[1 + (\sigma_p \cdot \sigma_n)]\chi_t = \chi_t; \quad \tfrac{1}{2}[1 + (\sigma_p \cdot \sigma_n)]\chi_s = -\chi_s. \tag{95.5}$$

Da χ_t symmetrisch und χ_s antisymmetrisch gegen eine Vertauschung der beiden Teilchen ist, symbolisch geschrieben

$$\chi_t(p, n) = +\chi_t(n, p); \quad \chi_s(p, n) = -\chi_s(n, p), \tag{95.6}$$

können wir nach Gl. (95.5) den *Austauschoperator* der Spins

$$\Omega_{pn} = \tfrac{1}{2}[1 + (\sigma_p \cdot \sigma_n)] \tag{95.7}$$

einführen:

$$\Omega_{pn}\chi_t = +\chi_t; \quad \Omega_{pn}\chi_s = -\chi_s. \tag{95.8}$$

Gleichung (95.3) läßt sich dann auch

$$V(r) = V_0(r) + V_A(r)\Omega_{pn} \tag{95.9}$$

schreiben, wobei $V_0 = V_1 - V_2$ das Potential einer klassischen und $V_A = 2V_2$ dasjenige einer *Austauschkraft* ist.

Anm. Die Einführung des Austauschoperators von Gl. (95.7) ist oft von Nutzen; z.B. hätten wir in Aufg. 94 sofort

$$\sigma^2 = 4(1 + \Omega_{pn})$$

auf den symmetrischen und antisymmetrischen Spinzustand anwenden können:

$$\sigma^2 \chi_t(\overline{p, n}) = 8\chi_t(\overline{p, n}); \quad \sigma^2 \chi_s(\widetilde{p, n}) = 0.$$

96. Aufgabe. Drei Teilchen vom Spin 1/2

Man bestimme im 2^3-dimensionalen Hilbert-Raum von drei Teilchen mit Spin $\hbar/2$ die Eigenvektoren.

96. Aufgabe. Drei Teilchen vom Spin 1/2

Lösung. Wir beginnen mit der z-Komponente des Gesamtspins, für die wir in Einheiten von $\hbar$ die Werte $S_z = +3/2, +1/2, -1/2, -3/2$ erhalten. Die zugehörigen Hilbert-Vektoren haben die Form

$$\chi(+3/2) = \alpha_1 \alpha_2 \alpha_3$$
$$\chi(+1/2) = A\alpha_1 \alpha_2 \beta_3 + B\alpha_1 \beta_2 \alpha_3 + C\beta_1 \alpha_2 \alpha_3$$
$$\chi(-1/2) = A'\beta_1 \beta_2 \alpha_3 + B'\beta_1 \alpha_2 \beta_3 + C'\alpha_1 \beta_2 \beta_3$$
$$\chi(-3/2) = \beta_1 \beta_2 \beta_3 \,. \tag{96.1}$$

In der Ausdrucksweise des Vektormodells gehören hier $\chi(+3/2)$ und $\chi(-3/2)$ zum Gesamtspin 3/2, während $\chi(+1/2)$ und $\chi(-1/2)$ noch Entartungen enthalten. Diese sind so aufzulösen, daß Eigenvektoren des Operators

$$\boldsymbol{S}^2 = (\boldsymbol{\sigma}_1 + \boldsymbol{\sigma}_2 + \boldsymbol{\sigma}_3)^2$$
$$= \sigma_1^2 + \sigma_2^2 + \sigma_3^2 + 2[(\boldsymbol{\sigma}_1 \cdot \boldsymbol{\sigma}_2) + (\boldsymbol{\sigma}_2 \cdot \boldsymbol{\sigma}_3) + (\boldsymbol{\sigma}_3 \cdot \boldsymbol{\sigma}_1)]$$

entstehen. Hier können wir jedes $\sigma_\mu^2 = 3$ und nach Aufg. 95 jedes

$$(\boldsymbol{\sigma}_\mu \cdot \boldsymbol{\sigma}_\nu) = 2\Omega_{\mu\nu} - 1 \tag{96.2}$$

mit dem Austauschoperator $\Omega_{\mu\nu}$ setzen. Das führt auf

$$\tfrac{1}{4}(\boldsymbol{S}^2 - 3)\chi = (\Omega_{12} + \Omega_{23} + \Omega_{31})\chi \,. \tag{96.3}$$

Nennen wir die Eigenwerte dieses Operators λ, fordern also, daß der Ausdruck von Gl. (96.3) $=\lambda\chi$ wird, so gibt dies für $\chi(+1/2)$

$$\tfrac{1}{4}(\boldsymbol{S}^2 - 3)\chi(+\tfrac{1}{2}) = (A\alpha_1 \alpha_2 \beta_3 + B\beta_1 \alpha_2 \alpha_3 + C\alpha_1 \beta_2 \alpha_3)$$
$$+ (A\,\alpha_1 \beta_2 \alpha_3 + B\alpha_1 \alpha_2 \beta_3 + C\beta_1 \alpha_2 \alpha_3)$$
$$+ (A\,\beta_1 \alpha_2 \alpha_3 + B\alpha_1 \alpha_2 \beta_3 + C\alpha_1 \beta_2 \alpha_3)$$
$$= \lambda(A\alpha_1 \alpha_2 \beta_3 + B\alpha_1 \beta_2 \alpha_3 + C\beta_1 \alpha_2 \alpha_3) \,.$$

Wir zerlegen das nach den Basisvektoren $\alpha_1 \alpha_2 \beta_3$, $\alpha_1 \beta_2 \alpha_3$ und $\beta_1 \alpha_2 \alpha_3$ in drei Komponentengleichungen:

$$A(1-\lambda) + B + C = 0$$
$$A + B(1-\lambda) + C = 0$$
$$A + B + C(1-\lambda) = 0 \,.$$

Die Determinante dieses Gleichungssystems muß verschwinden; das führt auf $3\lambda^2 - \lambda^3 = 0$. Diese Gleichung dritten Grades für λ hat eine einfache Lösung

$$\lambda_1 = 3; \quad A = B = C \tag{96.4a}$$

266 I. Spin

und eine doppelte Lösung

$$\lambda_2 = \lambda_3 = 0; \quad A + B + C = 0 \tag{96.4b}$$

Nach Gl. (96.3) gehört die Lösung $\lambda_1 = 3$ zu $S^2 = 15$, ebenso wie die Eigenvektoren $\chi(+3/2)$ und $\chi(-3/2)$ von Gl. (96.1), für die man dies sofort an Gl. (96.3) abliest. Für $\chi(-1/2)$ von Gl. (96.1) gilt unter Vertauschung der Zeichen α und β wörtlich dasselbe wie für $\chi(+1/2)$. Damit haben wir ein in den drei Teilchen *symmetrisches Quartett* gefunden (Symmetriesymbol: $\overline{123}$), das zu $S^2 = 15 = 4s(s+1)$ mit $s = 3/2$ gehört. In der Sprache des Vektormodells heißt das, daß die vier Zustände zum Gesamtspin $3\hbar/2$ gehören, bei dem die drei Spins zueinander parallel, aber verschieden zur z-Achse orientiert sind. Nach (96.1) und (96.4a) erhalten wir also für dies Quartett mit sinngemäß erweiterter Bezeichnung die normierten Eigenvektoren

$$\left. \begin{array}{l} \chi(\tfrac{3}{2}, +\tfrac{3}{2}) = \alpha_1 \alpha_2 \alpha_3 \\[4pt] \chi(\tfrac{3}{2}, +\tfrac{1}{2}) = \dfrac{1}{\sqrt{2}}(\alpha_1 \alpha_2 \beta_3 + \alpha_1 \beta_2 \alpha_3 + \beta_1 \alpha_2 \alpha_3) \\[4pt] \chi(\tfrac{3}{2}, -\tfrac{1}{2}) = \dfrac{1}{\sqrt{2}}(\beta_1 \beta_2 \alpha_3 + \beta_1 \alpha_2 \beta_3 + \alpha_1 \beta_2 \beta_3) \\[4pt] \chi(\tfrac{3}{2}, -\tfrac{3}{2}) = \beta_1 \beta_2 \beta_3 \end{array} \right\} \begin{array}{l} S^2 = 15 \\[4pt] \chi_t(\overline{123}) \end{array}$$

$$\tag{96.5}$$

Die Lösungen zu Gl. (96.4b), d.h. zu $S^2 = 3 = 4s(s+1)$ mit $s = 1/2$, gehören nach dem Vektormodell zu Zuständen, bei denen einer der drei Spins umgekehrt ist. Solange wir keine zusätzlichen physikalischen Gründe haben, anzugeben, welcher der umgekehrte Spin ist, können wir diese beiden Lösungen nicht ohne Willkür voneinander trennen. Daher ist die im folgenden gewählte Aufhebung der Entartung *willkürlich*: Wir wollen die Lösungen nach ihrer Symmetrie hinsichtlich der Teilchen 2 und 3 zerlegen in ein *Dublett*, das in diesen Teilchen *symmetrisch* ist (Symbol: $1, \overline{23}$) mit $A = B$ und $C = -2A$:

$$\left. \begin{array}{l} \chi_s(\tfrac{1}{2}, +\tfrac{1}{2}) = \dfrac{1}{\sqrt{6}} \left[\alpha_1(\alpha_2 \beta_3 + \beta_2 \alpha_3) - 2\beta_1 \alpha_2 \alpha_3 \right] \\[6pt] \chi_s(\tfrac{1}{2}, -\tfrac{1}{2}) = \dfrac{1}{\sqrt{6}} \left[\beta_1(\beta_2 \alpha_3 + \alpha_2 \beta_3) - 2\alpha_1 \beta_2 \beta_3 \right] \end{array} \right\} \begin{array}{l} S^2 = 3 \\[6pt] \chi_s(1, \overline{23}) \end{array},$$

$$\tag{96.6}$$

und ein zweites, in 2 und 3 *antisymmetrisches Dublett* (Symbol: $1.\widetilde{23}$) mit $B = -A$ und $C = 0$:

$$\left.\begin{array}{l} \chi_a(\tfrac{1}{2}, +\tfrac{1}{2}) = \dfrac{1}{\sqrt{2}} \alpha_1 (\alpha_2 \beta_3 - \beta_2 \alpha_3) \\[2mm] \chi_a(\tfrac{1}{2}, -\tfrac{1}{2}) = \dfrac{1}{\sqrt{2}} \beta_1 (\beta_2 \alpha_3 - \alpha_2 \beta_3) \end{array}\right\} \begin{array}{l} S^2 = 3 \\[2mm] \chi_a(1, \widetilde{23}) \end{array}, \qquad (96.7)$$

Es sei nochmals betont, daß wir z.B. ebenso gut nach der Symmetrie in 1 und 2 in $\chi_s(\widetilde{12}, 3)$ und $\chi_a(\widetilde{12}, 3)$ aufteilen können oder auch auf die Einführung jeder Symmetrie verzichten, solange keine zusätzlichen physikalischen Argumente die hier in den Gln. (96.6) und (96.7) vorgenommene Trennung erzwingen. Allerdings ist Orthogonalität $\langle \chi_s | \chi_a \rangle = 0$ immer nützlich, so daß die acht χ als Basis für den Hilbert-Raum verwendet werden können.

Anm. Die vorgenommene Aufspaltung nach Symmetrien ist besonders im Hinblick auf das Pauli-Prinzip von Nutzen.

II. Systeme aus wenigen Teilchen

Vorbemerkung

Bei den folgenden Aufgaben ist die Spinabhängigkeit meist nicht angegeben. Dann sind die Wellenfunktionen durch passende Spinfaktoren zu ergänzen. Dafür gilt bei den hier behandelten Systemen aus Teilchen vom Spin 1/2 durchweg das *Pauli-Prinzip*: Die Gesamtwellenfunktion für mehrere gleichartige Teilchen vom Spin 1/2 (z.B. Elektronen, Protonen, Neutronen) ist antisymmetrisch gegen jede Vertauschung zweier Teilchen, d.h. sowohl ihrer Orte als auch ihrer Spins.

97. Aufgabe. Austauschentartung

Zwei gleichartige Teilchen (z.B. zwei Elektronen) befinden sich in einem Potentialfeld $V(r)$. Zwischen ihnen besteht eine ortsabhängige Wechselwirkung W. Unter der Voraussetzung, daß die Lösungen der Schrödingergleichung für *ein* Teilchen im Felde $V(r)$ bekannt sind, sollen die Lösungen des Zweikörperproblems in erster Näherung angegeben werden, wobei W als Störung behandelt werde.

Lösung. Der Hamiltonoperator des Systems

$$H = H_1 + H_2 + W \tag{97.1}$$

setzt sich zusammen aus den Operatoren des Einkörperproblems,

$$H_1 = -\frac{\hbar^2}{2m}\nabla_1^2 + V(r_1); \quad H_2 = -\frac{\hbar^2}{2m}\nabla_2^2 + V(r_2), \tag{97.2}$$

deren normierte Eigenfunktionen $u_n(r)$ und Eigenwerte $E_n(r)$ als bekannt und nicht entartet vorausgesetzt werden, und der Wechselwirkungsenergie

$$W(r_1, r_2) = W(r_2, r_1), \tag{97.3}$$

die symmetrisch gegen eine Vertauschung der Teilchen ist, um dem Prinzip von Aktion und Reaktion zu genügen.

97. Aufgabe. Austauschentartung

In *nullter Näherung* denken wir uns die beiden Teilchen entkoppelt ($W = 0$); dann läßt sich die Lösung der Schrödingergleichung $HU = EU$ separieren, und E ist die Summe der Energien der beiden Teilchen. Zu jedem $E = E_m + E_n$ gehören dann für $m \ne n$ zwei Lösungen $u_m(r_1)u_n(r_2)$ und $u_n(r_1)u_m(r_2)$, so daß jede normierte Linearkombination

$$U = \cos\lambda\, u_m(r_1)u_n(r_2) + \sin\lambda\, u_n(r_1)u_m(r_2) \tag{97.4}$$

mit beliebigem λ wieder eine Lösung ist. Diese Form der Entartung heißt *Austauschentartung*.

Berücksichtigen wir nun das Kopplungsglied W, so wird diese Entartung aufgehoben, und wir können die "richtigen" Werte von λ bestimmen. In *erster Näherung* wird der Erwartungswert der Gesamtenergie

$$E = \langle U|H|U\rangle \tag{97.5}$$

mit Gl. (97.4) für U:

$$E = (\cos\lambda\langle mn| + \sin\lambda\langle nm|)(H_1 + H_2 + W)(\cos\lambda|mn\rangle + \sin\lambda|nm\rangle).$$

Dabei haben wir kurz in Hilbert-Vektoren

$$u_m(r_1)u_n(r_2) = |mn\rangle \tag{97.6}$$

geschrieben. Ausrechnen ergibt dann

$$E = E_m + E_n + \cos^2\lambda\langle mn|W|mn\rangle + \sin^2\lambda\langle nm|W|nm\rangle$$
$$+ \cos\lambda\sin\lambda(\langle mn|W|nm\rangle + \langle nm|W|mn\rangle).$$

Wegen der Symmetrie von W, Gl. (97.3), können wir zusammenfassen,

$$E = E_m + E_n + \langle mn|W|mn\rangle + \sin 2\lambda\langle mn|W|nm\rangle. \tag{97.7}$$

Hier treten zwei Integrale über bekannte Funktionen auf,

$$K = \langle mn|W|mn\rangle = \int d\tau_1 \int d\tau_2\, u_m^*(r_1)u_n^*(r_2)W(r_1,r_2)u_m(r_1)u_n(r_2).$$
$$\tag{97.8a}$$

und

$$A = \langle mn|W|nm\rangle = \int d\tau_1 \int d\tau_2\, u_m^*(r_1)u_n^*(r_2)W(r_1,r_2)u_n(r_1)u_m(r_2).$$
$$\tag{97.8b}$$

In K lassen sich die Produkte $u_m^*(r_1)u_m(r_1) = \rho_m(r_1)$ und $u_n^*(r_2)u_n(r_2) = \rho_n(r_2)$ zu Dichten zusammenfassen,

$$K = \int d\tau_1 \int d\tau_2\, \rho_m(r_1)W(r_1,r_2)\rho_n(r_2) \tag{97.9a}$$

nach Art der elektrostatischen Wechselwirkung zweier Raumladungswolken, weshalb dies Integral als klassisches Wechselwirkungsintegral bezeichnet wird. Für das Austauschintegral

$$A = \int d\tau_1 \int d\tau_2\, u_m^*(r_1) u_n(r_1) W(r_1, r_2) u_m^*(r_2) u_n(r_2)\,. \tag{97.9b}$$

ist eine solche Deutung nicht möglich. Es handelt sich um eine nur in der Quantenmechanik auftretende Größe.

In Gl. (97.7), kürzer geschrieben

$$E = E_m + E_n + K + A \sin 2\lambda\,,$$

müssen wir nun λ so bestimmen, daß E ein Extremum wird, d.h. wir müssen die Gleichung $\partial E/\partial \lambda = 0$ erfüllen. Das ist offenbar für $2\lambda = \pm \pi/2$ der Fall. So erhalten wir zwei Lösungen, nämlich zu $\lambda = + \pi/4$ die symmetrische Lösung

$$E_s = E_m + E_n + K + A\,,$$
$$U_s = \frac{1}{\sqrt{2}}[u_m(r_1) u_n(r_2) + u_n(r_1) u_m(r_2)] \tag{97.10}$$

und zu $\lambda = -\pi/4$ die antisymmetrische Lösung

$$E_a = E_m + E_n + K - A\,,$$
$$U_a = \frac{1}{\sqrt{2}}[u_m(r_1) u_n(r_2) - u_n(r_1) u_m(r_2)]\,. \tag{97.11}$$

Anm. Zum Auftreten des Austauschintegrals vgl. auch Aufg. 74. Dort handelte es sich um ein Zweizentrenproblem für ein Teilchen, so daß das Austauschintegral auch als "Platzwechselintegral" bezeichnet werden konnte.

98. Aufgabe. Gekoppelte Oszillatoren

Zwei gleiche lineare Oszillatoren, also zwei gleichartige Teilchen im selben Potentialfeld, sind durch eine zu ihrem gegenseitigen Abstand proportionale Federkraft gekoppelt. Das Problem soll nach der Quantenmechanik formuliert und gelöst werden, und zwar (a) streng durch Separation in geeigneten Koordinaten, (b) in erster Näherung für den zweiten angeregten Zustand.

Lösung. Aus den klassischen Bewegungsgleichungen der beiden Oszillatoren

$$m(\ddot{x}_1 + \omega_0^2 x_1) = f(x_2 - x_1)$$
$$m(\ddot{x}_2 + \omega_0^2 x_2) = f(x_1 - x_2)$$

98. Aufgabe. Gekoppelte Oszillatoren

folgt in bekannter Weise durch Multiplizieren mit x_1 und x_2, Addieren und Integrieren nach der Zeit der Energiesatz

$$\frac{m}{2}(\dot{x}_1^2 + \dot{x}_2^2) + \frac{m}{2}\left(\omega_0^2 + \frac{f}{m}\right)(x_1^2 + x_2^2) - fx_1x_2 = E\,.$$

Dem entspricht die Schrödingergleichung

$$\left(-\frac{\hbar^2}{2m}\nabla_1^2 + \frac{m}{2}\omega^2 x_1^2\right)U + \left(-\frac{\hbar^2}{2m}\nabla_2^2 + \frac{m}{2}\omega^2 x_2^2\right)U$$
$$- fx_1x_2 U = EU \tag{98.1}$$

mit der Abkürzung

$$\omega^2 = \omega_0^2 + \frac{f}{m}\,. \tag{98.2}$$

Auf der linken Seite von Gl. (98.1) steht der Hamiltonoperator des Zweikörperproblems,

$$H = H_1 + H_2 + W\,, \tag{98.3}$$

der sich aus den Beiträgen zweier gleicher Oszillatoren (mit ω statt ω_0) und ihrer Wechselwirkung

$$W = -fx_1x_2 \tag{98.4}$$

zusammensetzt.

a) Separation. Der Kopplungsterm W verhindert die Separation in den Koordinaten x_1 und x_2. Führen wir jedoch wie in der klassischen Mechanik statt dessen die Normalkoordinaten

$$q_1 = \frac{1}{\sqrt{2}}(x_1 + x_2);\quad q_2 = \frac{1}{\sqrt{2}}(x_1 - x_2) \tag{98.5}$$

ein, so bleiben

$$\frac{\partial^2}{\partial x_1^2} + \frac{\partial^2}{\partial x_2^2} = \frac{\partial^2}{\partial q_1^2} + \frac{\partial^2}{\partial q_2^2} \quad \text{und} \quad x_1^2 + x_2^2 = q_1^2 + q_2^2$$

invariant, während das Produkt

$$x_1x_2 = \tfrac{1}{2}(q_1^2 - q_2^2)$$

in zwei Terme zerfällt. In den neuen Koordinaten lautet daher die Schrödingergleichung

$$\left(-\frac{\hbar^2}{2m}\frac{\partial^2}{\partial q_1^2} + \frac{m}{2}\omega_0^2 q_1^2 \right)U$$

$$+ \left(-\frac{\hbar^2}{2m}\frac{\partial^2}{\partial q_2^2} + \frac{m}{2}\left(\omega_0^2 + 2\frac{f}{m}\right)q_2^2 \right)U = EU \,. \tag{98.6}$$

Sie läßt sich separieren; der Ansatz

$$U(q_1, q_2) = u_\mu(q_1)v_\nu(q_2) \tag{98.7}$$

zerlegt Gl. (98.6) in die beiden Differentialgleichungen

$$-\frac{\hbar^2}{2m}\frac{\partial^2 u_\mu}{\partial q_1^2} + \frac{m}{2}\omega_0^2 q_1^2 u_\mu = E'_\mu u_\mu \tag{98.8a}$$

und

$$-\frac{\hbar^2}{2m}\frac{\partial^2 v_\nu}{\partial q_2^2} + \frac{m}{2}\left(\omega_0^2 + 2\frac{f}{m}\right)q_2^2 v_\nu = E''_\nu v_\nu \tag{98.8b}$$

mit der Nebenbedingung

$$E'_\mu + E''_\nu = E_{\mu,\nu} \,. \tag{98.9}$$

Die Gln. (98.8a, b) sind Oszillatorgleichungen in den Variablen q_1 und q_2 zu den Frequenzen

$$\omega_1 = \omega_0 = \sqrt{\omega^2 - f/m} \quad \text{und} \quad \omega_2 = \sqrt{\omega^2 + f/m} \,. \tag{98.10}$$

Ihre Lösungen können wir aus Aufg. 24 entnehmen; ihre Energiestufen sind

$$E'_\mu = \hbar\omega_1(\mu + 1/2); \quad E''_\nu = \hbar\omega_2(\nu + 1/2) \tag{98.11}$$

mit ganzzahligen μ und ν ($= 0, 1, 2, \ldots$). Ist die Kopplung zwischen den Oszillatoren schwach, so geht Gl. (98.10) in

$$\omega_{1,2} \approx \omega \mp \tfrac{1}{2}\Delta\omega \quad \text{mit} \quad \Delta\omega = \frac{f}{m\omega} \tag{98.12}$$

über, so daß wir erhalten

$$E_{\mu,\nu} \approx \hbar\omega(\mu + \nu + 1) + \frac{\hbar f}{2m\omega}(\nu - \mu) \,. \tag{98.13}$$

98. Aufgabe. Gekoppelte Oszillatoren

Wegen der Kleinheit von $\Delta\omega$ können wir dann die Terme in Gruppen um gleiche $\mu + \nu$ herum zusammenfassen, wie das in der folgenden Übersicht für die niedrigsten Terme skizziert ist.

$\mu+\nu$	μ	ν	$E_{\mu,\nu}$	$U(q_1, q_2)$	Symmetrie
0	0	0	$\hbar\omega$	$u_0(q_1)v_0(q_2)$	symmetrisch
1	1	0	$2\hbar\omega - \frac{1}{2}\hbar\Delta\omega$	$u_1(q_1)v_0(q_2)$	symmetrisch
	0	1	$2\hbar\omega + \frac{1}{2}\hbar\Delta\omega$	$u_0(q_1)v_1(q_2)$	antisymmetrisch
2	2	0	$3\hbar\omega - \hbar\Delta\omega$	$u_2(q_1)v_0(q_2)$	symmetrisch
	1	1	$3\hbar\omega$	$u_1(q_1)v_1(q_2)$	antisymmetrisch
	0	2	$3\hbar\omega + \hbar\Delta\omega$	$u_0(q_1)v_2(q_2)$	symmetrisch

Wir können noch eine allgemeine Symmetrieeigenschaft der Eigenfunktionen ablesen. Nach Aufg. 24 sind die Oszillatorfunktionen $u_n(q)$ zu geraden n gerade und zu ungeraden n ungerade Funktionen des Arguments q. Bei einer Vertauschung der beiden Teilchen, also von x_1 und x_2, bleibt nach Gl. (98.5) q_1 unverändert, während q_2 das Vorzeichen umkehrt. Daher ist für die Symmetrie von $U(q_1, q_2)$ allein der Faktor $v_\nu(q_2)$ maßgebend. Das führt zu den Angaben der letzten Spalte über die Symmetrie gegen Vertauschung der beiden Teilchen.

b) Erste Näherung. Wir wenden für $\Delta\omega \ll \omega$ das gleiche Störungsverfahren an wie in der vorigen Aufgabe. Dazu greifen wir auf (98.1) bis (98.4) zurück und gehen vom Hamiltonoperator nullter Näherung $H_1 + H_2$ mit Oszillatorprodukten $u_\mu(x_1)u_\nu(x_2)$ aus. In dieser Näherung gehören alle solchen Produkte mit dem gleichen Wert von $\mu + \nu$ zum selben Eigenwert $\hbar\omega(\mu + \nu + 1)$ der Energie. Dies ist eine besondere zusätzliche Entartung für Oszillatoren, die wir in der vorigen Aufgabe ausgeschlossen haben. Für den zweiten angeregten Term, also für $\mu + \nu = 2$, müssen wir daher von einer Linearkombination aus drei Gliedern

$$U = au_2(x_1)u_0(x_2) + bu_1(x_1)u_1(x_2) + cu_0(x_1)u_2(x_2) \qquad (98.14a)$$

ausgehen, entsprechend für $\mu + \nu = 3$ von den vier Indexkombinationen (3,0), (2,1), (1,2), (0,3) usw. Wir beschränken uns im folgenden auf $\mu + \nu = 2$. Zur Vereinfachung der Schreibweise benutzen wir Hilbert-Vektoren, schreiben also z.B.

$$u_\mu(x_1)u_\nu(x_2) = |\mu\nu\rangle \; .$$

Dann lautet Gl. (98.14a)

$$|U\rangle = a|2, 0\rangle + b|1, 1\rangle + c|0, 2\rangle .\qquad(98.14b)$$

Die Anwendung der Operatoren H_1 und H_2 hierauf ist einfach:

$$H_1|U\rangle = \hbar\omega(\tfrac{5}{2}a|2, 0\rangle + \tfrac{3}{2}b|1, 1\rangle + \tfrac{1}{2}c|0, 2\rangle) ;$$
$$H_2|U\rangle = \hbar\omega(\tfrac{1}{2}a|2, 0\rangle + \tfrac{3}{2}b|1, 1\rangle + \tfrac{5}{2}c|0, 2\rangle)$$

und daher

$$(H_1 + H_2)|U\rangle = 3\hbar\omega|U\rangle$$

mit dem Erwartungswert

$$\langle U|H_1 + H_2|U\rangle = 3\hbar\omega(a^2 + b^2 + c^2) .\qquad(98.15)$$

Wir bilden nun den Erwartungswert der Kopplungsenergie W, Gl. (98.4):

$$\begin{aligned}\langle U|W|U\rangle = &-f\{a^2\langle 2|x|2\rangle\langle 0|x|0\rangle + ab\langle 2|x|1\rangle\langle 0|x|1\rangle \\ &+ ac\langle 2|x|0\rangle\langle 0|x|2\rangle + ba\langle 1|x|2\rangle\langle 1|x|0\rangle \\ &+ b^2\langle 1|x|1\rangle\langle 1|x|1\rangle + bc\langle 1|x|0\rangle\langle 1|x|2\rangle \\ &+ ca\langle 0|x|2\rangle\langle 2|x|0\rangle + cb\langle 0|x|1\rangle\langle 2|x|1\rangle \\ &+ c^2\langle 0|x|0\rangle\langle 2|x|2\rangle\} .\end{aligned}\qquad(98.16)$$

Die hier auftretenden Matrixelemente von x verschwinden nach Aufg. 26 außer

$$\langle 0|x|1\rangle = \langle 1|x|0\rangle = \sqrt{\frac{\hbar}{2m\omega}}$$

und

$$\langle 1|x|2\rangle = \langle 2|x|1\rangle = \sqrt{\frac{\hbar}{m\omega}} .$$

Damit reduziert sich Gl. (98.16) auf

$$\langle U|W|U\rangle = -f(2ab + 2bc)\frac{\hbar}{m\omega\sqrt{2}} = -\sqrt{2}b(a + c)\hbar\Delta\omega\qquad(98.17)$$

mit $\Delta\omega$ aus Gl. (98.12).

Nach (98.15) und (98.17) wird der Erwartungswert der Energie für die Näherungsfunktion von Gl. (98.14a, b)

$$E = \langle U|H|U\rangle = 3\hbar\omega(a^2 + b^2 + c^2) - \sqrt{2}b(a + c)\hbar\Delta\omega\qquad(98.18a)$$

98. Aufgabe. Gekoppelte Oszillatoren

mit der Nebenbedingung

$$\langle U|U\rangle = a^2 + b^2 + c^2 = 1 \ . \tag{98.18b}$$

Für die beste Näherung müssen a, b, c so gewählt werden, daß E bei Einhaltung dieser Nebenbedingung ein Extremum wird, d.h.

$$F \equiv \langle U|H|U\rangle - \lambda \langle U|U\rangle = \text{Extremum}$$

oder

$$\frac{\partial F}{\partial a} = (6\hbar\omega - 2\lambda)a - \sqrt{2}\hbar\Delta\omega b \quad = 0 \ ;$$

$$\frac{\partial F}{\partial b} = (6\hbar\omega - 2\lambda)b - \sqrt{2}\hbar\Delta\omega(a+c) = 0 \ ;$$

$$\frac{\partial F}{\partial c} = (6\hbar\omega - 2\lambda)c - \sqrt{2}\hbar\Delta\omega b \quad = 0 \ . \tag{98.19}$$

Mit den Abkürzungen $p = 6\hbar\omega - 2\lambda$ und $q = \sqrt{2}\hbar\Delta\omega$ lautet die Determinante

$$\begin{vmatrix} p & -q & 0 \\ -q & p & -q \\ 0 & -q & p \end{vmatrix} = p(p^2 - 2q^2) \ .$$

Sie muß verschwinden. Dem entsprechen drei Lösungen

$$p_1 = 0; \quad b = 0; \quad c = -a \ ;$$
$$p_2 = \sqrt{2}q = 2\hbar\Delta\omega; \quad b = \sqrt{2}a; \quad c = a \ ;$$
$$p_3 = -\sqrt{2}q = -2\hbar\Delta\omega; \quad b = -\sqrt{2}a; \quad c = a \ ,$$

woraus in der Normierung von Gl. (98.18b) die Eigenfunktionen und nach Gl. (98.18a) die zugehörigen Energiewerte folgen:

$$U_1 = \frac{1}{\sqrt{2}}(|2,0\rangle - |0,2\rangle); \quad E_1 = 3\hbar\omega$$

$$U_2 = \frac{1}{2}(|2,0\rangle + \sqrt{2}|1,1\rangle + |0,2\rangle); \quad E_2 = 3\hbar\omega - \hbar\Delta\omega$$

$$U_3 = \frac{1}{2}(|2,0\rangle - \sqrt{2}|1,1\rangle + |0,2\rangle); \quad E_3 = 3\hbar\omega + \hbar\Delta\omega \ .$$

Allgemeine Struktur und Symmetrieeigenschaften der drei Funktionen stimmen daher mit der strengen Lösung für $\mu + \nu = 2$ überein, die in der obigen Übersicht zusammengestellt sind.

99. Aufgabe. Helium im Grundzustand

Man berechne das Ionisierungspotential eines neutralen Heliumatoms in erster Näherung eines Störungsverfahrens. Dabei sollen in nullter Näherung für beide Elektronen abgeschirmte Wasserstoffeigenfunktionen angesetzt werden, deren Abschirmung optimal zu wählen ist.

Lösung. Der Hamiltonoperator des Heliumatoms

$$H = -\frac{\hbar^2}{2m}(\nabla_1^2 + \nabla_2^2) - \left(\frac{2e^2}{r_1} + \frac{2e^2}{r_2}\right) + \frac{e^2}{r_{12}} \qquad (99.1)$$

läßt sich in drei Teile zerlegen:

$$H = H_1 + H_2 + W \qquad (99.2)$$

mit

$$H_1 = -\frac{\hbar^2}{2m}\nabla_1^2 - \frac{(2-s)e^2}{r_1} \qquad (99.3\text{a})$$

$$H_2 = -\frac{\hbar^2}{2m}\nabla_2^2 - \frac{(2-s)e^2}{r_2} \qquad (99.3\text{b})$$

und

$$W = \frac{e^2}{r_{12}} - \frac{se^2}{r_1} - \frac{se^2}{r_2}. \qquad (99.4)$$

Hier ist s ein zunächst freibleibender Parameter, der die gegenseitige Abschirmung der beiden Elektronen vom Kern pauschal berücksichtigt. Die Gleichung

$$H_1 u(\mathbf{r}_1) = E_0 u(\mathbf{r}_1) \qquad (99.5)$$

ist die Schrödingergleichung eines Elektrons allein im Felde des teilweise abgeschirmten Kerns mit der Ladung $(2-s)e$. Für den tiefsten zu Gl. (99.5) gehörigen Zustand gilt nach Aufg. 45

$$E_0 = -\frac{me^4}{2\hbar^2}(2-s)^2 \qquad (99.6)$$

99. Aufgabe. Helium im Grundzustand

und

$$u(r_1) = \sqrt{\gamma^3/\pi}\, e^{-\gamma r_1} \quad \text{mit} \quad \gamma = \frac{me^2}{\hbar^2}(2-s)\,. \tag{99.7}$$

Im Grundzustand des Heliums besitzen beide Elektronen in nullter Näherung die Eigenfunktion von Gl. (99.7), d.h., wir legen für das neutrale Atom

$$U = u(r_1)u(r_2) = \frac{\gamma^3}{\pi} e^{-\gamma(r_1+r_2)} \tag{99.8}$$

zugrunde. Damit ergibt sich für den Erwartungswert der Atomenergie gemäß (99.2) und (99.5)

$$E = \langle U|H|U\rangle = 2E_0 + \langle U|W|U\rangle \tag{99.9}$$

und nach (99.4) und (99.8) ausführlich

$$\langle U|W|U\rangle = \frac{\gamma^6 e^2}{\pi^2} \int d\tau_1 \int d\tau_2\, e^{-2\gamma(r_1+r_2)} \left(\frac{1}{r_{12}} - \frac{s}{r_1} - \frac{s}{r_2}\right). \tag{99.10}$$

Die elementare Berechnung der beiden letzten, einander gleichen Terme bietet keine Schwierigkeiten:

$$\int d\tau_1 \int d\tau_2 \frac{s}{r_2} e^{-2\gamma(r_1+r_2)} = 4\pi s \int_0^\infty dr_1 r_1^2 e^{-2\gamma r_1} 4\pi \int_0^\infty dr_2 r_2 e^{-2\gamma r_2} = \frac{\pi^2 s}{\gamma^5}\,. \tag{99.11}$$

Den ersten Term von Gl. (99.10) berechnen wir, indem wir $1/r_{12}$ nach Legendreschen Polynomen des Winkels Θ zwischen den Vektoren $\mathbf{r}_1$ und $\mathbf{r}_2$ entwickeln:

$$\frac{1}{r_{12}} = \begin{cases} \dfrac{1}{r_2} \sum_{n=0}^{\infty} (r_1/r_2)^n P_n(\cos\Theta) & \text{für } r_1 < r_2 \\ \dfrac{1}{r_1} \sum_{n=0}^{\infty} (r_2/r_1)^n P_n(\cos\Theta) & \text{für } r_1 > r_2\,. \end{cases}$$

Dann trägt nur das Glied mit $n = 0$ zum Integral bei, und wir erhalten

$$\int d\tau_1 \int d\tau_2\, e^{-2\gamma(r_1+r_2)}/r_{12} = (4\pi)^2 \int_0^\infty dr_1 r_1^2 e^{-2\gamma r_1} \left[\frac{1}{r_1} \int_0^{r_1} dr_2 r_2^2 e^{-2\gamma r_2}\right.$$

$$\left. + \int_{r_1}^\infty dr_2 r_2 e^{-2\gamma r_2}\right] = \frac{5\pi^2}{8\gamma^5}\,. \tag{99.12}$$

Setzen wir die Ergebnisse von (99.11) und (99.12) in Gl. (99.10) ein, so entsteht schließlich

$$\langle U|W|U \rangle = \frac{\gamma^6}{\pi^2} e^2 \left(\frac{5\pi^2}{8\gamma^5} - 2\frac{\pi^2 s}{\gamma^5} \right) = \gamma e^2 \left(\frac{5}{8} - 2s \right), \qquad (99.13)$$

und mit E_0 aus Gl. (99.6) folgt der Erwartungswert aus Gl. (99.9) zu

$$E = -\frac{me^4}{\hbar^2}(2-s)^2 + \frac{me^4}{\hbar^2}(2-s)\left(\frac{5}{8} - 2s\right). \qquad (99.14)$$

Die Abschirmkonstante s muß nun so gewählt werden, daß E ein Minimum wird; dann ist die Funktion von Gl. (99.8) die beste Näherung dieser Gestalt für die Eigenfunktion:

$$\frac{\partial E}{\partial s} = -\frac{me^4}{\hbar^2}\left(\frac{5}{8} - 2s\right) = 0\,.$$

Das führt eindeutig auf $s = 5/16$. Man prüft leicht nach, daß E an dieser Stelle das geforderte Minimum wird ($\partial^2 E/\partial s^2 > 0$). Gehen wir mit

$$s = \frac{5}{16} \qquad (99.15)$$

in Gl. (99.13) ein, so folgt $\langle U|W|U \rangle = 0$, so daß Gl. (99.14) einfach

$$E = -\frac{me^4}{\hbar^2}(2-s)^2 = -\left(\frac{27}{16}\right)^2 \frac{me^4}{\hbar^2} \qquad (99.16)$$

ergibt. Daß $s < 1$ ist, ist physikalisch vernünftig, da jedes Elektron das andere nur teilweise vom Kern abschirmt.

Das gesuchte Ionisierungspotential ist die Energie, die zur Ablösung *eines* Elektrons, also zur Herstellung des Grundzustandes von He$^+$ erforderlich ist, dessen Energie

$$E^+ = -2\frac{me^4}{\hbar^2}$$

ist, vgl. Gl. (99.6). Das Ionisierungspotential ist die Differenz

$$J = E^+ - E = \frac{me^4}{\hbar^2}\left[\left(\frac{27}{16}\right)^2 - 2\right] = 0{,}84766\, me^4/\hbar^2 \qquad (99.17)$$

oder, wegen $me^4/\hbar^2 = 27{,}2$ eV, $J = 23{,}06$ eV. Dieser recht rohe Näherungswert liegt bereits erstaunlich nahe dem empirischen von 24,46 eV.

Der Vergleich sieht noch günstiger aus, wenn wir die ursprünglich in Gl. (99.16) berechnete Energie $E = -77,48$ eV mit ihrem empirischen Wert von $-78,88$ eV vergleichen (1,8% Fehler).

Eine genauere Rechnung müßte nicht nur anstelle der Funktion u, Gl. (99.7), eine solche mit mehreren Ritzschen Parametern benutzen, sondern auch über den einfachen Produktansatz von Gl. (99.8) hinausgehend vom gegenseitigen Abstand r_{12} der beiden Elektronen abhängen.

100. Aufgabe. Neutrales Wasserstoffmolekül

Bindungsenergie und Gleichgewichtsabstand der Kerne sollen für ein neutrales Wasserstoffmolekül im Grundzustand berechnet werden, wobei die Kerne als ruhend behandelt werden (Born-Oppenheimer-Näherung). Die Elektronen sollen analog zu Aufg. 74 wie beim H_2^+-Molekül behandelt werden.

Lösung. Der Hamiltonoperator für die Bewegung der Elektronen bei im Abstand R von einander festgehaltenen Kernen lautet

$$H = -\frac{\hbar^2}{2m}(\nabla_1^2 + \nabla_2^2) + \frac{e^2}{r_{12}} + \frac{e^2}{R} - e^2\left(\frac{1}{r_{a1}} + \frac{1}{r_{b1}} + \frac{1}{r_{a2}} + \frac{1}{r_{b2}}\right). \tag{100.1}$$

wenn wir die beiden Kerne mit a und b und die Elektronen mit 1 und 2 indizieren. Für $R \to \infty$ geht die Lösung in diejenige zweier getrennter Atome über (wenn wir von der energetisch sehr ungünstigen Aufteilung in H^+ und H^- absehen). Bleibt Elektron 1 beim Kern a, während 2 nach b geht, so nimmt die Lösung die Form $u(r_{a1})u(r_{b2})$ an; bei umgekehrter Verteilung der beiden Elektronen $u(r_{a2})u(r_{b1})$. Im folgenden schreiben wir kurz u_{a1} für $u(r_{a1})$ usw. Bei endlichem Kernabstand setzen wir genähert an

$$U(r_1, r_2) = N(u_{a1} u_{b2} + \varepsilon u_{b1} u_{a2}) \tag{100.2}$$

mit $\varepsilon = \pm 1$. Nach dem Pauli-Prinzip ist diese Ortsfunktion durch einen Spinfaktor der umgekehrten Symmetrie

$$\chi = \frac{1}{\sqrt{2}}(\alpha_1 \beta_2 - \varepsilon \beta_1 \alpha_2)$$

zu ergänzen. Da die tiefere Energie stets zur geringeren Zahl von Knoten gehört, sind $\varepsilon = +1$ und antiparallele Spins dem gesuchten Grundzustand zuzuordnen. Hierauf werden wir uns im folgenden beschränken.

Unsere Aufgabe wird nun darin bestehen, den Erwartungswert der Energie

$$E = \langle U|H|U \rangle = \int d\tau_1 \int d\tau_2 \, U^* H U \tag{100.3}$$

280 II. Systeme aus wenigen Teilchen

mit einer Eigenfunktion U der Form von Gl. (100.2) auszurechnen. Hier geht u_{a1} nur für $R \to \infty$ in die Atomeigenfunktion über; bei endlichem Kernabstand sei

$$-\frac{\hbar^2}{2m}\nabla_1^2 u_{a1} - \frac{e^2}{r_{a1}} u_{a1} = f_{a1} . \qquad (100.4)$$

Dann erhalten wir zunächst

$$\left(H - \frac{e^2}{R}\right) u_{a1} u_{b2} = f_{a1} u_{b2} + u_{a1} f_{b2} + e^2\left(\frac{1}{r_{12}} - \frac{1}{r_{b1}} - \frac{1}{r_{a2}}\right) u_{a1} u_{b2}$$

und

$$\left(H - \frac{e^2}{R}\right) u_{b1} u_{a2} = f_{b1} u_{a2} + u_{b1} f_{a2} + e^2\left(\frac{1}{r_{12}} - \frac{1}{r_{a1}} - \frac{1}{r_{b2}}\right) u_{b1} u_{a2} .$$

Bilden wir nun das Integral nach Gl. (100.3), so treten eine Reihe einfacherer Integrale darin auf, nämlich

$$\langle u_{a1} | f_{a1} \rangle = C; \quad \langle u_{b1} | f_{a1} \rangle = C' ; \qquad (100.5)$$

$$\langle u_{b1} | u_{a1} \rangle = S ; \qquad (100.6)$$

$$\left\langle u_{a1} \left| \frac{1}{r_{b1}} \right| u_{a1} \right\rangle = K; \quad \left\langle u_{b1} \left| \frac{1}{r_{b1}} \right| u_{a1} \right\rangle = A ; \qquad (100.7)$$

$$\left\langle u_{a1} u_{b2} \left| \frac{1}{r_{12}} \right| u_{a1} u_{b2} \right\rangle = K' ; \qquad (100.8)$$

$$\left\langle u_{b1} u_{a2} \left| \frac{1}{r_{12}} \right| u_{a1} u_{b2} \right\rangle = A' . \qquad (100.9)$$

Mit diesen Abkürzungen entsteht schließlich

$$N = \frac{1}{\sqrt{2(1+S)}}$$

und

$$(1+S)\langle U|H|U\rangle = 2(C + C'S) + e^2(K' + A')$$
$$- 2e^2(K + AS) + \frac{e^2}{R} . \qquad (100.10)$$

Die Teilintegrale erlauben teilweise anschauliche Deutungen. In Gl. (100.6) ist S das *Überlappungsintegral* der beiden Elektronen. Die Integrale K, Gl. (100.7), und K', Gl. (100.8), sind klassische Wechselwirkungsintegrale,

100. Aufgabe. Neutrales Wasserstoffmolekül

K zwischen dem Kern b und einer den Kern a umgebenden Elektronenwolke,

$$K = \int d\tau_1 |u_{a1}|^2 / r_{b1},$$

und K' zwischen den beiden Elektronenwolken,

$$K' = \int d\tau_1 |u_{a1}|^2 \int d\tau_2 |u_{b2}|^2 / r_{12}.$$

Die Integrale A und A' sind analog gebildete Austauschintegrale.

Zur Berechnung der Integrale müssen wir über die Funktion u verfügen. Der einfachste Ansatz ist

$$u = \sqrt{\frac{\gamma^3}{\pi}} \, e^{-\gamma r},$$

wobei $1/\gamma$ für $R \to \infty$ gleich dem Bohrschen Radius wird, so daß die korrekten Atomfunktionen entstehen. Für endliche R muß der Parameter γ im Sinne eines Ritzschen Verfahrens als Funktion von R optimiert werden. Außerdem wollen wir zur Vereinfachung der Formeln die folgenden Rechnungen in atomaren Einheiten ($\hbar = 1$, $m = 1$, $e = 1$) ausführen.

Von den sieben Integralen (100.5) bis (100.9) lassen sich die meisten elementar entweder in Polarkoordinaten oder elliptischen Koordinaten nach dem Muster von Aufg. 74 berechnen. Mit der Abkürzung $\gamma R = \rho$ erhält man

$$C = \tfrac{1}{2}\gamma^2 - \gamma; \quad C' = -\tfrac{1}{2}\gamma^2 S + (\gamma - 1) A; \tag{100.11}$$

$$S = (1 + \rho + \tfrac{1}{3}\rho^2) e^{-\rho}; \tag{100.12}$$

$$K = \frac{\gamma}{\rho}[1 - (1+\rho) e^{-2\rho}]; \tag{100.13}$$

$$A = \gamma(1+\rho) e^{-\rho}; \tag{100.14}$$

$$K' = \frac{\gamma}{\rho}\left[1 - \left(1 + \frac{11}{8}\rho + \frac{3}{4}\rho^2 + \frac{1}{6}\rho^3\right) e^{-2\rho}\right]. \tag{100.15}$$

Nur das Integral A' läßt sich nicht elementar behandeln. Wir geben deshalb direkt das zuerst von Sugiura abgeleitete Ergebnis an, welches lautet

$$A' = \gamma\left[\left(\frac{5}{8} - \frac{23}{20}\rho - \frac{3}{5}\rho^2 - \frac{1}{15}\rho^3\right) e^{-2\rho} + \frac{6}{5}\frac{F(\rho)}{\rho}\right]$$

mit

$$F(\rho) = S(\rho)^2 (\log \rho + C) - S(-\rho)^2 E_1(4\rho)$$
$$+ 2S(\rho)S(-\rho)E_1(2\rho), \tag{100.16}$$

wobei $C = 0{,}5772 \ldots$ die Eulersche Konstante und

$$E_1(z) = \int_z^\infty \frac{dt}{t}\, e^{-t}$$

das Exponentialintegral ist. Für große R wird A' proportional zu $e^{-2\rho}$; für $R \to 0$ ergibt sich der (auch elementar abzuleitende) Wert $5\gamma/8$. Diese letzte Zahl entspricht Gl. (99.12) für das neutrale Heliumatom.

Setzen wir die Integrale (100.11) bis (100.16) in den Energieausdruck von Gl. (100.10) ein und spalten in K, A, K', A' jeweils den Faktor γ ab,

$$K = \gamma \bar{K}; \quad A = \gamma \bar{A}; \quad K' = \gamma \bar{K}'; \quad A' = \gamma \bar{A}', \tag{100.17}$$

so hängen $\bar{K}$, $\bar{A}$, $\bar{K}'$, $\bar{A}'$, ebenso wie S nur noch von ρ ab. Wir können daher die Energie

$$E = \langle U|H|U\rangle = -a\gamma + b\gamma^2 \tag{100.18}$$

schreiben, wobei die Faktoren

$$a(\rho) = \frac{2(1+\bar{K}) + 4S\bar{A} - (\bar{K}' + \bar{A}')}{1 + S^2} - \frac{1}{\rho} \tag{100.19a}$$

$$b(\rho) = \frac{1 - S^2 + 4S\bar{A}}{1 + S^2} \tag{100.19b}$$

nur noch von ρ abhängen. Die Forderung

$$\frac{\partial E}{\partial \gamma} = -a + 2b\gamma = 0$$

legt dann

$$\gamma = \frac{a}{2b} \tag{100.20}$$

fest, so daß Gl. (100.18) in

$$E = -\frac{a^2}{4b} \tag{100.21}$$

übergeht. Wir können nun für verschiedene ρ die Funktionen $a(\rho)$ und $b(\rho)$ numerisch berechnen und daraus sowohl γ nach Gl. (100.20) als auch E nach Gl. (100.21) bestimmen. Wegen $\rho = \gamma R$ erhalten wir außerdem die zugehörigen Kernabstände R. Die nebenstehende Tabelle enthält die Ergebnisse.

ρ	γ	$-E$	R
1,3	1,145	1,120	1,133
1,4	1,152	1,127	1,214
1,5	1,160	1,131	1,293
1,6	1,164	1,137	1,374
1,7	1,166	1,139	1,458
1,8	1,164	1,137	1,546
1,9	1,161	1,134	1,635
2,0	1,156	1,129	1,730

Das Maximum von $-E$ liegt etwa bei $R = 1{,}46$ atomaren Einheiten oder $R = 0{,}77$ Å. Der experimentelle Wert von 0,742 Å ist also um 3,6% kleiner. Die zugehörige Energie ist nach unserer Näherung $E = -1{,}139$. Das ist zu vergleichen mit der Bindungsenergie zweier getrennter H-Atome im Grundzustand, $2E_0 = -1$. Bezeichnen wir noch die Nullpunktsenergie der Molekülschwingung mit $\hbar\omega/2$, so wird die Dissoziationsenergie

$$D = 2E_0 - (E + \tfrac{1}{2}\hbar\omega) = 0{,}139 - \tfrac{1}{2}\hbar\omega \, .$$

Die Nullpunktsenergie kann nach dem Schema von Aufg. 74 abgeschätzt werden, indem man die Funktion $E(R)$ in der Umgebung des Minimums durch eine Parabel approximiert, doch ist dies weniger gut als beim H_2^+. Wir erhalten so 0,010 oder 0,27 eV mit einer Unsicherheit von etwa $\pm 5\%$ in Übereinstimmung mit dem empirischen Wert $\hbar\omega = 0{,}54$ eV. Damit folgt $D = 0{,}129$ atomare Einheiten oder 3,51 eV, während der experimentelle Wert $D = 4{,}45$ eV beträgt. Dies scheint eine recht schlechte Näherung zu sein, doch ist sie wie beim H_2^+ nur zur Bestimmung von E, nicht von D aufgebaut, dessen experimenteller Wert 1,1736 nur um rund 3% von unserem berechneten 1,139 abweicht.

101. Aufgabe. Schwerpunktsbewegung

Zwischen zwei Teilchen besteht eine nur von ihrer Relativlage abhängige Wechselwirkung $V(r_1 - r_2)$. Es soll gezeigt werden, daß sich Schwerpunktsbewegung und Relativbewegung getrennt behandeln lassen.

Lösung. Die Eigenfunktion $U(r_1, r_2)$ genügt der Schrödingergleichung

$$-\frac{\hbar^2}{2m_1}\nabla_1^2 U - \frac{\hbar^2}{2m_2}\nabla_2^2 U + V(r_1 - r_2)\, U = EU \, . \tag{101.1}$$

II. Systeme aus wenigen Teilchen

Hier führen wir anstelle der Koordinaten r_1 und r_2 der beiden Teilchen die Schwerpunktskoordinaten R und die Relativkoordinaten r ein:

$$R = \frac{m_1 r_1 + m_2 r_2}{m_1 + m_2}; \quad r = r_1 - r_2 . \tag{101.2}$$

Bildet man

$$\frac{\partial U}{\partial x_1} = \frac{m_1}{m_1 + m_2} \frac{\partial U}{\partial X} + \frac{\partial U}{\partial x}; \quad \frac{\partial U}{\partial x_2} = \frac{m_2}{m_1 + m_2} \frac{\partial U}{\partial X} - \frac{\partial U}{\partial x},$$

iteriert und setzt in Gl. (101.1) ein, so heben sich die gemischten Ableitungen $\partial^2 U/\partial X \partial x$ heraus. Mit den Abkürzungen

$$M = m_1 + m_2; \quad m^* = \frac{m_1 m_2}{m_1 + m_2} \tag{101.3}$$

für die Gesamtmasse M und die "reduzierte" Masse m^* entsteht dann die Differentialgleichung

$$-\frac{\hbar^2}{2M} \nabla_R^2 U - \frac{\hbar^2}{2m^*} \nabla^2 U + V(r)U = E U . \tag{101.4}$$

Sie kann durch den Separationsansatz

$$U(r_1, r_2) = e^{i K \cdot R} u(r) \tag{101.5}$$

gelöst werden. Mit der Abkürzung

$$E^* = E - \frac{\hbar^2 K^2}{2M} \tag{101.6}$$

erhält man dann

$$-\frac{\hbar^2}{2m^*} \nabla^2 u + V(r) u = E^* u . \tag{101.7}$$

Der Ansatz von Gl. (101.5) bedeutet eine Translation des ganzen Systems mit dem Impuls $\hbar K$, so daß E^* nach Gl. (101.6) die um die Energie dieser Translation verminderte Gesamtenergie, d.h. die Energie der Relativbewegung ist. Gleichung (101.7) ist identisch mit derjenigen Schrödingergleichung, die sich ergäbe, wenn man die eine Korpuskel festhielte und die Bewegung der anderen als Einkörperproblem behandelte; nur hat man anstelle der Masse der beweglichen Korpuskel die reduzierte Masse nach Gl. (101.3) einzusetzen (*äquivalentes Einkörperproblem*).

Anm. 1. In den Aufg. 45 bis 48 haben wir bereits das äquivalente Einkörperproblem für Relativbewegungen benutzt. Im Wasserstoffatom (Aufg. 45) bildet man aus der Protonmasse M und der Elektronmasse m die reduzierte Masse $m^* \approx m(1 - m/M)$, die fast keinen Einfluß der viel größeren des Protons zeigt ($M \gg m$). In Aufg. 46 und 47 ist die reduzierte Masse aus denjenigen der beiden Atome zu bilden. Beim Deuteron der Aufg. 48 schließlich sind die beiden Korpuskeln Proton und Neutron nahezu gleichschwer ($m_p = m_n$), ihre reduzierte Masse daher $m_p/2$.

Anm. 2. Besteht zwischen den Korpuskeln eine Zentralkraft $V(r)$, was meist der Fall ist, so läßt sich eine Kugelfunktion $Y_{l,m}(\vartheta, \varphi)$ der Relativkoordinaten abspalten. Eine Vertauschung der beiden Teilchen, $\boldsymbol{r} \to -\boldsymbol{r}$ oder $\vartheta \to \pi - \vartheta$, $\varphi \to \varphi + \pi$ ergibt

$$Y_{l,m}(\pi - \vartheta, \varphi + \pi) = (-1)^l Y_{l,m}(\vartheta, \varphi) \,. \tag{101.8}$$

Ergänzt man die Ortsfunktion durch eine Spinfunktion und gilt das Pauliprinzip, so muß für gerade l die antisymmetrische Spinfunktion $(\alpha_1 \beta_2 - \alpha_2 \beta_1)$ und für ungerade l eine der drei symmetrischen Spinfunktionen $(\alpha_1 \alpha_2, \beta_1 \beta_2$ oder $\alpha_1 \beta_2 + \alpha_2 \beta_1)$ hinzugefügt werden.

102. Aufgabe. Drehimpulseigenfunktionen für zwei Teilchen

Zwei Teilchen mit parallelen Spins unterliegen einer nur von ihrem Abstand abhängigen Wechselwirkung. Welche Zustände zu festem Bahndrehimpuls l sind zum Gesamtdrehimpuls $\boldsymbol{J}^2 = j(j+1)$ mit der Komponente $J_z = m$ möglich? (Einheit $\hbar$).

Lösung. In Aufg. 94 sind die Beziehungen für das System aus zwei Teilchen vom Spin 1/2 in Einheiten von $\hbar/2$ angegeben. Wir übertragen (94.9a) und (94.11) auf die Einheit $\hbar$. Dann lauten sie bei sinngemäßer Änderung der Bezeichnung der Spinfunktionen

$$\sigma_z \chi_1 = +\chi_1; \quad \sigma_z \chi_0 = 0; \quad \sigma_z \chi_{-1} = -\chi_{-1}; \quad \boldsymbol{\sigma}^2 = 2 \tag{102.1}$$

und

$$\begin{aligned}
\sigma_+ \chi_1 &= 0 & \sigma_- \chi_1 &= \sqrt{2}\chi_0 \\
\sigma_+ \chi_0 &= \sqrt{2}\chi_1 & \sigma_- \chi_0 &= \sqrt{2}\chi_{-1} \\
\sigma_+ \chi_{-1} &= \sqrt{2}\chi_0 & \sigma_- \chi_{-1} &= 0 \,.
\end{aligned} \tag{102.2}$$

Für den Gesamtdrehimpuls $\boldsymbol{J} = \boldsymbol{L} + \boldsymbol{\sigma}$ gilt

$$\boldsymbol{J}^2 = (\boldsymbol{L} + \boldsymbol{\sigma})^2 = \boldsymbol{L}^2 + 2 + 2L_z \sigma_z + L^+ \sigma_- + L^- \sigma_+ \,. \tag{102.3}$$

Da wir eine Wellenfunktion zu $\boldsymbol{L}^2 \psi = l(l+1)\psi$ aufbauen sollen, können nur Kugelfunktionen der Ordnung l auftreten. Um $J_z = L_z + \sigma_z$ diagonal zu machen, brauchen wir dann die Kombination.

$$\psi = f_l(r)[A_l Y_{l,m-1}\chi_1 + B_l Y_{l,m}\chi_0 + C_l Y_{l,m+1}\chi_{-1}]. \tag{102.4}$$

Ein Blick auf Gl. (102.1) zeigt, daß dann $J_z\psi = m\psi$ wird.

Nach diesen Vorbereitungen besteht unsere Aufgabe nun darin, die drei Amplitudenkonstanten in Gl. (102.4) so zu bestimmen, daß $J^2\psi = j(j+1)\psi$ und damit ψ auch Eigenfunktion von J^2 wird. Wir wenden zunächst den in Gl. (102.3) ausführlich beschriebenen Operator J^2 auf die drei Spinfunktionen an, wobei wir die Gln. (102.1) und (102.2) benutzen:

$$J^2\chi_1 = [l(l+1) + 2 + 2L_z]\chi_1 + \sqrt{2}\,L^+\chi_0;$$

$$J^2\chi_0 = [l(l+1) + 2]\chi_0 + \sqrt{2}\,(L^+\chi_{-1} + L^-\chi_1);$$

$$J^2\chi_{-1} = [l(l+1) + 2 - 2L_z]\chi_{-1} + \sqrt{2}\,L^-\chi_0. \tag{102.5}$$

Wir fügen nun die in Gl. (102.4) enthaltenen Kugelfunktionen hinzu, die nach Aufg. 40 den Beziehungen

$$L_z Y_{l,m} = m Y_{l,m};\quad L^+ Y_{l,m} = -\lambda_m Y_{l,m+1};$$

$$L^- Y_{l,m} = -\lambda_{m-1} Y_{l,m-1}$$

mit

$$\lambda_m = \sqrt{l(l+1) - m(m+1)} \tag{102.6}$$

genügen. Dies führt auf

$$J^2\psi = f_l(r)\{A_l[(l(l+1) + 2m)\,Y_{l,m-1}\chi_1 - \sqrt{2}\,\lambda_{m-1}Y_{l,m}\chi_0]$$
$$+ B_l[(l(l+1) + 2)\,Y_{l,m}\chi_0 - \sqrt{2}(\lambda_m Y_{l,m+1}\chi_{-1}$$
$$+ \lambda_{m-1}Y_{l,m-1}\chi_1)]$$
$$+ C_l[(l(l+1) - 2m)\,Y_{l,m+1}\chi_{-1} - \sqrt{2}\,\lambda_m Y_{l,m}\chi_0]\}. \tag{102.7}$$

Damit dies gleich $j(j+1)\psi$ wird, müssen die folgenden drei Gleichungen erfüllt werden:

$$A_l[l(l+1) + 2m - j(j+1)] - B_l\sqrt{2}\,\lambda_{m-1} = 0$$
$$-\sqrt{2}\,\lambda_{m-1}A_l + B_l[l(l+1) + 2 - j(j+1)] - \sqrt{2}\,\lambda_m C_l = 0$$
$$-\sqrt{2}\,\lambda_m B_l + C_l[l(l+1) - 2m - j(j+1)] = 0 \tag{102.8}$$

Das sind homogene lineare Gleichungen für A_l, B_l, C_l, deren Determinante verschwinden muß. Deren Entwicklung führt auf eine von m unabhängige Gleichung dritten Grades für

$$p = j(j + 1) - l(l + 1),$$

nämlich

$$p^3 - 2p^2 - 4l(l + 1) p = 0$$

mit den Lösungen $p_1 = 0$, $p_2 = 2(l + 1)$ und $p_3 = -2l$, die zu den (positiven) Werten $j = l + 1$, $j = l$ und $j = l - 1$ gehören. Wir können dann (102.8) bis auf einen gemeinsamen Faktor lösen, den wir durch die Normierung

$$A_l^2 + B_l^2 + C_l^2 = 1$$

festlegen. Die Ergebnisse sind in der folgenden Übersicht zusammengestellt.

j	A_l	B_l	C_l
$l+1$	$-\sqrt{\dfrac{(l+m+1)(l+m)}{2(l+1)(2l+1)}}$	$\sqrt{\dfrac{(l+m+1)(l-m+1)}{(l+1)(2l+1)}}$	$-\sqrt{\dfrac{(l-m+1)(l-m)}{2(l+1)(2l+1)}}$
l	$\sqrt{\dfrac{(l-m+1)(l+m)}{2l(l+1)}}$	$\dfrac{m}{\sqrt{l(l+1)}}$	$-\sqrt{\dfrac{(l+m+1)(l-m)}{2l(l+1)}}$
$l-1$	$\sqrt{\dfrac{(l-m+1)(l-m)}{2l(2l+1)}}$	$\sqrt{\dfrac{(l+m)(l-m)}{l(2l+1)}}$	$\sqrt{\dfrac{(l+m+1)(l+m)}{2l(2l+1)}}$

103. Aufgabe. Rutherford-Streuung gleicher Teilchen

Ein Teilchen der Ladung e stößt gegen ein gleichartiges, ruhendes. Welche Streuverteilung ergibt sich, wenn die Wellenfunktion in den Koordinaten symmetrisch, bzw. antisymmetrisch gegen Vertauschung der beiden Teilchen ist?

Lösung. Im Schwerpunktssystem hängt die Wellenfunktion nur von der relativen Lage der beiden Teilchen zueinander ab. Soll sie symmetrisch oder antisymmetrisch gegen die Vertauschung der Teilchen sein, so muß sie mit $r = r_1 - r_2$ die Form

$$U(r_1, r_2) = u(r) \pm u(-r)$$

haben, also bei Übergang zu Kugelkoordinaten um die Stoßrichtung als z-Achse

$$U(r_1, r_2) = u(r, \vartheta) \pm u(r, \pi - \vartheta) \; .$$

Anstelle der bei der Rutherford-Streuung in Aufg. 59 für den differentiellen Streuquerschnitt abgeleiteten Formel erhalten wir daher jetzt im Schwerpunktssystem

$$d\sigma_{s,a} = 2\pi \sin\vartheta \, d\vartheta [f(\vartheta) \pm f(\pi - \vartheta)]^2 \; . \tag{103.1}$$

Die nicht-symmetrisierte Funktion $f(\vartheta)$ entnehmen wir dabei aus Gl. (59.15), wobei wir nur den Übergang zum Schwerpunktssystem beachten müssen, d.h. anstelle der Energie E des ankommenden Teilchens gemäß Aufgabe 101 $E^* = E/2$ und anstelle der Masse m eines Teilchens die reduzierte Masse $m^* = m/2$ beider setzen. Entsprechend ist die Wellenzahl k durch $k/2$ zu ersetzen, während $\kappa = e^2/\hbar v$ unabhängig von der Wahl des Koordinatensystems ist, da es nur von der Relativgeschwindigkeit der beiden Teilchen abhängt. Daher wird

$$f(\vartheta) = -\frac{\kappa}{k} e^{2i\eta_0} e^{-i\kappa \log kr} \frac{e^{-i\kappa \log(\sin^2 \vartheta/2)}}{\sin^2 \vartheta/2} \; , \tag{103.2}$$

worin

$$\frac{\kappa}{k} = \frac{e^2}{mv^2}$$

ist. Dann folgt

$$f(\vartheta) \pm f(\pi - \vartheta) = -\frac{e^2}{mv^2} e^{2i\eta_0 - i\kappa \log kr} \left\{ \frac{e^{-i\kappa \log(\sin^2 \vartheta/2)}}{\sin^2 \vartheta/2} \right. \tag{103.3}$$

$$\left. \pm \frac{e^{-i\kappa \log(\cos^2 \vartheta/2)}}{\cos^2 \vartheta/2} \right\}$$

und

$$d\sigma_{s,a} = 2\pi \sin\vartheta \, d\vartheta \left(\frac{e^2}{mv^2}\right)^2 \left\{ \frac{1}{\sin^4 \vartheta/2} + \frac{1}{\cos^4 \vartheta/2} \right.$$

$$\left. \pm 2 \frac{\cos[\kappa \log(\tan^2 \vartheta/2)]}{\sin^2 \vartheta/2 \cos^2 \vartheta/2} \right\} \; . \tag{103.4}$$

103. Aufgabe. Rutherford-Streuung

Da nun aber im raumfesten Koordinatensystem der Ablenkwinkel $\Theta = \vartheta/2$ ist (vgl. Anm. 1), findet man mit

$$\sin\vartheta\, d\vartheta = 4\cos\Theta\sin\Theta\, d\Theta$$

die Formel

$$d\sigma_{s,a} = 2\pi\sin\Theta\, d\Theta \cdot 4\cos\Theta(e^2/mv^2)^2 \times$$

$$\times \left\{ \frac{1}{\sin^4\Theta} + \frac{1}{\cos^4\Theta} \pm \frac{2\cos[(e^2/\hbar v)\log\tan^2\Theta]}{\sin^2\Theta\cos^2\Theta} \right\}. \quad (103.5)$$

Die drei Summanden in der Klammer haben folgende Bedeutung: Das erste Glied entspricht genau der Rutherfordschen Formel für die Intensität der gestreuten Korpuskeln. Das zweite (Darwinsche) Glied ist die zusätzliche Intensität der "Rückstoßteilchen", d.h. der anfänglich ruhenden, welche durch den Stoß in Bewegung gesetzt werden und von den anderen prinzipiell nicht unterscheidbar sind. Das dritte (Mottsche) Glied endlich ist das Interferenzglied der beiden kohärenten Wellen, das von der Austauschentartung herrührt und ein typisch quantenmechanischer Zusatz ist.

Anm. 1. Hat das ankommende Teilchen die Geschwindigkeit v_0 vor und V nach dem Stoß in Richtung Θ und sind die entsprechenden Größen im Schwerpunktssystem der Geschwindigkeit $v_s = v_0/2$ nach dem Stoß v und ϑ mit $v = v_0/2$, so besteht der Zusammenhang

$$V\cos\Theta = v\cos\vartheta + v_s; \quad V\sin\Theta = v\sin\vartheta,$$

woraus

$$\tan\Theta = \frac{\sin\vartheta}{\cos\vartheta + v_s/v} = \frac{\sin\vartheta}{\cos\vartheta + 1} = \tan\frac{\vartheta}{2},$$

also $\vartheta/2 = \Theta$, folgt.

Anm. 2. Symmetrische und antisymmetrische Zustände kommen für reale Teilchen stets in bestimmten durch Spin und Statistik festgelegten Gewichtsverhältnissen vor. Für Protonen oder für Elektronen, die Spin 1/2 haben und dem Pauliprinzip genügen, gehören zur antisymmetrischen Ortsfunktion drei symmetrische Spinzustände, zur symmetrischen aber nur der eine antisymmetrische Spinzustand. Daher ist das Gewichtsverhältnis $g_s : g_a = \frac{1}{4} : \frac{3}{4}$, und man erhält aus Gl. (103.5)

$$d\sigma = \tfrac{1}{4}(d\sigma_s + 3 d\sigma_a)$$

$$= 2\pi\sin\Theta\, d\Theta\, 4\cos\Theta\left(\frac{e^2}{mv^2}\right)^2 \left\{ \frac{1}{\sin^4\Theta} + \frac{1}{\cos^4\Theta} - \frac{\cos[(e^2/\hbar v)\log\tan^2\Theta]}{\sin^2\Theta\cos^2\Theta} \right\}.$$

Für α-Teilchen, die keinen Spin haben und der Bosestatistik genügen, ist $g_s:g_a = 1:0$; sie treten nur im symmetrischen Ortszustand auf, so daß einfach Gl. (103.5) mit dem Pluszeichen gilt. Dabei ist die Ladung e durch $2e$ zu ersetzen.

Anm. 3. Streut man Protonen an Protonen bei Energien von etwa 1 MeV, so tritt zur Coulomb-Abstoßung eine kurzreichweitige Anziehungskraft in Erscheinung. Man kann dann $f(\vartheta)$ nach Aufg. 61 berechnen und im übrigen genau wie im Vorstehenden verfahren.

104. Aufgabe. Unelastische Streuung

Ein Elektronenstrahl trifft auf Wasserstoffatome im Grundzustand u_0. Der differentielle Streuquerschnitt unter gleichzeitiger Anregung eines Atoms in den Zustand u_ν soll in erster Bornscher Näherung unter Vernachlässigung aller Austauscherscheinungen berechnet werden.

Lösung. Wir benutzen durchweg atomare Einheiten ($\hbar = 1$, $m = 1$, $e = 1$). Dann setzt sich der Hamiltonoperator

$$H = H_1 + H_2 + H_{12} \tag{104.1}$$

zusammen aus dem Anteil des freien Elektrons,

$$H_1 = -\tfrac{1}{2}\nabla_1^2, \tag{104.1a}$$

des gebundenen Elektrons,

$$H_2 = -\frac{1}{2}\nabla_2^2 - \frac{1}{r_2} \tag{104.1b}$$

und der Wechselwirkung

$$H_{12} = \frac{1}{r_{12}} - \frac{1}{r_1} \tag{104.1c}$$

des stoßenden Elektrons mit dem anderen Elektron und dem Proton. In nullter Näherung vernachlässigen wir H_{12}. Dann ist

$$U_0 = e^{i\mathbf{k}\cdot\mathbf{r}_1} u_0(\mathbf{r}_2), \tag{104.2}$$

wobei $\mathbf{k}$ der Impuls des ankommenden Elektrons ist. Wir fügen nun hinzu

$$U' = \sum_\mu{}' F_\mu(\mathbf{r}_1) u_\mu(\mathbf{r}_2), \tag{104.3}$$

entwickeln also den Zusatz nach dem Orthogonalsystem der Atomeigenfunktionen $\{u_\mu\}$ mit noch unbekannten Koeffizienten $F_\mu(\mathbf{r}_1)$. Die Summe enthält natürlich auch die zum Kontinuum gehörigen Glieder, die aber für das folgende keine Rolle spielen. Beim Einsetzen in die Schrödingergleichung $HU = EU$ entsteht dann

$$(\tfrac{1}{2}k^2 + W_0 - E)U_0 + [H_{12}U_0 + (H_1 + H_2 - E)U'] + H_{12}U' = 0,$$

wobei W_0 die Energie des Zustandes u_0 ist. Das erste Glied verschwindet:

$$E = \tfrac{1}{2}k^2 + W_0 ; \qquad (104.4)$$

das letzte Glied vernachlässigen wir in der ersten Näherung der Störungstheorie; der Rest ergibt beim Einsetzen der Ausdrücke Gl. (104.2) für U_0 und Gl. (104.3) für U'

$$\sum_\mu {}' [-\tfrac{1}{2}\nabla_1^2 F_\mu(\mathbf{r}_1) + (W_\mu - E)F_\mu(\mathbf{r}_1)] u_\mu(\mathbf{r}_2)$$
$$= - H_{12} e^{i\mathbf{k}\cdot \mathbf{r}_1} u_0(\mathbf{r}_2), \qquad (104.5)$$

wobei W_μ die Energie des Atoms im angeregten Zustand u_μ ist. Multiplikation mit $u_\nu^*(\mathbf{r}_2)$ und Integration über $\mathbf{r}_2$ ergibt dann für $F_\nu(\mathbf{r}_1)$ die inhomogene Differentialgleichung

$$(\nabla_1^2 + k_\nu^2) F_\nu(\mathbf{r}_1) = 2 e^{i\mathbf{k}\cdot \mathbf{r}_1} \int d\tau_2 u_\nu^*(\mathbf{r}_2) H_{12} u_0(\mathbf{r}_2), \qquad (104.6)$$

wobei wir

$$k_\nu^2 = k^2 + 2(W_0 - W_\nu) \qquad (104.7)$$

eingeführt haben. Bezeichnen wir die rechte Seite von Gl. (104.6) kurz mit

$$\Phi_\nu(\mathbf{r}_1) = 2 e^{i\mathbf{k}\cdot \mathbf{r}_1} \int d\tau_2 u_\nu^*(\mathbf{r}_2) \left(\frac{1}{r_{12}} - \frac{1}{r_1} \right) u_0(\mathbf{r}_2), \qquad (104.8)$$

so lautet die gesuchte Lösung von Gl. (104.6)

$$F_\nu(\mathbf{r}_1) = -\frac{1}{4\pi} \int d\tau' \frac{e^{ik_\nu |\mathbf{r}_1 - \mathbf{r}'|}}{|\mathbf{r}_1 - \mathbf{r}'|} \Phi_\nu(\mathbf{r}'). \qquad (104.9)$$

Nach Voraussetzung ist der Zustand u_ν von u_0 verschieden; daher verschwindet das zweite Glied in Gl. (104.8). Für große r_1 geht Φ_ν wie $1/r_1$ gegen Null, so daß dann in Gl. (104.9) eine auslaufende Kugelwelle entsteht. Ihre Amplitude ist ein Integral über $\mathbf{r}'$, zu dem nur ein Gebiet von atomarer Ausdehnung beiträgt:

$$F_\nu(\mathbf{r}_1) \to -\frac{e^{ik_\nu r_1}}{4\pi r_1} \int d\tau' e^{i\mathbf{k}_\nu \cdot \mathbf{r}'} \Phi_\nu(\mathbf{r}'). \qquad (104.10)$$

292   II. Systeme aus wenigen Teilchen

Hier hat der Vektor $\boldsymbol{k}_\nu$ den Betrag k_ν und die Richtung von $\boldsymbol{r}_1$. Setzen wir Φ_ν aus Gl. (104.8) ein und vertauschen die Reihenfolge der Integrationen, so wird

$$F_\nu(\boldsymbol{r}_1) \to f_\nu(\vartheta_1) \frac{e^{ik_\nu r_1}}{r_1} \tag{104.11a}$$

mit

$$f_\nu(\vartheta_1) = -\frac{1}{2\pi} \int d\tau_2 \, u_\nu^*(\boldsymbol{r}_2) u_0(\boldsymbol{r}_2) \int d\tau' \frac{e^{i(\boldsymbol{k}-\boldsymbol{k}_\nu)\cdot\boldsymbol{r}'}}{|\boldsymbol{r}'-\boldsymbol{r}_2|} . \tag{104.11b}$$

Hieraus folgt unmittelbar der gesuchte Streuquerschnitt bei Anregung des Atomzustandes u_ν,

$$d\sigma_\nu = \frac{k_\nu}{k} |f_\nu(\vartheta_1)|^2 \, d\Omega_1 . \tag{104.12}$$

Die Streuamplitude hängt vom Ablenkwinkel ϑ_1 ab, weil der Betrag des Vektors

$$\boldsymbol{K}_\nu = \boldsymbol{k} - \boldsymbol{k}_\nu$$

wegen $(\boldsymbol{k}\cdot\boldsymbol{k}_\nu) = k k_\nu \cos\vartheta_1$ wie

$$K^2 = k^2 + k_\nu^2 - 2k k_\nu \cos\vartheta_1 \tag{104.13}$$

von ϑ_1 abhängt.

Zur Berechnung von $f_\nu(\vartheta_1)$ formen wir Gl. (104.11b) noch etwas um, indem wir $\boldsymbol{r}' - \boldsymbol{r}_2 = \boldsymbol{r}''$ anstelle von $\boldsymbol{r}'$ im inneren Integral einführen:

$$f_\nu(\vartheta_1) = -\frac{1}{2\pi} \int d\tau_2 \, u_\nu^*(\boldsymbol{r}_2) u_0(\boldsymbol{r}_2) e^{i\boldsymbol{K}_\nu\cdot\boldsymbol{r}_2} \int d\tau'' \frac{e^{i\boldsymbol{K}_\nu\cdot\boldsymbol{r}''}}{r''} .$$

Hier wird das innere Integral gleich $4\pi/K_\nu^2$ und $f_\nu(\vartheta_1)$ läßt sich zu

$$f_\nu(\vartheta_1) = -\frac{2}{K_\nu^2} \int d\tau_2 \, u_\nu^*(\boldsymbol{r}_2) u_0(\boldsymbol{r}_2) e^{i\boldsymbol{K}_\nu\cdot\boldsymbol{r}_2}$$

zusammenziehen. Wählen wir $\boldsymbol{K}_\nu$ als Polarachse für die Integration, so können wir nach Gl. (51.10) den letzten Faktor entwickeln:

$$e^{i\boldsymbol{K}_\nu\cdot\boldsymbol{r}_2} = \frac{1}{K_\nu r_2} \sum_{\lambda=0}^\infty \sqrt{4\pi(2\lambda+1)}\, i^\lambda j_\lambda(K_\nu r_2) Y_{\lambda,0}(\vartheta_2) .$$

Die Atomeigenfunktion u_ν spalten wir auf,

$$u_\nu(\boldsymbol{r}_2) = \frac{1}{r_\nu} \chi_{n,l}(r_2) Y_{l,m}(\vartheta_2, \varphi_2) . \tag{104.14}$$

104. Aufgabe. Unelastische Streuung

Schließlich hängt u_0 als Grundzustand nur vom Betrag r_2 ab. So bleibt nur das Produkt zweier Kugelfunktionen und damit nur das Glied $\lambda = l$, $m = 0$ übrig:

$$f_v(\vartheta_1) = -\frac{2}{K_v^3}\sqrt{4\pi(2l+1)}\,i^l \int_0^\infty dr_2\,\chi_{n,l}(r_2)u_0(r_2)j_l(K_v r_2)\,, \qquad (104.15)$$

wobei wir K_v aus Gl. (104.13) entnehmen können.

III. Systeme aus vielen Teilchen

105. Aufgabe. Metall als Elektronengas

Ein Metall läßt sich in leidlicher Näherung so behandeln, als seien die Leitungselektronen frei im Ionengitter beweglich, während an der Oberfläche Potentialwände das Austreten dieser Elektronen verhindern. Die Leitungselektronen bilden dann ein "Elektronengas". Man gebe für einen Silberwürfel (Dichte $\rho = 10{,}5$ g/cm^3, Atomgewicht 108) unter der Voraussetzung, daß auf jedes Silberion ein Leitungselektron entfällt,
 a) die höchste vorkommende kinetische Energie ζ,
 b) die mittlere kinetische Energie $\bar{E}$
eines Leitungselektrons und
 c) den Nullpunktsdruck des Elektronengases an.
Temperaturanregung kann vernachlässigt werden (warum?).

Lösung. In Aufg. 13 haben wir für einen Würfel vom Volumen $V = (2a)^3$ die Energieniveaus berechnet:

$$E = \varepsilon n^2 \quad \text{mit} \quad \varepsilon = \frac{\hbar^2 \pi^2}{2m} V^{-2/3} \tag{105.1}$$

und $n = 1, 2, 3, \ldots$ Wir haben dort außerdem gesehen, daß für große n in ein Intervall $\Delta n \ll n$ insgesamt $\pi n^2 \Delta n / 2$ Niveaus fallen. Da nun nach dem Pauli-Prinzip jedes Niveau mit zwei Elektronen entgegengesetzten Spins besetzt werden kann, entfallen im Grundzustand, d.h. bei Auffüllung aller Niveaus bis hinauf zu einer maximalen Energie ζ, auf das Intervall Δn doppelt soviele, also

$$\Delta z = \pi n^2 \Delta n \tag{105.2}$$

Elektronen, nach Gl. (105.1) also

$$\Delta z = \frac{\pi}{2} \varepsilon^{-3/2} \sqrt{E} \, \Delta E \, . \tag{105.3}$$

105. Aufgabe. Metall als Elektronengas

Die Gesamtzahl N aller Elektronen im Volumen V ist

$$N = \int_0^N dz = \frac{\pi}{2}\varepsilon^{-3/2} \int_0^\xi dE\sqrt{E} = \frac{\pi}{3}\left(\frac{\zeta}{\varepsilon}\right)^{3/2} = \frac{V}{3\pi^2}\left(\frac{2m\zeta}{\hbar^2}\right)^{3/2}. \qquad (105.4)$$

a) Hieraus entnehmen wir sofort die maximale Energie ("Fermische Grenzenergie")

$$\zeta = \frac{\hbar^2}{2m}\left(3\pi^2 \frac{N}{V}\right)^{2/3}. \qquad (105.5)$$

b) Die mittlere Energie ist

$$\bar{E} = \frac{\int dz\, E}{\int dz}.$$

Da nach Gl. (105.3) $dz \sim \sqrt{E}\,dE$ ist, wird

$$\bar{E} = \int_0^\zeta dE\, E^{3/2} \bigg/ \int_0^\zeta dE\, E^{1/2} = \frac{3}{5}\zeta \qquad (105.6)$$

c) *Druck* läßt sich unabhängig von der Thermodynamik stets aus der Arbeit dW definieren, die erforderlich ist, um ein Volumen V um dV zu verringern,

$$dW = -p\, dV. \qquad (105.7)$$

Nach Gl. (105.1) liegen alle Energieniveaus der Elektronen um so höher, je kleiner das Volumen ist. Die Arbeit dW wird also aufgewandt, um die Gesamtenergie U des Elektronengases zu erhöhen, $dW = dU$. Nach Gl. (105.6) ist aber

$$U = N\bar{E} = \tfrac{3}{5}N\zeta$$

und nach Gl. (105.5)

$$\frac{d\zeta}{dV} = -\frac{2}{3}\frac{\zeta}{V},$$

so daß

$$dU = -\frac{2}{5}N\zeta \frac{dV}{V}$$

und der Druck

$$p = \frac{2}{5}\frac{N}{V} \qquad (105.8)$$

wird.

296   III. Systeme aus vielen Teilchen

Zum Schluß stellen wir die numerischen Werte für Silber zusammen. Mit den gegebenen Werten von Dichte und Atomgewicht wird die Masse eines Silberatoms $M = 1{,}80 \times 10^{-22}$ g und $N/V = \rho/M = 5{,}85 \times 10^{22}$ cm^{-3}. Gl. (105.5) führt dann auf

$$\zeta = 8{,}81 \times 10^{-12} \text{ erg} = 5{,}50 \text{ eV}.$$

Diese Energie ist im Vergleich zu thermischen Energien ($kT = 0{,}026$ eV bei $T = 300\,°K$) so groß, daß thermische Anregung die Verteilung der Elektronen über die Energieveaus nur in Nähe der oberen Grenze ein wenig auflockert. Diese Erscheinung, als *Entartung* des Elektronengases (allgemein: eines Fermi-Gases) bezeichnet, ist eine Folge der Kleinheit der Elektronenmasse m in Nenner von Gl. (105.5).

Aus Gl. (105.8) ergibt sich mit den vorstehenden Zahlen der Druck zu

$$p = 2{,}06 \times 10^{11} \text{ dyn/cm}^2$$

oder rund 200 000 Atmosphären. Gegen diesen gewaltigen Druck wird das Elektronengas durch die starke Coulomb-Anziehung zwischen den Leitungselektronen und den Gitterionen zusammengehalten.

106. Aufgabe. Paramagnetismus der Metalle

Man berechne die paramagnetische Suszeptibilität eines Metalls für den absoluten Nullpunkt der Temperatur bei Behandlung der Leitungselektronen als Fermisches Elektronengas unter Vernachlässigung der Polarisierbarkeit der Atomrümpfe.

Lösung. Wir knüpfen an Aufg. 105 an und bestimmen zunächst den Abstand ΔE zwischen zwei aufeinander folgenden Energieniveaus, indem wir dort $\Delta z = 1$ in der Formel $\Delta z = \pi n^2 \Delta n/2$ setzen oder Gl. (105.3) in

$$1 = \frac{\pi}{4} \varepsilon^{-3/2} \sqrt{E}\, \Delta E$$

umschreiben. Für die Umgebung der Fermigrenze $E = \zeta$ erhalten wir dann

$$\Delta E = \frac{4}{\pi} \varepsilon^{3/2} \zeta^{-1/2} = \frac{4}{\pi} \zeta \left(\frac{\varepsilon}{\zeta}\right)^{3/2},$$

nach Gl. (105.4) also

$$\Delta E = \frac{4}{3} \frac{\zeta}{N}. \tag{106.1}$$

106. Aufgabe. Paramagnetismus der Metalle

Bei der Temperatur Null sind dann alle Niveaus für $E \leq \zeta$ von einem Elektronenpaar entgegengerichteter Spins besetzt und alle Niveaus $E > \zeta$ unbesetzt.

Legt man nun ein Magnetfeld an, so gewinnt man Energie durch Trennung von Elektronenpaaren, deren Spins parallel werden. Bei einer solchen Trennung von n Paaren gewinnt man dann die Energie

$$2n\mu\mathcal{H} \quad \text{mit} \quad \mu = \frac{e\hbar}{2mc}. \tag{106.2}$$

Diese Trennung ist aber nur möglich durch Anhebung des einen Elektrons in ein unbesetztes Niveau, d.h. durch eine Erhöhung der kinetischen Energie. Dieser Betrag ist für die Trennung des ersten Paares (durch Befördern eines Elektrons vom obersten besetzten zum ersten freien Niveau) ΔE, für die Trennung des zweiten Paares (durch Befördern vom zweitobersten besetzten zum zweiten freien Niveau) $3\Delta E$, usw. Im ganzen ist daher also zur Trennung von n Paaren die Energie

$$[1 + 3 + 5 + \ldots + (2n - 1)]\Delta E = n^2 \Delta E \tag{106.3}$$

aufzuwenden.

Der Gleichgewichtszustand tritt ein, wenn die gesamte durch das Magnetfeld hervorgerufene Energieänderung

$$W = -2n\mu\mathcal{H} + n^2 \Delta E \tag{106.4}$$

ein Minimum wird:

$$\frac{dW}{dn} = -2\mu\mathcal{H} + 2n\Delta E = 0,$$

d.h. für

$$n = \mu\mathcal{H}/\Delta E; \tag{106.5}$$

denn erst wenn dies n erreicht ist, wird durch eine weitere Trennung von Paaren die Energie nicht weiter sinken. Das Metall hat dann im ganzen das magnetische Moment

$$M = 2n\mu = \frac{2\mu^2 \mathcal{H}}{\Delta E} = \frac{3\mu^2 \mathcal{H} N}{2\zeta}.$$

Hieraus folgt die Suszeptibilität der Volumeinheit

$$\chi = \frac{M}{\mathcal{H} V} = \frac{3\mu^2 N}{2\zeta V}$$

298 III. Systeme aus vielen Teilchen

oder bei Verwendung von Gl. (105.5) für ζ:

$$\chi = \frac{e^2}{4\pi mc^2}\left(\frac{3N}{\pi V}\right)^{1/3}. \tag{106.6}$$

Zur bequemen numerischen Auswertung dieses Ausdrucks schreiben wir

$$N/V = \frac{z\rho}{m_H A},$$

drücken also die Dichte der Leitungselektronen durch die Massendichte ρ [g/cm^3], die Atommasse $m_H A$ und die Zahl z der Leitungselektronen je Gitterion aus. Dann entsteht numerisch

$$\chi = 1{,}86 \times 10^{-6}\left(\frac{z\rho}{A}\right)^{1/3}.$$

Das gibt z.B. für die Alkalimetalle ($z = 1$) teilweise befriedigende Resultate, zum Teil liegen die theoretischen Werte aber auch erheblich zu hoch:

Metall	Na	K	Rb	Cs
Berechnet	+ 0,66	+ 0,52	+ 0,49	+ 0,45 × 10^{-6}
Gemessen	+ 0,63	+ 0,48	+ 0,13	− 0,19 × 10^{-6}

Die erheblichen Fehlbeträge bei Rb und Cs ebenso wie bei vielen anderen Metallen erklären sich zwanglos aus dem Diamagnetismus ($\chi < 0$) der Gitterionen, welcher unabhängig berechnet oder auch an polaren Verbindungen der betreffenden Elemente getrennt gemessen werden kann.

Anm. Gleichung (106.1) kann auch daraus abgeleitet werden, daß in einer Zelle h^3 des sechsdimensionalen Phasenraums *ein* Zustand liegt (vgl. Aufg. 13 und 83), $V d^3 p = h^3$, so daß mit $d^3 p = 4\pi p^2 dp = 4\pi \sqrt{2mE}\, m\Delta E$ der Abstand

$$\Delta E = \frac{(2\pi\hbar)^3}{V 4\pi \sqrt{2mE}\, m} = \frac{\sqrt{2}\pi^2 \hbar^3}{V m^{3/2} \sqrt{E}}$$

wird, was wir nach Gl. (105.1) für ε in

$$\Delta E = \frac{4}{\pi}\varepsilon^{3/2} E^{-1/2}$$

umformen können. Von hier ab läuft die Rechnung wie oben.

107. Aufgabe. Feldemission

Man berechne den aus einem Metall bei der Temperatur Null austretenden Elektronenstrom bei Anlegen einer hohen elektrischen Feldstärke. Die Struktureigenschaften des Gitters sollen vernachlässigt werden. Welchen Einfluß hat die Bildkraft?

Lösung. In der hier verwendeten Näherung setzen wir für das Elektronengas im Innern des Metalls ($z < 0$) konstantes Potential ($V = 0$) an, während an der Oberfläche ein Potentialsprung auf $V = V_0$ erfolgt, außerhalb (für $z > 0$) aber das angelegte Feld $\mathscr{E}$ wirksam wird:

$$V(z) = V_0 - e\mathscr{E}z \quad (z > 0) . \tag{107.1a}$$

Eine nicht unwesentliche Verbesserung dieses Modells erhält man durch Berücksichtigung der Bildkraft $-e^2/4z$, welche die Ladungsverteilung an der Metalloberfläche durch Influenz verzerrt, so daß an die Stelle von Gl. (107.1a)

$$V(z) = V_0 - \frac{e^2}{4z} - e\mathscr{E}z \tag{107.1b}$$

tritt.

Abb. 33 zeigt, daß ein Elektron, um unter der Einwirkung des "Ziehfeldes" $\mathscr{E}$ das Metall zu verlassen, durch einen Potentialberg zu "tunneln" hat, dessen Durchlässigkeit in WKB-Näherung (vgl. etwa Aufg. 34)

$$D = \exp\left[-2\sqrt{\frac{2m}{\hbar^2}} \int_{z_1}^{z_2} dz \sqrt{V(z) - E_z} \right] \tag{107.2}$$

von dem Energieanteil

$$E_z = \frac{p_z^2}{2m} \tag{107.3}$$

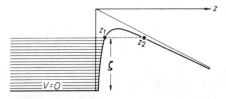

Abb. 33. Feldemission von Elektronen aus einer Metalloberfläche bei $z = 0$. Links die dicht liegenden Elektronenniveaus im Innern bis zur Fermi-Energie ζ. Rechts der Potentialverlauf unter Wirkung des elektrischen Feldes ohne (gerade Linie) und mit Berücksichtigung der Bildkraft (Kurve)

der Energie des austretenden Elektrons abhängt. Die Integrationsgrenzen z_1 und z_2 sind aus $V(z_{1,2}) = E_z$ zu entnehmen. Bei gegebenem Potentialverlauf hängt D daher nur von dem Parameter E_z ab.

Den je Flächeneinheit austretenden elektrischen Strom j können wir aus

$$j = e \int dn\, v_z D \tag{107.4}$$

berechnen. Dabei bedeutet dn die Anzahl der Leitungselektronen in der Volumeinheit je Impulsraumelement $dp_x dp_y dp_z$. Nach der Anmerkung zu Aufg. 106 ist (mit $h = 2\pi\hbar$)

$$dn = \frac{2 dp_x dp_y dp_z}{h^3}, \tag{107.5}$$

solange

$$(p_x^2 + p_y^2) + p_z^2 \leq 2m\zeta \tag{107.6}$$

ist, wobei ζ die Fermische Grenzenergie bedeutet. Führen wir in der p_x, p_y-Ebene Polarkoordinaten ρ und φ ein, so wird $p_x p_y = \rho d\rho d\varphi$. Da der Integrand in Gl. (107.4) nicht von p_x und p_y abhängt, können wir sofort über diese beiden Variablen integrieren ($= \pi\rho^2$), wobei nach Gl. (107.6) die Variable ρ über das Intervall $0 \leq \rho \leq \sqrt{2m\zeta - p_z^2}$ läuft:

$$\int dp_x \int dp_y = 2\pi m(\zeta - E_z).$$

Auf diese Weise erhalten wir für die Stromdichte

$$j = \frac{4\pi e}{h^3} \int_0^{\sqrt{2m\zeta}} dp_z\, p_z (\zeta - E_z) D$$

oder in der Hilfsvariablen

$$\varepsilon = \zeta - E_z \tag{107.7}$$

schließlich

$$j = \frac{4\pi m e}{h^3} \int_0^\zeta d\varepsilon\, \varepsilon D(\varepsilon), \tag{107.8}$$

wobei nach dem oben Ausgeführten D bei gegebenem Potentialverlauf in der Tat nur von ε abhängt.

Die obere Grenze $\varepsilon = \zeta$ des Integrals entspricht $E_z = 0$ und damit einer Energie, bei der die Durchlässigkeit D bereits vernachlässigbar klein ist. Daher können wir die obere Grenze ohne merklichen Fehler ins Unendliche verlegen:

107. Aufgabe. Feldemission

$$j = \frac{4\pi me}{h^3} \int_0^\infty d\varepsilon\, \varepsilon D(\varepsilon) \,. \tag{107.9}$$

Die Ermittlung der Funktion $D(\varepsilon)$ aus Gl. (107.2) ist für das Potential aus Gl. (107.1a) ziemlich einfach. Dann wird das Integral

$$\int_{z_1}^{z_2} dz \sqrt{V - E_z} = \int_0^{z_2} dz \sqrt{V_0 - e\mathscr{E}z - \zeta + \varepsilon}$$

mit der oberen Grenze

$$z_2 = \frac{V_0 - \zeta + \varepsilon}{e\mathscr{E}}\,.$$

Das führt durch elementare Integration auf

$$D(\varepsilon) = \exp\left[-\frac{4\sqrt{2m}}{3\hbar e\mathscr{E}}(V_0 - \zeta + \varepsilon)^{3/2}\right]. \tag{107.10}$$

Setzen wir das in Gl. (107.9) ein, so erhalten wir mit den Abkürzungen

$$\frac{2\sqrt{2m}}{\hbar e\mathscr{E}}(V_0 - \zeta)^{3/2} = q; \quad \frac{\varepsilon}{V_0 - \zeta} = \xi \tag{107.11}$$

für die Stromdichte an der Metalloberfläche

$$j = \frac{4\pi me}{h^3}(V_0 - \zeta)^2 \int_0^\infty d\xi\, \xi \exp[-\tfrac{2}{3}q(1 + \xi)^{3/2}]. \tag{107.12}$$

Mißt man die Austrittsarbeit $W = V_0 - \zeta$ in eV und die Ziehfeldstärke $\mathscr{E}$ in V/cm, so wird numerisch

$$q = 1{,}0254 \times 10^8\, W^{3/2}/\mathscr{E}\,. \tag{107.13}$$

Setzt man für die Austrittsarbeit einen vernünftigen Wert, etwa von $W = 3$ eV ein, so wird für $\mathscr{E} < 10^8$ V/cm der Parameter $q > 5$, so daß die Exponentialfunktion in Gl. (107.12) rasch mit ξ abfällt. Dann kann man genähert entwickeln,

$$(1 + \xi)^{3/2} = 1 + \tfrac{3}{2}\xi + \ldots,$$

und das Integral elementar ausrechnen:

$$j = \frac{4\pi me}{h^3} W^2\, e^{-2q/3}/q^2\,, \tag{107.14}$$

in Zahlen

$$j = 1{,}62 \times 10^{10}\, W^2\, e^{-2q/3}/q^2\,, \tag{107.15}$$

wobei die Austrittsarbeit W in eV und j in A/cm² gemessen ist. Diese Formel ist natürlich nur anwendbar, solange der Parameter q groß genug ist, um den Strom entscheidend zu verringern. Eine Stromdichte $j = 1$ A/cm² entsteht nach dieser Formel

für $\mathscr{E} = 10^7$ V/cm bei $W = 0{,}43$ eV

für $\mathscr{E} = 10^8$ V/cm bei $W = 2{,}19$ eV.

Man würde danach erst für Feldstärken nahe 10^8 V/cm einen merklichen Strom erwarten, der aber in Wirklichkeit bereits bei kleineren Feldstärken auftritt. Die Ursache dieser Abweichung liegt darin, daß wir die Bildkraft nicht berücksichtigt haben, die nach Gl. (107.1b) den zu überwindenden Potentialwall bedeutend erniedrigt, wie das auch Abb. 33 sehr deutlich zeigt. Man rechnet leicht nach, daß dann das Potential ein Maximum

$$V_{\max} = V_0 - \Delta V \quad \text{mit} \quad \Delta V = e\sqrt{e\mathscr{E}} \qquad (107.16)$$

hat, in Zahlen

$$\Delta V = 3{,}79 \times 10^{-4} \text{ eV} \quad \text{für } \mathscr{E} = 1 \text{ V/cm}. \qquad (107.17)$$

Bei einer Feldstärke $\mathscr{E} = 10^8$ V/cm ist daher die Erniedrigung des Potentialwalls um 3,79 eV vergleichbar mit der Größe von W, wodurch der Faktor D um mehrere Zehnerpotenzen erhöht wird.

108. Aufgabe. Thomas-Fermi-Atom

Man gebe für ein Atom bzw. für ein positives Ion mit sehr vielen Elektronen genähert den Verlauf des elektrostatischen Potentials und die Dichteverteilung in der Elektronenwolke an. Dabei soll für die Näherung vorausgesetzt werden, daß sich in Raumteilen, in denen sich das Potential nur wenig ändert, schon genug Elektronen befinden, um ihre statistische Behandlung zu rechtfertigen.

Lösung. Befinden sich $n(r)$ Elektronen in der Volumeinheit im Abstande r vom Atomkern, so gilt für das elektrostatische Potential, das von Kern und Elektronen herrührt, die Poissonsche Gleichung

$$\nabla^2 \Phi = 4\pi e\, n(r) \qquad (108.1)$$

(Elektronenladung: $-e$) mit den Randbedingungen

$$\Phi \to \frac{Ze}{r} \text{ für } r \to 0; \quad \Phi = \frac{ze}{r} \text{ für } r \geq R, \qquad (108.2)$$

wenn R der Radius des z-fach geladenen Ions und Z die Kernladungszahl ist. Dabei ist der Radius R zunächst noch unbekannt. Da an der Oberfläche des Ions die Feldstärke stetig sein muß, können wir dort die Randbedingung auch ergänzen zu

$$\Phi(R) = \frac{ze}{R} \quad \text{und} \quad \left(\frac{d\Phi}{dr}\right)_R = -\frac{ze}{R^2}. \tag{108.3}$$

Betrachten wir nun irgendein Volumelement im Innern des Ions, so hat dort ein Elektron vom Impulsbetrag p die Energie

$$E = \frac{p^2}{2m} - e\Phi.$$

Diese Energie muß kleiner sein als $-e\Phi(R)$, da das Elektron sonst das Ion verlassen würde. Es gilt also an jedem Ort im Innern

$$\frac{p^2}{2m} < e\left(\Phi(r) - \Phi(R)\right). \tag{108.4}$$

Nach der Anmerkung zu Aufg. 106 besteht aber zwischen dem maximalen Impulsbetrag und der Elektronendichte der statistische Zusammenhang

$$n \, d\tau = 2 \frac{4\pi}{3} p_{\max}^3 \, d\tau / h^3. \tag{108.5}$$

Der Vergleich der Gln. (108.4) und (108.5) ergibt dann unmittelbar

$$n(r) = \frac{8\pi}{3h^3} \left[2me(\Phi(r) - \Phi(R))\right]^{3/2}. \tag{108.6}$$

Die Gln. (108.1) und (108.6) genügen zur Bestimmung der beiden Funktionen $n(r)$ und $\Phi(r)$. Durch Elimination von $n(r)$ findet man zunächst

$$\frac{1}{r} \frac{d^2}{dr^2}(r\Phi) = \frac{32\pi^2 e}{3h^3} \left[2me(\Phi(r) - \Phi(R))\right]^{3/2}.$$

Wir führen anstelle von Φ die dimensionslose Funktion

$$\varphi = \frac{r}{Ze}(\Phi(r) - \Phi(R)) \tag{108.7}$$

und anstelle von r die dimensionslose Variable

$$x = \frac{r}{a} \quad \text{mit} \quad a = \left(\frac{9\pi^2}{128Z}\right)^{1/3} \frac{\hbar^2}{me^2} \tag{108.8}$$

ein. Dann lautet die Differentialgleichung

$$\frac{d^2\varphi}{dx^2} = \frac{\varphi^{3/2}}{\sqrt{x}}, \qquad (108.9)$$

und die Randbedingungen (108.2, 3) gehen über in

$$\varphi(0) = 1; \quad \varphi(X) = 0; \quad X\varphi'(X) = -z/Z \qquad (108.10)$$

mit $X = R/a$. Der Vergleich mit Gl. (108.6) lehrt sofort, daß man nach Lösung des dimensionslosen Problems die Elektronendichte

$$n(r) = \frac{32}{9\pi^3} Z^2 \left(\frac{me^2}{\hbar^2}\right)^3 (\varphi(x)/x)^{3/2} \qquad (108.11)$$

elementar ausrechnen kann, ebenso das Potential

$$\Phi(r) = \frac{ze}{R} + \frac{Ze}{a} \frac{\varphi(x)}{x}. \qquad (108.12)$$

Die Behandlung der nichtlinearen Diferentialgleichung (108.9) ist nur numerisch möglich. Über die Lösungsmannigfaltigkeit kann man sich einen Überblick verschaffen, indem man die Integration bei $x = 0$ mit dem Anfangswert $\varphi(0) = 1$ und verschiedenen Tangentenrichtungen $\varphi'(0) < 0$ beginnt. Dann entsteht Abb. 34. Man sieht, daß die Kurven 1 und 2 zu einem endlichen Radius X_1 und X_2 gehören; die Tangentenneigung $\varphi'(X)$ im Endpunkt ist endlich, und daher gehören diese Lösungen gemäß Gl. (108.10) zu positiven Ionen. Das neutrale Atom muß nach dieser Gleichung am Rande $\varphi(X) = 0$ haben; das ist für endliches X nicht zu erzwingen. Der Radius des neutralen Atoms wird daher unendlich groß (Kurve 3 in Abb. 34). Lösungen vom Typus 4 endlich haben keine unmittelbare physikalische Bedeutung; sie können eine Rolle spielen für die beim Einbau eines Ions in ein Kristallgitter veränderten Randbedingungen.

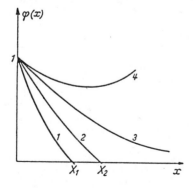

Abb. 34. Lösungen der Thomas-Fermi-Gleichung zu verschiedenen Randbedingungen

Man verifiziert leicht, daß die Kurve 3 sich asymptotisch wie $\varphi(x) = 144/x^3$ verhält. An dieser Stelle erkennt man deutlich die Schwäche der Methode: Ein exponentielles Abklingen von $n(r)$ im Unendlichen würde die wirklichen Verhältnisse im Atom besser beschreiben als das langsame Auslaufen von φ wie x^{-3}, d.h. von $n(r)$, Gl. (108.11), wie r^{-6}. Der Grund dieses Versagens liegt natürlich darin, daß die statistische Methode in den äußeren Teilen des Atoms mit ihrer geringen Teilchendichte nicht mehr anwendbar ist. Daher ergibt die Methode von Thomas und Fermi brauchbare Ergebnisse auch nur dort, wo es sich um Aussagen über das Innere des Atoms handelt.

In der folgenden Tabelle sind einige Zahlenwerte zusammengestellt.

x	$\varphi(x)$	$-\varphi'(x)$
0	1	1,5881
0,01	0,9855	1,3896
0,02	0,9720	1,3093
0,04	0,9470	1,1991
0,06	0,9238	1,1177
0,08	0,9022	1,0516
0,10	0,8817	0,9954
0,2	0,7931	0,7942
0,4	0,6595	0,5646
0,6	0,5612	0,4292
0,8	0,4849	0,3386
1,0	0,4240	0,2740
1,2	0,3742	0,2259
1,4	0,3329	0,1890
1,6	0,2981	0,1601
1,8	0,2685	0,1370
2,0	0,2430	0,1182

109. Aufgabe. Näherungen für die Thomas-Fermi-Funktion

Die Thomas-Fermi-Funktion $\varphi(x)$ für ein neutrales Atom soll durch folgende einfache analytische Funktionen angenähert werden:

a) durch $\varphi_R = e^{-\alpha x}$ (Näherung von Rozental),
b) durch $\varphi_T = (1 + \alpha x)^{-2}$ (Näherung von Tietz).

III. Systeme aus vielen Teilchen

Dabei soll der Parameter α so bestimmt werden, daß
1. die Gesamtzahl Z der Elektronen korrekt wiedergegeben wird, und daß
2. die Lösung im Sinne eines Variationsverfahrens optimal ist.

Lösung. Nach Aufg. 108 hängt die Elektronendichte $n(x)$ mit der Funktion φ zusammen gemäß

$$n = \frac{32 Z^2}{9 \pi^3 a_0^3} \left(\frac{\varphi(x)}{x}\right)^{3/2}, \tag{109.1}$$

wobei

$$x = \frac{r}{a}; \quad a = \left(\frac{9 \pi^2}{128 Z}\right)^{1/3} a_0 \tag{109.2}$$

und $a_0 = \hbar^2/me^2$ der Bohrsche Radius ist. Die beiden Formeln lassen sich zu

$$n(x) = \frac{Z}{4 \pi a^3} \left(\frac{\varphi(x)}{x}\right)^{3/2} \tag{109.3}$$

zusammenziehen. Die Gesamtzahl Z aller Elektronen des neutralen Atoms ist daher

$$Z = 4\pi \int_0^\infty dr \, r^2 \, n = Z \int_0^\infty dx \, x^2 \left(\frac{\varphi(x)}{x}\right)^{3/2}.$$

Damit eine Näherung für $\varphi(x)$ diese Zahl korrekt wiedergibt, muß also

$$\int_0^\infty dx \, \sqrt{x} \, \varphi(x)^{3/2} = 1 \tag{109.4}$$

werden.[1]

Zur Differentialgleichung

$$\sqrt{x} \, \varphi'' = \varphi^{3/2} \tag{109.5}$$

gehört das Variationsprinzip

$$\int_0^\infty dx \left(\tfrac{1}{2} \varphi'^2 + \tfrac{2}{5} x^{-1/2} \varphi^{5/2}\right) = \text{Extremum} . \tag{109.6}$$

---

[1] Für die korrekte Lösung von Gl. (109.5) kann das Integral durch
$\int_0^\infty dx \, x \varphi'' = \varphi(0) = 1$
ersetzt werden, so daß die Normierung exakt erfüllt ist.

109. Aufgabe. Thomas-Fermi-Funktion

Beide zu untersuchende Näherungen erfüllen dabei die Randbedingungen

$$\varphi(0) = 1 \quad \text{und} \quad \varphi(\infty) = 0. \tag{109.7}$$

Wir betrachten nun die beiden Funktionen nacheinander.

a) *Näherung von Rozental.* Einsetzen der Funktion

$$\varphi_R = e^{-\alpha x} \tag{109.8}$$

in Gl. (109.4) ergibt

$$\int_0^\infty dx \sqrt{x}\, e^{-3\alpha x/2} = \left(\frac{2}{3\alpha}\right)^{3/2} 2 \int_0^\infty dt\, t^2\, e^{-t^2} = \frac{\sqrt{\pi}}{2} \left(\frac{2}{3\alpha}\right)^{3/2} = 1$$

oder

$$\alpha = \frac{1}{3}(2\pi)^{1/3} = 0{,}61509. \tag{109.9}$$

Aus dem Variationsprinzip, Gl. (109.6), dagegen erhält man

$$\int_0^\infty dx \left\{ \frac{\alpha^2}{2} e^{-2\alpha x} + \frac{2}{5} x^{-1/2} e^{-5\alpha x/2} \right\} = \frac{1}{4}\alpha + \left(\frac{2}{5}\right)^{3/2} \sqrt{\frac{\pi}{\alpha}} = \text{Extr.},$$

also durch Differenzieren nach α,

$$\tfrac{1}{4} - \tfrac{1}{2}(\tfrac{2}{5})^{3/2} \sqrt{\pi}\, \alpha^{-3/2} = 0$$

oder

$$\alpha = 0{,}9300. \tag{109.10}$$

Beide Lösungen unterscheiden sich erheblich von einander. Die Anfangstangente, die für die korrekte Lösung

$$\varphi'(0) = -1{,}5881$$

wird, ergibt sich hier zu $\varphi_R'(0) = -\alpha$, in beiden Fällen also als zu flach und am besten noch für die aus dem Variationsverfahren stammende Lösung Gl. (109.10). Sie spielt besonders eine Rolle, wenn wir die inneren Teile der Elektronenhülle untersuchen. Um im Mittel über die ganze Hülle eine brauchbare Näherung zu erhalten, können wir etwa den Wert $\varphi(1) = 0{,}4240$ als Kriterium benutzen, für den sich aus Gl. (109.9) die Näherung $\varphi_R(1) = 0{,}5406$ und aus Gl. (109.10) $\varphi_R(1) = 0{,}3946$ ergibt. Auch hier ist also die Variationslösung vorzuziehen.

b) *Näherung von Tietz.* Setzen wir

$$\varphi_T(x) = (1 + \alpha x)^{-2} \tag{109.11}$$

in die Normierungsbedingung, Gl. (109.4), ein, so entsteht zunächst

$$\int_0^\infty dx \sqrt{x}\,(1+\alpha x)^{-3} = 1\,.$$

Das Integral kann mit der Substitution $\alpha x = u^2$ elementar berechnet werden zu

$$2\alpha^{-3/2} \int_0^\infty du\, u^2 (1+u^2)^{-3}$$

$$= \frac{1}{4}\alpha^{-3/2}\left[\frac{u(u^2-1)}{(u^2+1)^2} + \arctan u\right]_0^\infty = \frac{\pi}{8}\alpha^{-3/2} = 1\,.$$

Also wird

$$\alpha = \left(\frac{\pi}{8}\right)^{2/3} = 0{,}53626\,. \tag{109.12}$$

Die Anfangstangente folgt dann nach Gl. (109.12) zu

$$\varphi_T'(0) = -2\alpha = -1{,}0725\,. \tag{109.13}$$

Das Variationsverfahren gemäß Gl. (109.6) führt über

$$\int_0^\infty dx\left[\frac{2\alpha^2}{(1+\alpha x)^6} + \frac{2}{5}\frac{1}{\sqrt{x}(1+\alpha x)^5}\right] = \text{Extr}\,.$$

Der erste Term gibt $2\alpha/5$, im zweiten die Substitution $\alpha x = u^2$ ein rationales Integral

$$\int_0^\infty \frac{dx}{\sqrt{x}(1+\alpha x)^5} = \frac{2}{\sqrt{\alpha}}\int_0^\infty \frac{du}{(1+u^2)^5}$$

mit der Lösung

$$\int_0^\infty du(1+u^2)^{-5} = \left[\frac{1}{8}u(1+u^2)^{-4} + \frac{7}{48}u(1+u^2)^{-3}\right.$$

$$+ \frac{35}{192}u(1+u^2)^{-2} + \frac{35}{128}u(1+u^2)^{-1}$$

$$\left. + \frac{35}{128}\arctan u\right]_0^\infty = \frac{35}{128}\frac{\pi}{2}\,,$$

so daß wir

$$\frac{2}{5}\alpha + \frac{4}{5}\cdot\frac{35\pi}{256}\alpha^{-1/2} = \text{Extr}\,.$$

oder, durch Differenzieren nach α,

$$\frac{2}{5} - \frac{2}{5} \cdot \frac{35\pi}{256} \alpha^{-3/2} = 0$$

erhalten. Das ergibt den Näherungswert

$$\alpha = \left(\frac{35}{256}\right)^{2/3} = 0{,}56927 \tag{109.14}$$

und die Anfangstangente $\varphi'_T(0) = -1{,}1385$. Dies ist der beste der hier bisher berechneten Anfangswert. An der Stelle $x = 1$ ergibt das α von Gl. (109.12) $\varphi_T(1) = 0{,}4237$ und dasjenige von Gl. (109.14) $\varphi_T(1) = 0{,}4061$. Der Variationswert ist hier also etwas schlechter als der die Normierungsbedingung erfüllende.

110. Aufgabe. Abschirmung der K-Elektronen

Für ein mittelschweres Atom soll die Abschirmkorrektur der Bindungsenergie eines K-Elektrons im Rahmen des Thomas-Fermi-Modells berechnet werden. Atomare Einheiten ($\hbar = 1$, $m = 1$, $e = 1$) sollen benutzt werden.

Lösung. Denken wir uns ein K-Elektron und eine Einheit der Kernladung Z entfernt, so entsteht ein neutrales Atom der Kernladung $Z - 1$, in dem das auf ein Elektron wirkende Potential mit

$$x = \frac{r}{a}; \quad a = 0{,}88534\,(Z-1)^{-1/3} \tag{110.1}$$

nach dem Thomas-Fermi-Modell $-[(Z-1)/r]\,\varphi(x)$ wird. Fügen wir nun die eine Kernladung wieder zu, ohne ihren Einfluß auf die Elektronenhülle zu beachten, so wird die potentielle Energie eines Elektrons in diesem Gebilde

$$V(r) = -\frac{1}{r} - \frac{Z-1}{r}\,\varphi(r/a) \,. \tag{110.2}$$

Ohne die teilweise Abschirmung der Kernladung durch die übrigen $Z - 1$ Elektronen wäre die potentielle Energie des herausgegriffenen Elektrons

$$V_0(r) = -\frac{Z}{r} \tag{110.3}$$

und insbesondere nach Aufg. 45 Energie und Eigenfunktion für ein Elektron der K-Schale

$$E_0 = -\frac{1}{2} Z^2; \quad u_0 = \frac{Z^{3/2}}{\sqrt{\pi}} e^{-Zr}. \qquad (110.4)$$

Behandeln wir den Unterschied zwischen V und V_0 als Störpotential,

$$V_s = V - V_0 = \frac{Z-1}{r} [1 - \varphi(x)], \qquad (110.5)$$

so wird die Energiestörung in erster Näherung

$$\Delta E = \langle u_0 | V_s | u_0 \rangle = 4Z^3(Z-1) \int_0^\infty dr\, r\, e^{-2Zr} \left[1 - \varphi\left(\frac{r}{a}\right) \right]. \qquad (110.6)$$

Nun ist es üblich, diese Störung durch eine Abschirmkonstante s derart auszudrücken, daß man

$$E = -\tfrac{1}{2} Z^2 + \Delta E = -\tfrac{1}{2}(Z-s)^2 \qquad (110.7)$$

schreibt. Das führt auf eine quadratische Gleichung mit der Lösung

$$s = Z\left(1 - \sqrt{1 - \frac{2\Delta E}{Z^2}}\right) \approx \frac{\Delta E}{Z}. \qquad (110.8)$$

Unsere Aufgabe ist die Berechnung von ΔE aus Gl. (110.6), womit wir dann s aus Gl. (110.8) entnehmen können.

Ersetzen wir in Gl. (110.6) die Funktion φ genähert durch

$$\varphi(r/a) = e^{-\alpha x} = e^{-\beta r}; \quad \beta = \alpha/a, \qquad (110.9)$$

so kann das Integral elementar berechnet werden:

$$\Delta E = Z(Z-1) \left[1 - \left(1 + \frac{\beta}{2Z}\right)^{-2} \right]. \qquad (110.10)$$

Für die Konstante β entnehmen wir aus Aufgabe 109 sinnvoll den größeren Wert der beiden Rozental-Näherungen, nämlich $\alpha = 0{,}9300$ und daher nach Gl. (110.9) und (110.1)

$$\beta = 1{,}0504\,(Z-1)^{1/3}. \qquad (110.11)$$

Für mittlere Kernladungen wird dann $\beta/2Z \ll 1$, z.B. $\beta/2Z = 0{,}0538$ für $Z = 30$, so daß wir in Gl. (110.10) entwickeln dürfen,

$$\Delta E = (Z-1)\,\beta,$$

nach Gl. (110.11) also

$$\Delta E = 1{,}0504 \, (Z - 1)^{4/3}$$

und nach Gl. (110.8)

$$s = 1{,}0504 \, \frac{(Z - 1)^{4/3}}{Z}, \qquad (110.12)$$

d.h. die Abschirmkonstante verhält sich etwa proportional zu $Z^{1/3}$.

Anm. Der Zahlenfaktor in Gl. (110.12) paßt einigermaßen zu den experimentellen Werten im Gebiet zwischen $Z = 20$ und $Z = 45$. Bei höheren Kernladungen werden für die K-Schale zunehmend relativistische Korrekturen notwendig, die zu sinkenden Werten von s führen.

Literaturhinweise zu einigen Aufgaben

16. Aufgabe. Zu Potentialschwellen vgl. auch den Gamow-Faktor, Aufg. 50. R. d'E.Atkinson; Z. Physik **64**, 507 (1930); R. d'E.Atkinson u. F.G. Houtermans: Z. Physik **58**, 478 (1929); R.H. Fowler u. A.H. Wilson: Proc. Roy. Soc. London **124**, 493 (1929).

23. Aufgabe. R. de L. Kronig u. W. Penney: Proc. Roy. Soc. London **130**, 499 (1931).

27. Aufgabe. Den harmonischen Oszillator im Hilbertraum behandelten R. Becker u. G. Leibfried: Z. Physik **125**, 347 (1949).

31. Aufgabe. Potentialtöpfe dieses Typs behandelten zuerst G. Pöschl u. E. Teller: Z. Physik **83**, 143 (1933). Ferner: N. Rosen u. P.M. Morse: Phys. Rev. **42**, 210 (1932); W. Lotmar: Z. Physik **93**, 528 (1935). Vgl. auch Aufg. 54.

32. u. 33. Aufgabe. Das lineare Potential hat wohl zuerst Cl. Schäfer in seinem Lehrbuch behandelt (Einf. i.d. theor. Physik III 2, S. 362 ff. (1937). Über die zur Lösung benutzte Airy-Funktion S. Flügge: Math. Methoden d. Physik, Bd. 1, S. 214–218 (Springer 1979), Tabellen in M. Abramowitz u. I.A. Stegun: Handbook of Mathematical Functions, (Dover 1965), S. 446 u. 475.

34.–36. Aufgabe. Die WKB-Methode wurde 1926 unabhängig in drei Arbeiten begründet: G. Wentzel: Z. Physik **38**, 518; H.A. Kramers: Z. Physik **39**, 828; L. Brillouin: C.R. Acad. Sci. Paris **183**, 24.- Das Randwertproblem (Aufg. 35) wurde von R. E. Langer: Phys. Rev. **51**, 669 (1937) gelöst.

38.–40. Aufgabe. Zu dem Thema zentralsymmetrische Probleme und Drehimpuls sind viele mathematische Hilfsmittel bei H.A. Bethe u. E.E. Salpeter im Handbuch d. Physik, Bd. 35 (Springer 1957) sowie in S. Flügge: Math. Methoden d. Physik, Bd. 1 (Springer 1979) zusammengestellt.

45. Aufgabe. Das Potential von Hulthén,

$$V(r) = -V_0\, e^{-r/a}(1 - e^{-r/a})^{-1}$$

kann für $l = 0$ in der Variablen $y = e^{-r/a}$ streng gelöst werden. Der Vergleich mit dem Termschema des Coulomb-Feldes ist interessant. Vgl. S. Flügge: Practical Quantum Mechanics, Bd. 1, S.175 ff.

46. Aufgabe. Zuerst klassisch behandelt von A. Kratzer: Z. Physik **3**, 289 (1920) und dann quantenmechanisch von E. Fues: Ann. Physik **80**, 367 (1926)

47. Aufgabe. P.M. Morse: Phys. Rev. **34**, 57 (1929). Eine Verallgemeinerung des Potentials mit Amwendung auf das Rotations-Schwingungs-Spektrum zweiatomiger Moleküle entwickelten S. Flügge, P. Walger u. A. Weiguny: J. Molec. Spectroscopy **23**, 243 (1967).
48. Aufgabe. Die Wechselwirkung zwischen Proton und Neutron enthält eine Spin-Bahn-Kopplung, die hier nicht berücksichtigt wurde. Vgl. dazu die Lehrbücher der Kernphysik.
Elastische Streuung. Die klassische Lehrbuch-Darstellung ist: N.F. Mott u. H.S.W. Massey: The Theory of Atomic Collisions, Oxford 1950.
63. u. 64. Aufgabe. Das Variationsprinzip wurde zuerst entwickelt von J. Schwinger: Phys. Rev. **72**, 742 A (1947). Vgl. auch J.M. Blatt u. J.D. Jackson: Phys. Rev. **76**, 18 (1949) für die Anwendung auf das Proton-Neutron-System.
66. Aufgabe. H.A. Bethe u. R. Peierls: Proc. Roy. Soc. London **148**, 146 (1935).
69. Aufgabe. Divergenzen bei Anwendung der Bornschen Näherung auf die Coulomb-Streuung überwand zuerst G. Wentzel: Z. Physik **40**, 590 (1927) durch einen konvergenzerzeugenden Faktor im Potential. Nähere Untersuchungen hierzu bei J.R. Oppenheimer: Z. Physik **43**, 413 (1927) und Chr. Möller: Z. Physik **66**, 513 (1931).
70. u. 71. Aufgabe. Zum Stoßparameterintegral G. Molière: Z. Naturforsch. **2a**, 133 (1947). Vgl. auch R. Blankenbecler u. M.L. Goldberger: Phys. Rev. **126**, 766 (1962) sowie S. Flügge u. H. Krüger: Z. Physik **216**, 213 (1968). Über singuläre Potentiale S. Flügge, Festschrift für Helmut Hönl, Basel 1973., In engem Zusammenhang mit dem Stoßparameterintegral steht auch das hier nicht behandelte Quasipotential, vgl. P.C. Sabatier: Nuovo Cimento **37**, 1180 (1965), weiter entwickelt von H. Krüger: Physics Letters **28A**, no. 2 (1968) und G. Vollmer: Z. Physik **226**, 423 (1969).
72. Aufgabe. F. Calogero: Nuovo Cimento **27**, 261 (1963). -H. Klar u. H. Krüger: Z. Phys. **191**, 409 (1966); H. Krüger: Z. Phys. **204**, 114; **205**, 338 (1967).
Für *Hochenergiestreuung* vgl. auch das Buch von De Alfaro u. Regge: Potential Scattering, Amsterdam 1965, in dem die hier nicht behandelte Methode der Sommerfeld-Watson-Transformation (Regge-Pole) eingehend behandelt ist.
81. Aufgabe. Zum Prinzip der Rechnung P. Güttinger u. W. Pauli: Z. Physik **73**, 169 (1932).
85. Aufgabe. Für das H-Atom durchgeführt von A. Kupper: Ann. Physik **86**, 511 (1928). Ausführlich dargestellt bei H.A. Bethe u. E.E. Salpeter, Handb. d. Physik, Bd. 35 (Springer 1957).
Spin. Die algebraischen, insbesondere auch die gruppentheoretischen Weiterentwicklungen, die eine wichtige Basis der modernen Theorie der Elementarteilchen bilden, sind dargestellt in S. Flügge: Math. Methoden d. Physik, Bd. 2, Kap. III (Springer 1980).
98. Aufgabe. S. Flügge: Naturwiss. **28**, 673 (1940).
99. Aufgabe. Die Berechnung wurde mit wesentlich höherer Genauigkeit weitergeführt von E. Hylleraas: Z. Phys. **65**, 209 (1930), wobei auch der Produktansatz für die Eigenfunktion aufgegeben wurde.

100. Aufgabe. Das Festhalten der Kerne bei Behandlung der Elektronen ist eine Näherung, deren ausführliche Begründung zuerst M. Born u. R. Oppenheimer: Ann. Physik **84** 457 (1927) gaben. Die hier verwendete Näherung für die Elektronen geht zurück auf W. Heitler u. F. London: Z. Physik **44**, 455 (1927). Sie bildete historisch den Ausgangspunkt für die Theorie der homöopolaren Bindung. Das Integral Gl. (100.16) wurde berechnet von Y. Sugiura: Z. Physik **45**, 484 (1927).

103. Aufgabe. N.F. Mott u. H.S.W. Massey: The theory of Atomic Collisions 2. Aufl., Oxford 1950. -S. Flügge: Das Zwei-Nucleonen-Problem. Ergebn. d. exakt. Naturw. **26**, 165 (1962). -J.M. Blatt u. J.D. Jackson: The Interpretation of low energy proton-proton scattering, Rev. Mod. Phys. **22**, 77 (1950).

104. Aufgabe. M. Born: Göttinger Nachr. **1926**, 146. -W. Elsasser: Z. Physik **45**, 522 (1927).

106. Aufgabe. J. Frenkel: Z. Physik **49**, 31 (1928).

107. Aufgabe. Die Berücksichtigung der Bildkraft erfordert erheblichen mathematischen Aufwand, vgl. L. Nordheim: Proc. Roy. Soc. London **121**, 626 (1928).

108. Aufgabe. E. Fermi: Z. Physik **48**, 73 (1928). Die exakte numerische Rechnung wurde mit einem der frühesten Computer ausgeführt von V. Bush u. S.H. Caldwell: Phys. Rev. **38**, 1898 (1931). Ausführlich zur Thomas-Fermi-Näherung vgl. P. Gombás: Statistische Behandlung des Atoms, in Handb. d. Physik, Bd. 36 (Springer 1956).

109. Aufgabe. S. Rozental: Z. Physik **98**, 742 (1936). -T. Tietz: J. Chem. Physics **25** 787 (1956); Z. Naturforsch. **23a**, 191 (1968).

Sachverzeichnis

Die im Rahmen der Quantentheorie immer wiederkehrenden Stichworte, wie etwa *Schrödinger-Gleichung, Materiewellen, Orthogonalitätsrelationen, Normierungsbedingung* u. a. sind in das Sachverzeichnis entweder gar nicht oder nur an der Stelle, wo sie im Text definiert sind, aufgenommen.

Abschirmung 278, 309
Airy-Funktion 91, 93 f.
Algebra der Spinoperatoren 249 f.
Alkaliatom, Anregung 216 ff.
Anharmonizität der Molekül-
  schwingungen 129, 131
anomale Streuung 162 ff., 174, 290
Anregungswahrscheinlichkeit 229
Antikommutator für Spins 246
äquivalentes Einkörperproblem 284
Atom, Elektronendichte 304
Aufenthaltswahrscheinlichkeit 1, 21, 41, 45
Ausbreitungsvektor 54, 55, 58 f., 64
Ausstrahlungsbedingung von Sommer-
  feld 148
Austauschentartung 243, 268 ff.
Austauschintegral 207, 270, 281
Austauschoperator für Spins 264
Austrittsarbeit 301

Basisvektoren im Spinraum 245, 261, 265
Bessel-Funktion, Asymptotik 100
–, halbzahlige 115 f.
–, modifizierte 100
Bethe-Peierls-Formel 187
Bindungsenergie aus Streudaten 186
Blochsches Theorem 54, 55
Bohrsches Magneton 215
Born-Oppenheimer-Näherung 207, 209, 279
Bornsche Näherung 188 ff., 201, 232
–, Coulombfeld 193
–, Stoßanregung 290 ff.

–, Stoßparameter-Integral 199
–, Yukawa-Feld 193
–, zweite 204
Brechungsindex für Materiewellen 96, 198
Brechungsindex, optischer 219
Brillouin-Zonen 65

Calogero-Gleichung 200 f., 203
Coulombfeld s. auch Keplerproblem
–, Bornsche Näherung 193
–, positive Energie 141 ff., 166 ff.

Darwin-Streuung 289
de Broglie-Relation 23, 26, 150
Deuteron 135
Dichte, statistische 1
Dipolmatrix für Elektronenzustände 238
Dipolstrahlung, Intensität 239
Diracsche Störungsmethode 230, 236
Dispersion 220
Dissoziation 209, 283
Drehimpuls, Aufbau aus Spin- und
  Bahnanteil 255 ff., 285 ff.
Drehimpuls und Magnetfeld 215
Drehimpulskomponenten 111
Drehimpulsoperator 8
Drehimpulszerlegung der ebenen Welle 147
– der Streuamplitude 149
Dublett 258, 266
Durchlässigkeit 40, 45

ebene Welle 23
—, Entwicklung nach Partialwellen 147
— mit Spin 254
effektive Reichweite 182, 184, 186
Eigenvektoren des Spins für drei Teilchen 266 f.
— für zwei Teilchen 262
Eigenwertspektrum 2
—, kontinuierliches 4, 21, 39
Eikonal 96
elektromagnetisches Feld, Hamilton-Operator 211
Elektronendichte im Atom 304
Elektronenemission im Photoeffekt 235
—, spontane 236 ff.
Elektronengas 294 ff.
Emission von Elektronen aus einem Metall 299
Energiebänder 54–65
Energiedichte 10
Energiesatz 9 f.
Energiestromdichte 10
Entartung von Eigenwerten 2, 28, 122 ff.
— eines Fermigases 296
Entwicklung nach Orthogonalsystem 3, 5
Erwartungswert 3, 6 ff., 29, 117
—, Zeitabhängigkeit 19 f.
Exponentialpotential 135

Feinstruktur 258
Feldemission 299 ff.
Fermigas 296
Fermion 244
Fermische Grenzenergie 295, 300
Floquetsches Theorem 54

Gamow-Faktor 144 f.
Gaußsche Differentialgleichung 80, 84, 87
Gesamtdrehimpuls 255
Greensche Funktion 175, 180, 188, 190, 200
Grenzenergie 295, 300
Gruppengeschwindigkeit 23, 26

Hankel-Funktionen 91
harte Kugel 150 ff.
Hauptachsentransformation 6
Hauptquantenzahl 125
Helium, Grundzustand 276 ff.
Helizität 253
hermitescher Operator 12, 14, 70
Hermitesche Polynome 67 f., 78
Hertzscher Oszillator 240
Hilbertraum 6, 69, 74 ff.
— für Drehimpuls 114
— des Spins 244
— des Spins für drei Teilchen 266 ff.
— des Spins für zwei Teilchen 261
Hilbertvektor 6, 74
Hohlraum, kubischer 27 f.
—, sphärischer 114
hypergeometrische Reihe 80 f., 84 f., 87 f.

idempotent 250
Impuls, radialer 118
Impulsoperator 6
Integralgleichung, radiale 176
Invarianz gegen Translation 52
Invarianz gegen Spiegelung 33
Ionisierungspotential von Helium 278

kanonische Gleichungen 20
Kathodenstrahl 90 ff.
K-Elektronen, Abschirmung 278, 309
Keplerproblem s. auch Coulombfeld
—, gebundene Zustände 124 ff.
Klammersymbol für Vertauschung 16, 109
Kohärenz 45
Konfigurationsraum 241
konfluente Reihe 67, 125, 130, 134, 142, 168, 171
Kontinuitätsgleichung 1
Kontinuum von Eigenwerten 4, 21, 39
Kopplung von Rotation und Schwingung 131, 134
Koordinaten, elliptische 210
—, parabolische 166
—, sphärische 105, 110 f.
Korpuskelbild, Quantisierung des klassischen 2, 240

Sachverzeichnis

Korpuskel-Geschwindigkeit 23, 25
Kratzersches Potential 126 ff.
Kugelfunktionen 106 f., 112, 114, 128, 139
Kugelkoordinaten 105, 110 f.
Kugeloszillator 119–124

Landéscher g-Faktor 260
Legendresche Polynome 107, 197
Leitungselektronen 294
Lichtwelle, ein Leuchtelektron anregend 216 ff., 227 ff.
Liescher Ring 251
Linienbreite einer Resonanz 50

Magnetfeld 212
– und Drehimpuls 215
magnetisches Moment 215
– eines Metalls 297
– eines Spin-Elektrons 260
magnetische Quantenzahl 215
Materie, verdünnte 21
Matrix eines Operators 5
–, adjungierte 5
–, hermitesche 14
–, unitäre 5
Matrixelemente des Oszillators 71 ff., 103 f.
Molekül-Ion, Wasserstoff 205 ff.
Molekül, neutrales, von Wasserstoff 279 ff.
–, zweiatomiges 126–135
Morsesches Potential 131 ff.
Mott-Streuung 289

Niveau, virtuelles 39, 43, 48
Niveaudichte 29 ff., 38
Normierbarkeit 1
Normierungsvolumen 29 f.
Nullpunktsdruck 294, 296
Nullteiler 250

Opazität 44, 48
Operator 2
–, hermitescher 12, 14, 70
–, hermitesch konjugierter 12, 74

optisches Theorem 196
Orthogonalsystem 3
Oszillator, anharmonischer 102 f., 129
–, dreidimensionaler 119–124
–, dreidimensionaler, Entartung 121
–, harmonischer 65–78
–, harmonischer, WKB-Näherung 101
Oszillatoren, gekoppelte 270 ff.

Paramagnetismus 226
– der Metalle 296 ff.
Parität 33, 36
Partialwellenzerlegung, ebene Welle 147
–, Rutherford-Streuung 170 ff.
–, Streuamplitude 150
Paulimatrizen 247
Pauliprinzip 243, 268, 285, 289, 294
Periodizitätswürfel 31
periodisches Potential 52 ff.
Phasengeschwindigkeit 23
Phasenkonstanten der Streuwelle 149
Phasensprung bei Resonanz 51
Photoanregung 227
Photoeffekt 233 ff.
Photonen, Anzahl der einfallenden 229
Photoquerschnitt 234 f.
Platzwechselintegral 207, 270
Polynommethode 66
Potential, periodisches 52 ff.
–, singuläres 199
Poyntingvektor und Photonenzahl 229
Proton-Proton-Streuung 290

Quantenzahl 28
–, radiale 115, 120
Quartett 266

radiale Quantenzahl 115, 120
Radialimpuls 118
Raumdichte 1
reduzierte Masse 127, 135, 284, 288
reduzierter Ausbreitungsvektor 54, 55, 58 f., 64
Reflexion einer Welle 40, 45, 79
Resonanz, paramagnetische 226
–, quantenmechanische 48 ff., 158
Ritzsches Verfahren 137, 207 f.
– für H_2-Molekül 282

Ritzsches Verfahren für H_2^+ 205ff.
- für Helium 277f.
Rotationsenergie 118
Rotationsquantenzahl 129, 134
Rutherfordsche Streuformel 166, 169, 195
Rutherford-Streuung gleicher Teilchen 288

Schwerefeld 92ff.
Schwerpunktsbewegung, Separation 284
Schwingungsquantenzahl 129, 134
Singulett für antiparallele Spins 262
Spiegelungsinvarianz 33
Spin 1, Basisvektoren im Hilbertraum 263
Spin-Elektron, ebene Welle 254
- im Zentralfeld 255ff.
Spinoperatoren, Eigenvektoren 248
-, Vertauschungsrelationen 244, 246
Spinor 253
Spinraum 244
Spin-Resonanz 227
Stark-Effekt 138ff.
stationärer Zustand 22
Störung, periodische 224ff.
-, zeitunabhängige 222
Störoperator für Lichtanregung 216ff., 227
Störungsmethode von Dirac 230, 236
Störungsverfahren für Eigenwerte 103, 139
- für Streuung,
  s. auch Bornsche Näherung 188ff.
Stoßanregung 290ff.
Stoßparameter 195, 198
Strahlenoptik 198
Streuamplitude 148
- nach Born 190
-, Partialwellenzerlegung 150
- als Stoßparameterintegral 196, 198
Streulänge 182, 184, 186
Streuquerschnitt, Definition 152, 232
-, optisches Theorem 196
Streuung an harter Kugel 150ff.
-, unelastische 290ff.
Stromdichte, elektrische, im Magnetfeld 213
- der Energie 10
- von Materie 1, 23, 25, 27, 91

Suszeptibilität, paramagnetische, eines Metalls 298

Thomas-Fermi-Atom 302ff.
- -Funktion, Näherungen 306f., 310
-, Tabelle 305
Translationsinvarianz 52
Triplett für parallele Spins 262
Tunneleffekt 40, 145, 299

Übergangswahrscheinlichkeit 230
- für elastische Streuung 232
- für Photoemission 234
- für spontane Emission 236, 239
Überlappungsintegral 280
Umkehrpunkt, klassischer 99, 196
unelastische Streuung 290ff.
Unitarität 5
Unschärferelation 26

Variationsprinzip von Schwinger 178
Variationsverfahren von Ritz
  s. Ritzsches Verfahren
Vektorpotential 211, 214, 216
Vertauschungsrelation für Impuls und Koordinate 14, 17, 74, 118
Vertauschungsrelationen für Drehimpuls 109
- der Spinoperatoren 244, 246
virtuelles Niveau 39, 43, 48
Vollständigkeitsrelation 3

Wasserstoffatom 126
-, Dipolstrahlung 239
-, Photoeffekt 233ff.
Wasserstoffeigenfunktionen, Tabelle 127
Wasserstoffmolekül, ionisiertes 205ff.
-, neutrales 279ff.
Wechselwirkungsintegral, klassisches 207, 280
Wellenbild,
  Quantisierung des klassischen 241
Wellenpaket 24f.
WKB-Näherung 95-102, 196
- für Coulombfeld 143
- für Feldemission 299
-, Randbedingung 101

Yukawa-Feld, Bornsche Näherung 193

Zahlenring 250
Zeeman-Effekt für ein Spin-Elektron 261

–, normaler 214
Zentrifugalglied 120

Springer und Umwelt

Als internationaler wissenschaftlicher Verlag sind wir uns unserer besonderen Verpflichtung der Umwelt gegenüber bewußt und beziehen umweltorientierte Grundsätze in Unternehmensentscheidungen mit ein. Von unseren Geschäftspartnern (Druckereien, Papierfabriken, Verpackungsherstellern usw.) verlangen wir, daß sie sowohl beim Herstellungsprozess selbst als auch beim Einsatz der zur Verwendung kommenden Materialien ökologische Gesichtspunkte berücksichtigen.
Das für dieses Buch verwendete Papier ist aus chlorfrei bzw. chlorarm hergestelltem Zellstoff gefertigt und im pH-Wert neutral.

Rechenmethoden der Quantentheorie

Dieses Lehrbuch wurde in nun mehr als 50 Jahren zu einem Klassiker der Quantenmechanik. Die Rechenmethoden sind unentbehrlicher Begleiter zu den Vorlesungen der Quantenmechanik und eine praktische Anleitung zur Bewältigung quantenmechanischer Probleme. Mit 110 Aufgaben und deren vollständigen Lösungen.

Physik Lehrbuchforum:
http://www.springer.de/phys-de/lehrbuch

ISBN 3-540-65599-9

http://www.springer.de